Sharon Ann Holgate

고체물리의 이해

Understanding Solid State Physics

역자소개

강석주

- 연세대학교 금속공학과 학사
- 연세대학교 금속공학과 박사
- Columbia University 박사후연구원
- IBM Almaden Research Center 연구원
- 現 UNIST 에너지 및 화학공학부 부교수

김종복

- 연세대학교 금속공학과 학사
- 연세대학교 금속공학과 박사
- Princeton University 박사후연구원
- 한국에너지기술연구원 선임연구원
- 現 금오공과대학교 신소재공학부 부교수

심우영

- 연세대학교 금속공학과 학사
- 연세대학교 금속공학과 석사
- Northwestern University 재료공학과 박사
- Harvard University 화학과 박사후연구원
- 現 연세대학교 신소재공학부 부교수

진정호

- 연세대학교 금속공학과 학사
- KAIST 신소재공학과 석사
- KAIST 신소재공학과 박사
- University of Washington, Seattle 재료공학과 박사후연구원
- 現 울산대학교 첨단소재공학부 부교수

Sharon Ann Holgate

고체물리의 이해

강석주, 김종복, 심우영, 진정호 옮김

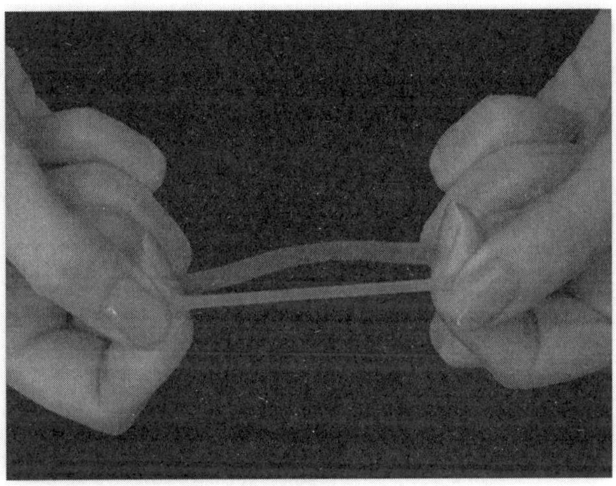

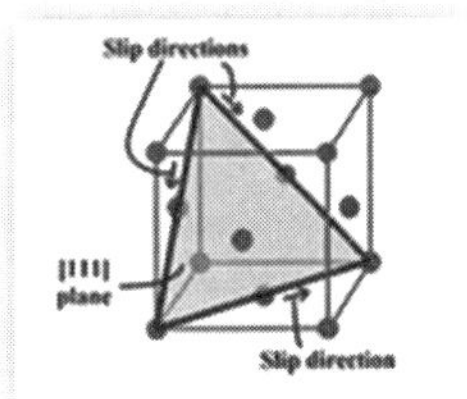

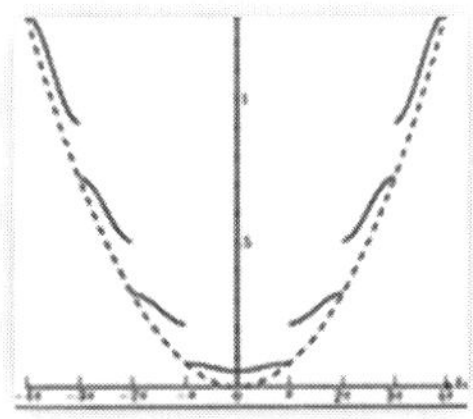

Understanding Solid State Physics

CRC Press
Taylor & Francis Group

도서출판 홍릉

Understanding Solid State Physics

by Sharon Ann Holgate

고체물리의 이해

인 쇄: 2022년 1월 10일 초판 1쇄
발 행: 2022년 1월 17일 초판 1쇄

역자와의 협의하에 인지생략

역 자: 강석주 · 김종복 · 심우영 · 진정호
발행인: 송 준
발행처: 도서출판 홍릉
주 소: 01093 서울시 강북구 인수봉로 50길 10
등 록: 1976년 10월 21일 제5-66호

전 화: 02-999-2274~5, 903-7037
팩 스: 02-905-6729
e-mail: hongpub@hongpub.co.kr
http://www.hongpub.co.kr
ISBN: 979-11-5600-854-5(93420)

정 가: 32,000원

낙장 및 파본은 구입처나 본사에서 교환하여 드립니다.

역자 서문

유리컵이나 우산과 같은 생활용품에서부터 스마트폰, 컴퓨터와 같은 최첨단 전자기기에 이르기까지 우리가 일상적으로 접하는 대부분의 물체들은 다름아닌 고체이다. 고체물리학은 고체가 나타내는 다양한 물성—열적, 기계적, 전기적, 자기적, 광학적—의 근원적 발현 원리를 이론적으로 고찰하는 학문으로서, 물리학 및 신소재공학 학부 커리큘럼에서 가장 핵심적으로 다루어지는 교과목 중 하나이다.

모든 고체는 응집된 원자들로 이루어져 있으며, 따라서 고체물리학에서는 원자간 결합, 결정 구조 및 결함을 포함해 고체의 전기 및 열 전도 현상, 양자역학 개념을 기반으로 하는 반도체 물성 및 자성 등 많은 심오한 주제들을 다룬다. 대부분의 여느 고체물리학 교과서가 그렇듯, 이러한 주제들에 대한 논의는 필연적으로 생소한 물리 개념과 기호, 난해한 수식과 복잡한 도해가 수반되며, 이는 그 자체로 고체물리학의 심오함과 수학의 고충을 더욱 강화시킨다.

바로 여기에 이 책의 집필 이유와 차별성이 있다고 저자 Sharon Ann Holgate는 서문에서 밝히고 있다. '고체물리의 이해'는 최소한의 수식 사용과 적절한 비유를 동반한 자세한 설명, 그리고 사고중심적인 예제와 흥미로운 실제 사례들의 소개를 통해 고체물리학의 핵심 주제들을 모두 아우른다. 물리학 박사이면서 유명 과학저널 및 방송에서 오랜 기간 다양한 저작 활동을 해 온 Holgate 박사는 정통하고 세련된 언어로 마치 유능한 과외선생님처럼 심오한 고체물리학의 여러 주제들에 대한 설명을 학부생 수준에서 풀어내었다.

번역을 함에 있어서, 가급적 원문을 직역하여 저자의 서술 구조를 그대로 표현하려고 노력했으며 필요에 따라 더 효과적이고 자연스러운 의미 전달을 위해 맥락을 훼손하지 않는 범위 내에서 의역을 하기도 하였다. 또한, 전문용어의 경우 책 전체에 걸쳐 통일성과 정확성을 유지하려고 노력했으며, 특히 학생들이 전문용어를 원어로 친숙하게 받아 드리고 익히길 바라는 마음에서 가급적 영어 원어를 함께 병기하였다.

끝으로, 본 역서의 완성과 출판에 이르기까지 인내하고 꼼꼼한 지원을 아끼지 않은 도서출판 홍릉 송성환 부장님과 편집부에게 감사의 마음을 전한다.

2022년 역자 대표 진정호
(jinuine@ulsan.ac.kr)

저자 서문

이 책을 집필 해야겠다는 생각을 한 것은 내가 물리학과 대학원을 졸업한 직후 시간제 조교로 근무할 때였다. 나는 그 당시 많은 학부생들이 다양한 주제에 대한 기초적인 원리를 파악하지 못해서 수업의 내용을 이해하는 데에 어려움을 겪는 것을 볼 수 있었다. 나는 그 이유 중 일부분은 많은 교과서들이 독자들이 아직 함양하지 못한 배경지식과 수학적인 소질을 전제로 해서 쓰여져 있기 때문에 설명 과정의 초기부터 핵심 내용을 이해하기 어렵게 만들기 때문이라고 생각했다. 이 같은 생각이 든 이후로, 나는 기초적인 설명에 집중하면서 정말로 접근하기 쉬운 고체물리개론 과목을 위한 교과서를 집필하고 싶었다. 뿐만 아니라, 이론 및 개념을 현실세계와 잘 관련시킴으로써 학생들이 고체물리를 배우는 이유와 더불어 졸업 이후에도 고체물리가 어떻게 사용되는지에 대해 이해할 수 있도록 하는 것이 중요하다고 생각했다.

이러한 집필의 목적을 달성하기 위해, 이 책에서는 다루고자 하는 물리 개념의 기술적인 응용과 더불어 많은 과학 연구들의 다학제적인 성격을 강조하고자 노력했다. 또한, 난해한 수학적 접근 방식에 주눅이 드는 물리학도 및 재료공학도들이 고체물리를 개론적 수준에서 잘 이해할 수 있기를 바라는 마음에서 가능한 한 가급적 복잡한 수식을 줄이려고 노력했다. 또한, 이 책에 나와 있는 수학들은 간단한 논리적 단계를 통해 설명되어 있으며 적절한 예제를 뒤이어 제시하여 나처럼 수학에 어려움을 느끼는 그 누구라도 잘 이해할 수 있을 것이라 기대한다. 불가피하게 설명해야만 하는 일부 더 복잡한 수학적 유도과정들은 단계적으로 풀어서 부록에 실었다.

다른 과학 분야에 있는 학생들이나 연구자들에게도 그들이 언젠가 이 분야를 접하게 될 때에 이러한 접근이 도움이 되기를 나는 바란다. 내가 예전에 같이 일했던 지질과학자들을 생각하면서 수학에 대한 부록과 더불어 관련이 있는 물리학 주제에 대한 짧은 부록도 함께 포함시켰다.

지난 10년간 프리랜서 작가 및 방송인으로 일해온 이후, 나는 흥미로운 연구 주제에 대한 잡지 형식의 기사를 포함시키는 것이 중요하다고 느꼈다. 이 때문에 나는 이 정도 분량의 교과서에는 좀처럼 다뤄지지 않는 주제들도 다루었으며, 또한 산업계나 학계에서 연구를 한다는 것이 어떤 것인지에 대해서도 전달할 수 있었다. 아이들을 위한 그림 위주의 인기 과학서적인 나의 첫 책(Robin Kerrod와 공동 저작)을 집필했던 경험도 이 책을 집필하는 데 영향을 주었는데, 이 때문에 이 책에서도 흥미롭거나 영감을 줄 수 있는 이미지를 포함시키고 싶었다.

예제에 대한 정답을 의도적으로 뒷장에 배치한 것은 독자들이 책을 공부하면서 터득한 지식을 시험해 보는데 도움을 주기 위해서이다. 추가 예제는 웹사이트에서 볼 수 있으며, 자격이 있는 교수자들을 위한 정답해설도 같이 제공된다. 또한, 해당 웹사이트에는 독자들을 위한 가벼운 영상 퀴즈를 제공하며, 이와 더불어 참고문헌 및 사이트 주소를 포함한 보충자료도 다운 받을 수 있다. 마지막에는 널리 사용되는 용어들에 대한 용어사전이 포함되어 있다.

이 책을 집필하는 동안 내가 어린 시절 즐겨 읽었던 마법의 푸딩(magic pudding)에 대한 이야기가 머리 속에 내내 떠올랐다. 이 푸딩은 다리는 가늘며 접시 형태의 머리에 담겨 있는데, 적들이 자신을 먹으려 할 때마다 주먹을 휘두르는 성깔이 있는 푸딩이다. 하지만, 사실 이 푸딩은 그렇게 공격적일 필요가 없었다. 왜냐하면, 누가 자신을 한 조각 먹어버릴 때마다 이 푸딩은 마법을 부려서 원래의 완벽한 둥근 푸딩 모양으로 원상 복구되었기 때문이다. 마치 이 푸딩처럼, 이 책의 한 절을 다 작성했다고 생각할 때마다 책의 나머지 부분이 처음부터 새로 다시 써야하는 것처럼 변신하는 것 같았다. 그만큼 내 머리 속에는 이 책에 포함시키고 싶었던 내용들이 너무 많았다. 하지만, 이 집필 작업의 엄청난 분량에 대한 좌절에도 불구하고 나는 애초의 목표를 달성했다고 생각한다.

나는 Alan Piercy 에게 큰 감사의 뜻을 전한다. 30년 이상 고체물리학을 가르쳐온 Alan Piercy는 은퇴하면서 고체물리라는 주제로부터 벗어날 것이라고 생각했겠지만, 지난 몇 년간 나의 지도 교수로서 나를 올바른 방향으로 이끌어 주었고, 무수히 많은 내 질문에 답을 주었으며, 일이 잘 풀리지 않아 내가 불평할 때마다 참고 견디어 주었다. 또한, 이 책의 출판이 가능하기까지 다방면으로 도움을 준 내 친구들과 동료들—Jim Al-Khalili, John Barrow, Bill Buckley, Sue Bullock, Sue Crossfield, David Culpeck, Nicki Dennis, Colin Humphries, Steve Keevil, Peter Main, David Mowbray, Derek Palmer, Manoj Patairiya, John 및 Alan Robbins, Tom Spicer, Dianne Stilwell, Tracey 및 Alice de Whalley—에게도 감사의 뜻을 전한다.

또한, 나의 요청에 친절하게도 흥미로운 여러 사진들과 추가 정보를 허락해준 각 기관 및 회사의 공보관들—U.S. Naval Research Laboratory의 Amanda Bowie, Lakeland Limited의 Kathryn Klein, Brookhaven National Laboratory의 Jane Koropsak, Network Rail의 Keith Lumley, Oxford Diffraction의 Leigh Rees—에게도 감사의 뜻을 전한다. 마찬가지로, 내게 자신들의 연구를 소개할 수 있도록 허락해준 전세계의 모든

연구자들에게도 감사한 마음을 전한다.

지난 2년간 이 프로젝트에 대해 헤아릴 수 없을 만큼의 지원과 조언을 아끼지 않은 나의 세 번째 편집자인 John Navas에게 마음 속 깊이 감사하다. 뿐만 아니라, 나의 어머니 Joan과 친구분들—Dawson Chance, Larry Crockett, Andrew Fisher, Amanda Kernot, David King, Julian Mayers, Darren Naylor, Ian Rennison, Emma Winder—은 저녁 때마다 그리고 주말 마다 나의 작업을 친근하게 방해해 주셨다. 그 덕분에 다행히도 이 책을 집필하기 전보다 내가 고체물리학에 심지어 더욱 더 매료되어버리는 일을 막을 수 있게 되었다.

Sharon Ann Holgate

저자

Sharon Ann Holgate는 영국 University of Sussex에서 물리학 박사 학위를 받았으며, 물리 및 천문학과의 파견 연구원이다. Holgate 박사는 10년 넘게 과학 작가와 방송인으로 활동했다. BBC World Service와 BBC Radio 4에의 출연을 포함하여 50회 이상의 방송에 출연했으며, The Weakest Link의 'Boffins Special'에도 참가했다. Holgate박사는 *New Scientist, The Times Higher Education Supplement, E&T, Flipside, Focus, Physics World, Interactions, Modern Astronomer, Astronomy Now*에 수많은 기사를 기고 했으며, 그녀의 첫번째 책인 *The Way Science Works*(Robin Kerrod와 공동 집필)은 Royal Society Junior Books Prize에 최종 후보에 오른 바도 있다. Holgate박사는 또한 다양한 과학 기관을 위한 브로셔, 전국 직업 자료 및 보도 자료를 작성하고 개발했으며 런던의 과학박물관을 포함한 다양한 곳에서 강연을 했다. Holgate 박사는 "그녀의 책, 기사, 강연 및 방송 작업을 통해 물리학과 물리학에 대한 대중의 인식을 열정적으로 고취시킨 재능"을 인정받아 2006 년 Institute of Physics의 올해의 젊은 물리학자로 선정되었다.

차 례

4 고체의 기계적 성질 103

5 회절, 포논 그리고 고체의 열성질 137

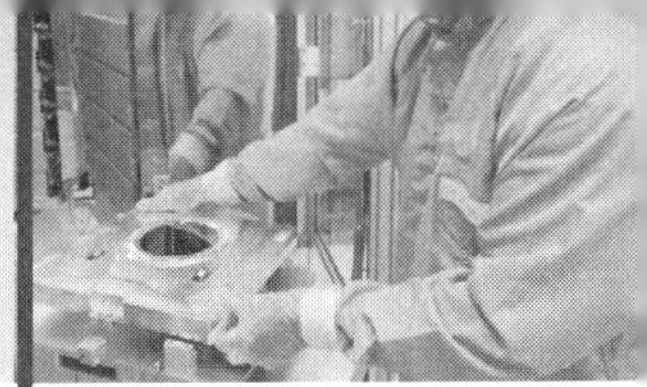

CHAPTER 01

서론
(Introduction)

고체물리(solid state physics)로부터 벗어나는 것은 불가능하다. 우리의 주변에는 다양한 고체들이 존재하며, 이러한 고체들의 물성은 일상적인 것으로부터 아주 복잡한 것에 이르기까지 매우 다양한 형태로 우리의 생활에 영향을 끼친다. 예를 들어, 뜨겁게 달궈진 금속 냄비는 플라스틱 손잡이가 없거나 두꺼운 천을 손에 두르지 않고서는 집어 들 수 없는데, 이는 금속이 열을 매우 잘 전달하기 때문이다. 좀 더 복잡하고 어려운 예를 들면, 교량의 구조적인 파손 여부를 예측하게 해 주는 센서(sensor)는 일부 결정성 고체의 압전(piezoelectric) 특성이 있기에 가능하다.

고체물리는, "왜 어떤 고체들은 열과 전기를 잘 전달하는 반면 다른 고체들은 그렇지 못하는가"라는 질문에 대한 답을 줄 수 있다. 고체물리는 자성(magnetism)을 설명하며 빛과 기타 다른 방사선들이 고체와 상호작용하는 방식을 밝힐 뿐만 아니라 오늘날의 다양한 전자부품 및 소자가 작동하는 원리를 설명한다. 또한, 원자가 어떻게 배열함으로써 다양한 형태의 고체들을 이루는지, 그리고 어떻게 그 원자들을 결합하는 작은 힘들이 녹는점과 경도 같은 고체의 거시적 물성에 영향을 미치는지에 대해서도 고체물리는 답을 준다.

어떤 점에서 볼 때 고체물리 분야의 연구는 상대적으로 더디게 발전한다고 생각할 수 있으며, 원자보다 작은 입자나 새로운 M형 행성(적색왜성)의 발견이 가져다 줄 수 있는 화려함 같은 것은 분명 기대하기 어렵다. 그러나, 비록 겉보기에는 아주 작은 성과일지라도 고체물리의 영역에서 이룩될 수 있는 성과가 우리들의 삶에 끼치는 영향은 실로 막대할 수 있다. 예를 들어, 1947년 12월의 어느 날, 트랜지스터(transistor)가 작동하는 것을 지켜본 미국 벨(Bell) 연구소의 연구자들이 그들의 발명으로부터 초래된 오늘날의 현대 전자산업의 엄청난 규모와 영향력을 예견할 수 있었다고 보긴 어렵다.

(a)

(b)

그림 1.1 (a) 세계 최초의 컴퓨터 중 하나인 UNIAC(U.S. Army photo). 1990년대 중반에는 손가락 끝에 올려놓을 수 있는 정도 크기의 실리콘 칩(chip)에 5백만 개의 트랜지스터가 집적될 수 있었으며, 초창기 계산기보다 크기가 작은 전자수첩이 판매되었다. (b) 지금의 칩은 이제 개미보다 몇 배 더 작다. (Philips)

다른 분야와 마찬가지로 전자공학 분야에서 있어서도 지난 50년간 큰 발전이 있었다. 트랜지스터를 포함한 다양한 회로부품들의 크기를 줄이기 위한 지속적인 노력은—실험적인 연구뿐만 아니라 회로를 구성하는 반도체에 존재하는 불순물의 영향을 예측하는 이론적인 연구를 포함한다—오늘날 컴퓨터 칩의 처리속도를 획기적으로 향상시켰다. 전자부품의 크기가 작아지면 정보저장의 집적도 또한 증가한다. 이 같은 처리속도와 정보저장력의 향상은 휴대폰과 디지털카메라와 같은 새로운 제품들의 개발을 가능케 했을 뿐만 아니라, 방 만한 크기의 컴퓨터를 오늘날의 노트북 정도의 크기로 줄이는 것을 가능하게 했다(그림 1.1 참조). 그리고 만약 나노기술이—개별 원자나 분자를 조작함으로써 재료와 구조물, 그리고 소자를 나노미터 수준에서 제작할 수 있는 기술—기대만큼 계속 발전한다면 머지 않아 오늘날의 노트북도 거대하고 무거운 초창기의 컴퓨터처럼 보일 시대가 도래할 것이다.

고체물리의 진전은 사실 컴퓨터 기술의 발전사를 통해 잘 드러난다. 액정(liquid crystal)의 광학적 특성에 대한 이해와 함께 액정을 산업적 규모로 제조할 수 있게 됨으로써 노트북 컴퓨터의 디스플레이나 전자계산기 등이 탄생할 수 있었다. 뿐만 아니라, 자성이 매우 강한 희토류(rare earth) 물질의 발견으로 영구자석(permanent magnet)의 크기가 작아질 수 있게 되면서(그림 1.2 참조) 더 작은 전기모터의 제작이 가능하게 되었다. 이렇게 작아진 모터는 하드디스크, 플로피디스크, CD, DVD 등과 같은 컴퓨터 부품—정보를 읽거나 쓸 때 이들 디스크가 회전하는데 이 때 작은 모터가 사용된다—의 개발이 가능하게 되었으며, 이로 인해 기존의 컴퓨터에 사용되었던 크고 거추장스러운 자기테이프(magnetic tape) 저장장치가 교체될 수 있었다. 특히, CD와 DVD의 출현은 다이오드 레이저(diode laser)의 발명이라는 고체물리 분야의 또 다른 획기

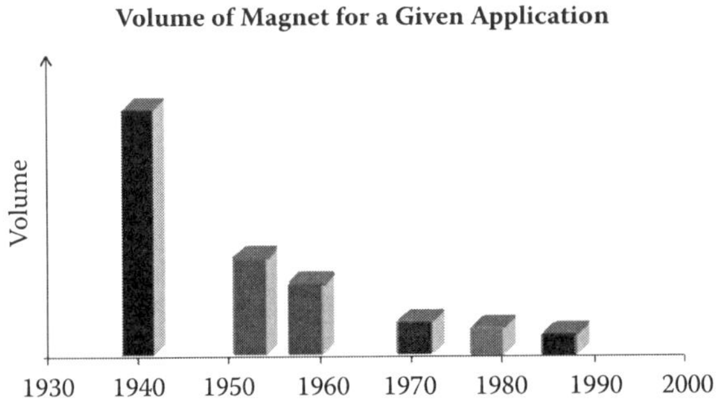

그림 1.2 지난 50년간 더 강력한 자성물질의 발견으로 영구자석의 크기를 줄일 수 있었으며 그 결과 소형 전기모터의 개발이 가능했다. 이러한 소형 전기모터는 자동차 앞 유리 와이퍼나 전동칫솔에서부터 컴퓨터 하드디스크 및 비디오레코더와 같은 자기 저장장치에 이르기까지 다양한 응용분야에 사용된다.

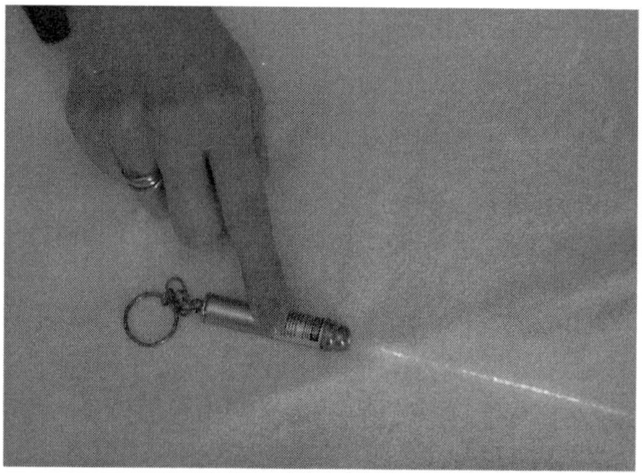

그림 1.3 현재는 레이저(laser) 포인터가 일상적인 물건이지만, 몇 년 전까지만 해도 레이저는 실험실에서나 볼 수 있는 장치였다.

적 진전이 없었다면 불가능했을 것이다.

오늘날, 우리는 발표를 할 때 레이저(laser) 포인터를 사용하는 것을 당연하게 생각한다(그림 1.3 참조). 자기테이프가 여전히 음향과 영상을 기록하는 데에 사용되고 있긴 하지만 이제 CD는 음향기록매체의 표준이 되었으며 DVD는 고품질의 영상기록을 가능하게 한다. CD와 DVD로 정보를 읽거나 쓰기 위해서는 반도체 물질로 만들어진 아주 작은 고체 다이오드 레이저가 사용되는데, 불과 수십 년 전만 해도—반도체 물질 자체와 반도체가 빛과 상호작용 하는 원리에 대한 이해가 부족했을 때—그 당시 존재했던 유일한 레이저는 실험실에서나 쓸 수 있었던 기체 혹은 결정으로 만들어진 거대한 레이저였다. '양자점(quantum dot)'이라고 불리는 차세대 레이저는 심지어 오늘날의 고체 레이저보다 더 작아질 것이며 이로 인해 완전히 새로운 형태의 광전자(optoelectronic) 소자와 응용이 가능할 것이다. 또한, 우리는 발광다이오드(light-emitting diode, LED)라는 현존하고 있는 광전자 소자를 이용한 다양한 새로운 응용을 경험할 수 있을 것이다. LED의 휘도(brightness)가 향상되고 제작 비용이 감소하면서 앞으로는 LED가 기존의 텅스텐 전구와 차량용 조명을 대체할 수 있게 될 것이다.

새로운 종류의 소자를 만들기 위해서는 새로운 제조방식이 개발되어야 한다. 원자를 한 층씩 쌓아서 물질을 만들 수 있는 에피택셜 성장(epitaxial growth) 기법은 점점 더 크기가 작은 전자 부품의 제작을 가능하게 함으로써 큰 변화를 가져왔다. 한편, 결정을 성장시키거나 복합체와 고분자와 같은 소재를 만들 수 있는 새로운 제조방식은 다양한 종류의 새로운 소재의 개발을 가능하게 하였고, 이로 인해 많은 응용분야에 있어서 기존에 사용되어 왔던 소재를 대체할 수 있게 되었다; 일례로, 현재는 유리 재질의 음료 용기보다 플라스틱 병이 더 널리 쓰인다. 물론 전통적 소재를 제조하는 방식에 있어서도 발전이 있었다. 오늘날의 원거리 통신산업은 유리(glass)라는 전통적 소재를 고품질의 광섬유(optical fibers)로 제작할 수 있었기 때문에 가능했다.

앞서 살펴본 눈부신 발전에 있어서 고체물리가 중요한 역할을 했듯이, 고체물리가 이미 우리의 삶에 큰 영향을 끼친 다른 분야들도 많이 있으며 머지 않은 미래에 큰 발전이 있을 것으로 예상되는 영역도 많다. 현재도 계속되고 있는 고온 초전도체(superconductor)의 개발에 대한 탐구가 좋은 예이다. 고온 초전도체를 사용하면 궁극적으로 손실이 거의 없는 전력 송신케이블의 개발이 가능하며, 이와 함께 태양전지 기술이 발전한다면 석유와 같은 비재생성(nonrenewable) 에너지의 사용도 획기적으로 줄일 수도 있을 것이다.

향후 수십 년간 고체물리가 어떤 획기적인 진전을 이룰 것인지를 예견하는 것은 어렵지만, 한 가지는 확실해 보인다. 우리가 기술에 더욱 의존할수록, 이 고체물리라는 환상적인 분야는 우리 사회가 요구하는 미래를 여는 데에 중요한 역할을 담당할 것이라는 점이다.

CHAPTER 02

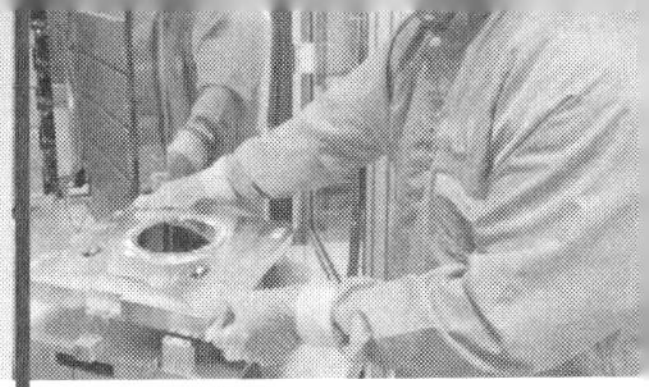

Understanding Solid State Physics

결합과 결정 구조

(Bonding and Crystal Structure)

2.1 고체에서의 결합

만약 우리가 용기 안에 들어 있는 어떤 미지의 물질과 마주했다고 하자. 그런데 그 물질을 조사할 실험도구가 없는 상황이라면 가장 먼저 무엇을 해야할까? 최소한 우리는 그 물질이 가장 일반적인 세 가지 물질 상태—고체(solid), 액체(liquid), 기체(gas)—중 어떤 상태의 것인지를 알 수 있어야 한다. 가장 쉽게 떠올릴 수 있는 판단 기준은 다음과 같을 것이다. 만약 그 물질이 고체라면 손으로 집어 들었을 때 액체처럼 손에서 흘러내리지 않고 잡을 수 있을 것이고, 용기에서 꺼냈을 때 기체처럼 공간 전체로 퍼져 나가버리지 않을 것이다. 하지만 항상 이러한 판단 기준이 맞지는 않다. 왜냐하면, 피치(pitch, 석유 및 석탄의 타르에서 얻는 검고 끈적한 물질)와 같은 어떤 물질들은 상온에서는 고체이지만 오랜 시간이 지나면서 액체처럼 흐르기 때문이다(그림 2.1 참조).

그러나 일반적으로 정해진 모양을 가지면서 우리가 잡을 수 있을 만큼 단단한 물질은 고체로 간주될 수 있다. 기체(구성 분자들이 서로 독립적인 상태)와 액체(구성 분자나 원자들이 아주 약하게 상호 결합하는 상태)와 달리, 고체는 구성 원자들이 원자 결합에 의해 밀접하게 결합되어 있다.

원자들이 서로 결합하는 방식에는 몇 가지 서로 다른 형태가 있다. 그러나 이들 결합방식에 대한 묘사는 단지 결합의 실체적 현상에 대한 모델(model)이라는 점을 기억할 필요가 있다. 어떤 고체들에서의 원자 결합은 이들 서로 다른 결합방식 중 특정 형태에 매우 가까운 경우가 있는 반면, 다른 많은 고체들에서는 결합방식이 두 개 이상의 결합방식의 중간적인 형태를 갖는 경우도 있다. 뿐만 아니라, 한 물질에서조차도 서로 다른 원자 결합방식이 적용되는 경우도 있다.

(a)

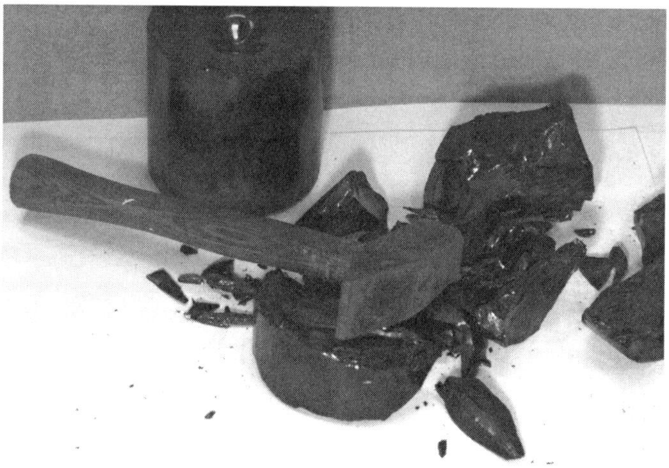

(b)

그림 2.1 (a) 사진 속의 장치는 피치(pitch)의 유동성을 관찰하기 위한 장치로, 1927년 호주의 퀸즈랜드大의 Thomas Parnell 교수가 고안하였다. Pitch는 타르로부터 만들어지는데, 과거에는 작은 보트의 이음새를 막거나 방수처리를 하는 데에 사용했다. Pitch는 (b)에서 볼 수 있듯이 상온에서는 망치로 두드리면 부서질 만큼 딱딱한 고체이다. 그러나, 그림 (a)의 실험이 지난 70년 동안 계속 진행되어오는 동안에 여덟 방울 정도의 pitch가 깔때기를 통해 흘러내렸는데, 이는 pitch가 실제 액체의 성질을 갖는다는 것을 증명한다. (Courtesy of Professor John S. Mainstone, The Univeristy of Queensland, Australia.)

2.1.1 원자에서의 전자

모든 원자는 양의 전하를 띠는 원자핵(양성자와 중성자로 이루어져 있다)과 음의 전하를 띠는 전자로 이루어져 있으며, 이때 전자는 핵을 둘러싼 원자 껍질(atomic shell)에서 핵 주위를 공전(orbiting)하는 것으로 간주된다. 원자핵으로부터 동일한 거리에 있으면서 비슷한 에너지를 갖는 전자들은 같은 원자 껍질에 있게 되지만, 이들 각각의 원자 껍질들이 가질 수 있는 전자의 개수는 정해져 있다. 예를 들어, K 껍질(원자핵으로부터 가장 가까운 껍질)은 최대 2개의 전자를 가질 수 있는 하나의 *s* 부껍질(subshell)로 이루어져 있다. 반면, L 껍질(K 껍질 다음으로 원자핵으로부터 가까운 껍질)은 2개의 전자를 가질 수 있는 하나의 *s* 부껍질과 6개의 전자를 가질 수 있는 *p* 부껍질들로 이루어져 있다[부록 D의 파울리의 배타원리(Pauli's exclusion principle) 및 부록 C의 전자 껍질의 표기법 참고].

한 원자 껍질이 자신이 가질 수 있는 최대의 전자를 갖게 될 때, 그 원자 껍질은 '가득 차(full)'있거나 혹은 '닫혀 있다(closed)'라고 하며, 원자의 최외곽 껍질(the outermost shell)이 가득 차 있을 때 그 원자는 화학적으로 안정해지며 다른 원자와는 쉽게 반응하지 못한다. [원자 결합에 대한 논의에 있어 '최외곽 껍질'이라고 함은, 경우에 따라 전체 최외곽 껍질 또는 최외곽 껍질을 이루는 각각의 *s*, *p* 부껍질(subshell)을 모두 의미할 수 있는 일반적인 용어이다.] 이 책의 앞 표지 안쪽에 나와있는 주기율표를 보면, 불활성 기체(noble gas)인 헬륨(He), 네온(Ne), 아르곤(Ar), 크립톤(Kr), 제논(Xe), 및 라돈(Rn)이 모두 가득 찬 최외곽 껍질을 갖는다는 것을 알 수 있다. He의 경우 2개의 전자를 포함하고 있는 하나의 *s* 부껍질을 갖는 한편, Ne의 경우 각각 하나의 *s* 부껍질과 세 개의 *p* 부껍질을 갖는데 이들이 모두 전자로 가득 차 있다.

주기율표를 한번 더 보면, 다른 원소들의 경우는 외곽 전자 껍질이 부분적으로만 채워져(partially filled) 있음을 알 수 있다. 원자의 가장 바깥쪽에 있는 최외곽 껍질에 있는 전자들을 **원자가전자**(valence electrons)라고 하며, 바로 이 원자가전자들이 원자 간의 결합 과정에 참여한다. 원자는 항상 더 안정화되려는 경향이 있으며, 따라서 어떤 식으로든 전자를 잃거나 또는 반대로 얻음으로써 닫힌 최외곽 껍질을 가지려고 할 것이다. 원자가 자신의 원자가전자를 잃음으로써 양이온(positive ion)이 되면서 더 안정해지면, 그 원자는 **전기양성**(electropositive)을 띤다고 한다. 이와 대조적으로, 원자가 전자를 추가로 받아들임으로써 최외곽 껍질을 가득 채우려는 경향을 **전기음성**(electronegative)라고 한다. 원자의 **전기음성도**(electronegativity)는 전자를 추가로 받아들이는 정도를 나타내는 척도이며, 일반적으로 주기율표에서 더 오른쪽에 위치한 원자일수록 더 큰 전기음성도 값을 갖는다. 예를 들어, IA족(group) 금속과 같은 전기양성 원소들은 VIIB족의 할로겐(halogen)보다 전기음성도 값이 훨씬 낮다.

2.1.2 이온결합

이온결합은 전기양성(electropositive)을 띠는 원소로부터 전기음성(electronegative)을 띠는 원소로의 전자의 이동(transfer)을 수반한다. 금속원소와 비금속원소로 이루어진 염화나트륨(sodium chloride, NaCl) 고체가 대표적인 예이다. NaCl의 경우, $1s^22s^22p^63s^1$의 전자배치(electronic configuration)를 갖는 전기양성을 띠는 Na원자의 최외곽 껍질에 존재하는 하나의 전자가 Cl원자로 이동한다. 이때, Na원자는 전자 하나를 잃음으로 인해 전기적으로 양성화되면서 양이온(Na^+)이 된다. 전기음성을 띠는 Cl원자의 경우, $1s^22s^22p^63s^23p^5$의 전자배치를 가지며 Na원자로부터 받은 전자가 최외곽의 $3p$ 부껍질을 완전하게 채우면서 폐쇄된다. 이때, Cl원자는 전자 하나를 얻음으로 인해 전기적으로 음성화되면서 음이온(Cl^-)이 된다. 이렇게 Na^+과 Cl^-은 반대의 정전하(electrostatic charge)를 가지면서 서로 끌어당겨지게 되며 이온결합을 형성한다(그림 2.2). 각각의 이온들은 외곽 껍질이 폐쇄되었기 때문에 각 이온의 전자들은 고르게 분산되며 결과적으로 정전하의 분포는 구형적으로 대칭이 된다. 즉, 이온들의 상대적인 위치와 상관없이 한 이온은 반대의 정전하를 갖는 이온을 끌어당기게 되므로 이온결합은 방향성이 없다(nondirectional).

그림 2.3에서 볼 수 있듯이, 이온성 고체(이온결합으로 된 고체)에서는 모든 양이온은 음이온으로 둘러 쌓이며 반대로 모든 음이온은 양이온으로 둘러 쌓이게 되며 이들 이온들은 근접하여 정전기적으로 끌어당겨진다. 이온성 고체는 취성(brittleness)이

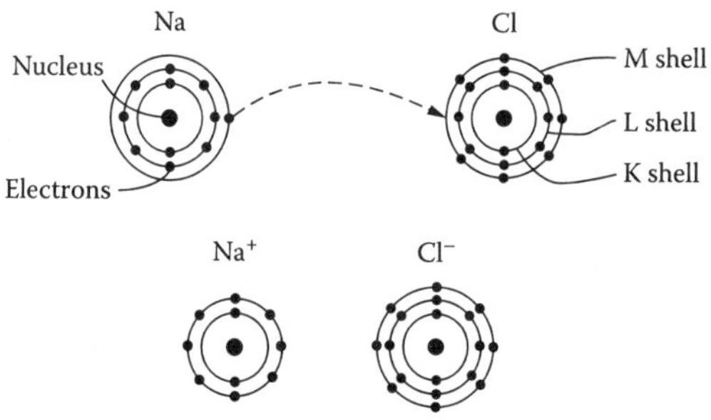

그림 2.2 염화나트륨(NaCl)의 이온 결합. Na은 최외곽 전자껍질에 단 하나의 전자를 갖고 있다. 이 전자는 최외곽 껍질에 딱 하나의 전자를 받아드릴 수 있는 공간이 있는 Cl원자로 이전된다. 이러한 전자의 이전을 통해 생성된 이온들은 서로 반대의 전하를 띠며 따라서 서로를 끌어당긴다.

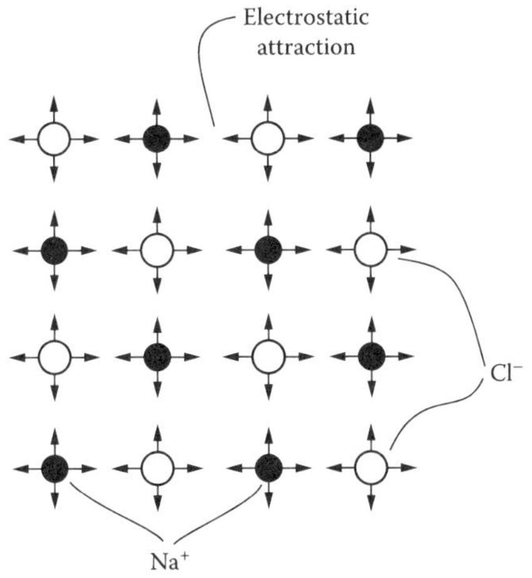

그림 2.3 NaCl의 이온들 사이의 이온결합.

높은데, 이는 파단이 일어나기 전에 변형(deformation)이 잘 일어나지 않기 때문이다. 왜냐하면, 변형이 일어나기 위해서는 원자들이 서로 미끄러지듯 어긋나며 이동해야 하는데 이온성 고체에서의 이러한 원자간의 이동은 같은 전하를 갖는 원자들끼리의 반발(repulsion)이 일어나기 때문이다.

이온결합은 매우 강하기 때문에 이온성 고체들은 경도(hardenss)와 취성(brittleness)이 높으며, 그 결합력(bond strength)은 재료의 경도에 영향을 준다. 즉, 결합력이 클수록 재료는 더 단단하다(4장 참고). 따라서, 염화나트륨(sodium chloride)이나 다른 할로겐화 알칼리(alkali halides, 1족의 금속원소와 7족의 할로겐원소로 구성된 고체), 탄산칼슘(calcium carbonate), 황화구리(copper sulfate), 금속산화물(metal oxide), 그리고 금속황화물(metal sulphide)과 같은 이온성 고체들은 단단하다. 또한, 일반적으로 이러한 이온성 고체들은 높은 녹는점(melting temperature)을 갖는데, 이는 고체를 이루는 원자간 결합력이 클수록 그 결합을 깨고 액체가 되기 위해 필요한 에너지가 크기 때문이다—그렇기 때문에 그만큼 더 높은 온도가 필요하다. 크기가 서로 매우 다른 두 종류의 이온으로 이루어진 이온성 고체들은 비슷한 크기의 이온으로 이루어진 이온성 고체들에 비해 결합력이 더 크며 따라서 녹는점도 더 높다(이온결합의 경우 이온들 간의 거리가 멀수록 결합력은 약하다. 따라서 크기가 서로 다른 이온들 간의 이온결합이 더 강하며, 이는 이온의 크기가 서로 다를수록 작은 이온이 큰 이온에 더 근접하여 결합할 수 있기 때문이다.). 한편, 대부분의 이온성 고체들은 전기 절연체(electrical insulator)임과 동시에 열적 절연체(thermal insulator)인데, 이는 거의 모든 전자들이 이온에 구속되어 있어서 전도(conduction)를 위한 '자유' 전자가 거의 없기 때문이다. 그러나 만약 이온성 고체가 녹는다면 원자들이 이온상태로 존재하게 되므로 전기를 전도할 수 있게 된다.

예제 2.1 이온 결합

요오드화칼륨(potassium iodide, KI) 결정의 (a) 칼륨 이온과 (b) 요오드 이온에 대한 전자배치(electronic configuration)은 각각 무엇인가? 각각의 경우 어떤 불활성 원소와 전자배치가 동일한지를 밝혀라. (각 원소에 대한 전자배치는 부록 C에 나와 있다.)

정답

(a) 요오드화칼륨(KI) 결정의 K^+ 이온은 $1s^22s^22p^63s^23p^6$의 전자배치(electronics configuration)를 가지며, 이는 아르곤(Argon)의 전자배치와 동일하다.

(b) 요오드화칼륨(KI) 결정의 I^- 이온은 $1s^22s^22p^63s^23p^63d^{10}4s^24p^64d^{10}5s^25p^6$의 전자배치를 가지며, 이는 제논(Xenon)의 전자배치와 동일하다.

인력과 척력(Attraction and Repulsion)

우리는 지금까지 이온성 고체의 다양한 이온들을 서로 결속하고 개별 이온결합들을 이루는 것은 정전기적 인력(electrostatic attraction)이라는 사실을 배웠다. 하지만 과연 이온성 고체를 이루는 이온들이 느끼는 힘은 단지 이러한 인력(attractive force)뿐일까?

위의 질문에 대한 대답은 '아니오'이다. 두 개의 이온이 서로 매우 가까워져 그들의 전자껍질이 서로 겹치기(overlap) 시작할 때 발생하는 척력(repulsive force)이라는 힘이 또한 존재한다. 간단히 말하면, 척력은 같은 전하끼리의 정전기적 반발과 **파울리의 베타원리**(Pauli's exclusion principle)에 의한 효과의 조합에 의해 발생하는 것으로 생각할 수 있다(부록 D 참고). 파울리의 베타원리에 의하면, 두 개의 동일한 미립자는 어떠한 경우에도 같은 양자상태(quantum state)를 가질 수 없으며, 따라서 두 이온들에 존재하는 각각의 동일한 두 전자는 같은 전자껍질에서 중첩되는 것이 허용되지 않는다. 두 이온이 매우 근접하여 존재할 수 있는 유일한 길은 두 전자 중 하나가 더 높은 에너지의 전자껍질로 올라가는 것이다. 이를 위해서는 추가적인 에너지가 필요하므로 계(system)의 전체 에너지가 증가하게 되며 그 결과 척력을 발생시킨다. 척력은 이온들이 가까워지면 가까워질수록 더 커지며, 너무 가까워져서 원자핵들이 융합(fusion)되

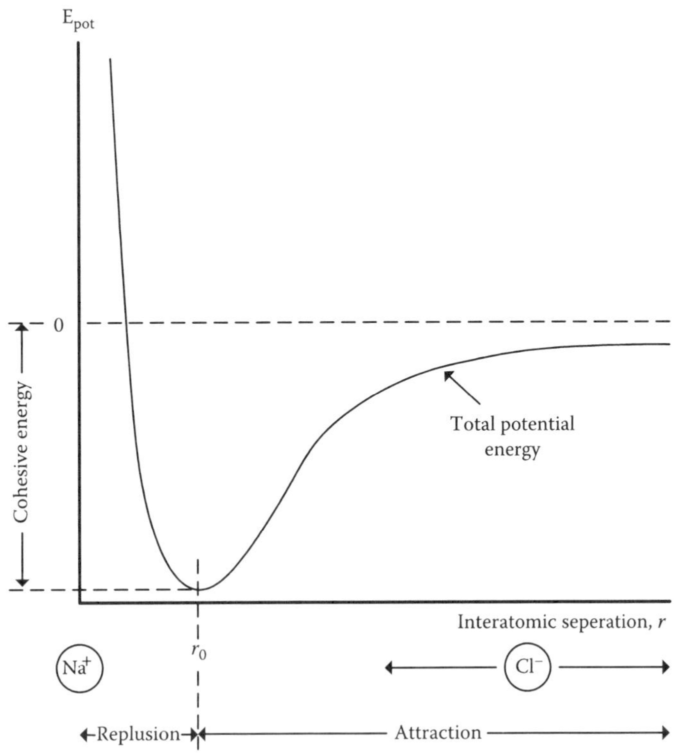

그림 2.4 Na^+ 이온과 Cl^- 이온의 원자간 거리에 따른 포텐셜에너지(potential energy).

는 것을 막아준다.

그림 2.4의 곡선은 Na 이온과 Cl 이온의 거리에 따른 전체 포텐셜에너지(potential energy) 곡선을 나타낸다. [이 포텐셜에너지 곡선은 각각 척력(repulsive)과 인력(attractive)의 요소로 이루어진다.] 이 전체 포텐셜에너지가 최소가 되는 지점에서는 이온들 간에 작용하는 인력과 척력이 서로 상쇄되므로, 이 지점—그림 2.4에서 r_0로 표시된 지점—이 바로 두 이온이 안정된 결합을 이루는 거리가 된다.

결합의 종류에 따라 원자간 인력을 일으키는 기구(mechanism)는 서로 다르지만 결합의 종류에 상관없이 포텐셜에너지 곡선은 그림 2.4에 보이는 것과 유사한 형태를 갖는다. 척력의 경우에는 모든 형태의 결합에 있어서 포텐셜에너지 곡선이 유사할 뿐만 아니라 반발의 기구 또한 동일하며 이 기구는 원자와 이온 모두에 적용된다.

응집에너지(Cohesive Energy)

고체를 개별 원자(혹은 이온)들로 분리시키는데 필요한 에너지를 **응집에너지**(cohesive energy)라고 한다. 응집에너지는 하나의 원자당 약 0.1-10 eV/atom의 값을 가지며, 다양한 고체들의 결합의 세기를 나타내는 유용한 척도이다.

그림 2.4에서 볼 수 있듯이, 두 개의 원자 혹은 이온이 무한히 멀리 떨어져 있을 때, 이들 사이의 포텐셜에너지는 0이다. 포텐셜에너지 곡선이 최소가 되는 지점에서 원자나 이온들이 안정한 결합을 이루게 되므로 응집 에너지는 바로 이 에너지 곡선의 최소점에서의 깊이에 해당한다. (그림 2.4에 잘 나타나 있다.) 강한 이온결합으로 이루어진 이온성 결정의 경우, 응집에너지는 원자당 5-10 eV/atom의 값을 가진다.

2.1.3 공유결합

앞 절에서, 우리는 이온결합의 경우 한 원자에서 다른 원자로 전자가 이동(transfer)함을 배웠다. 이와는 달리, **공유결합**(covalent bonding)은 원자들 간에 원자가전자(valence electron)들을 공유(share)할 때 일어난다. 공유결합은 규소(silicon), 탄소(carbon), 게르마늄(germanium) 등과 같은 주기율표 상의 IVB족 원소에서 일어난다. 2.1.7절에서 다루겠지만, 공유결합은 gallium arsenide(GaAs)나 indium antimonide(InSb)와 같은 III-V족 화합물들을 이루는 결합이기도 하다.

공유결합이 어떻게 일어나는지를 알아보기 위한 간단한 예로서 다이아몬드(diamond)를 살펴보자. 탄소 원자는 주변의 다른 탄소 원자와 네 개의 공유결합을 형성할 수 있는데, 이는 탄소가 $1s^22s^22p^2$의 전자배치를 가짐으로써 다른 원자와 공유할 수 있는 원자가전자(valence electron)의 개수가 4개이기 때문이다. 다시 말해서, 하나의 탄소 원자는 최외곽 전자껍질에 총 8개의 전자를 가질 수 있도록 주변의 다른 4개의 탄소 원자와 각각 4개의 전자를 공유할 수 있게 된다. 그림 2.5(a)는 탄소 원자들 사이의 결합을 2차원적으로 단순화하여 표현한 그림이다.

실제의 다이아몬드 결정에서는 그림 2.5(a)에 나타나 있는 네 개의 각 탄소 원자가 중심이 되어 주변의 4개의 탄소 원자와 결합하면서 3차원적으로 연속적인 구조를 갖는다. 즉, 다이아몬드의 모든 탄소 원자는 자신이 가지고 있는 4개의 원자가전자를 포함하여 결합하고자 하는 주변의 4개의 다른 탄소 원자들로부터 총 4개의 원자가전자를 추가로 공유함으로써 폐쇄된 최외곽 전자껍질을 가지게 된다(부록 C 참고).

이렇듯, 원자가전자의 공유에 의해 형성되는 공유결합은 공유되는 원자가전자들의 방향으로 결합이 형성된다. 따라서, 주변의 4개의 다른 원자들과 결합하는 공유결합성 결정의 경우 총 5개의 원자들이 정사면체(tetrahedral) 배열을 이루는 형태를 가지며[그림 2.5(b)], 이들 공유결합 사이의 각도는 정사면체 각도인 약 109°29′이다.

원자들이 공유결합을 이루기 위해 가까워지면 외곽 전자껍질이 중첩(overlap)되기

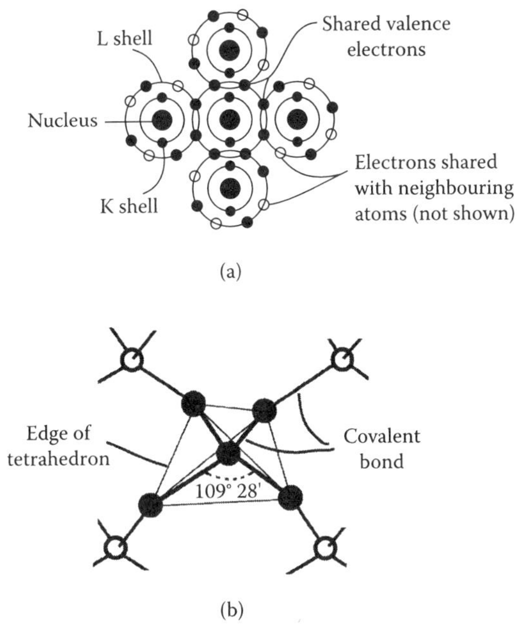

그림 2.5 탄소 원자들 사이의 공유결합에 대한 두 가지 표현. 그림 (a)의 단순화시킨 2차원 도식은 결합의 세부적인 모습을 보여준다. 중심의 탄소 원자는 이웃한 탄소 원자들로부터 각각 전자를 하나씩 공유하여 총 8개의 전자로 구성된 최외곽 껍질을 만들며, 자신이 갖고 있는 4개의 원자가전자(valence electron)를 주변의 원자들과 공유하고 있다. 실제의 고체에서는 그림에 표시된 4개의 주변 탄소 원자들 또한 각각 추가로 3개의 주변 원자들과 공유결합을 이루므로, 결국 모든 각각의 탄소 원자는 총 4개의 원자와 결합한다. 그림 (b)는 다이아몬드(diamond)의 상황에 대한 3차원 이미지를 보여준다. 공유결합은 원자가전자가 위치하는 방향을 따라서만 형성될 수 있기 때문에 각 탄소 원자와 그 4개의 이웃한 탄소 원자는 사면체(tetrahedral) 배열을 갖는다.

시작한다. 이들 원자간의 상호작용에 관한 자세한 현상은 실제로 매우 복잡하다. 간단히 설명하자면, 채워지지 않은 전자껍질의 중첩은 계(system)의 전체 에너지를 최소화시키므로(그림 2.4의 포텐셜에너지 곡선으로부터 알 수 있듯이) 공유결합성 고체를 이루게 된다.

공유결합성 고체에서의 응집에너지는 1-5 eV/atom의 값을 갖는다. 비교적 큰 응집에너지를 갖는 다이아몬드와 같은 공유결합성 고체는 매우 높은 녹는점(다이아몬드의 경우 3550°C 이상)을 가지며, 또한 이온성 고체와 같이 단단하다. 반면, 회주석(grey tin)과 같이 낮은 응집에너지를 갖는 공유결합성 고체의 경우, 비교적 무르며 훨씬 낮은 녹는점(회주석의 경우 232°C에서 녹는다.)을 갖는다. 다이아몬드와 같이 특별히 강한 공유결합으로 이루어진 고체는 매우 우수한 절연체(insulator)이지만, 그렇지 않은 공유결합성 고체들도 많이 있다. 실제로, 반도체(semiconductor)들은 모두 공유결합으로 이루어져 있다(6장과 7장에서 다룰 것이다.). 원자가전자들이 강하게 구속되어 있음으로 인해 절연특성을 갖는 이온성 고체와는 구별되는 이러한 차이는 원자 간에 공유되어 있는 원자가전자들이 어느 정도 움직일 수 있기 때문이다. 2.1.2절에서 보았듯이, 이온성 고체는 용융되었을 때 전기를 전도할 수 있다. 반면, 공유결합성 고체의 경우 용융되어도 구성 원자들이 이온화되지 않기 때문에 전기를 전도할 수 없다.

공유결합성 고체의 원자들은 이온성 고체의 경우에 비해 훨씬 덜 조밀하게 충진되는데, 이는 이온결합과 달리 공유결합은 방향성(directional)이 있기 때문이다. 따라서, 공유결합성 고체는 이온성 고체에 비해 상대적으로 '열린(open)' 구조를 가지며 이에 대해 2.2절에서 더 다룰 것이다.

2.1.4 금속결합

주기율표를 보면(표지 안쪽 참조), 대다수의 원소가 금속 임을 알 수 있다. 금속을 이루는 결합은 공유결합 및 이온결합으로 설명될 수 없다. 금속을 이루는 원자들은 **금속결합**(metallic bonding)이라는 결합으로 결합한다.

금속은 공유결합의 구조를 이루지 못하는데, 이는 금속원자들이 최외곽 전자껍질에 충분히 많은 전자를 갖지 않기 때문이다. 예를 들어, 3차원적인 공유결합성 고체가 형성되려면 4개의 원자가전자가 필요한데 주기율표 상의 IA족의 금속(lithium, sodium, potassium)들과 IIA족의 금속(magnesium, calcium)들은 각각 한 개 및 두 개의 원자가전자를 갖는다. 그럼에도 불구하고, 금속결합은 고체를 이루는 모든 원자들이 갖는 원자가전자를 공유하기 때문에 공유결합의 한 형태로서 생각될 수 있다. 이러한 상황을 시각화하자면, 원자가전자를 잃음으로 인해서 양의 전하를 띠게 된 각각의 금

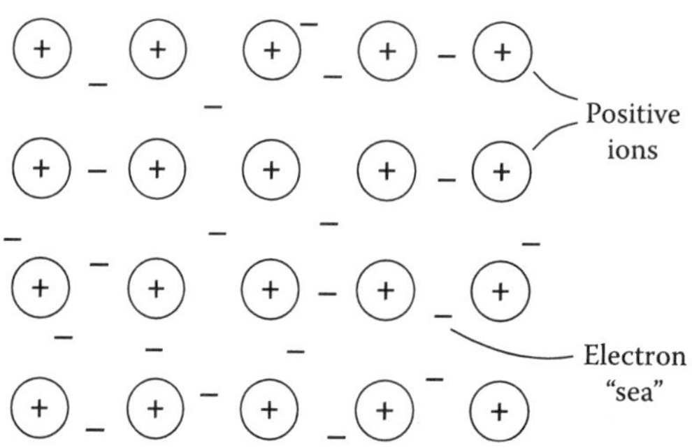

그림 2.6 금속에서는 전자의 '바다(sea)'가 양전하를 띤 이온들을 둘러싸고 있다.

속이온들을 섬(island)으로 생각하고 음의 전하를 띠는 원자가전자들이 그 섬들을 둘러 싸고 있는 바다(sea)라고 상상하면 된다.

금속은 우수한 전기전도체(electrical conductor)이면서 동시에 열전도체(thermal conductor)인데, 이는 원자가전자들이 금속원자(양의 전하를 띠는 금속이온)들에 구속되지 않고 고체 내부를 자유롭게 돌아다닐 수 있게 됨으로써 전도(conduction)에 참여할 수 있기 때문이다(열전도와 전기전도에 관해서는 각각 5장과 6장에서 다룰 것이다.). 금속에서의 전자들은 특정한 국부적인 하나의 결합 혹은 금속원자에 구속되지 않기 때문에 **비편재화**(delocalized)되어 있다고 말한다. 그러나, 금속에서는 비록 전자들이 어떠한 특정 원자에 구속되어 있지 않는 것은 사실이지만, 금속 전체로서는 내부에 구속되어 있다고 할 수 있다. 이러한 금속 내부의 전자들이 밖으로 빠져 나올 수 있으려면 X-ray와 같은 빛을 받아 충분한 에너지를 얻어야만 한다. [이와 같은 전자기 방사(electromagnetic radiation)에 의해 금속으로부터 전자가 방출되는 현상은 광전효과(photoelectric effect)로 잘 알려져 있다.]

공유결합과 달리, 금속결합은 방향성이 없다. 이온성 결정처럼 서로 나란히 배열되어 변형(deformation)을 막는 서로 반대의 전하를 띠는 이온들이 금속에서는 존재하지 않으며, 이는 방향성이 없는 금속결합의 특성과 더불어 금속이 연성(ductility)을 갖게 하는 주된 이유이다(금속은 연성이 있기 때문에 끊어지지 않고 철사와 같이 길게 성형할 수 있다.). 금속은 원자당 약 1-5 eV/atom 범위의 응집에너지를 가지며 따라서 결합력이 약해서 무른 금속도 있는 반면 결합력이 강하여 단단한 금속도 존재한다. 결합력이 약하다는 것은 녹는점(melting temperature)이 낮다는 것을 의미한다. 예를 들어, 낮은 응집에너지를 갖는 수은(Mercury)의 경우 녹는점이 −39°C이며 따라서 상온에서 액체로 존재하는 반면, 강한 금속결합력을 갖는 텅스텐(tungsten)의 경우 녹는점이 3410°C이다.

2.1.5 반 데르 발스 결합

원자들이 서로 결합하여 고체를 이루게 하는 또다른 하나의 방식은 반 데르 발스 힘(van der Waals forces)이다. 반 데르 발스 힘은 분자간 혹은 원자간에 작용하는 약한 정전기력(electrostatic forces)으로서, 분자간의 인력(attraction) 작용을 규명한 기체에 대한 새로운 방정식을 정립한 공로로 1910년 노벨 물리학상을 수상한 독일 물리학자 Johannes Diderik van der Waals(1837-1923)의 이름을 따서 명명되었다.

모든 원자는, 음의 전하를 띠는 전자가 양의 전하를 띠는 원자핵 주위를 따라 움직인다. 따라서, 어떤 순간에 특정 방향을 따라 전자가 원자핵을 차폐(shielding)하는 양은 그 순간에 있어서의 전자의 위치에 따라 다르다. 이는 곧 원자가 핵 주위를 따라 움직이는 전자에 의해 계속해서 변하는 **전기 쌍극자 모멘트**(electric dipole moment)를 가지게 됨을 의미한다. 쌍극자(dipole)는 그 크기는 동일하나 부호가 서로 반대이면서 약간 떨어져 있는 두 개의 전하로 이루어 진다. 전기 쌍극자 모멘트는(7장 참고) 전하의 크기와 전하들 사이의 거리의 곱으로 정의된다. 하나의 원자에 있어서 음의 전기적 전하는 모든 전자들의 전하의 합이며, 마찬가지로 양의 전하는 원자핵의 양성자(proton)들의 개수이다. 반 데르 발스 결합은 한 원자의 순간 쌍극자(instantaneous dipole)가 주변의 원자에 일시 쌍극자(temporary dipole)을 유발하여 끌어당길 때 형성된다(그림 2.7 참조).

이렇듯 인력이 약한 반 데르 발스 힘은 닫힌 외곽 전자껍질을 갖는 불활성 기체(inert gases)가 고체가 될 수 있도록 할 뿐만 아니라, 영구 쌍극자 모멘트(permanent dipole moment)를 갖는 분자들 사이에 인력(attraction)이 발생하게 한다. 반 데르 발스 힘은 모든 고체에 있어서 결합에 기여를 하지만, 이온성 고체와 공유결합성 고체에 미치는 영향은 매우 작으며 이 경우에 있어서는 2차 결합(secondary bonding)의 형태로 간주된다. 하지만, 헬륨(helium)과 네온(neon)과 같은 불활성 기체로 이루어진 고체와 암모니아(ammonia)와 염소(chlorine)와 같은 분자기체(molecular gas)로 이루어진 고체 등에 있어서는 반 데르 발스 결합은 유일하게 적용되는 1차 결합(primary bonding)이다.

반 데르 발스 결합으로 이루어진 대부분의 고체들은 약 0.1 eV/atom의 낮은 응집

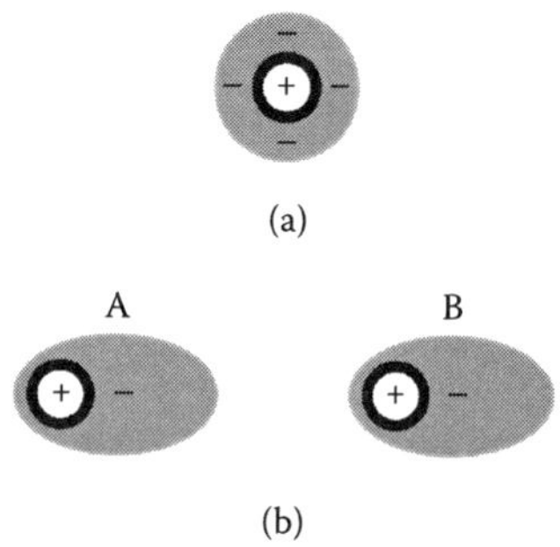

그림 2.7 원자의 전자가 원래 위치에 그대로 머무른다면 (a)에서 보는 바와 같이 핵을 둘러싸는 구형의 대칭적인 '구름(cloud)'으로 표현될 수 있으며, 이 전자 구름은 핵의 양전하를 완전히 상쇄할 것이다. 그러나, 이 전자 구름은 실제로 핵 주위를 움직이므로 항상 모양이 변하며 그 결과 끊임없이 변하는 전기 쌍극자 모멘트를 생성한다. (b)에서 보면, 원자 A의 순간적인 전기 쌍극자모멘트는 원자 B의 쌍극자를 유도했음을 알 수 있다. 이때, 원자 A와 B는 정전기적으로 서로 끌어당기면서 반 데르 발스 결합을 형성한다.

에너지를 가지며, 이렇게 약한 반 데르 발스 힘으로 인해 녹는점이 낮고 또한 무르다. 그러나, 고분자(polymer)나 근육 및 피부와 같은 생체조직을 포함하는 일부 유기(organic) 분자들의 결합은 주로 반 데르 발스 힘에 의해 이루어진다. 이러한 물질들은 비록 약한 결합력에 의해 유연하고 탄성이 있지만 비교적 큰 분자들 사이에서 매우 많은 수의 결합이 발생하기 때문에 꽤 높은 온도까지 고체로 존재한다. 이처럼 많은 수의 반 데르 발스 힘에 의한 누적효과는 gecko라 불리는 도마뱀이 수직으로 벽을 기어오르고 천장에 거꾸로 매달릴 수 있게 한다—Box 2.1: 끈적이는 발가락 참고.

2.1.6 수소 결합

$1s^1$의 전자배치를 갖는 수소 원자는 단 하나의 전자를 가지며 따라서 수소 원자가 결합을 이룰 수 있는 유일한 길은 다른 원자와 공유결합을 이루는 방법뿐이다. 수소 원자가 산소(oxygen), 불소(fluorine), 혹은 질소(nitrogen) 중 어느 한 원자와 공유결합을 이룰 때에는 수소 원자의 원자가전자가 수소 원자보다는 이들 원자에 더 가깝게 붙어 위치하게 된다. 그 이유는 산소, 불소, 질소가 모든 원소 중 가장 전기음성도(electronegativity, 전자를 끌어당기는 능력)가 큰 원소들이기 때문이다. 이때 수소 원자의 핵은 상대적으로 덜 차폐된 상태가 되기 때문에 수소 원자는 효과적으로 양의 전하를 띠게 되며 그 결과 주변의 다른 분자 혹은 수소 원자 자신이 포함된 분자의 음의 전하를 띠는 부분을 유인할 수 있다. 이 같은 유인에 의한 결합이 바로 수소결합(hydrogen bond)이다. 수소결합은 응집에너지가 원자당 0.1-0.5 eV로 이온결합, 금속결합, 공유결합에 비해 약하지만 반 데르 발스 결합보다는 강한 결합이다.

우리에게 친숙한 DNA 분자의 나선 구조는 DNA 분자 내의 여러 부분들 사이에서 발생하는 수소결합 때문에 생기는 것이다. 또한, 수소결합은 단백질을 포함하는 다른 많은 유기 분자들에게서도 찾을 수 있고 물 분자들이 서로 연결되어 얼음이 되는 현상에도 관여한다. 물이 얼 때, 수소결합에 의해 산소원자들이 수소원자들로부터 더 멀리 떨어지게 되므로 얼음은 물에 비해 더 '열린(open)' 구조를 갖게 되며 따라서 밀도가 낮다. 연못에 사는 생물들은 수소결합의 덕을 크게 본다. 왜냐하면, 추운 겨울날 어는 얼음이 물 위에 형성되지 않는다면 연못에 사는 생물들은 생존할 수 없기 때문이다.

예제 2.2 결합 기구

다음의 각 고체에서 어떠한 유형의 결합(bonding)이 존재하는지 설명하고 그 이유를 밝혀라.

Xenon(Xe)

Cesium bromide(CsBr)

Copper(Cu)

Silicon(Si)

정답

(a) Xenon은 닫힌 외곽 전자껍질을 가지고 있어 이온결합, 공유결합, 또는 금속결합에 참여할 수 있는 원자가전자가 없기 때문에, 고체 xenon을 이루는 결합은 반 데르 발스 결합이다.

(b) CsBr는 이온성 고체이다. 그 이유는 cesium의 경우, sodium과 마찬가지로 원자가전자가 하나뿐이므로 강한 전기양성(electropositive)인 반면, bromine의 경우 chlorine과 마찬가지로 원자가전자가 7개이므로 강한 전기음성(electronegative)이기 때문이다. Cesium은 자신이 갖고 있는 하나의 원자가전자를 bromine에 제공하면서 이온결합을 형성한다.

(c) 금속인 copper는 금속결합을 통해 고체를 이룬다.

(d) Silicon은 탄소와 마찬가지로 네 개의 원자가전자를 가지고 있으므로 공유결합을 이룬다. 각 silicon원자는 자신이 가지고 있는 각각의 원자가전자를 이웃한 4개의 원자와 각각 공유함으로써 총 8개의 전자로 이루어진 닫힌 외각 전자껍질을 형성한다.

BOX 2.1 끈적이는 발가락

"하와이로 휴가를 떠났을 때다. 나는 gecko가 거미를 잡아먹기 위해 천장에 거꾸로 매달려 달리는 광경을 보며 '어떻게 저렇게 거꾸로 매달려 기어갈 수 있을까?'라고 혼자 물었다" 미국 Lewis and Clark College의 생물학자인 Kellar Autumn 교수의 일화이다.

Autumn 교수는 그가 가졌던 궁금증에 대한 답을 찾기 위해 미국 University of California at Berkeley, University of California at Santa Barbara, Stanford University 에

서 온 생물학자와 공학자들로 구성된 연구팀을 꾸렸다. 연구자들은 결국 gecko가 천장에 거꾸로 매달릴 수 있게 하는 것은 반 데르 발스 힘—분자와 원자들이 가깝게 있을 때 서로 끌어당기게 하는 힘—이라는 것을 밝혀냈다. 이 발견은 생물학에 대한 우리의 이해를 향상시킬 뿐만 아니라 gecko의 발가락에서 발견되는 원리를 이용한 새로운 접착제를 개발할 수 있게 할 것이다.

밑에 묘사되어 있는 gecko의 발바닥은(Plate 2.1 참고) seta라 일컫는 약 50만개의 작은 털로 덮여 있다. 각각의 seta 털의 끝은 또다시 spatula 라 불리는 수백 개의 미세한 가닥으로 나뉘어져 있는데, 하나의 spatula의 크기는 약 2천억 분의 1미터이며 이 spatula들은 gecko가 기어 다니는 물체와 직접 접촉하게 된다.

Autumn 교수 연구팀은 2000년대 초반에 아주 작은 실리콘 빔(silicon beam) 구조물을 이용하여 이 setae 하나의 접착력을 측정했다. 이 실리콘 빔은 휘어질 때 전기 저

PLATE 2.1 위 사진은 매끈한 유리에 거꾸로 매달려 기어가는 Tokay gecko의 모습을 보여준다. Gecko는 자신이 기어가고 있는 어떠한 표면에서도 발가락을 떼어내면서 발을 내딛는다. 발을 표면에 다시 붙이기 위해서 gecko는 움츠렸던 발가락—seta라고 일컫는 아주 작은 털로 뒤덮힌—을 다시 펴서 그 끝이 표면에 닿도록 한다. 이러한 seta들이 매끈한 유리를 포함한 거의 모든 표면에 잘 붙게끔 만드는 것은 바로 반 데르 발스 힘이라고 하는 분자간 인력이다. (Kellar Autumn, Lewis & Clark College, Portland, Oregon.)

항이 변하는 '압전 저항성(piezoresistive) 결정'으로 덮여 있었다. Gecko가 기어 다닐 때 붙는 것처럼 seta를 빔에 붙이면 빔이 휘어지고 여기서 발생하는 저항의 변화로부터 연구자들은 seta가 얼마나 강하게 접착하는지를 밝혀냈다.

이 결과들로부터 gecko의 기어오르는 능력을 설명할 수 있는 요소로서 흡인(suction)과 마찰(friction)은 배제되었다. 대신, 실험으로부터 측정된 힘의 수치로 미루어 볼 때 모세관 접착(capillary adhesion)—이 현상에 의하면 어떤 고체표면에 결합을 형성하며 묻어 있는 물 분자에 다른 고체표면이 근접했을 때 두 고체표면이 달라붙게 된다—혹은 반 데르 발스 힘이 작용한다는 것을 암시적으로 알 수 있었다(이 보다 앞선 연구를 통해 gecko의 발에서 분비되는 접착제의 존재와 같은 다른 이론들은 이미 배제되었다.).

만약 모세관 접착 이론이 사실이었다면 seta는 소수성(hydrophobic, 물을 싫어하는)의 표면보다 친수성(hydrophilic, 물을 좋아하는) 표면에 더 잘 달라붙었을 것이다. 소수성의 gallium arsenide(GaAs) 반도체 웨이퍼(wafer)와 친수성의 silicon dioxide(SiO_2) 웨이퍼에 센서를 부착하여 힘을 측정하는 연이은 실험을 통해 Autumn 교수 연구팀은 gecko의 발가락이 두 성질의 표면에 모두 강하게 잘 부착된다는 것을

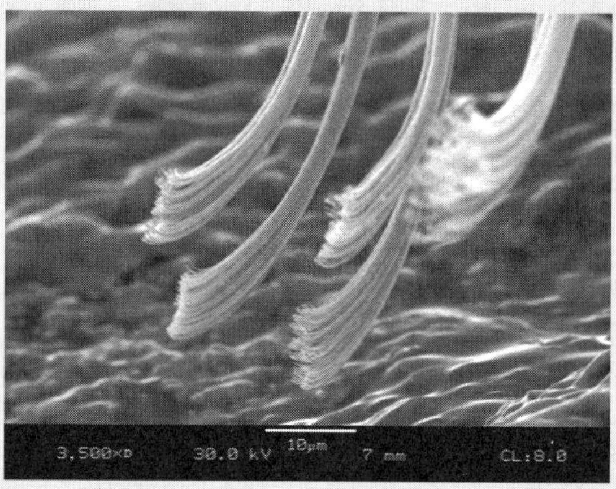

PLATE 2.2 위 주사전자현미경(scanning electron microscope) 이미지는 gecko의 발에 나있는 다섯 가닥의 털(seta)를 보여준다. Seta의 크기는 약 100만 분의 1미터 정도이며, spatulae라고 하는 그 끝의 갈라져 있는 구조체들은 그 크기가 심지어 2000만 분의 1미터로 더 작다. 비록, 이러한 spatulae들이 표면에 상관없이 잘 들러붙게 만드는 힘인 반 데르 발스 힘은 매우 약한 힘이지만, gecko의 발에는 수백만 개의 spatulae가 존재하기 때문에 그 힘들이 더해져서 전체적으로는 강한 인력을 발생시킨다. 이 접착력은 gecko가 발가락 하나로 자신의 몸무게를 지탱할 수 있을 만큼 강력하다. (Kellar Autumn, Lewis & Clark College, Portland, Oregon.)

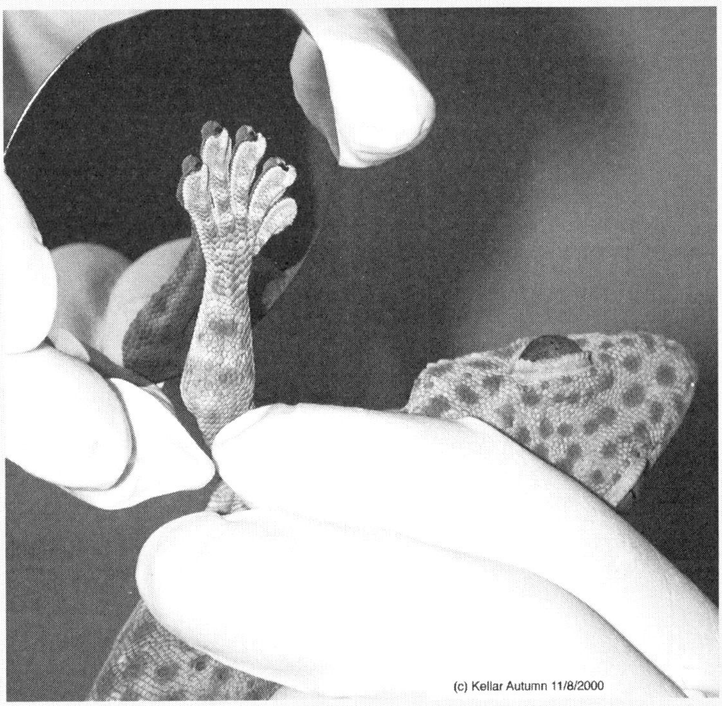

PLATE 2.3 위 사진은 gallium arsenide(GaAs)에 단단히 붙어 있는 Tokay gecko의 발을 보여준다. GaAs와 gecko의 발은 모두 소수성(물을 싫어하는)이라는 사실로 미루어 볼 때, gecko가 벽과 천장을 기어 다닐 수 있게 하는 것은 물 분자의 모세관 접착(capillary adhesion) 때문이 아니라 분자간 반 데르 발스 힘이라는 것을 알 수 있다. (Kellar Autumn, Lewis & Clark College, Portland, Oregon.)

알아냈다(Plate 2.3 참조). 단일 Seta와 gecko의 발가락을 이용한 이 실험들을 통해 모세관 접착 이론은 틀렸음이 입증되었다.

그러나 연구팀은 2002년 실험 결과를 발표하기 전 gecko가 벽과 천장에 붙어 다니는 것이 반 데르 발스 힘에 의한 것이라는 사실을 추가로 입증하였다. 연구팀은 서로 다른 두 소재로부터 인공 seta를 제작하고 이들 인공 seta의 부착력을 측정함으로써 부착력이 소재의 종류와 상관없이 크기와 모양에만 의존한다는 사실을 밝혀냈는데, 이는 반 데르 발스 이론에 의해 예측된 것과 일치했다.

Autumn 교수는 2002년 그의 연구팀이 인공 seta를 이용하여 자정(self-cleaning)이 가능한 접착제를 설계하고 있던 당시, 2004년까지 그러한 접착제 제품이 상용화 될 수 있을 것임을 직감했다고 말했다. 이 접착제는 떼어내기 쉬운 의료용 깁스부터 우주 공간 및 물 속에서도 잘 붙는 테이프, 그리고 흔적 없이 반도체 웨이퍼를 옮길 수 있는 집게도구 등 다양한 응용분야에 적용될 수 있을 것이다. "개인적으로 저는 gecko의 다리를 가진 로봇이 화성을 걸어 다니는 광경을 보고 싶어요"라고 Autumn 교수는 덧붙였다.

2.1.7 혼합 결합

지금까지 우리는 뚜렷하게 구별되는 몇 가지의 서로 다른 결합의 종류들에 대해 살펴보았다. 그러나, 서론에서 언급했듯이 어떤 고체들에서는 이들 서로 다른 결합들이 혼재되어 나타나기도 한다. 고체의 결합이 '혼합(mixed)'되었다라는 것은, 그 고체의 구조 내의 다른 부분에 있어서 서로 다른 결합 기구가 존재한다는 것을 의미하거나 혹은 고체를 이루는 결합이 두 가지 종류의 결합의 조합의 형태라는 것을 의미한다.

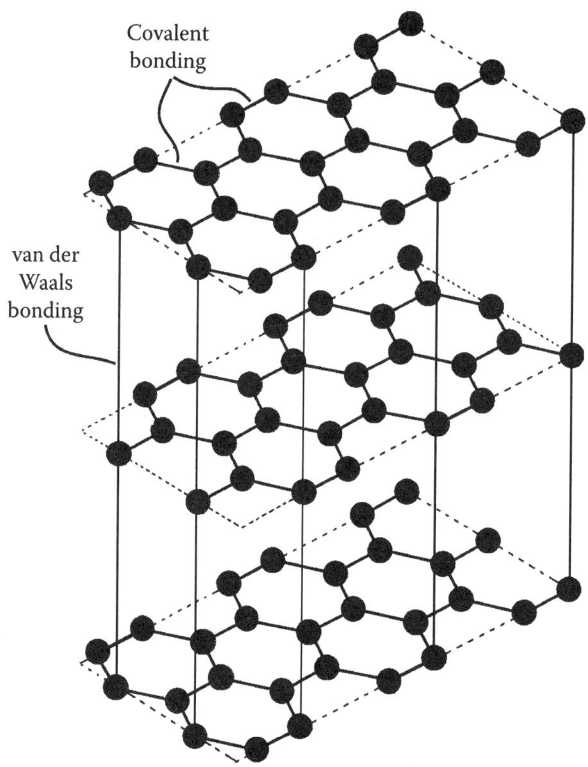

그림 2.8 그라파이트(graphite) 구조의 모식도. 탄소 원자들로 구성된 수평 층은 공유결합에 의해 육각형 형태로 결합되어 있다. 반면, 이 수평 층들은 반 데르 발스 힘에 의해 서로 결합되어 있다. 반 데르 발스 결합은 공유결합에 비해 매우 약하기 때문에, 그라파이트 결정을 수직 방향보다는 육각형의 수평 층과 평행한 방향으로 전단(shear)시키는 것이 훨씬 쉽다.

흑연(Graphite, 그림 2.8)은 두 가지의 서로 다른 결합이 다른 영역에 걸쳐 혼재하는 고체의 좋은 예이다. 흑연의 각 층 내에서는 탄소원자들이 공유결합에 의해 결합하고 있는 반면, 그 개별 층들은 반 데르 발스 힘에 의해 서로 결속한다. 반 데르 발스 결합은 공유결합에 비해 매우 약하기 때문에, 흑연 결정은 수직방향보다는 육각형 층의 수평방향으로 전단(shear)하는 것이 훨씬 쉽다(그림 4.1 참조).

반면, GaAs는 공유결합과 이온결합이 서로 부분적으로 '혼합(mixed)'되어 존재하는 고체이다. 그림 2.9는 순수한 공유결합에서부터 혼합 결합, 그리고 순수한 이온결합에 이르는 다양한 결합의 형태를 묘사한다. 혼합 결합을 갖는 화합물의 경우, 결합의 이온결합적 특성을 나타내는 정도인 '이온도(ionicity)'는 그 결합을 구성하는 원소의 전기음성도에 따라 결정된다. 원소간의 전기음성도의 차이가 클수록, 결합의 이온도는 커진다.

일정 정도 금속결합이면서 동시에 공유결합적 특성을 갖는 결합도 존재한다(니켈과 철 같은 전이금속들이 이러한 혼합 결합을 갖는다).

2.2 결정성 고체

앞 절에서, 우리는 원자들이 서로 결합하여 고체를 이루는 다양한 방식을 살펴보았다. 비록 고체의 물성은 일반적으로 그 고체가 갖는 결합의 종류에 따른 결과로서 결정되지만, 어떤 물성들은 원자들의 기하학적 배열(arrangement)에 의해 영향을 받는다.

고체가 갖는 구조는 두 가지 주된 형태로 나뉜다. 이 절에서 다룰 결정(crystalline) 고체는 규칙적으로 반복되는 원자들로 구성되는 반면, 3장에서 다룰 비정질(amorphous) 고체는 원자들의 배열이 훨씬 무작위(random)적인 구조를 갖는다. 비정질 재료의 물리는 결정 재료에 비해 더 복잡하고 비교적 이해가 덜 이루어져 있다. 따라서, 비록 비정질 구조를 갖거나 비정질과 결정의 중간 정도의 구조를 갖는 고체들이 많이 있지만, 우리는 결정성 고체에 대해 더 자세하게 살펴볼 것이다.

이 절에서 우리는 완벽한 결정 고체의 이상적인 경우에 대해 살펴보겠지만, 현실에서는 그러한 결정 고체들은 모두 결함(defect)를 갖는 다는 사실을 알 필요가 있다(결함에 대해서는 3장에서 자세히 다룰 것이다). 사실, '완벽한 결정'을 성장시키기 위해서는 특별한 기술이 필요하다(7장 참조).

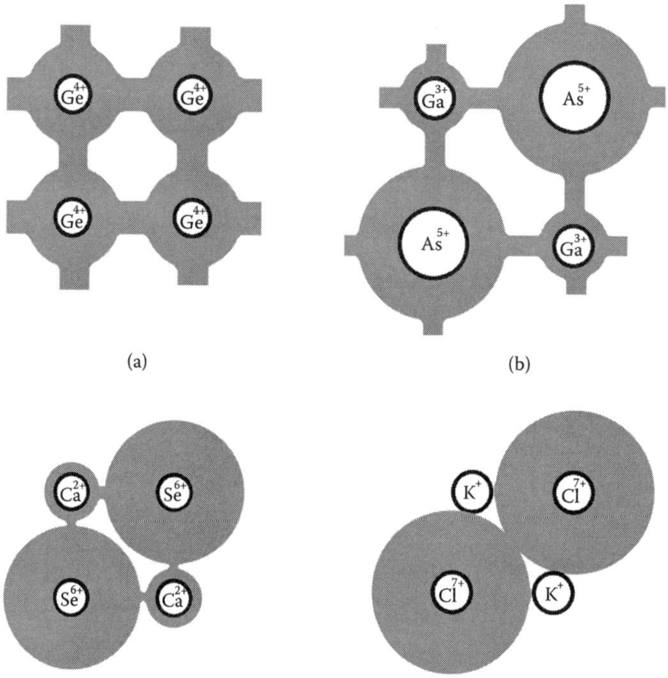

(a) (b) (c) (d)

그림 2.9 공유결합과 이온결합은 동일한 유형의 결합에 대한 두 가지 극단적인 경우로 생각할 수 있다. (a)에는 순수한 공유결합성 게르마늄(Ge) 결정이 표현되어 있다. 각 Ge 원자는 네 개의 원자가전자를 가지는데, 이들은 원자가껍질(valence shell) 내에서 공간적으로 서로 동일한 거리만큼 떨어져 있다. 회색으로 표시된 전자 밀도(electronic density)는 오직 전자가 공유결합을 형성한 방향에서만 높다. (b)에는 갈륨비소(GaAs) 결정이 묘사되어 있다. 비록 GaAs는 공유결합으로 이루어져 있지만 (a)와 비교할 때 원자 사이의 전자밀도가 약간 작을 뿐만 아니라 Ga보다 As 주변의 전자밀도가 더 크므로 GaAs 결정이 이온성 결합의 성질을 약간 가짐을 알 수 있습니다. 따라서, GaAs는 혼합 결합(mixed bonding)을 가진 결정의 예이다. (GaAs의 결합에 대한 예제 2.3 참조.) 혼합 결합의 또다른 예는 (c)에 나와 있는 셀렌화칼슘(CaSe)이다. (d)에 표시된 염화칼륨(KCl)과 같은 완벽하게 이온결합 된 결정의 경우, 하나의 원자가전자를 제공하는 원자는 더 이상 원자가전자가 남아있지 않기때문에 K^+ 이온 주위에 회색 음영이 없다. 전기양성(electropositive) 원자의 원자가전자는 전기음성(electronegative) 원자로 이전(transfer) 되는데, KCl의 경우 이렇게 원자가전자를 이전 받는 전기음성 원자는 chlorine(Cl)이다. (Cl은 7개의 원자가전자를 가지고 있으며 K의 전자를 사용해서 닫힌 최외곽 전자껍질을 형성한다.) 그러나, 전기양성 원자가 2개(또는 3개)의 원자가전자를 가지고 있고 전기음성 원자에 2개(또는 3개)의 전자가 부족한 이온성 결정에서는 외피, 두 구성 원자의 전기음성도(electronegativity)의 차이는 KCl과 같은 결정에서만큼 크지는 않다. 따라서, 이러한 결정의 경우 완전한 전하의 이전(transfer)이 일어나지 않기 때문에 이온 결합이 완벽하지 않다. 예를 들어, CaSe에서 Ca의 두 개의 원자가전자는 Se으로 완전히 이전되지 않는다. 이는 CaSe가 주로 이온결합을 이루고는 있지만, Ca 이온 주변의 작은 전자밀도가 보여주듯이 결합이 부분적으로 공유결합의 성질을 갖는다는 것을 의미한다. (The original version of this diagram was published in Solid State Physics, International Edition, Neil W. Ashcroft and N. David Mermin, p. 388, copyright Elsevier(W. B. Saunders Company], 1976. Reproduced with permission.)

예제 2.3 GaAs의 결합

Gallium arsenide(GaAs)는 중요한 반도체 재료이다. GaAs는 실리콘(Silicon)의 원자들과 같은 위치에 원자들이 배열된 구조를 갖지만, 그 원자들 중 절반은 Ga이고 나머지 절반은 As이다. 각 Ga 원자들은 대칭적으로 인접하는 네 개의 As 원자들을 가지며, 마찬가지로 각 As 원자는 인접하는 네 개의 Ga 원자들을 갖는다. 그러나, 실리콘 원자들이 공유결합에 의해 결합되는 반면, GaAs의 결합은 부분적으로 이온결합성과 공유결합성을 동시에 지닌다. 왜 GaAs 에서는 순수한 공유결합 혹은 이온결합이 불가능한지 설명하라.

정답

각 Ga 원자는 $1s^22s^22p^63s^23p^63d^{10}4s^24p^1$의 전자배치(electronic configuration)를 가지며 3개의 원자가전자(valence electron)와 4개의 최인접 원자(nearest neighbor)를 갖는다. 따라서, Ga 원자는 오직 3개의 인접 원자들과 공유결합을 이룰 수 있다. 그렇다 하더라도, 여전히 외곽 전자껍질은 8개의 전자를 가짐으로써 닫힌 전자껍질을 이루지 못한 채, 단지 6개의 전자만을 갖는다. 물론, 네 번째의 As원자와도 결합하지 못할 것이다.

마찬가지로, $1s^22s^22p^63s^23p^63d^{10}4s^24p^3$의 전자배치를 갖는 As 원자는 5개의 원자가전자를 가지며, 주변의 4개의 Ga 원자와 공유결합을 이룰 수 있는데, 그렇다면 이번에는 최외곽 전자껍질에 너무 많은 수의 전자(총 9개)가 존재하게 된다. 최외곽 전자껍질에 8개의 전자만 존재하도록 하기 위해서는, As 원자가 단지 3개의 Ga 원자와 결합해야 하는데, 이러한 이유로 순수한 공유결합은 불가능하다.

이와 대조적으로, Ga 원자가 가지고 있는 세 개의 원자가전자가 As 원자로 모두 이전(transfer)되어 닫힌 전자껍질을 이룬다면 이론적으로는 순수한 이온결합은 가능하다. 그러나, 세 개의 전자의 이전(transfer)는 매우 큰 에너지의 증가를 수반하게 되므로(두 번째와 세 번째 전자는 더욱 더 양성인 Ga 이온의 핵으로부터 떨어져야 하기 때문이다.), 따라서 순수한 이온결합의 경우도 에너지적으로는 바람직하지 못하다.

실제의 상황은 일부 전자의 이전(transfer)을 통해 이온결합이 발생하며, 동시에 일부 전자의 공유(sharing)을 통해 공유결합도 발생한다.

2.2.1 결정 구조 묘사하기

결정성 고체들은 고체 전체에 걸쳐 3차원적으로 반복적인 패턴으로 배열된 원자들로 구성된다. 이 원자들이 배열된 방식은 결정 구조(crystal structure)라고 일컬으며, 2.2.2절에서 다루겠지만 이들 결정 구조에는 서로 다른 다양한 형태가 있다.

결정 격자(Lattice)와 결정 인자(Basis)

비록 원자와 원자간 결합을 각각 공과 막대기로 사용하여 결정 구조를 나타낼 수 있지만, 결정 구조를 격자의 형태로 묘사하는 것이 종종 더 편리하다. 격자(Lattice)는 점들의 무한한 배열이라고 할 수 있는데, 이들 점들은 어느 한 점에서 바라봐도 주변 상황이 모두 정확히 동일하다.

만약 어느 하나의 격자점(lattice point)을 원점으로 선택한다면, 이 원점과 어떤 다른 한 격자점 사이의 백터 r 은 다음과 같이 주어진다.

$$\mathbf{r} = u_1\mathbf{a} + u_2\mathbf{b} + u_3\mathbf{c} \tag{2.1}$$

여기서 u_1, u_2, u_3는 정수이며 **a**, **b**, **c**는 각각 3차원 공간의 서로 다른 세 방향을 가리키는 격자 벡터 혹은 격자 상수(lattice constant)이다(부록 A 참고).

3차원 공간의 모든 격자점은 가능한 u_1, u_2, u_3 값을 대입함으로써 도달할 수 있기 때문에, 식 2.1은 격자를 수학적으로 묘사할 수 있다. 그러나, 격자를 완전히 묘사하기 위해서는 격자 벡터의 길이 뿐만 아니라 이들 격자 벡터 사이의 각 α, β, γ를 또한 고려해야 한다[격자 벡터와 각을 통칭하여 **격자 변수**(lattice parameter)라고 한다]. 뒤에서 이들 각에 대해 좀 더 자세히 살펴보겠지만, 지금은 잠깐 무시하고 그림 2.10에서 볼 수 있듯이 식 2.1에 의해 어떻게 격자점이 나타내어질 수 있는지에 좀더 집중하도록 하자.

물론, 격자만 가지고서는 특정 결정의 구조가 어떻게 생겼는지 알 수는 없다. 하나의 결정 구조를 나타내기 위해서는 원자들의 **인자**(basis)가 모든 격자점에 더해져야 한다. 인자(basis)는 결합의 종류에 의해 결정되는 간격(spacing)과 방향성(orientation), 그리고 조성(composition)을 갖는 하나의 원자(혹은 이온) 또는 원자 집단(혹은 이온 집단)으로 이루어진다. 예를 들어, 염화세슘(CsCl)의 구조는 두 개의 이온—Cs 이온 한 개 및 Cl 이온 한 개—으로 된 인자를 가지며, 이 인자는 모든 격자점에 있어 동일한 상대적 방향으로 위치한다. 이때, 인자는 예를 들어 한 격자점에 두 개의 Cl 이온이 위치함과 동시에 다른 격자점에 두 개의 Cs 이온 또는 하나의 Cl 이온과 하나의 Cs 이온이 위치하는 상황과 같이 결코 달라질 수 없다. 만약 이러한 상황이 발생한다면, CsCl

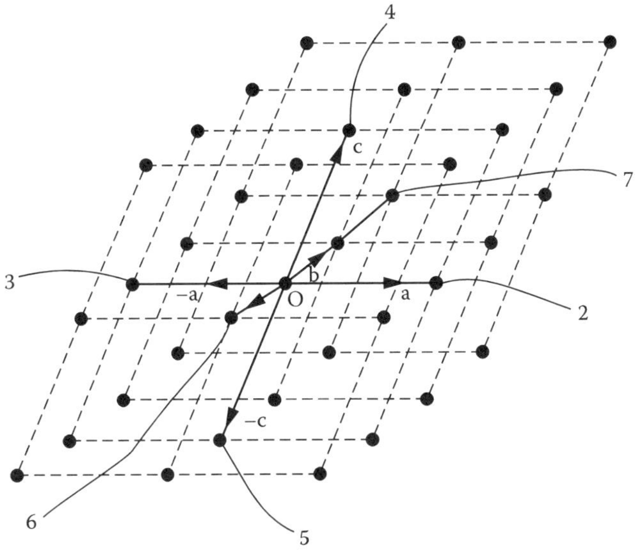

그림 2.10 식 2.1에 다양한 값의 u_1, u_2, u_3를 대입해서 만들어진 3차원 격자(lattice)의 일부분. 단순화를 위해 모든 격자 벡터의 크기는 1이라고 하자. 따라서, o으로 표시된 점을 원점으로 했을 때, 점 2는 식 2.1에 각각 $u_1 = 1$, $u_2 = 0$, $u_3 = 0$을 대입한 결과이며, 점 3의 경우 $u_1 = -1$, $u_2 = u_3 = 0$일 때의 위치이다. 점 4는 $u_1 = u_2 = 0$, $u_3 = 1$, 그리고 점 5는 $u_1 = u_2 = 0$, $u_3 = -1$이다. 점 6의 경우, $u_1 = u_3 = 0$ 및 $u_2 = -1$이며, 점 7의 경우 $u_1 = u_3 = 0$ 및 $u_2 = 2$에 해당한다. 각 격자 점들은 점선으로 연결되어 있는데, 이를 살펴보면 이 3차원 격자의 점 **a**, **b**, **c**는 서로 수직이 아님을 알 수 있다. 그러나, 곧 다루겠지만, 입방(cubic) 격자와 같이 α, β, γ가 모두 90°인 격자도 있다.

결정 구조는 생길 수 없다. [사실, 이러한 배열은 무작위적(random)으로 되어버리기 때문에 어떠한 결정성 고체도 형성시킬 수 없다.]

그림 2.11은 가상의 두 가지 원자로 구성된 2차원 결정 고체의 격자점, 인자, 그리고 결정 구조를 보여준다. (그림에서 볼 수 있듯이, 때로는 인자를 구성하는 한 원자의 중심이 격자점과 일치하기도 하지만 항상 그래야 하는 것은 아니다.) 이 격자점이 하나의 원자로 구성된 인자와 함께 결정 구조를 묘사하기 위해 사용된다면, 각 격자점에 하나의 원자만 위치하게 될 것이다. 결정 구조는 하나에서부터 수천 개의 원자로 구성된 인자를 가질 수 있으며, 인자의 원자 수와 상관없이 이와 같은 방식으로 결정 구조를 나타낼 수 있다.

단위 정(Unit Cell)

우리는 앞서 결정 구조가 격자점과 인자로 나타내어질 수 있다는 것을 배웠다. 그러나, 결정에서는 원자 집단의 주기적인 반복이 있기 때문에, 결정 구조를 나타낼 때 반드시 무한한 격자로 나타낼 필요가 없다. 그 대신, 결정성 고체는 하나의 작은 '벽돌

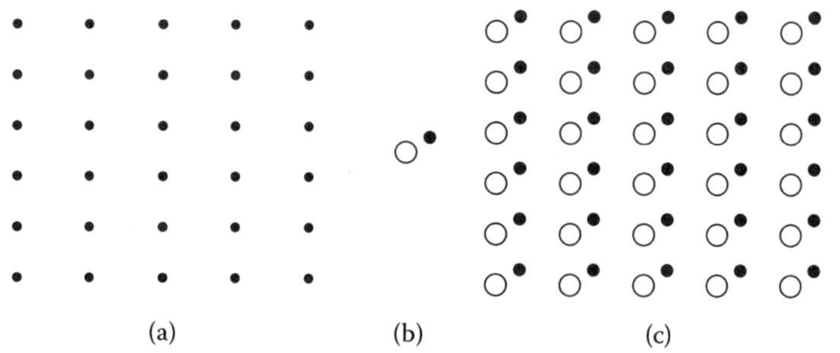

그림 2.11 결정 구조는 격자(lattice)와 결정 인자(basis)로 표시될 수 있다. 이 그림은 가상의 2차원 결정을 나타내는 그림이다. (a)는 격자이며, (b)는 (c)에 그려진 결정 구조를 이루는 원자에 대한 결정 인자인데, 이 결정 인자와 격자를 연관지음으로써 (c)의 결정 구조를 만들 수 있다.

(building block)'에 의해 묘사될 수 있는데, 이 벽돌은 계속해서 반복되어 결정 전체를 이루게 되는 것이다. 이러한 벽돌을 일컬어 **단위 정**(unit cell)이라고 한다.

주어진 격자에 대해 항상 하나 이상의 가능한 단위 정이 존재할 수 있으며, 그림 2.12에는 가상적인 2차원 결정에 대한 다양한 단위 정을 나타내었다. 단위 정은 임의의 한 격자점을 원점으로 선택하고, 3차원 결정의 경우 이 원점과 가장 가까운 세 개의 격자점을 연결하여 평행육면체 형태로생성될 수 있으며, 2차원 결정의 경우 원점과 가장 가까운 두 개의 격자점을 연결하여 평행사변형 형태로 생성될 수 있다. 그림 2.12에서, 가장 왼쪽 하단의 점을 원점으로 간주하면, 표시되어 있는 모든 단위 정들은 이 원점과 이웃하고 있는 두 개의 다른 점을 연결함으로써 생성됨을 볼 수 있다.

A로 표시된 단위 정과 B로 표시된 단위 정의 경우, 단위 정의 영역 내에 실질적으

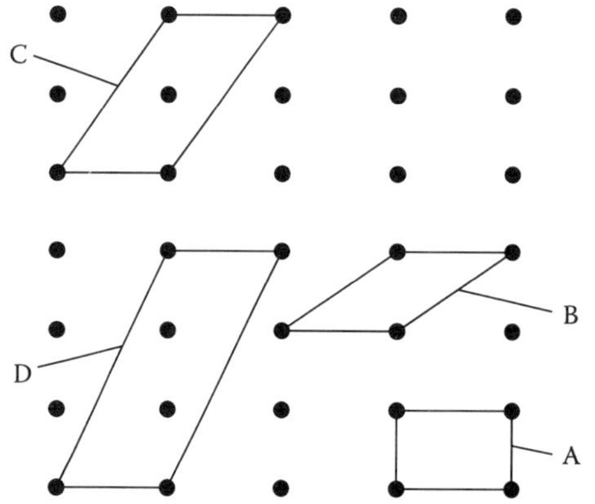

그림 2.12 가상의 2차원 격자에 대한 몇몇 단위 정(unit cell)들의 예시. 단위 정 A와 B는 원시 정(primitive cell)인데, 그 이유는 이들이 하나의 격자점을 가지면서도 각 단위 정의 반복을 통해 전체 격자를 생성할 수 있는 최소한의 넓이를 갖기 때문이다. 이와 대조적으로, 단위 정 C와 B는 하나 이상의 격자점을 포함하므로 원시 정이 아니다.

로 네 꼭지점의 4분의 1씩만 포함되므로 각각 총 하나의 격자점을 포함하게 된다. 이렇듯 하나의 격자점을 포함하는 단위 정을 **원시 단위 정**(primitive unit cell)[혹은 줄여서 **원시 정**(primitive cell)]이라고 한다. 이 원시 정은 최소 부피(3차원) 혹은 최소 넓이(2차원)를 갖는 단위 정이며, 이 원시 정이 반복될 경우 전체 결정 구조를 구성할 수 있다.

그림 2.12의 왼쪽에는 또 다른 단위 정들이 그려져 있다. 이 두 단위 정들은 A, B 원시 정에 비해 더 넓은 면적을 가지며, 내포하고 있는 격자점의 수도 더 많다. C로 표시된 정의 경우 총 두 개의 격자점을 포함하고 있으며, D로 표시된 정의 경우 총 세 개의 격자점을 포함한다. C, D와 같이 한 개 이상의 격자점을 포함하는 정을 **비원시 단위 정**(non-primitive unit cell)이라고 일컫는다. 원시 정과 마찬가지로 이들 비원시 단위 정들도 반복됨에 의해 결정 구조 전체를 나타낼 수 있다.

비원시 단위 정은 원시 정에 비해 비록 더 복잡하지만, 비원시 정의 대칭성이 결정의 대칭성을 더 잘 반영하기 때문에 때로 결정 구조를 나타내기 위해 사용되기도 한다. 뒤에서 비원시 입방(cubic) 단위 정인 면심 입방(face-centered cubic) 격자를 다루면서 이에 대해 다시 살펴볼 것이다.

물론 실제의 결정 구조는 3차원적이기 때문에 3차원 결정 구조를 나타내기 위해서는 3차원 격자와 3차원 단위 정이 필요하다. 그림 2.13은 3차원 격자에 대한 가능한 단위 정을 보여준다. 그림 2.10을 다시 참고해 보면, 3차원 단위 정의 모서리(edge)는 식 2.1에서 정의된 격자 벡터 **a**, **b**, **c**이다. 따라서, 이들 격자 벡터의 크기는 단위 정에서 각각 상응되는 모서리의 길이에 해당한다.

단위 정의 정확한 물리적인 크기를 알기 위해서는 추가적으로 격자 벡터 사이의

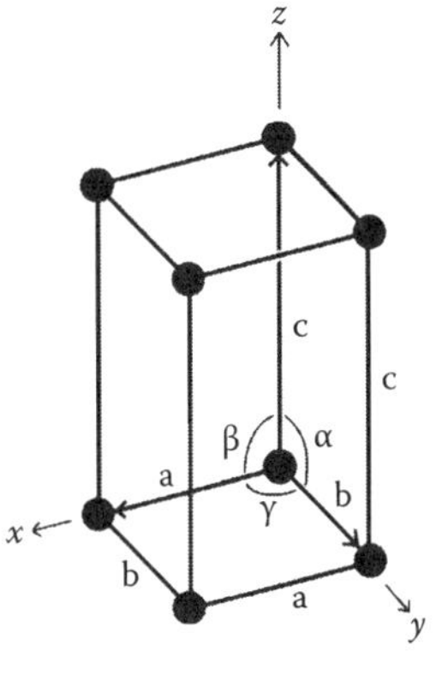

그림 2.13 결정 축 x, y, z와 이들 사이의 각 α, β, γ가 나타나 있는 3차원 단위 정(unit cell). 임의의 방향으로 인접해 있는 두 격자점 사이의 거리는 해당 방향의 격자 벡터의 크기와 항상 동일하므로, 단위 정의 모서리(side)들은 식 2.1의 격자 벡터 **a**, **b**, **c**와 같다. 그러므로, 각 모서리의 길이는 각각의 격자 벡터의 크기와 동일하다.

각 α, β, γ를 알아야 한다. 결정 축 x, y, z는 이들 각 α, β, γ에 따라 다르게 설정된다. 예를 들어, 입방 격자의 단위 정은 서로 수직인 x, y, z축을 따라 최인접(nearest) 격자점을 서로 연결함으로써 구성될 수 있는데, 이는 카르테시안 좌표계(Cartesian coordinates)를 형성한다(부록 A 참고).

브라베 격자(Bravais Lattice)와 결정계(Crystal Systems)

1845년, 프랑스 물리학자인 Augeste Bravais(1811-1863)는 식 2.1을 만족하면서 존재할 수 있는 가능한 모든 3차원의 원시 및 비원시 단위 정들이 14개의 유형으로 분류될 수 있다는 사실을 밝혀 내었는데 이것이 바로 '브라베 격자(Bravais lattices)'이다(표 2.1). 표 2.1에 나타나 있듯이, 이 브라베 격자는 다시 서로 다른 결정 축을 갖는 7개의 결정계(crystal systems)로 분류될 수 있다. 다시 말하면, 14개의 브라베 격자를 모두 생성할 수 있기 위해서는 서로 다른 단위 벡터 **a**, **b**, **c**와 그들 사이의 각의 조합을 갖는 7개의 결정 축이 필요하다는 것을 의미한다.

원시 브라베 격자는 그림 2.12의 원시 단위 정 A와 B의 3차원 버전이라고 할 수 있다. 이들 원시 브라베 격자의 경우, 8개의 정 꼭지점에 위치한 각 격자점의 8분의 1씩이 모여진 단 하나의 격자점을 포함한다. 이와 반면, 체심 입방(body-centered) 브라베 격자의 경우 그 명칭이 암시하듯이 정 중앙에 하나의 격자점이 추가로 존재하므로 그림 2.12의 정 C에 해당하는 비원시 격자이며 따라서 총 2개의 격자점을 포함한다.

표 2.1 The 14 Bravais Lattices and 7 Grystal Systems

Crystal System	Crystal Axes	Bravais Lattices	Materials with this Structure
Cubic	$\alpha = \beta = \gamma = 90°$ $a = b = c$	P (primitive) F (face-centred) I (body-centred)	Po, Cu, Au, Ag, Li, K, Fe, Diamond
Tetragonal	$\alpha = \beta = \gamma = 90°$ $a = b \neq c$	P (primitive) I (body-centred)	Rutile (TiO_2), Zircon ($ZrSiO_4$)
Orthorhombic	$\alpha = \beta = \gamma = 90°$ $a \neq b \neq c$	P (primitive) I (body-centred) F (face-centred) C (base-centred)	S, Ga, Cl (at 113K), Topaz
Hexagonal	$\alpha = \beta = 90°; \gamma = 120°$ $a = b \neq c$	P (primitive)	Be, Mg, Ti, Zn, Cd, Emerald
Trigonal	$\alpha = \beta = \gamma \neq 90°$ $a = b = c$	P (primitive)	Hg, Sb, Bi, As, Amethyst
Monoclinic	$\alpha = \beta = 90° \neq \gamma$ $a \neq b \neq c$	P (primitive) C (base-centred)	Gypsum, Orthoclase
Triclinic	$\alpha \neq \beta \neq \gamma \neq 90°$ $a \neq b \neq c$	P (primitive)	Axinite, Turquoise

2.2.2 결정 구조

단순 입방(Simple Cubic) 구조

결정성 고체가 가질 수 있는 가장 기본적인 구조 중 하나가 바로 단순 입방(simple cubic) 구조이다(줄여서 'sc'라고 표시하기도 함). 그림 2.14(a)에 나타나 있는 단순 입방 격자는 그 명칭이 암시하듯이 $a = b = c$와 $\alpha = \beta = \gamma = 90°$ 조건을 만족하는 정육면체(cube)이다. [브라베 격자를 언급함에 있어 '격자(lattice)'라는 용어는 단위 정을 의미하는 것이며, 따라서 그림 2.14(a)의 단위 정은 단순 입방 '격자'라고 기술할 수 있다.] 단순 입방 구조는 흔한 구조가 아니다; 사실 단순 입방 구조를 갖는 재료는 희귀 금속인 polonium(Po) 뿐이다. 뒤에서 살펴보겠지만, 그럼에도 불구하고 sc에 기반한 구조를 갖는 화합물들이 몇몇 있으며 염화세슘(CsCl)과 염화암모늄(NH_4Cl)이 그 대표적인 예이다.

단순 입방(sc) 구조를 갖는 원소의 인자는 단 하나의 원자로 구성되는 반면, sc 화합물의 인자는 두 개 이상의 원자로 구성된다. 우리는 앞서 2.1.1절에서 인자를 구성하는 원자의 중심이 반드시 격자점과 일치하지 않아도 된다는 것을 배웠지만, 편의상 통상 일치한다고 간주한다. 즉, 일반적으로 단위 정의 각 꼭지점에 원자의 중심이 위치한다고 할 수 있으며, 단순 입방 구조의 경우 모든 원자의 중심이 정육면체의 꼭지점에 위치한다.

실제의 polonium 결정에서는, 그림 2.14(a)의 단순 정육면체가 상하좌우로 적층되어 그림 2.14(b)에 나타난 것과 같은 완전한 고체를 형성할 것이다. 따라서, 이 구조 내의 어떤 원자를 보더라도 그 원자가 표면에 위치한 원자가 아닌 이상 모두 동일한 **최인접 원자**(nearest neighbors)의 개수를 가지게 된다. 이러한 최인접 원자의 개수는 한 격자의 특성이 되는데, 이를 **배위수**(coordination number)라고 한다. 그림 2.14(b)에서, A에 위치한 원자의 경우 B, C, D, E, F, G에 위치한 원자들이 최인접 원자들이며, 따라서 단순 입방 구조의 배위수는 6이다.

결정 구조를 이루는 각 원자들은 최인접 원자들과 결합하게 되는데, 금속결합의 경우 방향성이 없기 때문에(2.1.4절 참조), 대부분의 금속들은—다음 절에서 좀 더 자세히 다룰 것이다—상대적으로 큰 배위수와 함께 조밀한 원자 구조를 갖는다. 반면, 공유결합으로 이루어진 고체의 경우 원자의 배치가 그다지 조밀하지 않는데, 이는 공유결합성 고체가 4개의 최인접 원자를 가질 수 밖에 없으며 이들 인접 원자들 사이의 각이 정해져 있기 때문이다(그림 2.5 참조).

단순 입방(simple cubic) 격자는 각 꼭지점에 각각 하나씩의 격자점을 갖고 이들 개

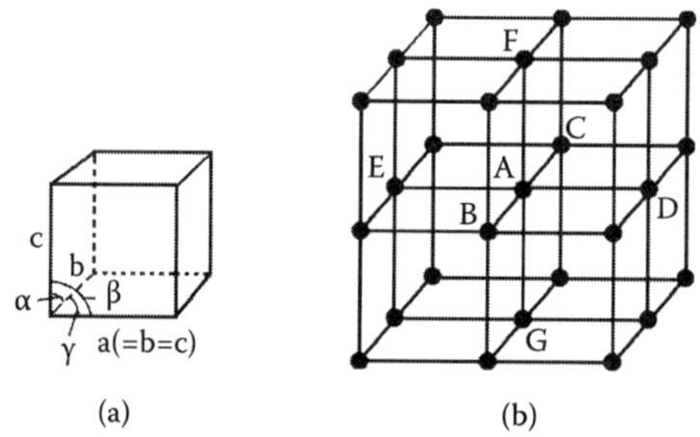

그림 2.14 (a) 각 α, β, γ가 모두 90°인 단순 입방(simple cubic) 격자. (b) 폴로늄(polonium) 결정의 일부분을 나타낸 그림. 실제의 결정에서는 (a)의 단위 정이 계속 반복되어 전체 구조를 형성한다. 따라서, 이 고체를 이루는 각 원자들은 모두 동일한 수의 최인접 원자를 갖는다.

별 격자점의 부피의 8분의 1씩만 정의 체적 내부에 포함된다. 따라서, $8 \times 1/8 = 1$이므로 sc 단위 정의 체적 내에는 총 1개의 격자점이 존재하기 때문에 sc 단위 정은 원시 단위 정이다. '단순(simple)' 입방 격자는 '원시(primitive)' 입방 격자 또는 Cubic P라고 표현할 수도 있다(표 2.1 참고).

본 교재를 포함한 다른 교과서들에서도조차 보통 격자점에 위치하는 원자들이 서로 꽤 떨어져 있는 것처럼 종종 묘사되지만, 실제로 원자들은 그렇게 서로 멀리 떨어져 있지 않다. 원소금속(elemental metal)과 헬륨을 제외한 VIII족 원소들의 구조를 논할 때에는, 원자는 서로 맞닿아 있는 딱딱한 구체(hard sphere)로 간주된다. 그림 2.15(a)의 단순 입방의 예에서 볼 수 있듯이, 격자 변수 **a**의 길이는 이들 고체의 원자들이 얼마나 밀집해 있는지 알려준다. 이는 곧 원자 반지름 r이 계산될 수 있다는 것을 의미한다. 예를 들어, 그림 2.15(a)로부터 $2r = \text{a}$이며 따라서,

$$\therefore \text{ 단순 입방에 대해 } r = \text{a}/2 \tag{2.2}$$

다시 그림 2.15(a)를 보면, 단순 입방 구조의 경우 원자들이 정합적으로 적층하고 있는 것을 알 수 있으며 또한 최인접 원자의 개수를 파악할 수 있다. 그림 2.15(a)를 보면, 단위 정을 구성하는 어떤 원자도 각각 동서남북 방향으로 네 개의 원자들과 맞닿아 있음과 동시에 또한 상하 방향으로도 원자들이 정합하여 적층되어 있기 때문에 총 6개의 최인접 원자를 갖는다는 것을 알 수 있다. 앞서 살펴본 유일하게 단순 입방 구조를 갖는 Po(polonium)의 경우, 각 격자점에 하나의 Po 원자가 위치하게 되며, 따라서 그림 2.16에서 볼 수 있듯이 Po의 단순 입방 격자의 체적 내에는 단 한 개의 원자가 포함된다.

이러한 단위 부피당 원자의 개수를 원자 밀도(atomic density)라고 하며, 단순 입방 구조를 갖는 원소의 경우에 있어서 원자 밀도는 다음과 같다:

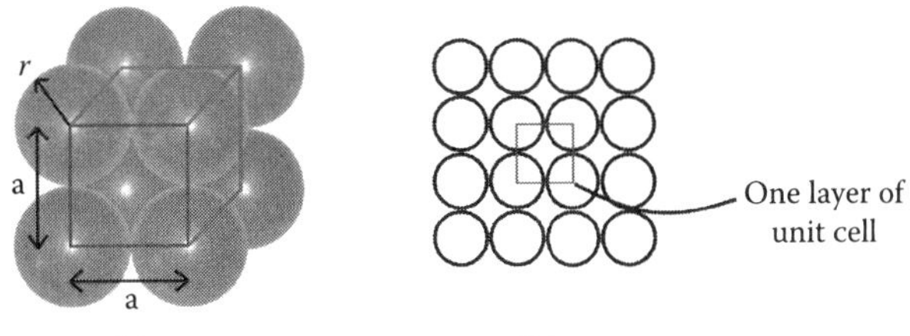

그림 2.15 (a)의 단순 입방 구조는 (b)에 나타나 있는 원자 층들이 층층이 쌓여서 형성된다.

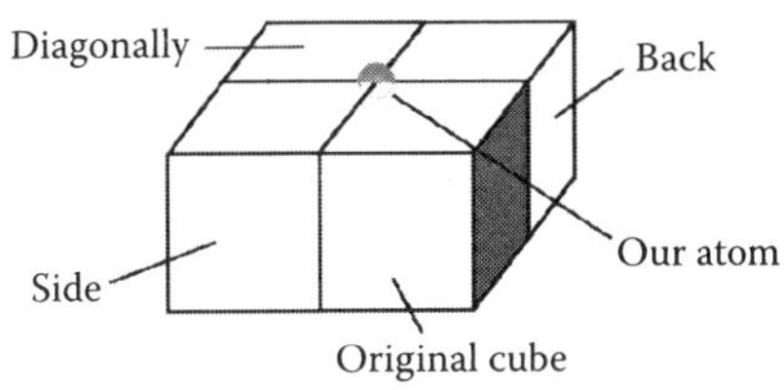

그림 2.16 이웃하고 있는 네 개의 입방 단위 정 및 이 단위 정들이 공유하는 원자들 중 하나. 실제의 결정은 이 단위 정이 반복되어 전체 구조를 형성하며 임의의 입방 단위 정은 7개의 주변 단위 정들로 둘러 쌓여 있으므로, 각 꼭지점에 있는 원자는 사실 8개의 단위 정들에 의해 공유된다. 그림에 표시된 'original cube'는 한 꼭지점에 원자가 하나만 있는 가상의 입방 단위 정을 나타낸다. 이 단위 정은 각각 뒷면과 측면, 그리고 대각선 방향에서 그림에 나타나 있는 단위 정들과 인접해 있기 때문에, 왼쪽 상단 꼭지점에 표시된 원자의 부피의 절반이 그림에 나타나 있는 단위 정들과 공유되어 있다. 실제의 결정을 고려한다면, 나머지 절반의 부피는 그림에 표시된 단위 정들의 위에 있는 또다른 4개의 단위 정들에 공유된다. 해당 원자의 총 부피가 8개의 단위 정들에 공유되므로, 그림에 표시된 각 단위 정에는 원자의 8분의 1만큼이 포함된다. 이제, 모든 각 꼭지점에 원자 하나씩이 위치하는 단순 입방 단위 정을 상상해 본다면, 이 단위 정은 결과적으로 하나의 원자를 포함하는 것이라고 볼 수 있다. 그 이유는, 각 꼭지점에 위치한 8개의 각각의 원자 부피의 8분의 1만큼만이 해당 단위 정에 포함되므로 $8 \times 1/8 = 1$이기 때문이다.

$$\text{단순 입방 결정의 원자 밀도} = (1/a^3)\ \text{atoms/m}^3 \qquad (2.3)$$

여기서 a는 격자 변수의 길이이며 따라서 a^3은 단위 정의 부피이다.

체심 입방(Body-centered) 구조

원자는 고체로 결정화하면서 에너지를 최소화 하기 위해 항상 자연적으로 밀집하려고 하는 경향이 있다. 이는 조밀한 구조가 덜 조밀한 구조에 비해 항상 더 안정하다는 것을 의미하며, 이는 왜 단순 입방 구조를 갖는 물질이 거의 없는지를 잘 설명한다. 반면, 그림 2.17(a)에서 볼 수 있듯이, 단순 입방 구조의 중앙에 추가로 하나의 격자점이 있다면 자유 공간(free space)이 훨씬 더 줄어들게 된다. 이러한 구조를 체심

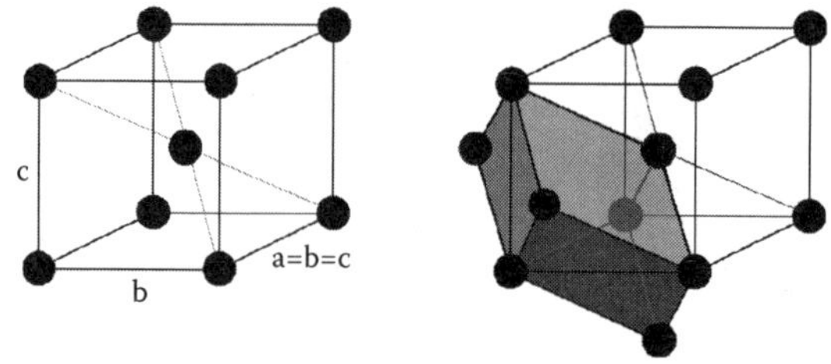

그림 2.17 (a) 체심 입방 격자(body-centered cubic) 및 (b) bcc 구조에 대한 하나의 가능한 원시 정(primitive cell) [이 원시 정은 입방 구조가 아닌 점에 주목하라. 그럼에도 불구하고 (a)와 비교할 때 (b)에서 추가된 세 개의 원자들은 주변의 인접한 단위 정들에서는 모두 체심 입방 구조에 해당하는 원자들이다.]

입방(body-centered) 구조라 하며(줄여서 'bcc'로 표시한다), lithium(Li), sodium(Na), potassium(K), rubidium(Rb), cesium(Cs), chromium(Cr), molybdenum(Mo), tungsten(W), iron(Fe) 등과 같은 많은 금속들이 체심 입방 구조를 갖는다.

그림 2.17(a)에 묘사되어 있는 체심 입방 단위 정(bcc)은 그림 2.12에서의 정 C의 3차원 버전이라고 할 수 있으며, 따라서 단위 정 내에 총 2개의 격자점을 갖는 비원시 정이다. 이와는 달리, 그림 2.17(b)에 나타나 있는 원시 정은 단지 하나의 격자점을 포함하고 있다는 것을 볼 수 있다. 이는 이 구조에서 선택할 수 있는 가능한 원시 정 중 하나일 뿐이다. 그러나 bcc 원시 정은 정의에 의해 하나의 격자점만 포함할 수 있기 때문에 단위 정 부피의 절반만 가져야 한다. 더 많은 격자점을 포함한다는 점에서 다소 복잡하긴 하지만, bcc 구조를 나타내는 데에는 그림 2.17(a)에 나타나 있는 단위 정이 사용되는데, 그 이유는 이 단위 정의 대칭성이 어떠한 다른 가능한 원시 정보다 실제의 bcc 결정의 대칭성을 더 잘 반영하기 때문이다.

각 격자점에 하나의 원자를 포함하는 bcc 구조를 갖는 원소금속을 고려하면, sc 구조에 대해 수행한 것과 같은 방식으로 체심 입방 구조의 원자 밀도에 대한 식을 유도할 수 있다. Bcc 구조의 경우, 단위 체적당 총 두 개의 원자를 가지며, 따라서 원자 밀도는 다음과 같다:

$$\text{체심 입방 결정의 원자 밀도} = (2/a^3)\ \text{atoms/m}^3 \tag{2.4}$$

예제 2.4 질량 밀도

격자 변수(lattice parameter)가 0.350 nm 인 lithium(Li)의 질량 밀도를 계산하여라.

정답

Lithium의 결정 구조는 체심입방(bcc)이며, 앞서 살펴본 바와 같이 bcc의 원자 밀도는 ($2/a^3$) atoms/m^3이다. 만약 당신이 구해야 하는 값이 원자 밀도가 아닌 질량 밀도라면, 답을 구하기 위해서 할 일은 단위 정에 있는 원자의 개수와 그 원자의 원자 질량을 곱하는 것이다. 따라서, 이 문제에서는 Li의 원자 질량에 2를 곱하면 된다.

$$\therefore \text{bcc 결정의 질량 밀도} = \frac{2 \times M_{atom}}{a^3}$$

주기율표에 나와있는 Li의 원자 질량은 6.94 u이다. 즉, $6.94 \times (1.6604 \times 10^{-27}) = 1.150 \times 10^{-26}$ kg이다. (원자 질량 단위에 대해서는 부록 C를 참고해라.)

$$\therefore \text{Li의 질량 밀도} = \frac{2 \times 1.152 \times 10^{-26}}{\left(0.350 \times 10^{-9}\right)^3} = 537.376 \text{ kg m}^{-3}$$

(a의 단위가 nm로 주어졌기 때문에 계산 후에 항상 SI 단위로 변환해야 함을 기억해라.)

Bcc 구조를 갖는 결정의 원자 반지름에 대한 표현을 유도하기 전에, bcc 구조를 형성하기 위해 어떻게 원자 층이 적층되는지를 살펴보는 것이 유용하다. 첫 번째 원자층은 그림 2.18(a)에서 보는 바와 같이 배열된다. 두 번째 원자 층은 그림 2.18(b)에서처럼 첫 번째 층의 원자들 사이의 공간을 덮는다. 마지막으로, 세 번째 원자 층은 첫 번째 원자 층의 바로 위쪽의 정합적인 위치를 차지하게 된다[그림 2.18(c)]. Bcc 구조는 첫 번째 층에서 네 개의 원자와 세 번째 층에서 네 개의 원자 모두가 최인접 원자로서 작용하기 때문에 배위수는 8이 된다.

체심 입방 구조의 원자들이 어떻게 밀집해 있는지에 대해 좀더 생각해 보면, 단

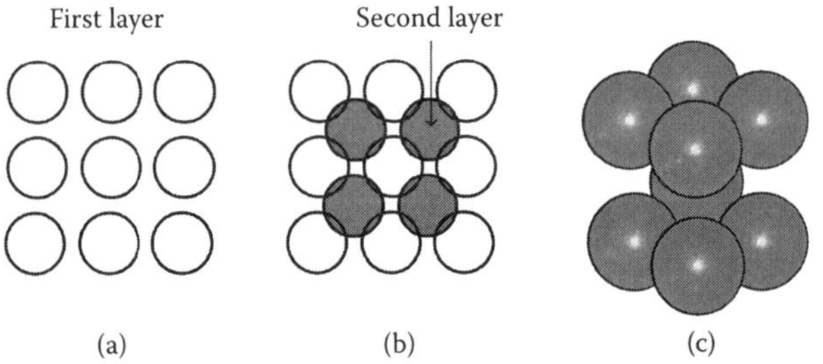

그림 2.18 위 그림의 순서대로 원자 층을 쌓으면 bcc 구조가 형성된다.

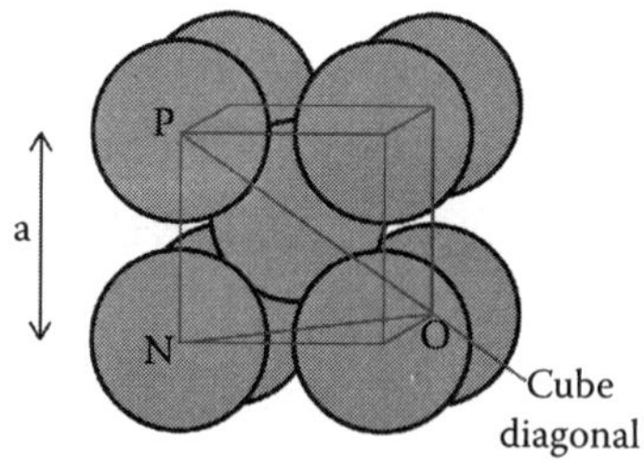

그림 2.19 bcc 결정에서는 원자가 [111] 방향의 입방 대각선을 따라 서로 '닿고 있다(touch)'. (단위 정의 방향과 면의 표시 방법에 대해서는 2.2.7절에서 다루고 있다.)

순 입방 구조와 달리 bcc 구조의 경우는 원자들이 정육면체의 대각선을 따라 맞닿게 된다는 것을 알 수 있다. Bcc 결정에 대한 원자 반지름 r과 격자 변수 **a**의 길이 사이의 관계를 찾기 위해, 우리는 먼저 정육면체의 대각선의 길이를 알아야 하는데 이를 위해 피타고라스의 정리(Phthagoras's theorem)를 사용할 수 있다. 그림 2.19에서, $ON^2 = a^2 + a^2$이므로,

$$\therefore\ OP^2 = ON^2 + a^2 = 2a^2 + a^2 = 3a^2$$

정육면체의 대각선을 따라 세 개의 원자들이 맞닿아 있으므로, $OP = 4r$(중앙 원자로부터 $2r$과 대각선의 각각 양 끝의 원자로부터 $1r$).

$$\therefore\ (4r)^2 = 3a^2$$

따라서,

$$\text{체심 입방에 대해 } r = \frac{a\sqrt{3}}{4} \tag{2.5}$$

물론 비록 실제 원자들은 딱딱한 구체가 아니지만, 이러한 식으로부터 얻어지는 원자 밀도와 반지름에 대한 추산은 구조에 의해 영향을 받는 물성에 대한 계산이 필요할 때 유용하다. 4장에서 살펴보겠지만, 연성(ductility)과 취성(brittleness)은 결정 구조에 의해 영향을 받는 물성들이다. 또한, Box 4.1에서 드러나듯이, 양자점(quantum dot)에 내제하는 응력은 양자점을 구성하는 두 가지 반도체 원소 사이의 원자간격(interatomic spacing)이나 원자 크기의 차이 때문에 발생한다. 고체를 이루는 원자 사이의 거리(또는 원자 반지름)는 X-선 회절을 통해 실험적으로 얻어질 수 있는데, 이에 대해서는 5장에서 자세히 살펴볼 것이다.

면심 입방(Face-centered) 구조

원자들이 조밀하게 밀집할 수 있는 또 하나의 방식은 그림 2.20(a)에 나타나 있듯이 면

심 입방(fcc) 구조를 갖는 것이다. Bcc 구조에서처럼 정육면체의 중앙에 격자점이 존재하는 것 대신에, fcc 구조에서는 정육면체의 각 면(face)의 중앙에 격자점이 존재한다. 이 때문에 fcc 격자는 모든 면에 1이 표시된 주사위와 같다. 주기율표 상 1B 족에 있는 구리(Cu), 은(Ag), 금(Au)와 같은 금속과 니켈(Ni), 백금(Pt)와 같은 몇몇 전이금속들이 fcc 구조를 갖는다. Fcc 구조를 갖는 다른 원소들로는 알루미늄(Al), 스트론튬(Sr), 칼슘(Ca)과 같은 금속과 더불어 네온(Ne), 아르곤(Ar), 크립톤(Kr), 제논(Xe), 라돈(Ra)과 같은 반 데르 발스 고체들도 포함된다.

Fcc 단위 정은 총 네 개의 격자점을 포함하므로, 이 구조를 갖는 원소들은 단위 정당 네 개의 원자를 갖는다. 이들 중 세 개의 원자들에 해당하는 부피는 각 면에 위치한 원자들의 부피가 절반씩 더해져서 만들어지고, 나머지 원자 한 개에 해당하는 부피는 각 모서리에 위치한 원자 부피의 8분의 1씩이 더해져서 만들어진다, 따라서, fcc의 원자 밀도는 다음과 같다:

$$\text{면심입방 결정의 원자밀도} = (4/a^3)\ \text{atoms/m}^3 \qquad (2.6)$$

Fcc 구조에 대한 원시 정이 단 하나의 격자점을 포함하기 위해서는, 그림 2.20(b)에서 볼 수 있듯이, 그림 2.20(a)의 단위 정 부피의 4분의 1만 있어야 한다.

그림 2.20(a)에 나타나 있는 격자점들의 중심에 딱딱한 구 형태로 위치하고 있는 원소 금속(또는 VIII족 원소)의 원자들을 상상해 보자. 이 경우, fcc 구조에서는 원자들이 각 면의 대각선을 따라 맞닿아 있는 것을 명확히 알 수 있다. 그림 2.21(b)는 fcc의 한 면의 반쪽을 나타낸 그림이다.

피타고라스의 정리로부터, $Q^2 = a^2+a^2$이고, $Q = 4r$이므로,

$$\therefore (4r)^2 = 2a^2$$

그리고,

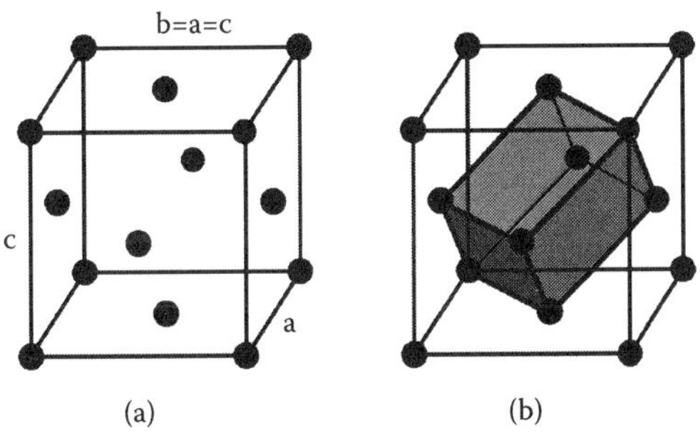

그림 2.20 (a) 면심 입방 격자(face-centered cubic) 및 (b) fcc 구조에 대한 하나의 가능한 원시 정(primitive cell).

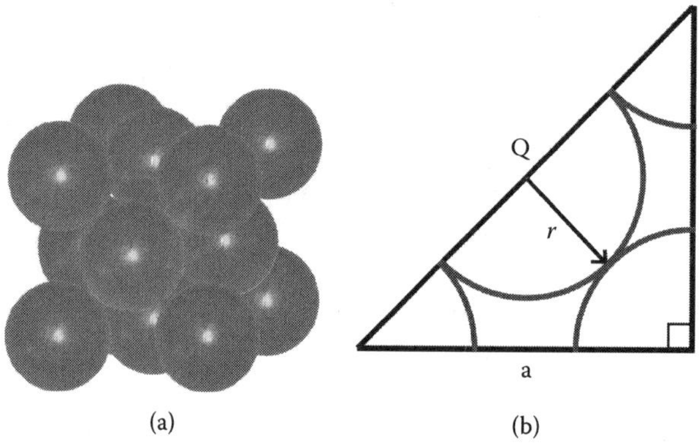

그림 2.21 만약 fcc 구조를 갖는 어떤 원소 금속의 원자가 (a)에서 보는 것과 같이 서로 맞닿아 있는 딱딱한 구체(hard spheres)라고 한다면, 원자들은 (b)에 표시된 것과 같이 면(face)의 대각선 방향으로 서로 닿게 된다.

$$\therefore \text{면심 입방에 대해 } r = \frac{a\sqrt{3}}{4} \tag{2.7}$$

그림 2.21(a)로부터 짐작할 수 있듯이, fcc 구조는 앞서 살펴본 단순 입방이나 체심 입방 구조에 비해 더욱 더 조밀한 구조이다. 사실, fcc 구조는 체적의 74%가 원자에 의해 차지(occupy) 되는 반면, bcc 구조는 68%만 차지 된다. 단순 입방 구조는 훨씬 더 많은 자유 공간을 가지며, 체적의 단지 52.4%만이 원자에 의해 차지 된다. 이러한 차이는 충전율(packing fraction)에 의해 표현될 수 있다. 이 경우, 최대 가용 부피는 1이 되며, 충전율의 값은 그 가용 부피가 원자에 의해 얼마나 차지 되었는지를 나타낸다. 따라서, sc의 충전율은 0.524, bcc의 충전율은 0.68, fcc의 충전율은 0.74가 된다. Box 2.2: '수학자들의 골치 아픈 존재'에서는 수학자들이 어떻게 조밀한 충진(close packing)에 대한 문제를 이해하기 위해 애를 썼는지에 대해 소개하고 있다. 하지만 만약 이 교과서를 공부하는 학생들이 충전율을 구해보라는 과제를 받는다면, 다음의 예제와 같이 단위 정(unit cell)이 원자에 의해 얼마나 차지 되는지는 계산하면 된다.

예제 2.5 충전율

체심 입방(body-centered cubic) 구조의 충전율을 계산하여라.

정답

어떤 구조를 다루든지 간에 가장 먼저 해야 할 일은 단위 부피당 원자 수를 계산하는 것이다. bcc 구조의 경우, 입방의 꼭지점들로부터 하나의 원자, 그리고 중앙에 하나의 원자가 있어서 총 2개의 원자가 존재한다.

계산을 위해서 우리는 원자를 딱딱한 구체(hard spheres)로 취급하기 때문에, 이들 원자 각각의 부피는 $4/3\pi r^3$이다. 따라서, 주어진 단위 정에 존재하는 원자가 차지하는 총 부피는 다음과 같다.

$$2\times\frac{4}{3}\pi r^3=\frac{8}{3}\pi r^3$$

Bcc의 경우,

$$r=\frac{a\sqrt{3}}{4}$$

이며, 충전율(packing fraction)을 구하기 위해서는 이를 단위 정의 부피 a^3으로 나누어 줘야 한다. 따라서,

$$\text{충전율}=\frac{\frac{8}{3}\pi\left(\frac{a\sqrt{3}}{4}\right)^3}{a^3}=\frac{8}{3}\pi\frac{\sqrt{3}^3}{64}=0.68$$

Box 2.2에 있는 사진을 보면, 2차원적 배열로 구성된 층 1에 있는 각 원자가 육각형으로 배치된 6개의 최인접 원자를 갖는 것을 볼 수 있다. 층 2에 있는 각 원자들은 층 1에 있는 세 개의 원자에 의해 형성된 움푹 꺼진 공간에 들어맞게 위치하므로, 층 1에 있는 각 원자는 또한 그 위 층에 있는 세 개의 원자들을 최인접 원자로 갖게 된다. 뿐만 아니라, 이와 마찬가지로 층 1에 있는 각 원자는 또한 그 아래 층 3에 있는 세 개의 원자에 의해 형성된 움푹 꺼진 공간에 들어맞게 위치하게 되므로, 층 1에 있는 각 원자는 그 아래 층으로부터 세 개의 최인접 원자를 갖게 된다. 따라서, fcc 구조의 경우 총 최인접 원자의 개수는 6 + 3 + 3 = 12가 된다.

BOX 2.2 수학자들의 골치 아픈 존재

16세기 후반, 영국 탐험가 Walter Raleigh 경은 그의 수학 조교인 Thomas Harriot에게 쌓여져 있는 공의 개수를 구하는 공식을 만들 수 있는지 물었다. 그는 일견 이렇게 단순한 질문이 수학자들이 푸는데 거의 400년이 걸린 문제가 될지는 몰랐다.

Raleigh는 곧 조교로부터 공식 하나를 받았고, 조교 Harriot은—물질이 원자로 구성되었다는 사실의 신봉자—쌓인 공 문제를 공부하면서 구(sphere)가 쌓일 수 있는 다양한 배열 방식에 대해 생각하게 되었다. 그는 구가 원자를 나타낼 수 있을 것이라고 가정하고, 이 구들이 어떻게 배열될 수 있는지를 살펴보면 물질이 어떻게 형성되는지를 알 수 있을 것이라고 생각했다. Harriot은 독일의 천문학자인 Johannes Kepler와 정기적으로 교신했으며, 1606년에는 원자 이론이 Kepler의 광학 실험 결과를 설명 할 수 있다고 제안했다.

비록 초기에는 비판적이었지만, Kepler는 이 아이디어에 관심을 갖고 빈 공간을 최소화 할 수 있도록 구를 쌓을 수 있는 방식을 찾기 위한 자신만의 연구를 시작했다. 1611년, 그는 '여섯 개의 모서리의 눈송이'라는 책에 그의 연구를 소개했다. 이 책에서 그는 면심 입방 배열(그림 2.20)이 '다른 어떤 방식보다도 한 용기에 가장 빽빽하게 구를 채워 넣을 수 있는' 방식이라고 주장했다. 이 주장은 Kepler 추측이라는 말로 잘 알려져 있다.

한번이라도 오렌지를 쌓아본 사람에게는 이 Kepler의 추측은 직관적으로 명백하다. 즉, 누구든지 아래에 있는 오렌지들에 의해 생긴 움푹 꺼진 공간에 다른 오렌지를 올려 놓는 방식으로 층을 쌓는 면심입방 배열을 사용할 것이다(삽화 2.4-2.7). 또한, 물리학자들도 결정을 사용한 실험을 통해 원자가 가장 조밀하게 배열할 수 있는 방식은 면심입방(fcc) 배열 및 이와 수학적으로 동일한 밀집 배열인 육방밀집(cph, close-packed hexagonal) 구조라는 사실을 알게 되었다. 그러나, 수학적으로 이를 증명하는 것은 결코 쉽지 않다.

많은 수학자들에 의한 수 세기에 걸친 시도 끝에, 前 미시간 대학 교수이자 現 피츠버그 대학 교수인 Thomas Hales 는 처음으로 Kepler 추측에 대한 철저한 증명에 성공하였다. "저는 1988년에 취미로 이 문제에 대해 연구하기 시작했고 마침내 1998년에 문제를 풀었습니다."라고 Hales 교수는 회상했다.

Hales는 그의 연구를 헝가리 출신 수학자인 Laszlo Fejes-Toth의 연구에 기반해서 진행하였는데, 그 역시 1950년대 Kepler의 추측에 대해 연구하였다. 이들의 접근 방식은 무한적인 숫자의 구를 다룬 다른 수학자들과는 달리 50개의 구를 연구하는 것이었다. 그럼에도 불구하고, 그 구체들을 사용해서 생각할 수 있는 모든 배열의 충진 밀도는 그것이 fcc 배열의 것보다 작은지를 알기 위해서는 예측 되어야만 했다. 이는 고성능의 컴퓨터를 사용해서 수백 가지의 변수를 포함하는 부등성을 해결해야한다는 것을

Plate 2.4

Plate 2.5

Plate 2.6

Plate 2.7

이 사진들은 면심 입방(face-centered cubic, fcc) 구조가 어떻게 만들어지는지를 보여준다. 각 플라스틱 공들은 fcc 결정의 원자들을 나타낸다. 육각형 배열을 갖는 면심 입방 구조의 첫 번째 층(Plate 2.4)은 bcc나 sc 구조보다 더 조밀하게 충전되기 때문에, 구조 전체적으로도 더 많은 개수의 단위 부피당 원자를 포함한다. Plate 2.5가 보여주듯이, 두 번째 원자 층은 첫 번째 원자 층 사이의 공간 일부를 채운다. 또한, 세 번째 원자 층(Plate 2.6)은 두 번째 원자 층의 빈 공간을 채운다. 세 번째 층의 그 어떤 원자들도 첫 번째 층 및 두 번째 층의 원자들 바로 위에 겹쳐서 놓이지 않기 때문에, 이들 원자 층들은 1, 2, 3, 1, 2, 3, 1,⋯.의 순서로 전체 구조를 만들게 된다. 플라스틱 공들을 무제한 쌓을 수는 없기 때문에, 사진 속의 원자 층들은 피라미드 모양으로 쌓여 있는 것이다(Plate 2.7).

의미했다. 그러나 결국 Hales는 가능한 모든 구의 배열에 대한 충진 밀도를 연구했다. 그 결과, 어떤 경우에도 충진 밀도가 $\pi/\sqrt{18}$ 보다 클 수 없다는 사실—약 0.74로서 이는 fcc 및 chp 구조의 충진 밀도이다—을 알아냄으로써 Kepler의 추측을 증명하였다.

그 이래로 Hales는 Kepler의 추측을 해결하기 위해 그가 개발한 기술을 사용했다. "저는 이와 유사한 다양한 방법을 사용하여 육각형 벌집이 한 영역을 같은 면적의 공간으로 분할하는 최적의 방법이라는 허니컴 추측(Honeycomb conjecture)을 증명했습니다."

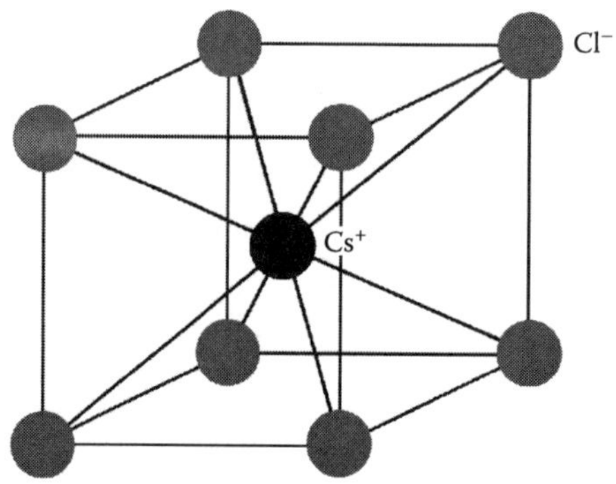

그림 2.22 CsCl 구조의 단위 정(unit cell).

염화세슘(Cesium Chloride) 구조

염화세슘 구조—그리고 우리가 곧 다루게 될 다음의 세 가지 구조들—는 그 자체로는 브라베 격자가 아니지만, 앞서 살펴본 브라베 격자를 기반으로 한다(브라베 격자 중 하나 에다가 두 개 이상의 원자로 구성된 인자를 더해서 생성되는 많은 다른 결정 구조가 있지만, 여기에 설명 된 네 개의 입방 구조는 상대적으로 단순하고 상당히 많은 수의 고체에 적용되기 때문에 선택했다).

그림 2.22에 나타나 있는 염화세슘 구조는 bcc 구조와 유사해 보이지만, bcc 구조와 달리 두 가지 다른 종류의 원자를 포함한다. 한 종류의 원자가 정육면체의 체심에 위치하고, 다른 종류의 원자들은 꼭지점에 위치한다. CsCl의 경우, Cs^+ 이온이 체심에 있으며 Cl^- 이온들이 정육면체의 꼭지점에 위치한다. 그림에서 명확히 알 수 있듯이, 염화세슘 구조의 각 원자들은 반대 종류의 8개의 원자들에 의해 둘러 쌓여 있으므로 CsCl 격자의 배위수는 8이다(비록 그림 2.22에 있는 단위 정은 Cs^+ 이온이 중앙에 있고 Cl^- 이온이 꼭지점에 위치해 있는 형태이지만, 반대로 Cl^- 이온이 중앙에 있고 Cs^+ 이온이 꼭지점에 위치한 CsCl 결정 구조도 생각할 수 있다). 염화세슘(CsCl), 브롬화세슘(CsBr), 요오화세슘(CsI) 등은 염화세슘 구조를 갖는 반면, 다음에 살펴볼 대부분의 할로겐화 알칼리들(I족 금속과 VIIb족 할로겐 원소 간의 이온 화합물)은 염화나트륨 구조를 갖는다. 염화암모늄(NH_4Cl)과 몇 종류의 황동(CuZn)들 또한 염화세슘 구조를 갖는 물질이다.

염화나트륨(Sodium Chloride) 구조

염화나트륨 구조['암염(rock-salt)' 혹은 'halite'라고도 불린다]와 섬아연광(zinc blend) 구조는 면심 입방 구조의 대표적인 예이다. 그림 2.23에 묘사된 염화나트륨 구조는 두

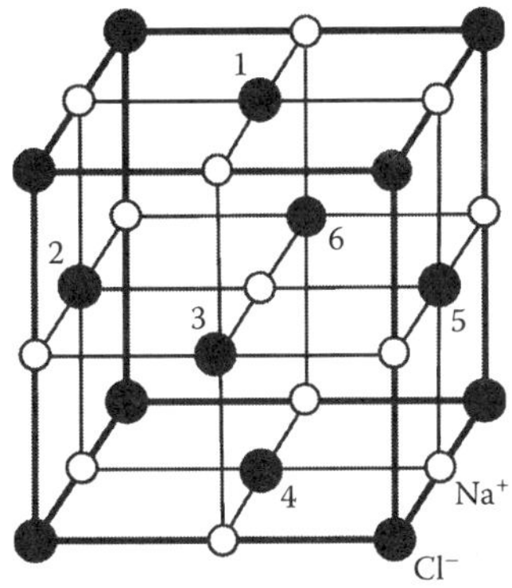

그림 2.23 많은 이온화합물(ionic compound)들은 염화나트륨(sodium chloride) 구조로 결정화된다. 각 이온은 6개의 최인접 원자(nearest neighbor)를 갖는다. 그림의 중앙에 있는 Na^+이온의 경우, 1-6으로 표시된 Cl^-이온들이 최인접 원자가 된다.

개의 fcc 격자들이 서로 얽힌 것으로 생각할 수 있다. 즉, 검정색 원으로 표시된 Cl^- 이온으로 이루어진 fcc 격자와 이 fcc 격자의 대각선 방향으로 대각선 길이의 절반만큼 벗어난 격자점에 흰색 원으로 표시된 Na^+ 이온이 또 하나의 fcc 격자를 이루어 서로 합쳐진 것으로 생각할 수 있다. 실제로, NaCl은 정육면체 한 변의 길이의 절반만큼 떨어져 있는 Na^+ 이온과 Cl^- 이온으로 이루어진 인자(basis)를 갖는 하나의 면심 입방 격자이다.

각 Cl^- 이온은 6개의 최인접 Na^+ 이온을 가지며, 마찬가지로 각 Na^+ 이온은 6개의 최인접 Cl^-이온을 가지게 되므로 배위수는 6이다. 이는 그림 2.23의 중앙에 있는 Na^+ 이온을 중심으로 숫자 1부터 6까지 표시된 Cl^- 이온들이 위치하고 있는 것으로부터 확인된다. 불화리튬(LiF), 산화마그네슘(MgO), 산화망간(MnO), 브롬화은(AgBr), 황화납(PbS), 브롬화칼륨(KBr) 등과 같은 잘 알려진 몇몇 이온화합물들이 이러한 염화나트륨 구조를 갖는다.

섬아연광(Zincblend) 구조

염화나트륨 구조와 마찬가지로, 섬아연광 구조도 서로 관통하여 얽힌 두 개의 fcc 격자로 이루어진 것으로 생각할 수 있다(그림 2.24 참조). 하지만, 다른 점은 섬아연광 구조의 경우 하나의 fcc 격자가 다른 하나의 fcc 격자에 대해 정육면체 대각선 길이의 1/4만큼 벗어나 위치한다. 즉, 섬아연광 구조는 정육면체 대각선 길이의 1/4만큼 서로 떨어져 있는 두 개의 원자로 구성된 인자를 갖는 fcc 격자로 이루어져 있다.

우르차이트(Wurtzite)라고도 불리는 육방결정(hexagonal crystal)—이와 같은 다형성(polymorphic) 화합물에 대해서는 2.2.5절에서 다룰 것이다—이기도 한 황화아연

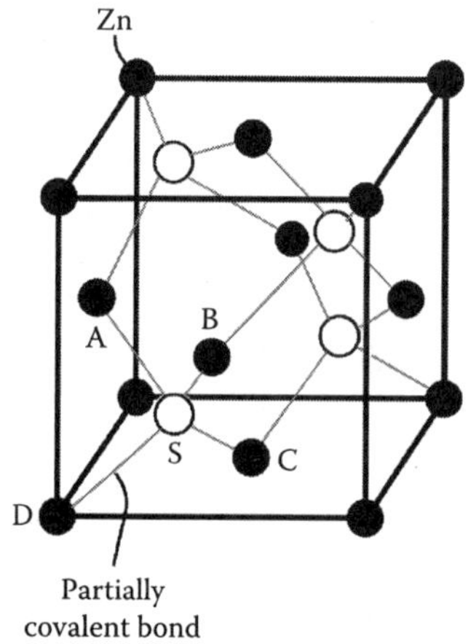

그림 2.24 황화아연(zinc sulphide, ZnS)는 섬아연광(zincblende) 구조를 갖는 화합물의 한 예이다. ZnS는 주로 공유결합을 이루나 부분적으로 이온결합을 갖는 혼합 결합(mixed bonding)을 이룬다. 높은 공유결합성으로 인해 ZnS의 원자들은 정방(tetrahedral) 배열을 갖게 되는데, 그림에 표시된 바와 같이 Zn 원자는 A, B, C, D의 위치에 있으며 중앙의 S 원자와 결합을 이룬다. 섬아연광 구조를 갖는 다른 화합물의 예로는 aluminum arsenide(AlAs), copper chloride(CuCl), cadmium sulphide(CdS), silver iodide(AgI), silicon carbide(SiC), boron nidtride(BN), gallium arsenide(GaAs), gallium phosphide(GaP) 등이 있다.

(ZnS), 셀렌화아연(ZnSe), 인화알루미늄(AlP), 비화갈륨(GaAs) 등과 같은 몇몇 화합물들이 이러한 섬아연광 구조를 갖는다. 앞서 설명했듯이, 모든 섬아연광 구조는 하나의 원소로 이루어진 하나의 fcc 격자와 다른 원소로 이루어진 또 하나의 fcc 격자가 서로 관통하여 얽힌 형태이다. 이와 같은 구조를 잘 보여주기 위해, 그림 2.24에 아연 원자와 황 원자가 각각 검정색과 흰색으로 나타나 있다. 이때, 두 원자의 위치를 서로 바꿔도 정확히 동일한 구조가 된다.

섬아연광 구조의 경우, 한 원소는 4개의 다른 원소에 둘러 쌓여 있으므로 배위수는 4이다. 그림 2.24에서, 황(S) 원자에 대해 각각 A, B, C, D로 표시된 아연(Zn) 원자가 최인접 원자들이 된다. 섬아연광 구조를 갖는 많은 화합물들은 이온결합과 공유결합의 조합으로 된 혼합 결합(2.1.7절 참고)의 형태를 가지며, 다섯 개의 원자로 구성된 정사면체 배열을 이루는 데에는 공유결합적 특성이 역할을 한다.

다이아몬드(Diamond) 구조

다이아몬드 구조(그림 2.25)는 섬아연광 구조와 비슷하지만, 다이아몬드 구조의 경우는 섬아연광 구조와 달리 격자가 모두 하나의 원자로만 이루어진다. 그 명칭에서 알 수 있듯이, 탄소 원자로 이루어진 다이아몬드(우리가 잘 알고 있는 보석)가 이 구조를

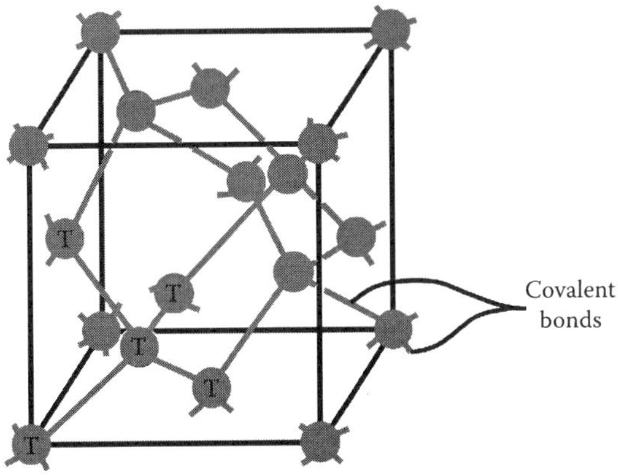

그림 2.25 다이아몬드(diamond) 구조의 각 원자는 4개의 최인접 원자와 공유결합(covalent bonding)을 이룬다. 다이아몬드 구조의 이와 같은 정방(tetrahedral) 배열은 *T*로 표기된 원자들로 그림에 잘 나타나 있다. 공유결합에 대해서는 2.1.3절에서 논의한다.

가지며, 실리콘(silicon), 회주석(grey tin), 게르마늄(germanium) 등도 다이아몬드 구조를 갖는다. 다이아몬드의 구조에서는 각 탄소 원자가 4개의 최인접 원자를 가지므로 배위수는 4이다. 다이아몬드 구조는 충전율(packing fraction)이 0.34로 모든 결정 구조 중 가장 밀집도가 낮은 결정 구조이다. 섬아연광 구조에서와 마찬가지로, 다이아몬드 구조에서도 최인접 원자들의 정사면체 배열에는 공유결합이 작용한다(2.1.3절 참고).

육방 밀집(Hexagonal Close-Packed) 구조

우리는 지금까지 모든 입방(cubic) 브라베 격자들과 몇몇 그의 변형 격자들에 대해 살펴보았다. 그러나 표 2.1에서 볼 수 있듯이, 여전히 다음과 같은 여섯 개의 또 다른 형태들이 있는 것을 알 수 있다: 정방정계(tetragonal), 사방정계(orthorhombic), 육방정계(hexagonal), 삼방정계(trigonal), 단사정계(monoclinic), 삼사정계(triclinic). 다음 몇 절에서, 이들 결정계와 연관된 브라베 격자들에 대해 살펴볼 것이다. 우선, 그림 2.26(a)에 있는 $a = b \neq c$와 $\gamma = 120°$의 조건을 갖는 단순 육방(simple hexagonal) 구조부터 살펴보자.

앞서 살펴보았듯이, 브라베 격자들 중 하나 에다가 두 개 이상의 원자들로 구성된 인자를 조합함으로써 생성될 수 있는 결정 구조들은 매우 다양하다. 그림 2.26(b)에 나와 있는 육방밀집(hcp, hexagonal cloce-packed) 구조—또는 조밀충진 육방(cph, close-packed hexagonal) 구조라고도 불린다—는 굵은 선으로 표시되어 있는 단순 육방 브라베 격자에 기반하는 가장 일반적인 구조이다. 베릴륨(Be), 마그네슘(Mg), 타이

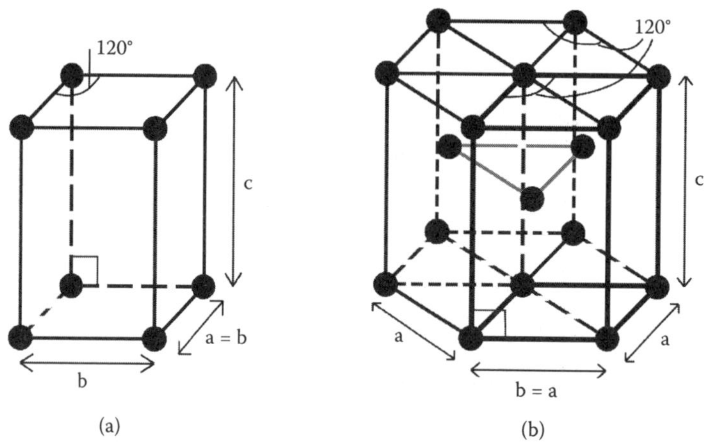

그림 2.26 (a) 단순 육방정(simple hexagonal) 격자 및 (b) 육방밀집(hexagonal close-packed, hcp) 구조. 이와 같은 hcp 구조를 갖는 물질로는 스칸듐(Sc), 타이타늄(Ti), 아연(Zn), 카드뮴(Cd), 루테늄(Ru), 지르코늄(Zr), 이트륨(Y), 하프늄(Hf), 레늄(Re), 오스뮴(Os), 탈륨(Tl), 및 희토류(rare earth)인 가돌륨(Ga), 터븀(Tb), 디스프로슘(Dy), 홀뮴(Ho), 어븀(Er), 텔루륨(tellurium), 루테늄(Lu) 등이 있다. 굵은 실선으로 표시된 부분은 hcp 구조의 기초가 되는 단순 육방정 구조를 나타낸다.

타늄(Ti)을 포함하는 hcp 구조의 원소들은 단순 육방 격자를 갖는다. Hcp 구조는 원소들이 가지기에 가장 편리한 구조인데, 당연하게도 이는 hcp 구조를 가짐으로써 원자들이 매우 조밀하게 충전되면서 에너지가 낮아질 수 있기 때문이다. 실제, hcp 구조의 충전율은 0.74로서 fcc 구조와 동일하다.

그림 2.27과 Box 2.2을 다시 참고하여 원자 층들이 쌓여 hcp 구조가 형성되는 과정

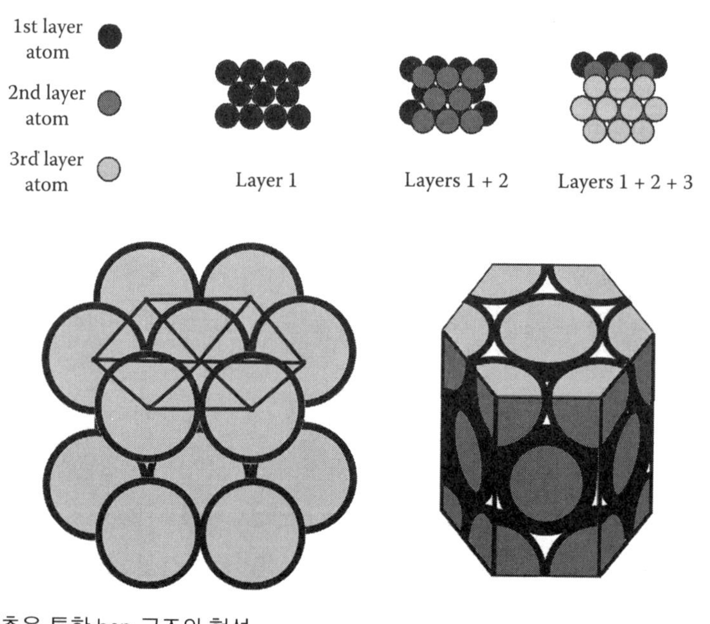

그림 2.27 적층을 통한 hcp 구조의 형성.

을 살펴보면, hcp 구조의 첫 번째 및 두 번째 층이 fcc 구조에 있어 층 1과 층 2와 같다는 것을 알 수 있다. 그러나, hcp의 경우 fcc와 달리 세 번째 원자 층이 첫 번째 원자 층의 바로 위쪽에 위치하면서 층 1과 층 2가 반복적으로 적층 되어있는 구조를 갖는다. 그렇기 때문에, 두 개의 원자로 구성된 인자를 갖는 hcp 구조는 하나의 원자가 첫 번째 층을 이루고 다른 하나의 원자가 두 번째 층을 이루는 구조이다.

fcc에서와 마찬가지로, hcp 구조의 배위수는 12이다. 즉, 층 1에 있는 한 원자 주위에 6개의 원자가 맞닿아 있고, 그 원자의 아래에 있는 층 2 및 위에 있는 층 2에서 각각 3개씩의 원자들이 맞닿아 있는 최인접 원자들로 작용하게 된다.

정방정계(tetragonal) 구조

정방정계 격자에는 두 가지 유형이 있다: 정방정의 각 모서리에 하나씩의 원자가 위치하는 단순(simple) 정방정(그림 2.28[a]) 및 정방정의 중앙에 원자 하나가 추가로 위치하는 체심(body-centered) 정방정(그림 2.28[b]). 그림 2.28(a)의 단순 정방정 격자를 보면, 위 면과 아래 면이 모두 정사각형인 것($a = b \neq c$)과 더불어 입방과 마찬가지로 $\alpha = \beta = \gamma = 90°$인 것을 알 수 있다(각 α, β, γ와 관련해서는 그림 2.14의 입방 구조를 참고). 백색 주석(β-tin)과 인듐(In)이 정방정계 구조를 가지며, 보석인 지르콘($ZrSiO_4$)와 이산화티타늄(TiO_2)의 일종인 루타일(rutile) 등의 광물들도 이러한 정방정계 구조를 갖는다.

사방정계(orthorhombic) 구조

사방정계 구조(그림 2.29)는 $\alpha = \beta = \gamma = 90°$이기는 하지만, 정방정계와 달리 세 변의 길이가 모두 다르다($a \neq b \neq c$). 다시 말하면, 사방정계 단위 정을 방에 놓을 캐비닛이라고 생각한다면 이 캐비닛의 높이뿐만 아니라 깊이와 폭 까지도 모두 알아야 한다는

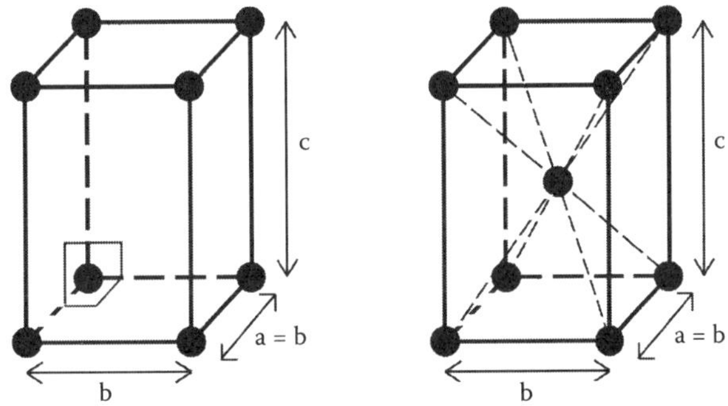

그림 2.28 (a) 단순 정방정(simple tetragonal) 격자 및 (b) 체심 정방(body-centered tetragonal) 격자.

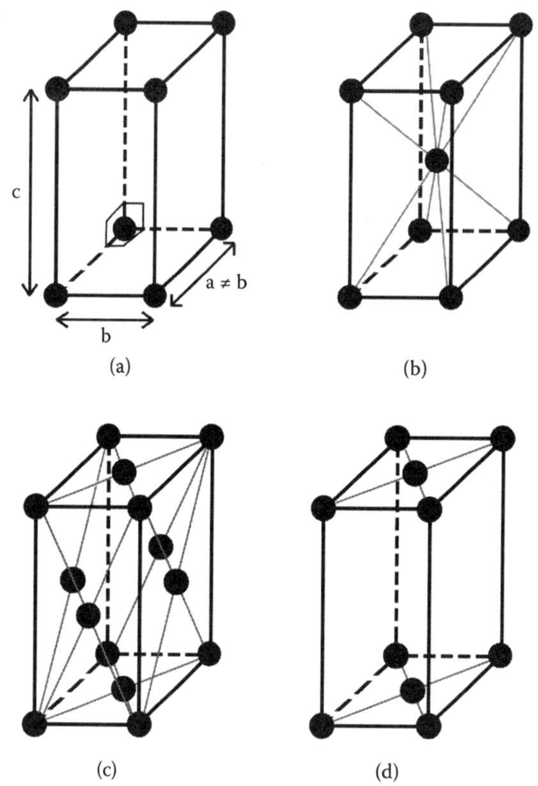

그림 2.29 (a) 단순 사방정(simple orthorhombic) 격자, (b) 체심 사방정(body-centered orthorhombic) 격자, (c) 면심 사방정(face-centered orthorhombic) 격자, (d) 저심 사방정(base-centered orthorhombic) 격자.

것이다.

그림 2.29가 보여주듯이, 사방정계 구조에는 네 가지 종류가 있다: 단순(simple) 사방정, 체심(body-centered) 사방정, 면심(face-centered) 사방정, 그리고 일반적이지는 않은 사방정 C라는 구조가 있는데, 이 구조는 위 면과 아래 면의 중심에 원자 하나씩이 더 있는 구조로서 저심(base-centered) 사방정이라고도 불린다.

단순 사방정 구조를 갖는 원소는 각 모서리에 하나씩의 원자가 위치하기 때문에 단위 정 체적당 총 한 개의 원자를 포함한다. 사방정의 부피는 $a \times b \times c$이므로 원자 밀도는 다음과 같다:

$$\text{단순 사방정 결정의 원자 밀도} = \left(\frac{1}{a \times b \times c}\right) \text{atoms/m}^3 \tag{2.8}$$

갈륨(Ga), 황(S), 염소(Cl)는 113K에서 이러한 사방정계 구조로 결정화가 일어나며, 브롬(Br)의 경우는 123K에서 사방정계 구조로 결정화가 된다. 중정석(barite), 보석의 일종인 황옥(topaz), 그리고 탄산 칼슘($CaCO_3$)의 일종인 선석(aragonite) 등의 몇몇 광물들도 이 사방정계 구조를 갖는다. 또한, 몇몇 유기 분자들도 이 사방정계 구조를 갖는데, 바닷가재의 힘줄에서 발견되는 키틴(chitin)이 대표적인 예이다.

삼방정계, 삼사정계, 단사정계 구조

사방정계 구조와는 대조적으로, 삼방정계(trigonal) 구조에는 단 하나의 형태만 존재하는데 이를 그림 2.30에 나타내었다. 마름모계(rhombohedral)라고도 불리는 이러한 사방정계 구조는 그림에서도 볼 수 있듯이 대각선 방향으로 잡아 당겨진 입방(cubic)으로 생각할 수 있으며 따라서 $\alpha = \beta = \gamma \neq 90°$이며 a = b = c인 조건을 만족한다. 모든 원소들의 70% 이상이 fcc, bcc, hcp, 또는 다이아몬드 구조로 결정화 되기 때문에, 사방정계 구조는 그리 흔한 구조라고 할 수는 없다. 수은(Hg), 안티모니(Sb), 비스무트(Bi), 사라륨(Sm), 비소(As) 등이 이 사방정계로 결정화 된다. SiO_2의 화학식을 갖는 연수정(smoky quartz), 홍수정(rose quartz), 자수정(amethyst)와 탄산 칼슘(calcium carbonate)의 일종인 방해석(calcite) 등 또한 사방정계 구조를 갖는다.

마지막으로, 그림 2.31과 2.32에 각각 나와 있는 삼사정계(triclinic)와 단사정계(monoclinic)는 심지어 더 흔하지 않은 결정 구조이다. 삼사정계 구조는 $\alpha \neq \beta \neq \gamma \neq 90°$이고 a ≠ b ≠ c인 조건을 만족한다. 삼사정계의 경우 그림 2.31에 나타나 있는 형태가 유일한 반면, 단사정계는 단순(simple) 단사정계[그림 2.32(a)]혹은 체심(body-centered) 단사정계[그림 2.32(b)]의 두 구조 중 하나로 존재할 수 있다.

일견, 그림 2.32의 단순 단사정계는 그림 2.29의 단순 사방정계와 똑같아 보인다. 그러나 차이점은, 사방정계의 경우 위 면과 아래 면의 직사각형인 반면 단사정계에서는 평행사변형($\alpha = \beta = 90° \neq \gamma$, a ≠ b ≠ c)이라는 점이다. 더 나아가, 그림 2.28의 정방정계도 단사정계 및 사방정계와 유사해 보이지만, 정방정계의 경우 위 면과 아래 면이 모두 정사각형이라는 점에서 확연히 다르다.

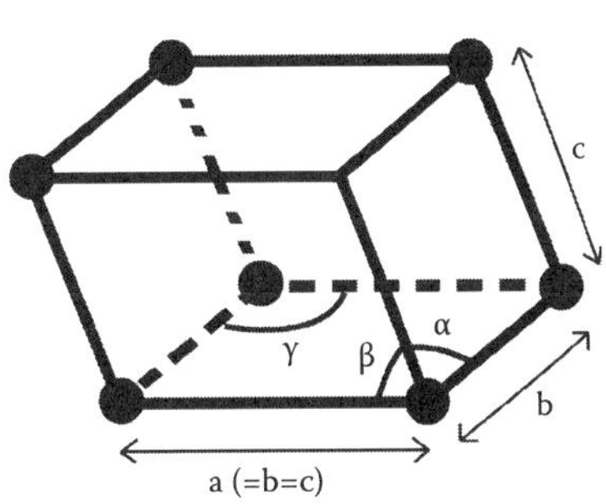

그림 2.30 삼방정계(trigonal) 격자.

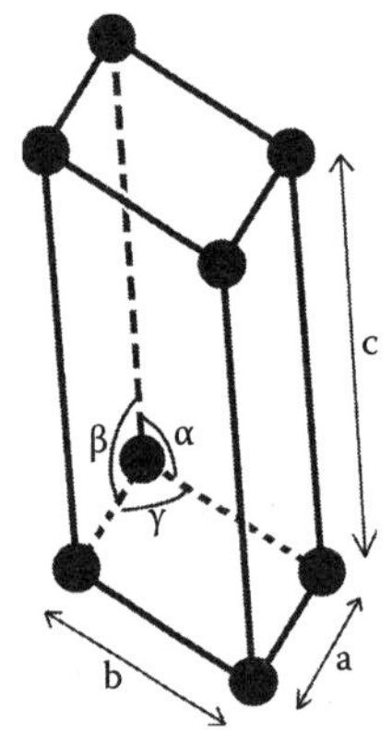

그림 2.31 삼사정(triclinic) 격자.

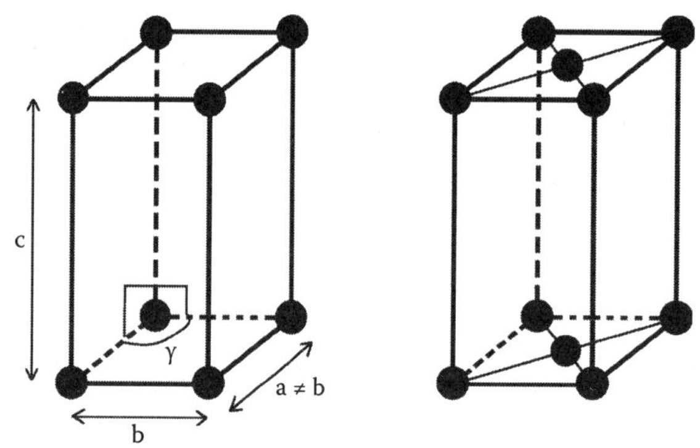

그림 2.32 (a) 단순 단사정(monoclinic) 격자 및 (b) 저심 단사정(base-centered monoclinic) 격자.

보석의 일종인 터키석(turquoise)와 광물인 부석(axinite)이 삼사정계를 가진다. 반면, 말 혈색소(hemoglobin), 광물인 남동석(azurite)과 정장석(orthoclase), 그리고 $CaSO_4 \cdot 2H_2O$의 화학식을 가지며 골절 치료에 사용되는 석고반죽의 재료인 석고(gypsum) 등은 단사정계로 결정화 되는 재료의 대표적인 예들이다.

예제 2.6 결정 구조

아래의 그림은 C15 구조로 알려진 두 종류의 원자로 구성된 입방 단위 정(cubic unit cell)을 보여준다.

(a) 이것은 원시 정(primitive cell)인가?

(b) 이 구조의 브라베 격자(Bravais lattice)는 무엇인가?

(c) 이 정(cell)에는 몇 개의 원자가 존재하는가?

(d) 둘 중 큰 원자만 고려할 때, 이들이 이루는 구조는 무엇인가?

(e) 결정 인자(basis)에는 몇 개의 원자가 있는가?

(f) 만약 회색의 큰 원자가 원소 A이고 검정색의 작은 원자가 원소 B라고 할 때, 이 물질의 화학식(chemical formula)는 무엇인가?

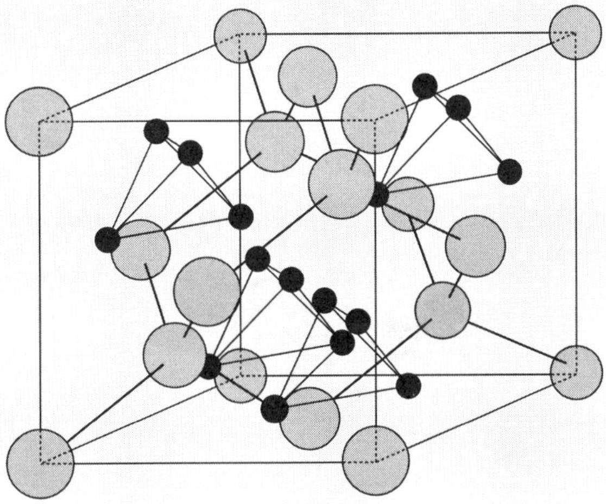

정답

(a) 아니오. 원시 정(primitive cell)이 아니다. 결정 구조는 각 격자점에 위치한 원자에 대한 결정 인자(basis)에 의해 나타낼 수 있는데, 그림에서는 동일한 원자들이 빈복되고 있는 몇몇 그룹들이 명확히 보이므로, 따라서 이 단위 정에는 하나 이상의 격자점이 반드시 존재하기 때문이다.

(b) 검정색 원자를 무시하고 회색 원자에만 집중해서 보면, 이 구조에 대한 브라베 격자(Bravais lattice)는 fcc 임을 알 수 있다. 다른 위치에 추가로 회색 원자들이 있지만, 입방(cube)의 각 꼭지점과 각 면에 회색 원자들이 있다. NaCl과 섬아연광(zincblende)와 마찬가지로, C15는 구조는 fcc 격자를 기반으로 하며 하나 이상의 원자로 구성된 결정 인자(basis)를 갖고 있다.

(c) 이 정(cell)에는 24개의 원자가 있다. 이 중, 16개는 검은색 원자인데, 이들은 온전히 정 내부에 존재한다. 다른 4개는 회색 원자인데, 이들 역시 정 내부에 온전히 존재한다. 나머지 4개 중 하나는 입방의 각 꼭지점에 위치한 회색 원자로부터 얻어지며, 나머지 3개는 부피의 절반이 정 내부에 포함된 면심(face-centered)의 회색 원자로부터 얻어진다.

(d) 만약 회색의 큰 원자들만 고려한다면, 이 구조는 그림 2.25에서 보이는 것과 같은 다이아몬드(diamond) 격자일 것이다.

(e) 이 정(cell)에는 24개의 원자가 있으며, fcc 구조를 기반으로 한다. Fcc 구조는 단위 정에 4개의 격자점을 가지므로, 결정 인자(basis)에는 6개의 원자가 있어야 한다. 이는 옆의 그림에서 보는 것처럼, 정방(tetrahedral) 배열을 갖는 4개의 검은색 원자들과 2개의 회색 원자들로 구성된다.

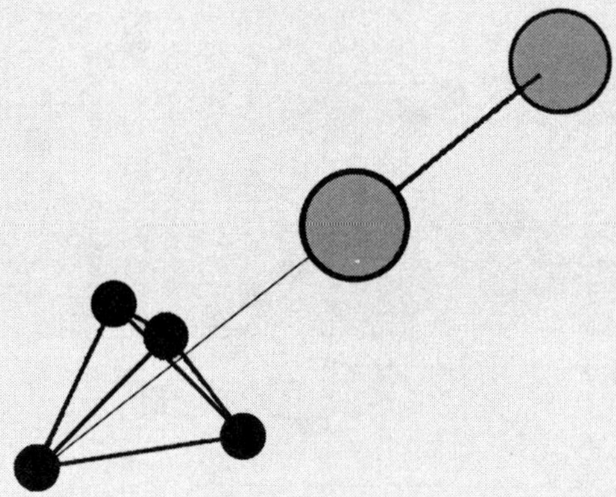

(f) 이 단위 정에 8개의 회색 원자(A)와 16개의 검은색 원자(B)가 있으므로, 이 물질의 화학식은 AB_2가 되어야 한다.

2.2.3 준결정

우리는 2.2.1절에서 결정구조는 격자로서 묘사될 수 있고 그 격자점들간의 벡터 **r**은 식 2.1로 표현될 수 있다는 것을 배웠다. 이러한 격자들과 그 격자들이 묘사하는 결정은 오직 2-, 3-, 4-, 또는 6-회 회전 대칭성(rotational symmetry)만을 가질 수 있다. 예를 들어, 6-회 회전 대칭의 경우는 360°의 완전한 한 회전에 있어서 결정이 회전된 것을 모르는 사람이 볼 때 결정이 정확히 똑같이 나타날 수 있는 여섯 가지 경우가 있다는 것을 의미한다. 왜냐하면, 이 경우에 회전된 모든 격자점이 회전하기 전에 원래 있던 위치를 '덮어 쓰게'되어 동일하게 보이도록 하기 때문이다. 마찬가지로, 4-회 회전 대칭성을 갖는 결정은 한번의 환전한 회전 중 네 번 동일하게 보이게 된다.

그런데, 1984년 알루미늄-망간 합금을 사용한 X-선 회절 실험에서 5-회 회전 대칭성이 가능하다는 사실이 밝혀졌다. 이러한 물질을 **준결정**(quasicrystal)이라고 하는데, 그럼에도 불구하고 마치 결정처럼 뚜렷한 회절 패턴—이러한 회절 패턴은 X-선이 결정에 반사될 때 얻어지는데 그것으로부터 원자의 배열을 알 수 있다(5장 참고)—을 만들어 내었다. 그 이후 다른 합금(두 가지 이상의 금속 혼합물; 4장 참고)들도 5-회 혹은 10-회 회전 대칭성을 갖는 준결정을 형성할 수 있음이 발견되었다.

이 교과서가 쓰여지고 있는 현 시점에서, 준결정에 대한 연구는 국제적으로도 성장하고 있는 분야이다. 이 특이한 소재에 대한 관심이 높은 이유는, 그 구조적 특징때문이기도 하지만 또한 준결정 소재가 갖는 유용한 물성때문이기도 하다. 예를 들어, 준결정들은 우수한 내마모성과 마찰이 작은 표면을 갖는데, 이러한 점들은 기계 부품이나 면도기 날 등과 같은 물체에 코팅(coating)하여 응용하기에 이상적인 물성들이다.

2.2.4 액정

진정한 의미에서는 결정이라고 할 수는 없는 또 다른 유형의 결정이 있다. 이는 바로 **액정**(liquid crystal)인데, 액정은 부분적으로 정렬된 구조를 가지지만 액체처럼 흐를 수 있다. 사실, 액정 상태는 하나의 독립적인 물질 상태로 분류되며, 일반적으로 고체 물리학에서는 자세히 다루지 않는다. 그러나 많은 유기 물질들이 특정 온도에서 액정이 된다는 사실은 주목할 가치가 있다.

2.2.5 동소체와 다형체

표 2.1 및 2.2.2절에서 예로 든 몇몇 고체들은 오직 특정 온도 범위 내에서 특정 결정 구조를 갖는다. 마찬가지로, 고체는 다른 압력에서는 다른 구조를 가질 수 있다. 어떤 원소가 하나 이상의 결정 구조를 가질 때 그 원소는 **동소적**(allotropic)이라고 하며, 그렇게 가능한 각각의 결정 구조를 **동소체**(allotrope)라고 한다.

주석(tin)은 동소적 고체의 좋은 예이다. 주석은 상온에서는 체심 정방정계 구조를 갖는 금속이지만, 13.2°C 이하에서 주석은 공유결합을 통해 다이아몬드 구조를 갖는 반도체로 존재한다. 상온에서의 주석은 백색 주석(β-tin)으로 알려져 있으며 금속이기 때문에 연성이 있다. 반면, 저온에서의 회주석(α-tin)은 취성을 갖는다. 저온에서 서서히 일어나는 연성으로부터 취성으로의 이러한 변화로 인해 덜 조밀한 회주석은 궁극적으로 분말 형태로 부숴지는데 이를 '주석 질병(tin disease)'하고 이는 몇몇 좋지 않은 문제를 일으킨다. 예를 들어, 북유럽의 교회 오르간 연주자들은 이러한 주석 질병의 간접적인 피해자가 되는데, 주석 질병으로 인해 주석으로 된 오래된 오르간 관들이 추운 겨울에 종종 부숴지기 때문이다. 동소체를 갖는 또 다른 잘 알려진 원소

그림 2.33 주전자 속 표면에 형성된 탄산칼슘(calcium carbonate) 결정의 주사전자현미경(SEM) 이미지. 탄산칼슘의 두 가지 서로 다른 다형체(polymorphs)가 형성된 것을 볼 수 있다: 사방정(orthorhombic) 결정구조를 갖는 바늘처럼 생긴 아라고나이트(aragonite) 및 삼사정(triclinic) 구조를 갖는 칼사이트(calcite). (Courtesy of Alan Piercy.)

는 바로 탄소이다. 탄소는 다이아몬드와 흑연의 형태로 존재할 뿐만 아니라, '버키볼(buckyball)'이라고도 불리는 플러린(fullerene) 구조를 가질 수 있다는 사실이 1985년에 발견되었다.

어떤 화합물이 다수의 구조를 가질 때 그 화합물은 **다형적**(polymorphic)이라고 하며, 그러한 다양한 구조들을 다형체(polymorphs)라고 한다. 이러한 **다형성**(polymorphism)은 탄산 칼슘(그림 2.23)과 황화 아연과 같은 단순한 물질에서부터 염료(pigment)와 의약(drug)과 같이 더 복잡한 결정성 유기 물질에 이르는 다양한 종류의 화합물들에서 발견된다. 예를 들어, 진통제인 파라세타몰(paracetamol)은 두 가지 다형체를 갖는다. 주석과 탄소가 갖는 동소체처럼, 화합물들의 다형체들은 서로 매우 다른 물리적 특성을 갖는다. 의약의 경우, 용해도가 서로 다른 다형체를 처방 받는 경우, 같은 의약이라도 다른 양을 처방 받을 수 있다.

2.2.6 단결정과 다결정

원자들의 완벽한 반복적 패턴으로 만들어져서 모든 단위 정들이 같은 방식과 방향으로 결합되어 있는 결정을 **단결정**(single crystal)이라고 한다. 단결정은 자연적으로 성장하기도 한다. 사실 많은 보석들은 단결정이다. 그러나 대부분의 단결정들은 반도체 산업 에서의 사용을 목적으로 인위적으로 제작된다(7장에서 다양한 결정 성장 방법에 대해 살펴볼 것이다).

때로는 단결정의 겉모습은 속의 근본적인 결정구조를 드러내기도 한다. 예를 들어, 소금을 자세히 들여다 보면 작은 정육면체로 보이는데, 이것은 우리가 앞서 배워서 예상할 수 있듯이 NaCl 격자가 입방이기 때문이다.

그러나 대다수의 결정성 재료들은 '단(single)'결정이 아닌 **다결정질**(polycrystalline)이다. 이는 다결정들이 크기가 서로 다르며 방향성이 다른 '미세결정(crystallite)' 혹은 '결정립(grain)'이라고 불리는 많은 작은 결정들의 형태로 성장한다는 것을 의미한다. 이들 개별 미세결정들 사이의 경계를 **결정립계**(grain boundary)라고 한다. 뒤에서 다루겠지만, 결정립계는 고체의 몇몇 물성들에 영향을 끼친다. 때로는 이들 결정립계가 부정적인 영향을 주기도 하지만 특정 응용을 위해 이상적인 물성을 발현하게 한다면 종종 의도적으로 다결정 고체를 성장시켜 사용한다. 예를 들어, 그림 2.34에 있는 다결정 다이아몬드 박막은 방사선 탐지기로 사용하기 위해 제작된다(그림 설명 참조).

2.2.7 방향, 면, 그리고 원자 좌표

방향(Directions)

앞서 2.2.2절에서 결정의 물성들에 대한 계산을 수행할 때 원자 밀도와 원자 반지름에 대한 정보를 아는 것이 중요하다고 언급했다. 전기 전도도(electrical conductivity)를 포함하는 몇몇 물성들은 결정 내에서 방향에 따라 다른 값을 가질 수 있다. 예를 들어, 흑연(그림 2.8)의 전기 전도도는 탄소 원자로 구성된 수평층에 평행한 방향으로의 값이 수직 방향으로의 값에 비해 무려 5000배나 크다. 한편, 결정의 변형(deformation)은 한 원자면(plane)이 다른 원자면에 대하여 미끄러져 움직임에 의해 일어난다(3장 참고). 또한, X-선 회절 실험에서 X-선을 산란시키는 것도 원자면이고 따라서 X-선 회절 이미지가 만들어 질 수 있다(5장 참고). 따라서, 이와 같은 영향과 물성들에 대해 자세히 더 잘 이해하려면 결정 내에서 방향(direction)과 면(plane)을 기술하는 방법이 필요하다.

우리는 이미 단위 정에 축(axis)을 더할 수 있다고 배웠다(그림 2.13 참고). 이 축들은 방향과 면을 정의하는 기준 틀이 된다. 방향은 대괄호를 사용하여 일반적으로 $[hkl]$이라고 표시하는데, 여기서 h는 x-축 방향으로의 거리이며 k와 l은 각각 y-축과 z-축 방향으로의 거리이다. 예를 들어, 그림 2.35에 나타나 있듯이, 입방 결정에 대해 x 방향은[100], y 방향은[010], z 방향은[001] 이다. 이 숫자들은 카르테시안(Cartesian) 단위 벡터를 정의할 때 사용된 숫자들과 동일하다(부록 A 참고).

(a)

(b)

그림 2.34 천연(natural) 다이아몬드는 지표면 아래에서 엄청난 온도와 압력 조건에서 형성된다. 반면, 반도체 소자나 집적회로를 제조하는 전자산업에서 사용되는 화학기상증착(chemical vapor deposition, CVD)과 같은 기법을 사용하여 실험실에서도 합성(synthetic) 다이아몬드를 성장시킬 수 있다. (a) 및 (b)의 SEM 이미지는 프랑스 원자력연구소(CEA)의 Philippe Bergonzo 박사 연구팀이 2001년 마이크로파 플라즈마 화학기상증착(microwave plasma enhanced CVD) 공정을 이용하여 성장시킨 다결정(polycrystalline) 다이아몬드 박막을 보여준다. 이러한 다이아몬드 박막을 이용하여 방사선 검출기(radiation detector)를 만들 수 있는데, 그 이유는 다이아몬드가 가시광(visible light)은 투과시키지만 자외선(UV light), X-ray, 중성자(neutron), 알파 입자 등은 흡수하여 전류를 생성하기 때문이다. 또한, 다이아몬드는 방사선과 화학물질에 대한 내성(resistance)이 매우 높기 때문에 강산(strong acid)이 사용되는 핵 재처리(nuclear reprocessing) 플랜트와 같은 가혹한 환경에서도 사용할 수 있다. 사진 (c)는 2002년 프랑스 원자력연구소(CEA)에서 제작한 방사선 폐기물 관찰을 위한 알파 입자 검출기의 프로토타입을 보여준다. 사진에서 원형의 검출기 중앙에 다이아몬드 박막이 있는 것을 볼 수 있다. 또한, CVD 공정을 응용하여 다이아몬드 박막의 물성을 조절하여 태양 탐사를 위한 자외선 검출기로도 사용할 수 있다. (Courtesy of Philippe Bergonzo.)

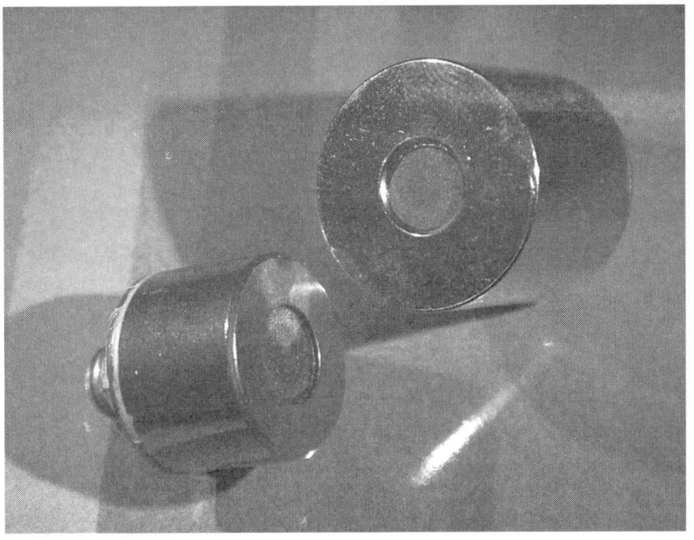

(c)

그림 2.34 계속

입방 결정에 대한 다른 중요한 방향들은 면 대각(face diagonal)과 체 대각(body diagonal)이며, 그림 2.35에 각 방향이 모두 나타나 있다. 면 대각 방향은 x-y 면과 만나고 z-축으로는 전혀 올라가지 않기 때문에 [110]이다. 반면, [111] 방향은 원점에서부터 대각선 방향으로 반대쪽 모서리를 향한다. 정육면체의 모든 변 방향들은 축을 따르거나 혹은 축에 평행하므로 모두 동일하다고 할 수 있으며 <100>이라고 표시된다. 마찬가지로, 모든 면 대각 방향은 <110>, 그리고 모든 체 대각 방향은 <111>이라고 표기한다.

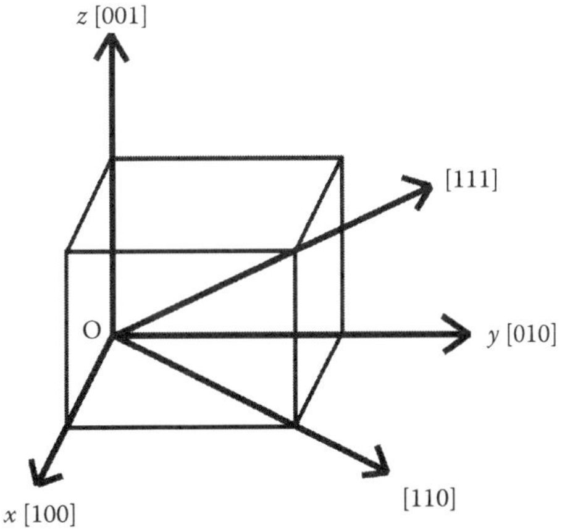

그림 2.35 원점 O를 기준으로 한 결정의 몇몇 중요한 방향(direction).

당연히 모든 결정들이 모두 입방은 아니지만, 이렇게 방향을 정의하는 방법은 모든 유형의 결정 고체에 확대해서 적용할 수 있다. 예를 들어, 육방 결정을 설명할 때에는 앞서 살펴본 세 개의 기준 축들 이외에 추가로 네 번째 축을 사용할 수 있다. 이 사-축(four-axis) 좌표계를 '밀러-브라베(Miller-Bravais)' 좌표계라고 하며, 그림 2.36에 이를 나타내었다. 이 사-축 좌표계를 이용하여 방향을 묘사하는 것은 입방 결정의 경우에서보다 좀 더 복합하지만 원리는 동일하다. z-축 방향은 쉽게 [0001] 로 표기할 수 있으며 그림에 나타나 있다.

면(Planes)

면은 일반적으로 (hkl)로 표기되며, 여기서 h, k, l은 면의 밀러 지수(Miller index)라고 한다[육방 결정에서는 $(hkil)$로 표기한다]. 그림 2.37에서 볼 수 있듯이, 입방 결정에서 (hkl) 면은 $[hkl]$ 방향에 수직하게 위치한다. 그림 2.36에 있는 육방 결정에서는 (0001) 면도 또한 [0001] 방향에 수직하게 위치하지만, 이러한 단순 명료한 관계가 다른 결정계에서 모두 적용되는 것은 아니다.

그러나, 방향을 정의하는 원리처럼 면을 표시하는 기본 방법은 모든 결정계에서 동일하다(입방계가 특히 시각화하기 쉽기 때문에 다음의 예에서 입방계에 대해 좀 더 살펴볼 것이다). 한 변의 길이가 'a'인 입방 단위 정을 고려해 보면, 면 (hkl)은 a/h 위치에서 x-축과 만나며 마찬가지로 a/k, a/l 위치에서 각각 y-축과 z-축과 만난다. 예를 들면, 그림 2.37에서 (110) 면은 a/l(즉, 'a')에서 x-축과 만나고 y-축과도 a에서 만난다. 그러나, z-축과는 어디에서도 전혀 만나지 않는데 왜냐 하면 a/0가 ∞ 이기 때문이다.

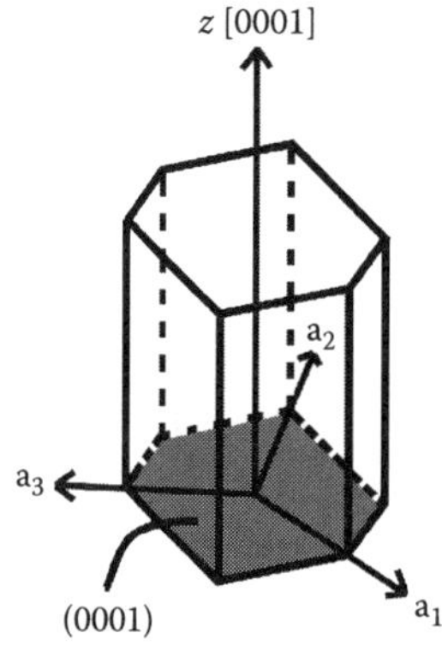

그림 2.36 네 개의 축으로 이루어진 육방(hexagonal) 결정에 대한 밀러-브라베(Miller-Bravais) 좌표계. 그림에서, 세 개의 축(a_1, a_2, a_3)는 단위 정의 밑면에 서로 120°의 각을 이루고 있으며, z-축 [0001] 방향과 (0001) 면은 서로 수직이다.

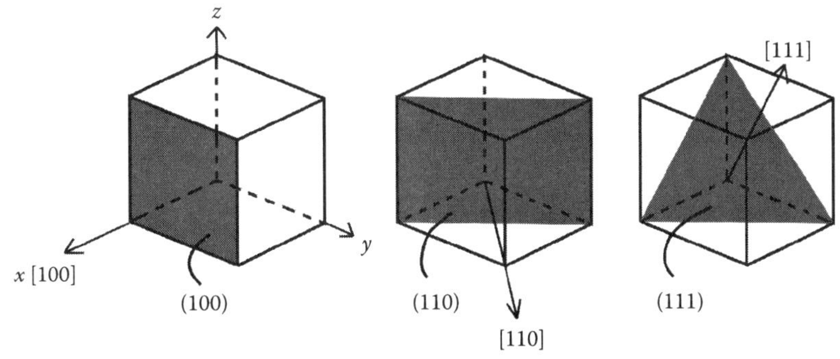

그림 2.37 입방(cubic) 결정의 몇몇 중요한 면(plane). 그림에서, 각(*hkl*) 면들은 해당 [*hkl*] 방향에 대해 직각을 이룬다.

면에 있는 원자의 배열이 같다면 두 면은 동일하다. 따라서, 많은 경우에 있어서 서로 평행한 면들은 동일한 면들이며 같은 밀러 지수를 갖는다. 이렇게 동일한 모든 면들은 중괄호를 사용하여 {*hkl*} 또는 {*hkil*}이라고 표기한다. 예들 들어, 입방 결정에서의 (100), (010), (001) 면은 {100}이다. 이 경우 비록 면들이 평행하지는 않지만 모두 정육면체의 면들로서 대칭적이므로 각 면들의 원자 배열이 모두 동일하다.

면에 있는 원자들을 직접 관찰하는 것은 가능하며, 그림 2.38은 한 면에 있는 실리콘 원자들을 주사 터널 현미경(scanning tunneling microscope)로 관찰한 이미지를 보여준다. 이 결정 내의 어떠한 다른 면도 만약 원자 배열이 이와 같다면 동일한 면이 된다.

예제 2.7 밀러 지수

아래 그림에 나타나 있는 면(plan)에 대한 밀러 지수(Miller indices)는 무엇인가?

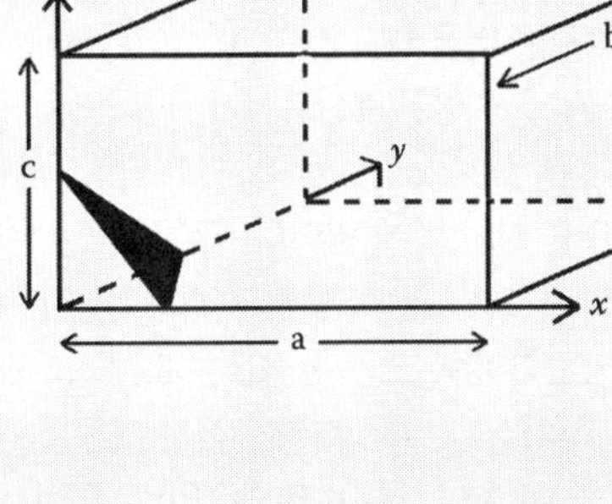

정답

가장 쉬운 방법은 눈금자로 단위 정의 축을 측정하는 것인데, 이를 통해 해당 면이 *x*-축의 a/4 지점, *y*-축의 b/2 지점, *z*-축의 c/2 지점에 맞닿고 있는 것을 알 수 있다. 그림의 단위 정은 입방정(cubic)이 아닌 사방정(orthorhombic)이지만, 면을 표현하는 방법은 동일하다. 즉, 면이 단위 정의 각 축의 a/h, b/k, c/l 지점을 지난다는 의미이다. 따라서, 위의 그림의 면에 대한 밀러 지수는 4, 2, 4이므로, 이 면은(422) 면이다.

원자 좌표계(Atomic Coordinates)

결정 구조를 조사할 때와 같이 개별 원자들이 정확히 어디에 있는지를 설명하는 것이 유용할 때가 있다. 이렇듯 원자의 위치는 세 개의 좌표(S_x, S_y, S_z)로 나타낼 수 있다. 원자 좌표는 그 특정 원자가 좌표가 000인 원점에서부터 얼마나 멀리 있는지를 설명해 준다.

좌표의 첫 숫자는 원자가 x-축을 따라 얼마나 떨어져 있는지를 알려주며, 마찬가

그림 2.38 위의 실리콘(silicon) 이미지는 미국 해군연구소(US Naval Research Laboratory, NRL)의 Lloyd Whitman, Steven Erwin, A. Baski가 '예술로서의 과학(Science as Art)' 경진대회에 출품한 이미지이다. [위 이미지의 제목은 'Sunrise over Si(114)'이며, NRL의 허가를 통해 본 책에 재사용되었다.] 다음은 위 그림에 대한 NRL의 설명이다: 주사 터널 현미경(scanning tunneling microscopy, STM)을 통해 드러난 Si(114)의 예술적인 원자 수준의 표면 지형. 가장 높은 열의 원자들은 서로 1.63 nm 떨어져 있으며, 동일한 열에 있는 원자들은 0.77 nm 만큼 떨어져 있다. 급속하게 작아지고 있는 전자 소자의 크기를 고려할 때, 미래에 해군에서 사용될 전자 소자의 개발을 위해서는 반도체 표면의 원자 수준의 구조를 이해하는 것이 필수적이다. 우리는 STM과 시뮬레이션을 통해 (001)과 (111) 면 사이에 배향된 모든 Si 표면의 구조를 분석했다. Si(114)를 포함한 몇 개의 안정한 새로운 표면이 발견됐으며, 새로운 Si 기반 전자 소자에 사용될 수 있는 기판(substrate)으로서의 응용을 연구하고 있다.

지로 두 번째와 세 번째 숫자는 각각 y-축 및 z-축을 따라 떨어져 있는 거리를 알려준다. 원자 좌표는 항상 특정 단위 정과 관련하여 주어지기 때문에, 정의 표면에 해당하는 좌표를 최대값으로 하여 1로 설정하고 비율을 앎으로써 단위 정의 각 축들로부터 떨어진 위치를 파악할 수 있다. 예를 들어, 어떤 축이든 축의 절반에 있는 위치는 좌표 ½로 나타낸다. 즉, bcc 단위 정의 중심에 있는 원자는 ½½½로 나타낼 수 있고, 그림 2.20(a)에 있는 fcc 격자의 앞쪽 면심에 있는 원자는 1½½ 좌표로 나타낼 수 있다. 한편, 입방 단위 정의 대각선을 따라 원점 반대쪽에 있는 원자는 111 위치에 있다고 나타낼 수 있다.

원자의 위치를 파악할 수 있는 또 다른 방법은 위치 벡터를 이용하는 것인데, 위치 벡터는 식 2.1에서 정의된 벡터와 동일한 형태를 갖는다. 즉, 식 2.1의 벡터가 격자점이 아닌 원자의 위치를 나타내는 것이라면, 상수 u_1, u_2, u_3가 0, 1, 혹은 그 사이의 실수를 나타내면 된다(위치 벡터와 관련해서는 부록 A를 참고).

예제 2.8 원자 좌표계

다음의 원자 좌표를 갖는 입방(cubic) 구조의 정체를 밝혀라: 000, 100, 110, 010, 001, 101, 111, 011, ½½1, ½½0, ½0½, ½1½, 1½½, 0½½.

정답

입방 구조에 각 좌표의 원자를 표시해 보면 면심 입방(face-centered) 구조임을 알 수 있다.

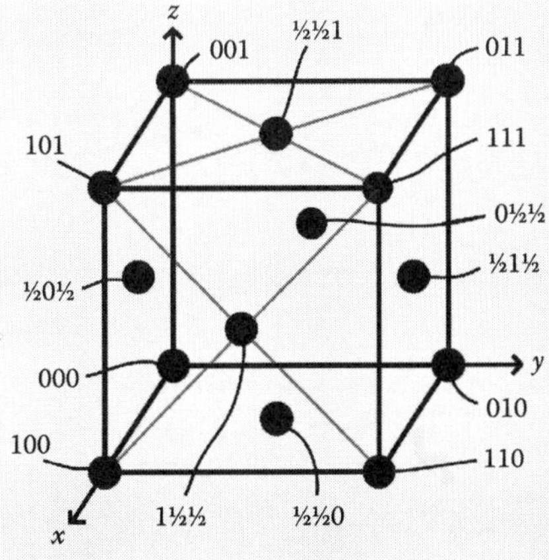

더 읽을거리

Hogan, J. "Space station unlocks new world of crystals". *New Scientist* no. 2394 (10 May 2003): 17.

(More references for further reading, as well as Web links, are available on the following Web page: http://www.crcpress.com/product/isbn/9780750309721.)

대표 예제

Q 2.1

(a) Cesium iodide(CsI)는 어떤 구조로 결정화 되는가?

(b) '배위수(coordination number)'는 무엇을 의미하는가? 또한, 문제(a)에서 답한 격자에 대한 배위수는 얼마인가?

(c) CsI는 어떤 유형의 결합을 갖는가?

(d) CsI 화합물이 고체 상태로 있을 때, 이의 두 구성 성분에 대한 전자배치(electronic configuration)는 무엇인가?

Q 2.5 어떤 고체의 응집에너지(cohesive energy)가 9 eV/atom이라고 한다면, 이 고체에 대해 당신이 알 수 있는 바는 무엇인가?

Q 2.9 Iron(Fe)의 격자 상수(lattice parameter) a가 0.287 nm라고 할 때, iron 결정의 원자 반경과 원자 밀도는 무엇인가?

Q 2.11 격자 상수가 a = 1.046 nm, b = 1.288 nm, c = 2.448 nm인 단순 사방정(simple orthorhombic) 결정의 원자 밀도를 계산하여라.

Q 2.14 입방(cubic) 결정 격자에 대해 다음은 각각 무엇을 나타내는가?

(a) <111>

(b) [010]

(c) (111)

(d) {100}

CHAPTER 03

Understanding Solid State Physics

결함, 비정질 재료, 그리고 고분자

(Defects, Amorphous Materials, and Polymers)

3.1 결함

우리는 결함을 부정적인 것으로 보는 경향이 있다. 우리는 무엇인가가 잘 작동하지 않으면 그것이 '결함이 있다(defective)'라고 말한다. 옥스포드 영어사전은 결함을 '필수적이거나 필요한 것이 결여된 것'이라고 정의한다. 그렇지만 이러한 결함에 대한 평판은 온당치 않다. 물리학에서는, 결함의 이러한 사전적 정의의 정반대가 진실로서 성립한다—즉, 결함 그 자체는 사실 필수적이고 필요하다.

예를 들어, 트랜지스터와 같은 반도체 소자에 필요한 전기적 특성을 부여하는 것은 반도체의 불순물들이다. 한편, 루비 보석을 포함한 어떤 결정들의 색깔은 그 구조 내부의 결함에 의해 만들어 진다. 그러나, 결함이 항상 유용하다는 것은 아니다. 예를 들어, 어떤 유형의 결함은 완벽한 구조를 가정한 상황에서보다 기계적으로 단결정을 몇 배는 더 약하게 만든다.

결함에는 두 가지 주요한 종류가 있다: **점결함**(point defect)과 **전위**(dislocation). 점결함(다음 절에서 다룰 것이다)은 하나 또는 몇 개의 원자 점(site)들을 포함하는 결함이다. 반면, 전위(3.1.2절에서 다룰 것이다)는 원자들로 구성된 하나의 전체 열을 포함하는 결함이다.

3.1.1 점결함

쇼트키(Schottky) 결함, 프렌켈(Frenkel) 결함, 및 불순물(Impurities)

점결함의 가장 단순한 유형은 **쇼트키 결함**(Schottky defect)이다. 쇼트키 결함은 공공(vacancy)라는 말로 더 잘 알려져 있는데, 이 용어가 말해주듯이 쇼트키 결함은 원자들이 결여되어 남아 있는 빈(vacant) 격자 자리이다(그림 3.1). [결함을 논할 때, '격자

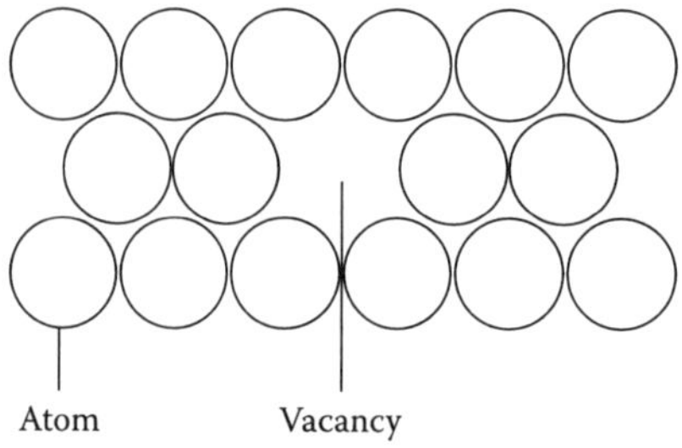

그림 3.1 공공(vacancy)이라고도 하는 쇼트키 결함(Schottky defect)을 갖는 결정의 원자 면의 일부분.

자리(lattice site)' 및 '원자 자리(atomic site)'는 완벽한 결정의 구조를 가정했을 때 원자에 의해 차지(occupied)되는 원자의 위치를 의미한다.]

공공 주위의 원자들은 위치가 약간 변하게 되며 따라서 일반적으로 쇼트키 결함 근처에서는 결정 구조의 뒤틀림이 생긴다. 또한, 공공이 존재할 때 일어날 수 있는 또 다른 유형의 원자 움직임이 있다: 바로 원자들이 '확산(diffuse)'할 수 있는데, 이는 원자들이 한 원자 위치에서 다른 위치로 이동할 수 있다는 것이다. 이렇게 될 수 있는 이유는, 원자가 그 원래의 위치에서 벗어나 쇼트키 결함의 위치로 이동할 수 있기 위한 에너지가 매우 작기 때문이다. 물론, 이렇게 원자가 이동하게 되면 그 원래의 위치에 공공을 남기게 되며, 따라서 이러한 결함은 결정 내에서 해당 원자가 움직이는 방향과 반대 방향으로 이동하게 된다.

공공은 농도 구배(concentration gradient)가 있을 때—즉, 결정 내의 특정 영역에 더 많은 공공이 존재할—연속적으로 이동하는 경향이 있다. 확산은 항상 농도가 높은 영역에서 낮은 영역으로 일어나므로, 공공이 농도 구배가 있는 결정에서 확산이 일어나면 궁극적으로 결정 내에서 공공이 균일하게 분포하여 퍼지게 된다.

자연적으로 성장된 결정과 인위적으로 만들어진 결정은 모두 쇼트키 결함을 포함한다. 쇼트키 결함의 수는 온도가 올라가면서 증가하는데, 이는 열이 결함을 더 많이 형성하도록 에너지를 제공하기 때문이다.

온도 T의 평형상태에서의 결정에 존재하는 공공의 개수는

$$n = N \exp\left(-E_{\mathrm{v}}/k_{\mathrm{B}}T\right) \tag{3.1}$$

이며, 여기서 N은 전체 격자점의 개수, E_{V}는 결함을 생성하기 위한 에너지, 그리고 k_{B}는 볼츠만 상수(Boltzman's constant)이다. 많은 종류의 금속들은 녹는점(melting point) 근처에서 10,000 원자당 1개 정도의 공공을 가진다.

이온결합으로 이루어진 고체에서의 공공은 하나의 양이온과 음이온이 쌍(pair)으로 생성되는 경향이 있다. 따라서, 양이온이나 음이온 둘 중 어느 한 종류의 이온의 공공이 더 많을 경우 발생할 수 있는 정전기적 전하(electrostatic charge)가 생기는 것을 막는다. 6장에서 다루겠지만, 이온성 결정에서의 공공의 존재는 전기 전도도(electrical conductivity)를 증가시킨다.

프렌켈 결함(Frenkel defect)도 쇼트키 결함과 마찬가지로 빈 격자 자리을 포함하는데, 다른 점은 프렌켈 결함의 경우에는 공공 근처에 **격자간**(interstitial) 원자—일반 격자 자리 사이의 공간에 위치하는 원자—가 있다는 점이다(그림 3.2 참조). 프랜켈 결함의 격자간 원자는 격자의 구성 원자라는 점에서 '자가-침입형(self-interstitial)' 원자라고 하기도 한다. 사실, 공공이 형성되도록 하는 것은 바로 격자 내의 자신의 위치에서 벗어나는 이 격자간 원자이다. 프렌켈 결함은 결정에 빛을 조사함에 의해 생성될 수 있으며 큰 변형에 의해서 생성될 수도 있다.

온도 T의 평형상태에서의 결정에 존재하는 프랜켈 결함의 개수는

$$n = \sqrt{(NN')}\exp(-E_I/2k_\mathrm{B}T) \tag{3.2}$$

이며, 여기서 N은 전체 격자점의 개수, N'는 격자간 점의 개수, E_I는 원자가 원래의 위치에서부터 격자간 위치로 이동시키는 데 필요한 에너지, 그리고 그리고 k_B는 볼츠만 상수이다. 쇼트키 결함과는 대조적으로, 프렌켈 결함은 이온성 결정 내에서 쌍(pair)으로 존재할 필요가 없는데, 이는 공공과 격자간 원자는 가까이 있기 때문에 정전기적 전하 상태에 변화가 없기 때문이다.

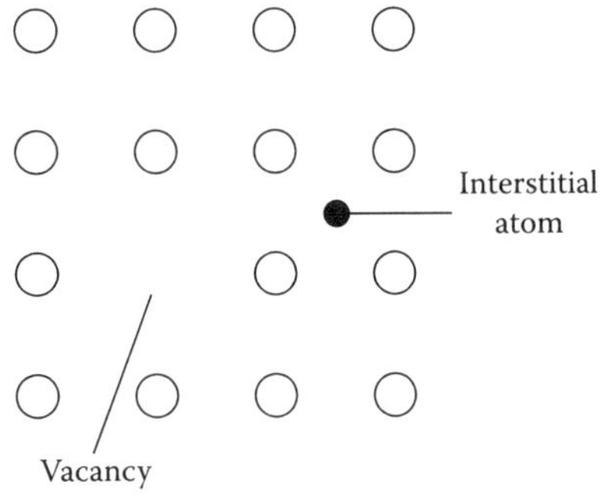

그림 3.2 프렌켈 결함(Frenkel Defect).

예제 3.1 공동 농도

만약 당신에게 1 cm^3 크기의 알루미늄(aluminum) 시료가 있다고 하자. 공공(vacancy)를 생성하는 데 필요한 에너지가 0.75 eV이고, 매 cm^3 당 10^{22} 개의 원자 위치가 존재한다고 할 때, (a) 300 K 및(b) 200 K 에서 각각 얼마만큼의 공공을 포함하고 있는가?

정답

공공을 생성하는 데 필요한 에너지는 0.75 eV = 0.75 × 1.602 × 10^{-19} = 1.2 × 10^{-19} J 이다. 이를 이용하면 각 온도에서의 공공의 개수를 계산할 수 있다.

(a) at 300K

$$n = N\exp\left(-E_v/k_BT\right) = 1\times10^{22}\exp\left(-1.2\times10^{-19}/1.381\times10^{-23}\times300\right)$$
$$= 1\times10^{22}\exp(-28.96)$$
$$= 2.65\times10^{9}\ \text{vacancies/cm}^3$$

(b) at 200K

$$n = N\exp\left(-E_v/k_BT\right) = 1\times10^{22}\exp\left(-1.2\times10^{-19}/1.381\times10^{-23}\times200\right)$$
$$= 1\times10^{22}\exp(-43.45)$$
$$= 1.35\times10^{3}\ \text{vacancies/cm}^3$$

두 경우 모두, 총 원자 수에 비해 공공의 개수가 매우 적은 것을 알 수 있다. 실제, 계산을 해 보면 300 K에서는 3.8 × 10^{12} 개의 원자당 한 개의 공공, 그리고 200 K에서는 7.4 × 10^{18} 개의 원자 당 한 개의 공공이 있다.

그런데, 자가-침입형 원자만이 격자간 위치를 차지할 수 있는 것은 아니다. 불순물(Impurity) 원자들은 결정 내에서 '호스트 원자(host atom)'를 치환하여 존재할 수 있을 뿐만 아니라 격자간 원자로서도 존재할 수 있다. [여기서 '호스트(host)'라는 의미는 불순물이 들어갈 수 있는 결정이라는 뜻으로 해석하면 된다.] 일반 격자점을 대신하여 자리하는 불순물을 **치환형**(substitutional) 불순물이라고 한다.

공공과 마찬가지로, 자가-침입형 원자는 공공 주위의 결정 구조의 뒤틀림을 유발한다. 사실, 자가-침입형 원자는 상당히 큰 뒤틀림을 유발하기 때문에 흔하지는 않다. 반면, 불순물(impurity) 원자는 그 크기가 모(host) 원자에 비해 작다면 격자 내에서 격자간 위치를 차지하는 것은 상대적으로 쉽다. 예를 들어, 원자 반지름이 약 0.71 Å(0.071 nm)인 탄소 원자는 반지름이 약 1.24 Å(0.12 nm)인 철(iron)에 들어갈 수 있어서 강철(steel)이 만들어질 수 있다. 탄소는 철 내의 격자간 위치에 자리하며, 다른 격자간 불순물과 마찬가지로 하나의 격자간 점에서 다른 격자간 점으로 상대적으로 쉽게 결정 내에서 확산할 수 있다.

불순물 원자는 종종 순수한 고체의 물성을 향상시키기 위해 더해진다. 예를 들어, 철에 탄소가 추가되면 더 강해지며, 실리콘(Si)과 갈륨비소(GaAs)과 같은 반도체 물질에 다양한 불순물들이 더해지면 전기 전도도가 변한다 [불순물을 반도체에 '도핑(doping)'하는 것에 대해서는 6장과 7장에서 자세히 다룰 것이다]. 불순물은 자연적으로 발생하기도 한다; 예를 들어, 투명한 산화알루미늄(Al_2O_3)에 존재하는 크롬(chromium) 이온은 이 투명한 결정을 빨간색으로 변하게 하는데, 이것이 바로 우리가 아는 보석인 루비(ruby)이다. 크롬 이온은 알루미늄 이온을 치환하는데, 이는 결정 구조 내에 약간의 응력을 발생시키기도 하지만 크롬은 약 1%까지도 첨가될 수 있다.

색 중심(Color Centers)

결정의 색깔을 바꾸는 것은 단지 불순물 원자만은 아니다. **색 중심**(color center)이라고 일컫는 점 결함은 투명한 결정을 다른 색으로 보이게 만든다. 이는 이들 색 중심들이 파장을 선택적으로 흡수할 수 있기 때문이다. 우리가 어떤 고체를 볼 때 보이는 색깔은 고체가 가시광의 일부 파장을 흡수한 이후 반사되거나 투과, 혹은 재발광(reemit)하는 가시광 파장들의 조합이다(고체의 종류와 조건에 따라 서로 다른 과정이 일어난다).

색 중심은 몇 가지 방법으로 생성될 수 있는데, 이에는 불순물을 도입하는 방법과 X-선, 감마 선, 중성자, 전자 등으로 결정에 충격을 주는 방법이 포함된다. 후자의 경우, 방사선이 결정 구조에 손상을 주어 다양한 형태의 결함이 생성된다. 예를 들어, 다이아몬드에 전자를 조사하면 파란색을 띄게 된다(이러한 색 변화를 돕기 위해 열처리가 필요하기도 한데, 이에 대해선 다음 장에서 논하기로 한다). 자연적으로 발생하는 색 중심들도 존재한다: 예를 들어, 'Blue John'이라고 부르는 한 희귀한 형태의 형석(fluorite, CaF_2)은 푸른 보라색을 띄는데, 이는 F 중심(F center)라고 알려진 색 중심이 있기 때문이다.

색 중심에는 다양한 종류가 있으며, F 중심—색깔을 의미하는 독일어 'Farbe'의 명칭을 딴 것이다—은 그 중 처음 알려진 색 중심이다. F 중심은 음이온 공공에 갇힌 전자로 이루어져 있다(그림 3.3의 오른쪽 위). 이렇게 갇힌 전자들은 이온성 결정이 전기

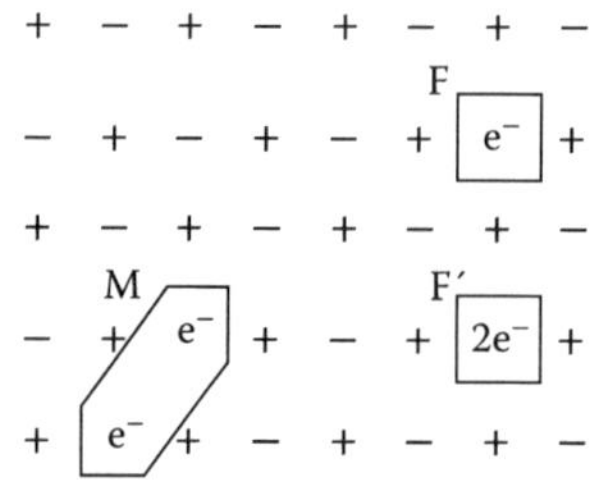

그림 3.3 F 중심(오른쪽 위)에는 음전하의 이온 공공(vacancy)에 전자가 갇힌다; F′ 중심(오른쪽 아래)은 음전하의 이온 공공에 갇힌 두 개의 전자로 구성된다; M 중심(왼쪽)은 이웃하는 두 개의 F 중심들로 구성된다. (Adapted from Figure 7.1 in Townsend, P.D., and Kelly, J.C., *Colour Centres and Imperfections in Insulators and Semiconductors,* Chatto & Windus for Sussex University Press, London, 1973. Reproduced with permission.)

적으로 중성을 유지하게 한다. 다른 색 중심의 예로는 F 중심과 유사하지만 공공에 두 개의 전자가 갇힌 형태의 F′ 중심이 있고(그림 3.3의 오른쪽 아래), 서로 붙어 있는 두 개의 F 중심들로 구성된 M 중심도 있다(그림 3.3의 왼쪽). 또한, 세 개의 F 중심들로 구성된 R 중심이 있으며, 네 개의 F 중심들로 이루어진 N 중심도 있다.

비화학양론(Nonstoichiometry)

화합물을 구성하는 서로 다른 원소들 사이에 단순한 비율이 있고 그 비율만큼의 원자들이 정확히 모여 그 화합물을 구성할 때, 그 화합물은 화학양적(stoichiometric)이라고 한다. 예를 들어, CaF_2의 화학식을 갖는 완벽한 불화칼슘(calcium fluoride) 결정은 그 구조를 통틀어 하나의 칼슘 원자당 두 개의 불소원자를 가질 것이다.

반면, 대략적으로 $Fe_{1-x}O$(여기서 x는 1보다 작은 소수)의 화학식을 갖는 산화 철(iron oxide)과 같은 '비화학양론적(nonstoichiometric)' 화합물들은 그 구성 원자들 사이에 더 복잡한 관계를 갖는다. 이 경우에는, 그림 3.4에서 볼 수 있듯이 화합물 내의 어떤 철 이온들은 Fe^{2+}로 존재하는 한편 다른 철 이온들은 Fe^{3+}로 존재할 수도 있다. 그림과 같은 산화 철 결정의 한 작은 영역을 생각해 보자. 만약 이 영역에 있는 Fe 이온의 원자가가 +3이라면, 결정이 전체적으로 전기적인 중성을 이루기 위해서는 Fe^{2+} 공공이 필요하다는 것을 알 수 있다. 그림 3.4를 보면, 두 개의 Fe^{3+} 이온에 의한 두 개의 양전하의 과잉이 Fe^{2+} 공공에 의해 결여된 두 개의 양전하에 의해 서로 상쇄된다.

이 결정 부분에서 이온 하나가 결여되면서 철 이온의 개수에 비해 산소 이온이 하나 더 많게 되므로 화학식 FeO 는 정확히 이 구조를 나타낼 수 없다. 따라서, Fe^{3+} 이온이 존재할 때에는 식 $Fe_{1-x}O$에 있는 x는 철 이온의 개수를 감소하게 하는 결과를

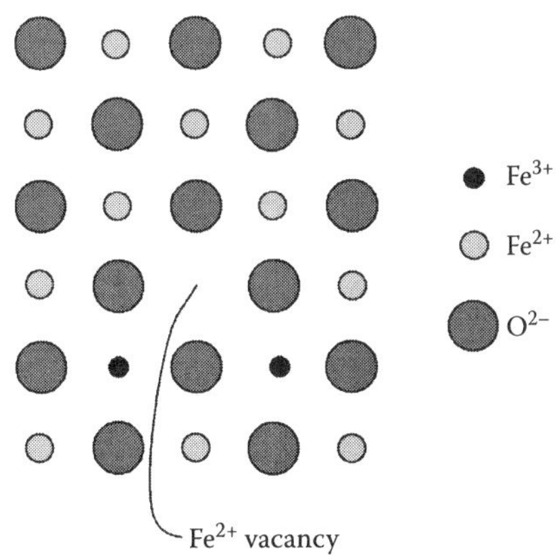

그림 3.4 비 화학양론(nonstoichiometric) 화합물인 산화철(iron oxide)의 일부분. 결정의 전기적 중성을 위해서는 두 개의 Fe^{3+} 이온 당 하나의 Fe^{2+} 공공이 생성되어야 한다.

만든다.

몇몇 화합물들은 자연적으로 비화학양론적이기도 하지만, 비화학양론적 화합물들은 화학양론적 화합물에 의도적으로 특정 원소의 원자를 추가적으로 첨가함에 의해서도 만들어질 수 있다.

기타 결함(Other Defects)

결정립계(grain boundary)와 고체의 표면도 결함으로 분류될 수 있다. 또한, 특정 상황에서는 심지어 원자가 진동하는 것도 결함으로 간주될 수 있는데, 이는 어떤 고체의 물성들은 격자 내에서의 원자의 위치에 영향을 받는데 원자가 진동을 하게 되면 원자의 위치가 변하기 때문이다. 실제, 이러한 물성들은 그 거시적 물성을 나타나게 하는 격자간의 상호작용이 일어나는 시간이 원자 진동주기에 비해 작은 것들이다.

예를 들어, 약 10^6 ms^{-1}의 속도로 금속 내부를 이동하는 전자는 약 10^{-10} m 떨어진 두 원자 사이를 이동하는 데에 단 10^{-16} s 밖에 걸리지 않을 것이다. 상온에서의 격자 내부 원자의 진동 주기는 약 10^{-13} s 이므로, 이때는 원자들의 위치가 고체를 통해 지나가는 전자에 영향을 줄 것이다. 진동의 크기는 온도가 올라가면서 커지기 때문에 전자의 이동과 같이 격자 진동에 의해 영향을 받는 물성은 높은 온도에서 더욱 더 달라질 것이다. 6장에서 살펴보겠지만, 실제로 전자는 이러한 원자 진동에 의해 산란이 되며 따라서 금속의 전기 저항(electrical resistance)은 온도가 올라가면 증가하게 된다.

비록 이 절에서 우리는 원자 크기의 결함들에 대해 관심을 갖고 있지만, 고체가 가질 수 있는 결함에는 금(crack)이나 기공(pore)과 같이 훨씬 더 큰 크기의 것들도 있다는 사실을 알 필요가 있다. 이들과 같은 거시적인 결함들은 'bulk(체적)' 결함 혹은

'volume(체)' 결함이라고 하며 이 같은 거시적 결함들은 고체의 기계적 물성에 치명적인 영향을 줄 수 있다(이에 대해 4장에서 다룰 것이다).

3.1.2 전위

칼날(Edge) 전위와 나선(Screw) 전위

앞서 점 결함에는 다양한 유형이 있다는 것을 배웠다. 이와는 달리, 전위에는 오직 두 가지 종류가 있다: 칼날 전위와 나사 전위. 이 두 전위 중 칼날 전위는 시각화하기 쉽다(그림 3.5에 나타나 있다). 칼날 전위는 결정의 한 부분에 원자 면(plane)이 하나 추가된 것, 또는 반대로 원자 면이 하나 제거된 것으로 생각할 수 있다. 점 결함과 마찬가지로, '선 결함(line defect)'라고도 일컫는 이러한 전위도 결정 구조의 뒤틀림을 일으킨다. 이는 그림 3.5에 잘 나타나 있는데, 전위의 양쪽에 있는 원자 면들이 전위 주위를 효과적으로 휘돌아 나가면서 다시 본연의 구조적인 배열을 회복하는 것을 볼 수 있다.

칼날 전위는 보통 기호 ⊥로 나타낸다. 이 기호의 수직선 부분은 이 추가된 원자 면의 끝과 평행한 방향을 따라 있는 **전위선**(dislocation line)을 가리킨다(예를 들어, 그림 3.5에서는 전위선이 그림에 수직한 방향으로 놓여 있다). 결정에서만 칼날 전위와 같은 결함이 형성될 수 있는 것은 아니다. 그림 3.6에서 볼 수 있듯이, 비슷한 현상이 훨씬 더 큰 크기에서도 발생할 수 있다. 그림의 옥수수를 보면, 규칙적인 두 개의 옥수수 알갱이의 열들 사이에 추가로 알갱이 열 하나가 자라나 있다.

전위의 두 번째 종류인 나선 전위는 그림 3.7에 나타나 있다. 나선 전위는 잘려진

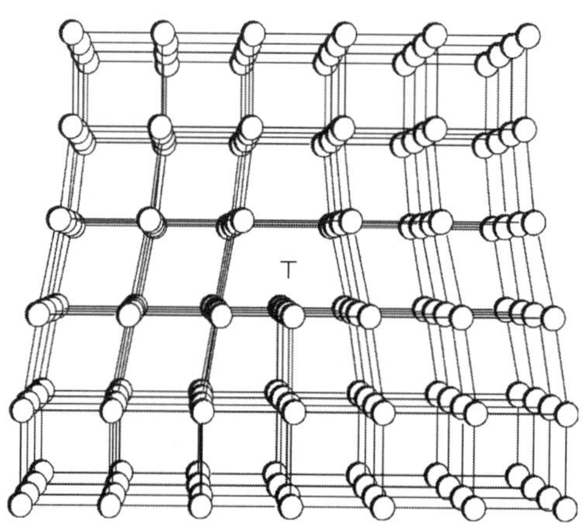

그림 3.5 단순 입방 결정에 있는 하나의 칼날 전위(edge dislocation). (Adapted from Figure 9.3, p.105, Saxby, G., *The Science of Imaging, An Introduction*, Institute of Physics Publishing, Bristol and Philadelphia, 2002. With permission.)

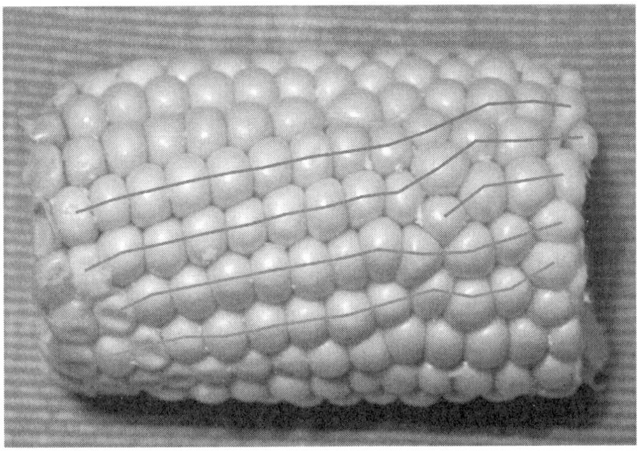

그림 3.6 위의 옥수수 사진은 크기가 큰 칼날 전위의 모습을 모사한다. 결정의 한 부분에서 형성된 추가적인 원자 층처럼, 추가적인 옥수수 알갱이 한 줄이 성장해 있다. (Courtesy of Alan Piercy.)

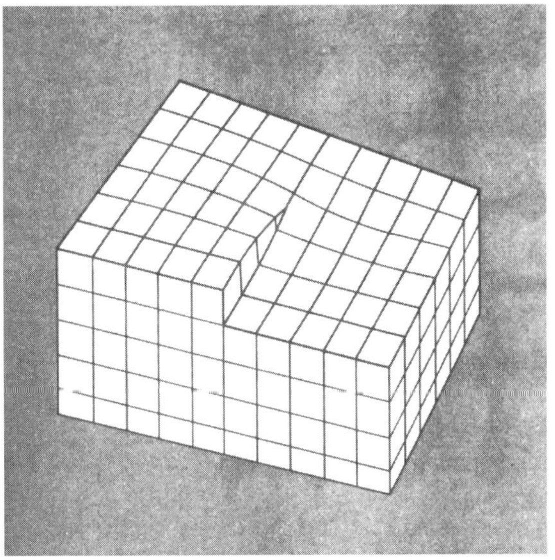

그림 3.7 나선 전위(screw dislocation). (This figure originally appeared as Figure 18.17, p.433, Beiser, A., *Perspectives of Modern Physics*, 1981, McGraw-Hill, © The McGraw-Hill Companies, Inc. Reproduced with permission.)

결정의 한쪽 측면이 반대쪽 결정 측면에 대해 원자 하나의 간격만큼 어긋나 있는 형태의 결함이다. 나선 전위라는 명칭은 이 같은 어긋남에 의해 원자 면이 그 전위선 주위로 나선형의 형태를 띄게 한다는 사실로부터 비롯된 것이다. 나선 전위는 기호 ⊂로 나타낸다.

앞서 살펴본 두 가지 전위들은 별개로 존재할 수 있지만, 결정에 존재하는 실제 전위들은 대게 칼날 전위와 나선 전위의 조합인 '혼합(mixed) 전위'이다. 때로, 전위는 결정의 표면에서 끝날 수도 있지만, 결정 내부에서 닫힌 고리(closed loop)를 형성할 수도 있다. 4장에서 살펴보겠지만, 전위는 많은 고체들에 있어 기계적 물성에 주요한 영향을 끼친다.

전위(Dislocations)와 결정 성장(Crystal Growth)

하나의 결정을 성장시키기 위해서는, 원자들이 붙어서 점점 성장하여 결정을 이룰 수 있게 하기 위한 '시드(seed)'로 사용될 무엇인가가 필요하다. 예를 들어 거대한 단결정을 만들기 위해서는, 그 보다 훨씬 작은 크기의 시드 결정 조각을 그 결정과 같은 종류의 원자로 된 증기(vapor)에 노출시키면 된다. 그 증기로부터의 원자들은 그림 2.38(a)에 묘사된 완벽한 원자 면 위로 응결될 수 있고 따라서 그 바로 위에 또 다른 원자 면이 성장될 수 있다. 하지만, 만약 이미 얼마간의 최인접 원자들이 있는 시드 결정이 있다면 증기의 원자들이 훨씬 더 쉽게 응결할 것이다. 왜냐 하면, 증기에 있는 원자들은 최인접 원자들에게 더 강하게 이끌릴 것이기 때문이다. 이러한 상황이 그림 3.8(b)에 묘사되어 있다. 그림을 보면, 나선 전위가 결정 표면으로 나와 있는데 원자들이 증착 되면서 새로운 원자 면들이 이 나선 전위 주위로 나선형태로 성장하게 된다. 이러한 결정 성장 상황이 그림 3.9에 잘 나타나 있다.

전위 밀도(Dislocation Density)

모든 결정성 고체는 전위를 포함하며, 존재하는 전위의 양은 전위 밀도(dislocation density)로 표현될 수 있다. 전위 밀도는 임의의 결정의 단위 면적당 전위선의 개수로

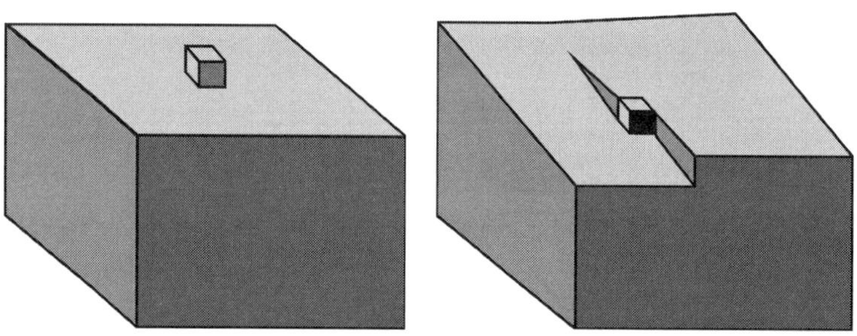

(a) (b)

그림 3.8 (a) 완벽한 결정 면에 약하게 이끌린 한 원자 및 (b) 나선 전위에 강하게 이끌린 한 원자에 의한 결정 성장. (This illustration was published in *Solid State Physics*, International Edition, Neil W. Ashcroft and N. David Mermin, p.636, copyright W.B. Saunders Company(Elsevier), 1976. Reproduced with permission.)

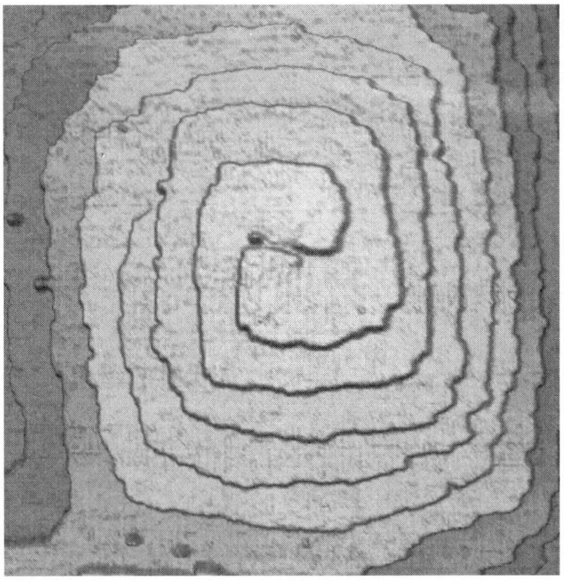

그림 3.9 위의 이미지는 미국 해군연구소(US Naval Research Laboratory, NRL)의 P. M. Thibado, B. R. Bennett, B. V. Shanabrook, L. J. Whitman가 '예술로서의 과학(Science as Art)' 경진대회에 출품한 이미지이다. [위 이미지의 제목은 "Double Spiral of GaSb on GaAs"이며, NRL의 허가를 통해 본 책에 재사용되었다.] 다음은 위 그림에 대한 NRL의 설명이다: GaAs(001) 면 위에 분자선 에픽택시(molecular beam epitaxy)를 통해 성장한 4 μm 두께의 GaSb 표면에 대한 주사 터널 현미경(scanning tunneling microscopy) 이미지. 본 이미지는 박막의 성장 도중에 in situ로 얻었다. 이미지에서 보이는 것과 같은 나선 구조는 기판(substrate)과의 7% 격자 불일치로 인한 관통 전위(threading dislocation) 주위로 성장한다. 나선의 꼭대기에 한 쌍의 전위 및 중간 부분에 또 하나의 전위가 보이는데, 각 전위들은 0.3 nm 높이의 단차를 이룬다. In situ 원자 수준 분석은 결정 성장에 있어 중요한 요소로 이를 통해 이종에피택셜(heteroepitaxial) 층의 전위 밀도를 최소화시킬 수 있다. (에피택시 성정 방법에 대해서는 7.3.2절을 참조.)

정의된다. 반도체 산업에서 잘 제어된 조건에서 성장시킨 양질의 실리콘과 게르마늄 결정의 전위 밀도는 10^2 cm^{-2}보다 훨씬 작은 수준이다. 반면, 심하게 변형시킨 금속 결정의 전위 밀도는 10^{12} cm^{-2}이나 될 만큼 크다. 일반적으로, 금속 결정의 전위 밀도가 비금속 결정에 비해 크다. 전자 현미경과 같은 다양한 실험 방법이 전위를 관찰하고 전위 밀도를 예측하는 데에 사용될 수 있다.

우리는 앞서 전위가 결정 구조의 뒤틀림을 야기한다는 것을 보았다. 그런데 전위는 결정의 에너지를 증가시키기 때문에 결정은 항상 전위를 최소화하려고 할 것이다. 최소 에너지를 위한 이러한 경향성은 큰 전위들은 가능한 한 크기가 작은 전위들로 분해되거나, 또한 닫힌 고리 형태로 형성된 전위들은 가능하면 수축하려는 경향이 있다는 것을 의미한다.

예제 3.2 결함

아래 그림의 구체(sphere)들이 결정 면에 있는 원자들을 나타낸다고 했을 때, 그림에서 드러나 있는 결함의 유형은 무엇이며, 또 어디에 있는가?

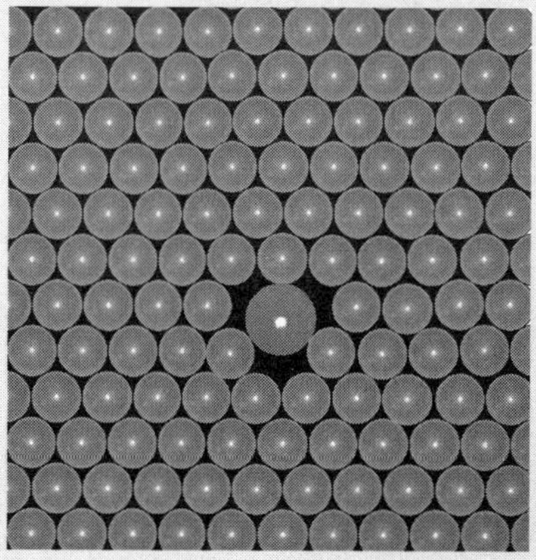

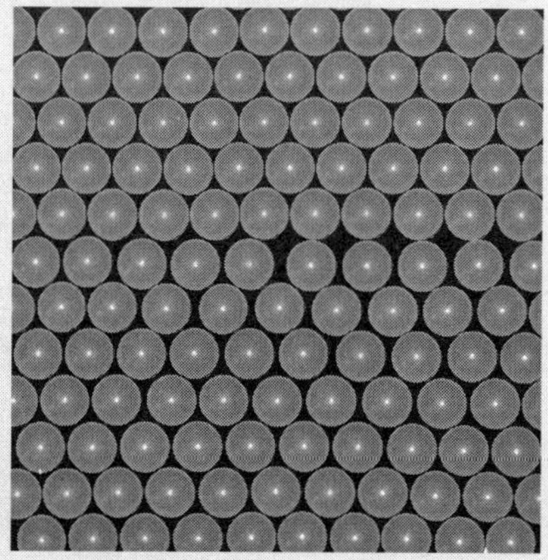

정답

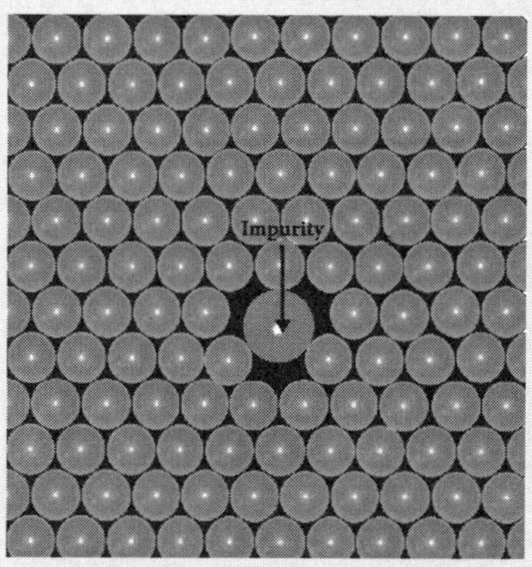

치환형 불순물(substitutional impurity)

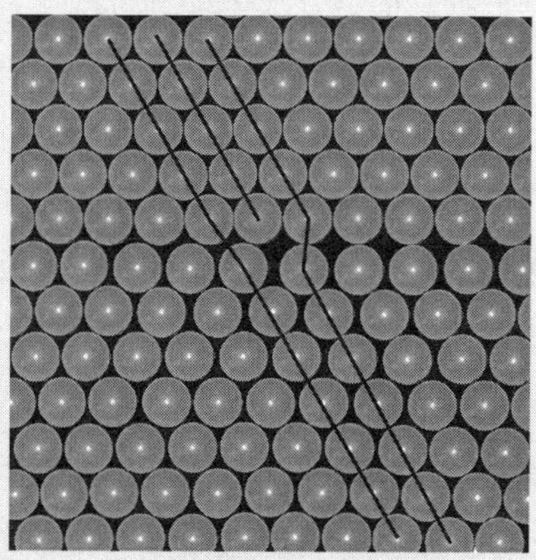

칼날 전위(Edge dislocation)

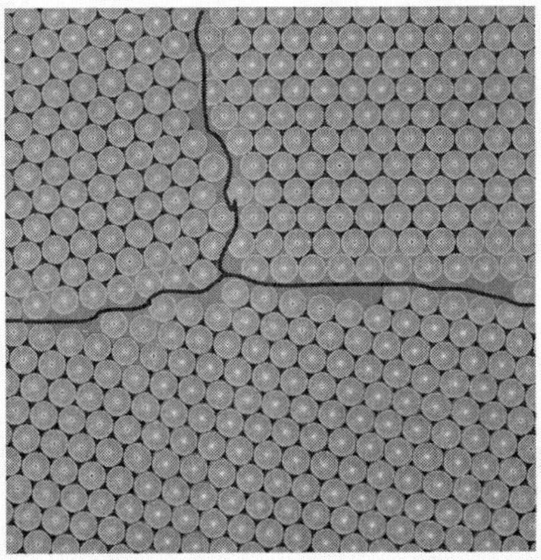

결정립계(Grain boundary)

적층 결함(Stacking Faults)

2장에서 우리는 다양한 결정 구조들이 어떻게 층층이 만들어질 수 있는지에 대해 배웠다. 예를 들어, Box 2.2는 면심입방(fcc) 구조가 형성되려면 어떻게 원자 층이 적층되어야 하는지를 보여 준다. 완벽한 fcc 결정은, 결정 전체에 걸쳐 층 1, 층 2, 층 3, 층 1, 층 2, 층 3, 층 1…과 같은 순서로 원자 층이 반복된다. 그러나 실제의 fcc 결정은 이러한 층의 반복에 있어서 결함을 가질 수 있는데, 이는 하나의 층이 결여되거나(그림 3.10 참조) 혹은 추가적인 층이 생겼을 때 발생할 수 있다. 이러한 유형의 결함을 '적층 결함(stacking fault)'이라고 한다.

그림 3.10에 묘사된 결정 구조는 층 1, 층 2, 층 3, 층 1… 의 정상적인 fcc의 적층과 층 1, 층 2, 층 1…의 육방밀집(hcp) 적층이 혼합된 형태이다(그림 2.2.7 참조). 육방밀집 구조 또한 적층 결함을 포함할 수 있다. 이 경우 hcp의 층 2 대신에 fcc의 층 3이 나타날 수 있고 혹은 fcc의 층 3이 추가적인 층으로 있을 수 있다.

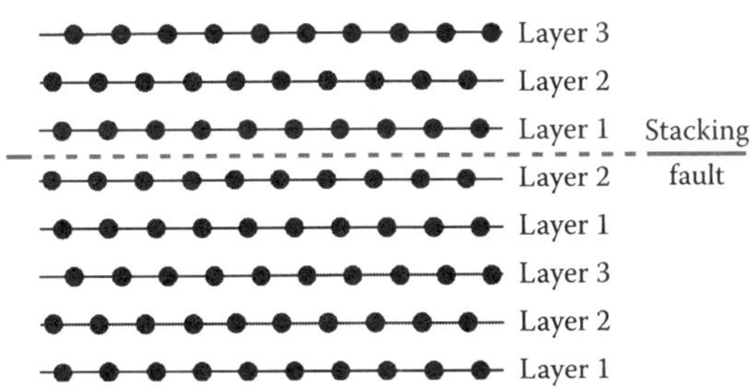

그림 3.10 fcc 결정에서 발생할 수 있는 적층결함(stacking fault)의 한 유형.

일반적으로, 층 1과 같이 육방 배열을 갖는 조밀(closed-packed) 구조의 경우, 다음 원자 층이 fcc 격자의 층 2의 위치처럼 층 3 위치에 동등하게 잘 놓이지 못할 만한 기하학적 이유는 없다. 이와 대조적으로, 층 2 위에 있는 층의 원자가 다른 위치에는 존재할 수 없기 때문에 bcc 구조에서는 적층 결함을 찾을 수 있을 것이라고 생각하지 않을 것이다(그림 2.18 참조).

3.2 비정질 재료

3.2.1 비정질 재료의 구조

많은 고체들이 결정성이긴 하지만, 비정질인 고체들도 많이 있다. '비정질(amorphous)'라는 단어는 '모양이 없는(shapeless)'이라는 뜻의 라틴어와 그리스어에서 유래되었는데, 일반적으로 규칙적인 구조가 없는 것을 의미한다. 그런 의미에도 불구하고, 비정질 재료의 원자들이 사실 완전히 무작위적으로 배열하는 것은 아니다. 단, 비정질 재료의 원자들은 결정성 고체에서의 원자들보다는 더 무작위적(random)으로 배열되어 있다.

비정질 재료는 화산 광물인 흑요석(obsidian)과 같이 자연적으로 존재하기도 하며 결정성 고체로부터 인위적으로 만들어지기도 한다. 사실, 거의 대부분의 결정성 고체는 비정질로 만들어질 수 있으며 특정 재료의 비정질 버전(version)은 비록 조성이 동일할지라도 원래의 결정성 재료와는 매우 다른 물성을 가질 수 있다. 예를 들어, 비정질 고분자(polymer)는 투명한 경향이 있는 반면, 결정 구조를 주로 갖는 고분자들은 일반적으로 불투명하거나 반투명하다.

비정질 고체에서의 원자들 사이의 힘과 결합은 결정에서의 원자간 힘 및 결합과 매우 비슷하다. 이는 비정질 고체의 최인접 원자들(nearest neighbors)의 개수와 위치는 평균적으로 그 고체 내의 다른 원자의 상황과 동일하다는 의미이다. 그러나 결합각(angle)과 원자간 거리(spacing)가 다르기 때문에 고체 내에서 어떤 한 점으로부터 멀리 떨어져 있는 원자의 위치를 예상하는 것이 불가능하다. 개별 원자 근방의 환경은 동일하기 때문에 비정질 재료는 '단범위 규칙성(short range order, SRO)'을 갖는다고 설명하지만, 더 거시적인 관점에서는 원자간 거리와 방향이 차이가 나기 때문에 '장범위 규칙성(long range order, LRO)'이 없다고 설명할 수 있다.

비정질 고체들에 대한 이론적인 이해는 결정성 고체보다 훨씬 미진하다. 그러나,

다음의 절에서 적어도 다양한 주요 응용분야에서 이미 활용되고 있으며 미래에 더욱 더 응용이 많이 될 것임이 분명한 이 흥미로운 비정질 재료들의 구조에 대해 간단히 살펴볼 것이다.

3.2.2 비정질 구조들의 모델

장범위 규칙성(long-range order)이 없기 때문에 비정질 재료의 구조는 격자(lattice)로 나타낼 수 없다. 그 대신, 비정질 구조에서의 원자들의 위치를 나타내기 위해 두 가지 모델이 일반적으로 사용된다: **단단한 구의 조밀한 무작위 충전**(dense random packing of hard sphere, DRP) 모델과 **연속적 무작위 네트워크**(continuous random network, CRN) 모델.

결정성 고체와 마찬가지로, 비정질 고체의 구조는 원자들 간의 결합의 종류에 의해 지배된다. 결합의 방향성이 없는 비정질 재료—즉, 반 데르 발스(van der Waals) 결합에 의해 이루어진 비정질 금속, 이온성 고체, 분자 고체—들의 구조를 나타내는 데에는 DRP 모델이 가장 적합하다(그림 3.11 참조). 반면, 실리콘과 같이 방향성이 있는 공유결합에 의해 이루어진 재료들의 구조를 나타내는 데에는 CRN 모델이 사용된다(다음 절 참고).

DRP 모델은 단단한 구(hard sphere)를 사용하여 원자를 나타낸다. 이는 '원자'들이 서로 눌려졌을 때 변형되지 않는다는 점을 의미한다. 초기의 DRP 모델(1950년

그림 3.11 딱딱한 구체의 조밀한 무작위 충전 모델(Dense Random Packing of Hard Spheres Model).

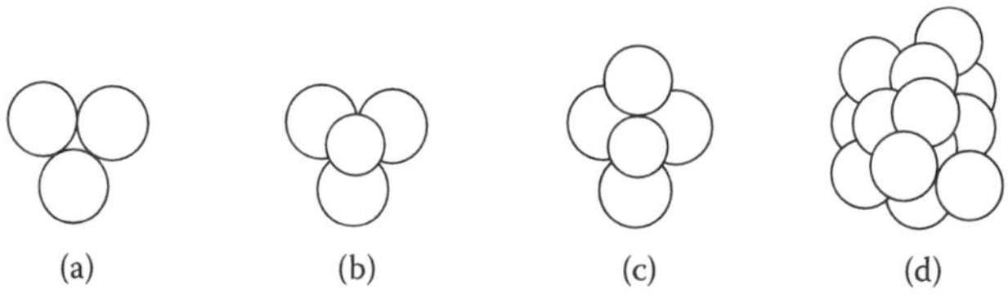

그림 3.12 DRP 모델의 컴퓨터 시뮬레이션은 (a)에 나와 있는 세 개의 '시드(seed)' 원자로부터 이루어진다. 새로운 구체(sphere)가 추가되면 기존에 있던 세 개의 원자와 맞닿아야 하며[(b)와 (c) 참조], 또한 (d)에서 보이는 것처럼 다른 구체가 끼어들 수 없도록 여유공간이 없이 조밀하게 맞닿아야 한다는 조건을 충족해야 한다.

대에 처음 만들어짐)은 공(ball)들이 더는 가깝게 짓눌리지 않을 때까지 가방 안에서 압착된 볼 베어링(ball bearing)의 개념으로 만들어졌다. 이렇게 해서 이루어진 충전(packing) 상태에서 이 공들을 서로 접착제로 붙이면 비결정성(noncrystalline)을 모사하는 DRP 모델이 되는 것이다. 요즘에는 이러한 방식 대신 컴퓨터 시뮬레이션을 사용하며, 그림 3.12는 세 개의 구로 이루어진 '시드(seed)'로부터 어떻게 이러한 시뮬레이션 된 모델이 형성되는지를 보여준다.

각각의 새로운 구(sphere)가 추가되면, 인접한 세 개의 구에 닿아야 하며 동시에 남아있는 틈새에 다른 구가 들어가지 못할 만큼 가깝게 서로 가깝게 위치해야 한다. 이 같은 기준을 적용하면 대략 0.61-0.64 정도의 충전율(packing fraction)(2.2.2절 참조)을 갖는 꽤나 밀집된 구조를 이룰 수 있다. 표 3.1에 몇몇 일반적인 결정질 및 비정질 구조에 대한 충전율을 정리하였다.

DRP 모델에서 원자를 나타내는 각 구체(sphere)는 특정 부피를 가지므로, 원자간 거리가 결정질 고체의 경우에서와 거의 동일한 단범위 규칙(short-range order)이 형성된다. 그 이유는, 매우 적은 개수의 구체들이 앞서 언급한 두 가지 조건을 만족하면서 배열될 수 있는 방법이 매우 제한적이기 때문이다. 그러나, 결합 각(bond angle)이 고체 내부 전체에 걸쳐서 일정하지 않기 때문에 장범위 규칙(long-range order)는 존재하지 않는다.

표 3.1 일반적인 결정 및 비정질 구조들에 대한 충전율(packing fraction) 비교

Structure	Packing Fraction
fcc	0.74
bcc	0.68
DRP	0.61–0.64
sc	0.524

연속적 무작위 네트워크 모델(Continuous Random Network Model)

DRP 구조와 마찬가지로, CRN(Continuous Random Network) 구조는 결정질 고체에서의 원자간 거리와 매우 유사한 수준의 원자간 거리를 갖는다. 그러나 이 경우, 원자들이 방향성은 있는 반면 이들 사이의 결합 각은 동일한 조성의 결정질 고체에서와 같지 않기 때문에 비정질 구조 내의 위치마다 서로 다르며, 따라서 필연적으로 장범위 규칙(long-range order)이 존재하지 않는다. 그럼에도 불구하고, 원자 간의 결합 각은 일반적으로 동일한 조성의 결정질 고체에서 가질 수 있는 값의 10% 이내로 유지된다. 그 결과, 일부 원자들 간의 결합이 구부러지고 결합 거리 또한 일정 범위 내에서 조금씩 다르다.

DRP 구조와 마찬가지로, CRN 모델은 원자를 나타내는 공(ball)과 결합을 나타내는 막대기(spoke)를 사용해서 직접 만들거나 또는 컴퓨터 시뮬레이션으로 만들 수도 있습니다.

DRP 또는 CRN 모델을 사용하여 모든 유형의 비정질 재료를 설명하는 것은 불가능하지만 이 둘은 가장 많이 사용되는 모델이다. 그러나 어떠한 모델을 사용하건 그것은 실제 구조의 근사치일 수 밖에 없다. 그 이유는, 어떠한 비정질 구조 모델이라도 그것을 구축하기 위해서는 시작점으로 사용하기 위한 비정질 재료의 구조에 대한 실험 데이터가 필요하기 때문인데 비정질 재료에 대한 이러한 정보는 결정성 고체에서 얻을 수 있는 정보만큼 완전하지 못하기 때문이다. 2장에서 다루었 듯이, 결정은 단위 정(unit cell)의 원자들이 갖는 패턴의 반복으로 이루어지기 때문에 결정의 단위 정(unit cell)을 구성하는 원자의 위치를 아는 것만으로도 그 고체 전체에 걸친 원자들의 위치를 파악할 수 있다. 단위 세포의 원자 패턴이 계속 반복되므로 전체 고체에서 원자의 위치를 결정할 수 있습니다. 이와 대조적으로, 우리가 방금 살펴보았듯이 비정질 고체는 장범위 규칙(long-range order)성이 없기 때문에, 비정질 고체 내의 국부적인 영역에서의 원자 위치를 통해 그 비정질 구조의 전체를 파악할 수는 없다.

비정질 고체에서의 결함(Defects in Amorphous Solids)

결정질 고체와 마찬가지로, 비정질 고체도 결함을 포함할 수 있다. 일견, 비정질 구조에 결함이 있다는 생각은 다소 이상할 수 있다. 왜냐하면, 비정질 구조는 그 구조 전체 자체가 결함이라고 생각할 수 있기 때문이다. 그러나, CRN 또는 DRP 모델이 '이상적인(ideal)' 비정질 고체를 나타내는 것이라고 한다면, 이 모델들이 예측하는 구조에서 벗어나는 것들을 결함으로 생각할 수 있다.

비정질 구조에 존재할 수 있는 가장 단순한 유형의 결합에는 CRN 및 DRP 구조 모두에 포함될 수 있는 공공(vacancy)이 있으며, 또한 CRN 구조를 갖는 재료에서만 발생할 수 있는 '매달린 결합(dangling bond)'이 있다. 매달린 결합(dangling bond)은 공공(vacancy)이 존재할 때 생성된다. 공공의 위치에 있던 원자는 인접한 원자들과 결합을 이루었겠지만, 일단 공공에는 원자가 없기 때문에 인접한 원자들은 결합을 이루기 위해 전자 껍질(electron shell)을 채우는 데에 필요한 전자가 부족하기 때문에 불완전한 결합을 가진 채로 남겨진다. 이렇듯, 매달린 결합(dangling bond)은 전자가 부족한 상태이므로 추가로 필요한 전자를 가지고 있는 불순물 원자(impurity atom)를 가두려는 경향이 있다.

불순물 원자는 비정질 물질에서도 발견될 수 있으며, 결정질 반도체에서 추가로 도입되는 것처럼 의도적으로 비정질 반도체에 추가되어 전기적 특성을 변화시킬 수도 있다. 이렇게 불순물 원자가 도입된 비정질 재료의 예로는, 복사기(photocopier)의 기반 물질인 비정질 셀레늄(selenium)을 들 수 있다. 또한, 태양전지(solar cell)의 경우도 비정질로 만들어지는 경우가 많은데, 그 이유는 결정성 실리콘(silicon)보다 생산 비용이 저렴하고 박막으로도 만들 수 있기 때문이다. 이러한 박막형 태양전지는 단결정보다 크기 때문에 크기가 더 큰 소자를 만들 수 있어 더 많은 빛을 포착할 수 있다. (반도체 응용에 대해서는 7장에서 자세히 설명할 것이다.)

3.2.3 유리

가장 흔히 사용되는 비정질 재료 중 하나는 유리(glass)이다. 우리가 일상적인 언어로 '유리(glass)'라는 단어를 사용할 때에는 창문과 병을 만드는 재료인 실리카 유리(silica glass)를 의미하지만, 물리학에서의 '유리(glass)'라는 단어는 훨씬 더 일반적인 의미를 갖는다. 즉, 유리(glass)는 액체가 **유리 전이 온도**(glass transition temperature, T_g)를 지나면서 결정성 고체가 되는 대신 비정질 고체로 될 정도로 빠르게 액체를 냉각시켜서 만든 비정질 고체를 의미한다. 따라서, 유리는 모두 비정질 재료이지만, 역으로 모든 비정질 재료가 곧 유리는 아니다.

예제 3.3 비정질 고분자

당신은 밀도가 970 kg m^{-3}이고 결정상과 비정질상이 공존하는 폴리에틸렌(polyethylene) 시료를 가지고 있다. 결정질 폴리에틸렌의 밀도가 1000 kg m^{-3}이고 비정질 폴리에틸렌의 밀도는 865 kg m^{-3}이라고 한다면, 당신이 가지고 있는 폴리에틸렌 시료의 총 질량 중 결정질상의 비율은 얼마인가?

정답

우선, 밀도를 알고 있는 혼합물의 각 성분에 대한 질량 분율(fraction)에 대한 공식을 계산해보자.

$$\text{혼합물의 밀도(Density of mixture)} = \rho_M = \frac{\text{Total mass}}{\text{Total volume}} = \frac{M_M}{V_M}$$

만약, 성분 A의 질량 분율이 F_A라면,

$$\text{혼합물 내의 성분 A의 질량} = M_B = F_B M_M = (1 - F_A) M_M$$

따라서, 성분 A와 성분 B의 부피는 각각

$$V_A = \frac{M_A}{\rho_A} = \left(\frac{F_A}{\rho_A}\right) M_M \text{ 및 } V_B = \frac{M_B}{\rho_B} = \left(\frac{F_B}{\rho_B}\right) M_M \text{이다.}$$

그러므로, 전체 부피는

$$V_M = V_A + V_B = M_M\left[\left(\frac{F_A}{\rho_A}\right) + \left(\frac{F_B}{\rho_B}\right)\right] = M_M\left[\frac{F_A\rho_B + F_B\rho_A}{\rho_A\rho_B}\right]\text{이고,}$$

혼합물의 밀도는

$$\rho_M = \frac{M_M}{V_M} = \left[\frac{\rho_A\rho_B}{F_A\rho_B + F_B\rho_A}\right]\text{이다.} \qquad (1)$$

그러나, $F_B = (1 - F_A)$이므로 식 (1)의 분모는

$$F_A\rho_B + (1 - F_A)\rho_A = F_A\rho_B + \rho_A - F_A\rho_A = F_A(\rho_B - \rho_A) + \rho_A$$

가 되며, 이때 식 (1)은 다음과 같다.

$$\rho_M = \left[\frac{\rho_A\rho_B}{\rho_A + F_A(\rho_B - \rho_A)}\right] \qquad (2)$$

식 (2)를 통해 성분 A에 대한 주어진 질량 분율을 이용해서 혼합물의 밀도를 계산할 수 있다. 또한, 혼합물의 밀도를 알고 있다면, 질량 분율을 구할 수 있다.

식 (2)를 변형하면

$$\rho_M\rho_A + F_A\rho_M\left(\rho_B - \rho_A\right) = \rho_A\rho_B$$

$$\therefore F_A\rho_M\left(\rho_B - \rho_A\right) = \rho_A\rho_B - \rho_M\rho_A$$

그리고,

$$F_A = \frac{\rho_A\left(\rho_B - \rho_M\right)}{\rho_M\left(\rho_B - \rho_A\right)} \text{가 된다.} \qquad (3)$$

성분 A가 결정성의 폴리에틸렌이고, 성분 B가 비정질상의 폴리에틸렌이라고 할 때, 문제에서 주어진 값을 각각 대입하면,

$$F_A = \frac{1000\ \left(865 - 970\right)}{970\ \left(865 - 1000\right)} = \ 0.802 \text{가 된다.}$$

다시 말해, 폴리에틸렌의 80.2%가 결정상이다.

유리를 만드려면 결정질 고체를 만들 때보다 실제로 냉각 속도가 훨씬 빨라야 한다. 그 이유는, 유리가 **과냉각 액체**(supercooled liquid)로부터만 형성될 수 있기 때문이다. 과냉각 액체란 너무 빨리 냉각되어 고체로 결정화되기에 필요한 충분한 시간이 없어서 정상적인 빙점보다 낮은 온도에서 조차도 여전히 액체 상태로 존재하는 물질이다. 그림 3.13은 유리질(glassy) 재료에 대한 상태도(온도-압력 또는 온도-부피에 따른 조건에서 재료가 가질 수 있는 상태를 보여주는 다이어그램)를 보여준다.

아래쪽 곡선은 액체가 천천히 냉각될 때 일어나는 상황을 보여주는데, 액체가 녹는점(melting point, T_m)에 도달하면 결정성 고체로 상(phase)이 변한 다음 온도가 더 낮아지더라도 동일한 상태를 유지한다. 이와 대조적으로, 위쪽 곡선은 액체가 빠르게 냉각될 때 일어나는 상황을 보여준다. 이 경우, 액체는 매우 빠르게 냉각되어 결정화가 일어날 여지가 없기 때문에 액체가 T_m에 도달하더라도 상(phase)이 변하지 않는다. 따라서, 이 때의 액체는 녹는점 이하에서 과냉각 액체(supercooled liquid)가 되고, 이후 유리 전이 온도(T_g)를 거쳐 냉각됨에 따라 유리(glass)가 된다.

이 다이어그램에서 알 수 있듯이, 녹는점과는 달리 유리 전이 온도에서는 갑작스러운 상 변화가 없는데, 이는 유리 전이 온도가 실제로 T_m처럼 단일(single) 온도가 아니라, 과냉각 액체가 점차 유리로 변하는 하나의 온도 범위(range)이기 때문이다. 그러나, 유리 전이 온도는 이처럼 단일 온도가 아니지만, 액체에서 유리로의 전환을 나타내는 데에 여전히 사용된다. 따라서, T_g 이하에서는 재료는 유리의 상태이고, T_g 이상

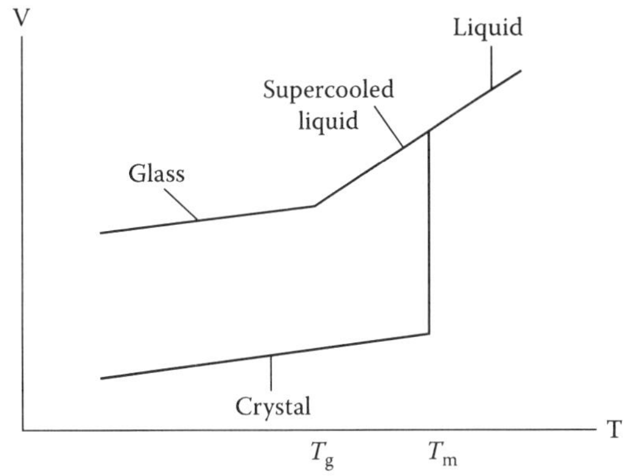

그림 3.13 유리질(glassy) 재료의 상태도(phase diagram). 액체가 천천히 냉각되면 녹는점(T_m)에 도달할 때 결정성 고체로 상이 변하게 된다(아래쪽 선). 반면, 액체가 급속하게 냉각되면 T_m에서 상변태를 일으키기에 충분한 시간이 없게 되며, 그 결과 과냉각 액체(supercooled liquid)가 된다. 이후, 과냉각 액체가 계속해서 냉각되면 유리 전이 온도(glass transition temperature, T_g)를 거치면서 유리(glass)가 형성된다.

의 온도에서는 액체이다.

냉각 속도는 결정화가 일어나지 않도록 충분히 빨라야 하지만, 재료의 종류에 따라 여전히 유리를 형성하는 데에 사용할 수 있는 냉각 속도의 범위(10^{-5}~10^8 K s^{-1})가 존재한다. 이 범위 내에서는 냉각 속도가 느릴수록 과냉각 영역이 커지고 T_g 값이 낮아진다. 실제로 T_g는 냉각 속도에 따라 최대 20%까지 달라질 수 있다.

급속 냉각에 의해 비정질 재료를 형성하는 공정을 용융 **급랭**(melt quenching)이라고 하며, 용융-급랭법은 비정질 재료를 만드는데 사용된 최초의 기술이다. 다음 절에서 다루겠지만, 이 기술은 비정질 재료를 만드는 데 사용할 수 있는 여러 기술들 중 하나 일 뿐이다.

3.2.4 비정질 재료의 제조

다른 유형의 비정질 재료와 마찬가지로, 유리(glass)는 결정성 고체와 동일한 유형의 결합(bonding)을 가질 수 있다. 그러나, 유리는 용융된 형태의 재료를 냉각시킴으로써만 만들 수 있는 반면, 다른 유형의 비정질 재료를 제조하는 데 사용할 수 있는 몇 가지 다른 기술들이 있는데, 이들 중 열 증발(thermal evaporation), 스퍼터링(sputtering), 글로우 방전 분해(glow-discharge decomposition), 화학 기상 증착(chemical vapor deposition), 용융 급랭(melt quenching)의 다섯 가지 방법만이 산업 및 학계에서 주로 사용된다.

열 증발(Thermal Evaporation)

열 증발은 출발 화합물(starting compounds)을 기화시켜서 증발된 화합물로부터 얇은 비정질 필름(폭이 수십 마이크로미터 정도)을 제조하는 과정을 포함한다. 열 증발 공정은 비정질 물질이 다른 원자에 의해 오염될 가능성을 줄이기 위해 진공 챔버(vacuum chamber) 내부에서 진행된다. 화합물을 기화점(vaporizing point)까지 가열하는 방법에는 두 가지가 있다.

화합물의 녹는점(melting point)이 충분히 낮으면(즉, 상대적으로 낮은 기화점), 화합물을 분말 상태로 만든 다음 텅스텐(tungsten)이나 몰리브덴(molybdenum)과 같은 녹는점이 높은 금속으로 된 '보트(boat)'에 넣는다. 그런 다음, 보트의 양쪽 끝을 DC 전류 소스에 연결하여 전기 회로를 만든다. 이때, 높은 DC 전류가 회로를 통과하게 되면 보트는 저항기(resistor)처럼 작동하여 매우 뜨거워지면서 그 안에 담겨 있는 화합물이 증발하게 된다.

그러나, 녹는점이 높은 화합물일 경우, 보트는 화합물을 기화시킬 만큼 뜨거워지지 못하기 때문에, 대신 전자총(electron gun)에서 나오는 고에너지 전자빔(electron beam)에 의해 기화점까지 가열되어야한다. 어떤 방법을 사용하든 증발된 화합물은 차가운 기판(substrate)에 수집된다. 일반적인 열 증발 챔버 내부에서의 보트와 기판의 배열은 그림 3.14에 나와 있다.

기판(substrate)은 화합물의 증기보다 훨씬 차갑기 때문에 증기의 원자가 표면에

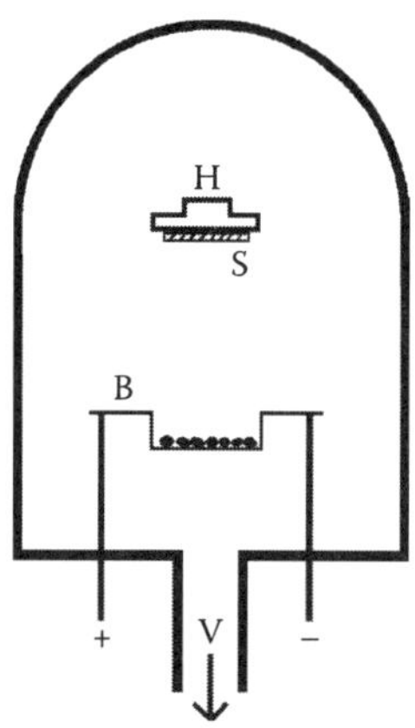

그림 3.14 위의 열 증발(thermal evaporation) 챔버를 나타낸 그림에서 기판(substrate, S)은 챔버 중앙의 보트(boat, B)의 상단에 위치해 있으며, 보트에는 증발될 화합물 물질이 들어있다. 기판의 온도는 장착되어 있는 히터(H)에 의해 제어되며, 챔버 하단에는 보트에 DC 전류를 흘려서 가열시킬 수 있는 전극이 있다. (This diagram originally appeared as figure 1.5, p.9 in Elliott, S.R., *Physics of Amorphous Materials*, 2nd ed., Longman Group UK Limited, 1990. Reproduced with kind permission of S. R. Elliott.)

도달하면 기판에 부딪히는 즉시 무작위적인 위치에서 그대로 '동결(frozen)'된다. 이때, 원자는 결정질 고체를 형성하기 위해 필요한 위치로 이동하기에는 너무 온도가 낮기 때문에 대신 비정질 고체가 생성된다. 사실, 비정질 셀레늄(줄여서 a-Se로 표기함), 비정질 게르마늄(a-Ge) 및 비정질 갈륨비소(a-GaAs)와 같은 비정질 반도체(amorphous semiconductor)를 생산하기 위해 기판은 대개 상온(room temperature)으로 유지한다. 이러한 반도체들은 공유-결합된(covalently-bonded) 고체이다. 일부 비정질 금속을 형성하는 데에도 열 증발(thermal evaporation)을 사용할 수도 있지만, 이 경우 기판 온도를 약 4K로 유지하여 다결정(polycrystalline) 필름이 형성되지 않도록 해야한다.

또한, 기판 온도는 그 위에 증착된 비정질 필름에 존재하는 결함(defect)의 수를 줄이기 위해 변경할 수도 있다. 기판의 온도가 높을수록 원자가 표면에서 더 쉽게 이동할 수 있으므로 구조적 결함이 덜 형성된다. 그러나, 결정화가 일어나지 못하게 하면서도 기판을 높은 온도로 유지할 수는 없기때문에 각 재료 마다 신중하게 기판 온도를 선택해야 한다.

BOX 3.1 재생 계획

만약 당신이 인체 내에서 의료용 임플란트로 사용할 수 있는 재료를 열거해 보라는 요청을 받았다면, 그 리스트 중 당신이 유리섬유(glass fiber)를 선택할 가능성은 낮을 것이다. 그러나, 영국 University College London의 Eastman Dental Institute 소속 Johnathan Knowles 교수는 생각이 달랐다.

"박사학위 과정 중 유리 섬유를 만들었었는데, 이 유리섬유가 조직(tissue) 성장에 사용될 수 있다는 사실에 놀랐습니다. 수년 후, 저는 이 아이디어를 실현할 기회가 생겼습니다."라고 Knowles 교수는 회상한다. 그의 연구팀은 언젠가는 수술이나 사고 후 뼈, 근육 및 인대 조직이 다시 자라도록 돕는 조직 지지체(scaffold)로 일상적으로 사용될 수 있는 유리섬유를 개발하고 있다. 이러한 유리섬유는 미래에 유전자 치료에도 역할을 할 수 있을지 모른다.

Knowles 교수가 이끄는 Biomaterials and Tissue Engineering Division은 런던의 Hammersmith 병원과의 공동 프로젝트 수행을 통해 용융 급랭(melt quenching)이라는 기술을 이용하여 이러한 유리섬유를 생산하고 있다. 이러한 유리는 용융 화합물을 매우 급속하게 냉각시켜 결정성 고체가 되지 못하도록 하여 만들어진다. 이렇게 해서 얻어진 비정질(amorphous) 유리는 바닥에 1 mm 너비의 구멍이 뚫려 있는 용광로에서 녹는다. 이 유리를 용광로에서 약 한 시간 동안 그대로 두면서 거품을 모두 제거한 후, 플러그를 구멍에서 빼면 용융된 유리가 이 구멍을 통해 흐르게 된다. 마지막으로, 이렇게 흘러나온 유리의 줄기를 회전하는 드럼에 감음으로써 섬유가 만들어진다. 만들어진 유리섬유의 폭은 5-200 μm로 다양하며, 유리를 빨리 빼낼수록 만들어지는 섬유는 더 얇아진다.

궁극적인 목표는 섬유가 인체 내에 이식되는 것이기 때문에, 이 유리는 우리의 뼈와 동일한 성분들로 만들어진다. 그럼으로써 인체의 거부반응을 줄일 수 있으며 또한 다양한 잠재적인 응용분야에 적합한 섬유를 제작하는 데에 도움이 된다. "우리는 근육과 인대와 같이 방향성을 가진 조직을 성장시키는 데 사용되는 섬유를 상상합니다. 예를 들어, 치과에서는 이러한 섬유가 외상이나 선천성 이상으로 인해 손실된 근육의

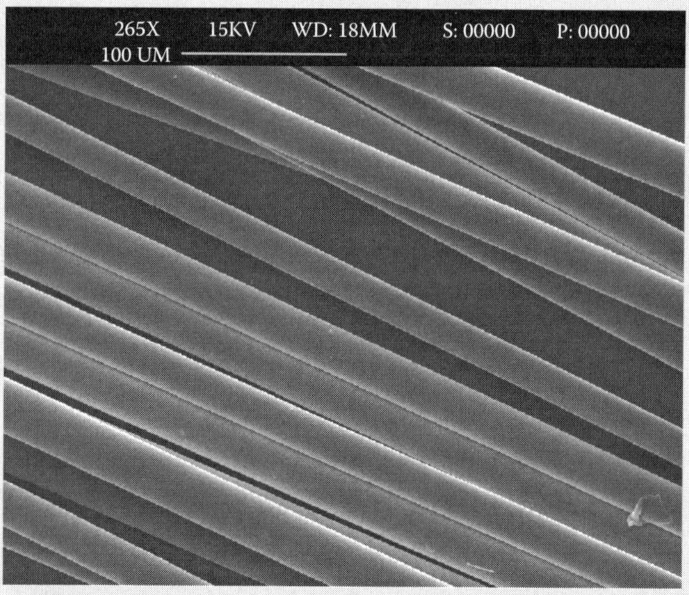

PLATE 3.1 이 현미경 사진은 녹는 성질이 있고 생체적합성을 갖는 유리섬유 위에 성장하는 근육세포를 보여준다. 이 사진은 2000-2000년 진행된 실험결과의 일환으로, 같은 연구에서 인대 및 뼈세포도 이와 동일한 유리섬유 위에 성장시킬 수 있다는 것이 밝혀졌다. 이 연구결과가 발표되었을 때는 연구자들 중 그 어느 누구도 이 유리섬유가 세포 성장을 촉진하는 이유를 정확히 알지 못했지만, 그 과정이 유리의 화학적 성질과 섬유이 모양 및 크기와 관련이 있을 것이라고 믿었다. 연구자들의 희망은 결국 조직 재생(regeneration)을 이해하고 제어할 수 있다면, 이 섬유가 수술이나 사고 후에 일반적으로 조직 재생 과정과 관련된 흉터가 남는 부작용 없이 근육, 인대 및 뼈를 다시 자라게 할 수 있지 않을까 하는 것이었다. (Courtesy of Jonathan Knowles, Eastman Dental Institute.)

재생에 사용될 수 있을 것이다. 현재까지 우리는 근육 세포(Plate 3.1 참조), 인대 세포 및 뼈 세포를 유리섬유에 성공적으로 성장시켰다"라고 이 연구 결과를 발표한 직후인 2003년 Knowles 교수가 말했다.

유리섬유는 생체에 적합할 뿐만 아니라 필요한 어떤 모양으로도 만들 수 있으며 일정 기간이 지나면 녹을 수 있기 때문에 대체 조직의 성장을 위해 이식된 지지체(scaffold)를 제거하기 위한 추가 수술을 할 필요가 없다. 유리섬유의 용해성(solubility)는 연조직의 재생을 도울 뿐만 아니라 골절된 뼈의 재생에도 도움이 될 수 있음을 의미한다. "이 유리섬유는 생분해성 고분자(polymer)를 강화하여 기계적 특성이 향상된 완전히 분해 가능한 복합소재를 만드는 데 사용될 수 있습니다."라고 Knowles 교수는 설명했다. 그는 또한 이 유리섬유를 이용하여 유전자 치료를 위한 유전자 변형 세포를 성장시키는 데에 사용될 수 있는 기질(베이스)을 제공할 수 있을 것이라고 희망했다.

근위축증—근육 섬유가 퇴화함에 따라 근육이 쇠약해지고 소실되는 질병—을 비롯한 다양한 유전성 질환은 잠재적으로 유전자 치료를 통해 치료할 수 있다. 이러한 치료는 환자에게서 병든 세포를 제거하고 정상적인 건강한 세포처럼 행동하도록 유전 구조를 수정하는 방식으로 이루어진다. 그런 다음, 이러한 '정상' 세포를 기질(substrate)에 성장시켜 숫자를 늘린 후 인체 내부에 이식하여 이 새로운 세포들이 계속적으로 성장하여 질환을 일으키는 비정상 세포들을 수적으로 능가하게 됨으로써 치료가 된다.

스퍼터링(Sputtering)

스퍼터링(sputtering) 공정 또한 진공 챔버 내부에서 이루어지며 기판에 박막을 생성한다. 그러나, 분말 상태의 출발 화합물을 사용하는 대신, 고체 타겟(target)으로부터 비정질 필름을 형성할 원자를 얻는다. 이 타겟은 챔버 내부에 아르곤(Argon)과 같은 불활성 가스(inert gas)를 도입한 다음, RF장(radio frequency field)을 기판과 타겟 사이에 적용함으로써 형성되는 플라즈마(plasma)의 이온에 의해 충격을 받게 된다. 이 전기장은 형광등이 켜질 때 스타터(starter) 모터가 튜브 내의 가스를 점화시키는 스파크가 발생하는 것과 같은 방식으로 가스 분자를 이온화하여 플라즈마를 생성시킨다. 또한, 플라즈마의 전체 주기(cycle) 중, 절반은 양이온이 타겟으로 끌리며 나머지 절반은 전자가 타켓으로 끌리게 된다.

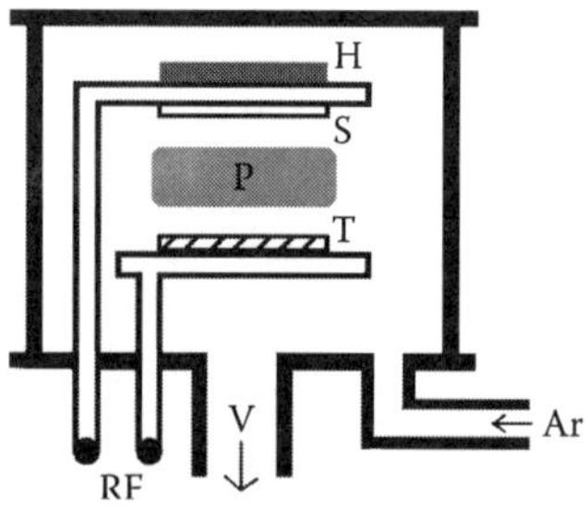

그림 3.15 스퍼터링(sputtering) 공정 장비. 챔버 내부로 아르곤(Ar)과 같은 불활성 가스가 주입되고 RF장(radio frequency field)이 타겟(T)과 기판(S) 사이에 인가되면 플라즈마(P)가 발생한다. 기판(S)의 온도는 히터(H)에 의해 제어되며, 아르곤 기체 배출에는 진공(V) 펌프가 사용된다. (This diagram originally appeared as figure 1.7, p.11 in Elliott, S.R., *Physics of Amorphous Materials*, 2nd ed., Longman Group UK Limited, 1990. Reproduced with kind permission of S. R. Elliott.)

이 이온들은 에너지가 매우 크기 때문에 타겟 물질로부터 단일 원자나 심지어 원자 클러스터가 튀어나오게 할 수도 있다. 이렇게 해서 나온 원자는 기판 위에 증착되고, 타겟이 플라즈마의 이온에 의해 점차적으로 침식됨에 따라 비정질 필름이 형성된다. 그림 3.15는 스퍼터링 공정의 주요 특징을 보여준다.

글로우 방전 분해(Glow-Discharge Decomposition)

스퍼터링 기법과 마찬가지로, 글로우 방전 분해는 플라즈마를 사용하여 얇은 비정질 필름을 생성하는 방법이다. 그러나, 이 경우 플라즈마는 분해되는 원료 물질의 가스로부터 형성되며, 그 원료 성분 이온이 기판에 증착되는 방식이다. 따라서, 기판은 이온이 증착될 수 있도록 플라즈마에 위치한다.

화학 기상 증착(Chemical Vapour Deposition)

원료 물질의 가스의 화학적 분해에 의존하는 또다른 기술은 화학 기상 증착(CVD) 기법이다. 글로우 방전 분해 기법과 달리, 플라즈마를 사용하는 대신 열(heat)을 사용하여 가스를 분해한다. 이 기술은 비정질 재료를 생산하는 데에만 사용되는 것이 아니며, 전자 산업에서 집적 회로 및 반도체 장치를 제조하는 데 널리 사용되며 이에 대해서는 7장에서 자세히 설명할 것이다.

3.3 고분자

고분자(polymer)는 매우 큰 분자로 구성된 고체이며, 단량체(monomer)라고 일컫는 많은 작은 분자 단위(unit)들로 만들어 진다. 그림 3.16은 고분자인 폴리에틸렌(polyethylene 또는 polythene)과 단량체인 에틸렌(ethylene)의 2차원적인 모습을 나타낸다.

폴리에틸렌은 폴리염화비닐(polyvinyl chloride, PVC), 나일론(nylon) 및 폴리스타이렌(polystyrene) 등과 같이 인공적으로 제조된 다양한 고분자들 중 하나이다. 이와 같은 인공 고분자는 종종 '플라스틱(plastic)'이라고 불리며, 식품 및 음료 포장에서 의약품에 이르기까지 다양한 용도로 사용된다. 예를 들어, 경피성 패치(transdermal patch)는 다양한 고분자 층으로 만들어지며, 그중 하나는 의약품이나 니코틴(nicotine)—금연하기를 원하는 사람들을 위한—으로 함침하여 사용자가 피부에 붙여서 사용한다. 약물 분자는 패치의 밑면과 피부의 표피층을 통해 확산하여 모세 혈관으로 들어가 패치 착용자의 혈류에 도달한다.

고무(rubber), 면(cotton), 울(wool) 및 가죽(leather)과 같은 천연 고분자(natural polymer)들도 널리 사용된다. 가장 풍부하게 존재하는 천연 고분자는 셀룰로스(cellulose)이다. 셀룰로스는 식물과 나무의 세포벽(cell wall)의 주성분으로, 섬유 산업에서 비스코스(viscose)로 만들어진다. 단백질(protein)과 효소(enzyme)도 천연 고분자다.

인공(artificial) 고분자는 수십 년 동안 전통적인 소재를 대체해 왔으며, 이 책을 집필하는 시점에는 고분자를 사용하여 진자 및 광전자 소자를 제작하고 더 나아가 전기활성고분자(electro-active polymers, EAPs)를 개발하는 등 고분자에 대한 관심이 점점 커지고 있다. EAPs는 전기에 의해 자극을 받으면 움직이거나 그 크기와 모양을 바꿀 수 있는 플라스틱으로, 직물 일체형 센서—예를 들어, 자동차 안전벨트의 장력 측정하기 위해 사용—및 로봇의 인공 근육이나 의족에 결합된 센서 등 다양한 용도로 사용할 수 있다.

3.3.1 고분자의 구조

고분자의 결합(Bonding in Polymers)

앞서 우리는 고분자가 긴 사슬(chain)과 같은 분자로 이루어져 있으며, 이는 다시 단량체(monomer)라고 하는 일련의 더 작은 분자 단위(unit)로 구성되어 있다는 것을 배웠다. 대부분의 고분자는 유기물(organic)이다. 즉, 고분자는 탄소를 함유하는 화합물이며, 실제로 폴리에틸렌을 포함한 대부분의 고분자들은 수소와 탄소로 이루어진 탄화수소(hydrocarbon)이다. [고분자를 논할 때, '고분자'라는 용어는 긴 사슬 분자(long chain molecules) 자체를 의미하거나, 또는 여러 고분자들로 구성된 실질적인 고체를 의미할 수 있다.]

고분자 사슬의 원자들는 서로 공유 결합되어 있다. 그림 3.16에서 볼 수 있듯이, 이러한 결합은 선으로 표시되며, 단량체의 탄소 원자 사이의 이중선(double line)은 두 쌍의 전자가 두 원자 간에 공유된 '이중(double)' 공유결합을 나타냅니다. 나중에 설명하겠지만, 일부 고분자 고체들은 공유결합된 고분자 사슬들이 추가로 수소결합(hydrogen bonding)이나 반 데르 발스 힘(van der Waals force)으로 결합된 혼합적인 결합 형태를 나타낸다.

중합(Polymerization)

고분자는 중합(polymerization)이라는 과정을 통해 인공적으로 생성되는데, 이렇게 고분자 사슬을 형성하는 데에는 두 가지 기본 방식이 있다. '사슬성장 중합(chain-growth polymerization)'에서는 각 단량체(monomer)는 하나씩 차례로 고분자의 일부가 되어 간다. 즉, 고분자가 마치 하나의 진주를 계속 추가해서 더 길게 만들어지는 진주목걸이처럼 한번에 하나의 단량체가 더해지면서 성장한다. 이와 대조적으로, '단계성장 중합(step-growth polymerization)'에서는 이미 서로 연결된 여러 단량체들로 구성된 성장중인 사슬(growing chain)들이 마치 단량체와 결합하는 것과 똑같이 수월하게 서로 결합한다.

이러한 각 중합 방식에는 고분자 사슬의 성장이 진행되는 양상에 대한 두 가지 가능성이 있다. 단량체가 다른 단량체 또는 성장중인 사슬에 결합하는 경우, 이러한 반응을 '부가중합(addition polymerization)'이라고 한다. (그림 3.16에서 알 수 있듯이, 폴리에틸렌은 부가중합에 의해 성장하는데, 그 이유는 단량체의 모든 부분이 온전히 최종 고분자의 일부로 포함되기 때문이다.) 반면, 단량체 분자의 일부분만 최종 고분자

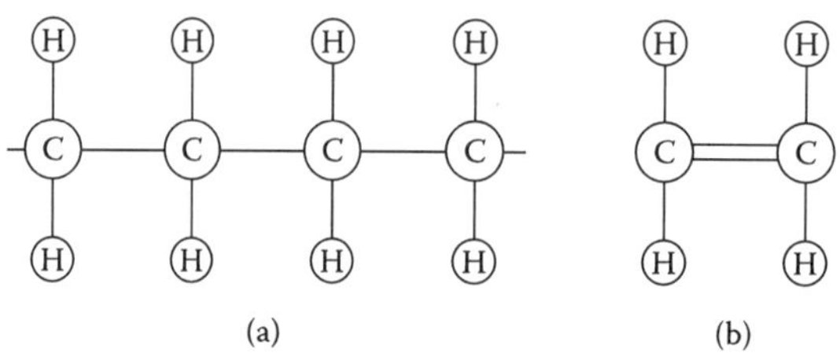

그림 3.16 (a) 폴리에틸렌 고분자(polymer) 및 (b) 에틸렌 단량체(monomer).

의 일부로 포함되는 경우, 이러한 반응을 '축합중합(condensation polymerization)'이라고 한다. 축합중합의 경우, 단량체 분자 중 사용되지 않은 부분은 반응의 부산물로서 방출됩니다. 예를 들어, nylon 6,6(나일론의 한 종류)를 제조하는 축합중합 과정에서는 염화수소(HCl) 가스가 방출된다.

결정화도(Crystallinity)

모든 고분자는 긴 사슬을 형성하는 단량체들이 서로 연결된 형태로 구성되지만, 이렇게 해서 형성된 고분자 사슬은 각기 다른 구조를 가질 수 있다. 이러한 구조에는 세 가지 주요한 유형—선형(linear), 가지형(branched), 가교형(cross-linked)—이 있으며, 이를 그림 3.17에 나타내었다.

선형 고분자(linear polymers)는 그림 3.17(a)에서 볼 수 있듯이 사슬의 측면(side)에 아무것도 달려있지 않은 긴 고분자 사슬이다. 선형 고분자 사슬은 마치 그릇에 담긴 스파게티면처럼 무작위로 배열되어 있고 상대적으로 약한 반 데르 발스 또는 수소결합에 의해서만 결합되기 때문에 서로 간에 미끄러지듯이 움직이기 쉽다. 따라서 PVC, 나일론, 폴리스타이렌과 같이 선형 구조를 가진 고분자는 폴리프로필렌과 같은 가지형 구조(그림 3.17[b] 참조)를 갖는 고분자보다 훨씬 더 유연하다.

공유 결합된 원자들로 구성된 고분자 측쇄기(side branches)들은 고분자 주 사슬(main chain)의 일부이기 때문에 고분자 사슬들이 서로 미끄러져 움직이는 것을 더 어렵게 만든다. 이러한 이유로, 가지형 고분자는 선형 고분자보다 더 단단하고 강하다. 또한, 가지형 고분자는 선형 고분자만큼 밀접하게 결합할 수 없기 때문에 밀도가 낮다.

가교형 고분자(cross-linked polymer) 사슬로 구성된 고분자[그림 3.17(c)]들은 사슬들이 서로 간에 전혀 미끄러져 움직일 수 없기 때문에 가지형 고분자보다 심지어 더 강성이 높다. 가교(cross-links)는 공유 결합된 원자로 구성되어 동시에 공유결합을 통해 사슬들을 함께 연결한다. 공유결합은 반 데르 발스 또는 수소결합보다 훨씬 강하기 때문에(2.1절 참조), 결합을 끊거나 녹이는 데 선형 또는 가지형 고분자보다 더 많은 열이 필요하다. 이렇듯 서로 다른 고분자 구조에 대한 차별적 특성은 고분자 제조 공정에 활용될 수 있다.

지금까지 각각의 고분자 구조에 대해 살펴보았지만, 실제로는 고분자는 종종 서로 다른 유형의 구조들이 혼합되어 있다. 예를 들어, 주로 선형 사슬로 이루어진 고분자라도 얼마만큼의 양의 가교(cross-links)나 측쇄기(side branches)를 가질 수 있는데, 이러한 요소는 고분자의 결정화에 영향을 미칠 수 있다.

어떠한 고분자도 완전한 결정성을 가질 수는 없다. 그러나, 선형 고분자의 경우, 일

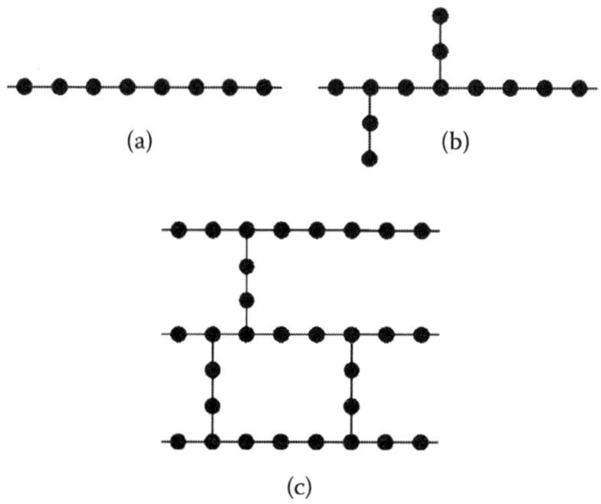

그림 3.17 고분자 사슬이 가질 수 있는 세 가지 가능한 구조적 형태.

반적인 결정에서 발견되는 것과 동일한 규칙성으로 고분자의 원자들이 정렬되면 높은 수준의 결정성(crystallinity)을 가질 수 있다. 예를 들어, 어떤 폴리에틸렌은 95%의 결정성을 나타낼 수 있으며, 이 정도 수준의 결정성 구조를 갖는 고분자는 단위 정(unit cell)을 정의할 수 있다. 그러나, 반면 가지형 고분자는 높은 결정성을 가질 수 없는데, 이는 측쇄기(side branches)들이 구조 전체에 걸쳐 사슬들이 규칙적으로 정렬되는 것을 방해하기 때문이다. 그럼에도 가지형 고분자의 일부 영역들은 결정성을 가질 수 있다.

또한, 선형 및 가지형 고분자의 경우 모두 완전히 비정질(amorphous)일 수 있으며, 가교형 고분자는 대개 항상 비정질이다. 결정성 고분자는 비정질 고분자보다 밀도가 높을 뿐만 아니라 결정 녹는점도 더 높은 경향이 있다. 이는 원자들이 더 조밀하게 밀착되어 있어 원자들 사이의 반 데르 발스 결합이 더 강하여 끊어지기 어렵기 때문이다. 이 때문에 결정성 고분자는 비정질 고분자보다 기계적으로 더 강한 경향이 있다.

다른 유형의 고체와 마찬가지로, 고분자도 항상 완벽한 것은 아니다. 공공(vacancy)이나 침입형(interstitial)과 같은 점결함(point defect)이 고분자의 결정질 영역에서 발견될 수 있으며, 고분자 내의 서로 다른 결정질 영역 사이의 경계(boundary)도 결함으로 간주될 수 있다.

3.3.2 열가소성 고분자

어떤 고분자들은 가열하면 부드러워지고 온도를 다시 낮춰서 식힐 때야 비로소 다시 단단해진다. 이러한 고분자를 열가소성(thermoplastic) 또는 열 연화(thermo-softening)

플라스틱이라고 한다. 대부분의 열가소성 고분자는 상온에서도 꽤 유연하고 부드러운데 뜨거울 때 훨씬 더 부드럽고 유연해진다. 열가소성 고분자는 선형 고분자 사슬이나 또는 서로 미끄러져 움직일 수 있는 가지형 고분자 사슬로 구성된다. 열가소성 고분자가 가열될 때에도 공유결합은 끊어지지 않기 때문에 여러 번 재성형되어(reshaped) 재활용이 가능하다. (온도가 극히 높은 수준으로 상승하면 고분자 사슬에 있는 원자들 사이의 공유결합이 끊어지고 이 시점에서는 열가소성 고분자가 비가역적으로 분해된다. 이러한 현상은 보통의 녹는점보다 훨씬 높은 온도에서 발생하기 때문에, 따라서 재활용 과정에 영향을 미치지는 않는다.)

PVC와 폴리에틸렌은 열가소성 고분자의 대표적인 예이다. 폴리에틸렌은 고밀도(high-density) 폴리에틸렌과 저밀도(low-density) 폴리에틸렌의 두 가지 유형이 있다. 그림 3.18에서 볼 수 있듯이, 고밀도 폴리에틸렌은 쉽게 밀집할 수 있는 선형 고분자 사슬로만 이루어져 있다. 반면, 저밀도 폴리에틸렌의 경우 사슬들이 서로 밀집하는 것을 방해하는 가지(branches)가 있어 상대적으로 저밀도 물질이 된다. 파이프, 장난감, 그리고 양동이와 같은 가정용품은 고밀도 폴리에틸렌으로 만들 수 있으며, 저밀도 폴리에틸렌은 주로 시트 또는 얇은 필름으로 만들어 비닐 봉지, 볼펜 용 튜브 및 음료수

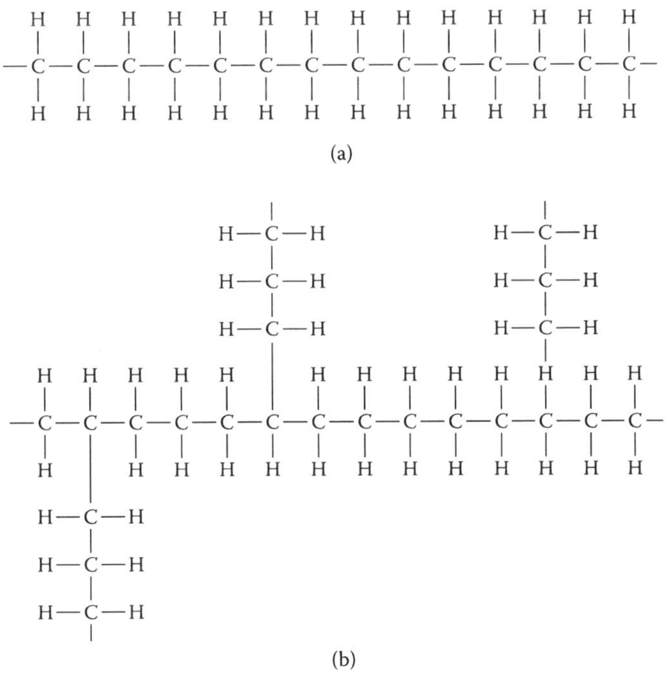

그림 3.18 폴리에틸렌(polyethylene)의 두 형태. (a) 고밀도 폴리에틸렌은 서로 조밀하게 밀집할 수 있는 선형(linear) 고분자 사슬들로 이루어져 있어 밀도가 높다. 반면, (b) 저밀도 폴리에틸렌은 측쇄기(side branches)가 있어 고분자 사슬들이 밀집하기 어렵기 때문에 밀도가 낮다.

병으로 사용될 수 있다.

PVC의 경우, 첨가되는 가소제(plasticizer)의 양에 따라 다양한 용도로 사용된다. (이들 용도 중 일부는 예제 3.4에 나와 있다.) 가소제는 일반적으로 액체 물질로서, 고분자 사슬 사이에 들어가서 사슬들을 더 멀리 밀어내는 역할을 하는데, 이는 사슬 사이의 결합 강도를 감소시켜 고분자의 유연성을 증가시킨다[이러한 첨가제(additive)에 대한 자세한 내용은 3.3.5절을 참조하라]. 가소제가 첨가되지 않은 PVC는 단단하고 뻣뻣하다. 그 이유는 PVC가 선형 고분자임에도 불구하고 덩치가 큰(bulky) 염소(chlorine) 원자들이 고분자 사슬의 양쪽에 무작위로 배열되어 사슬들이 서로 간에 쉽

그림 3.19 이 계량컵의 손잡이는 약 1.5 mm 두께의 Santoprene®이라고 하는 열가소성 엘라스토머(thermoplastic elastomer) 층으로 덮여 있다. 열가소성 엘라스토머는 고무와 유사한 성질을 나타내면서도, 열가소성 고분자처럼 녹여서 몰딩이 가능하다는 장점을 갖는다. 이러한 특성 때문에, 열가소성 엘라스토머는 재활용이 가능할 뿐만 아니라, 몰딩이 가능하므로 기존 고무보다 더 값싸고 쉽게 제품을 만들 수 있다는 장점이 있다. Santoprene®의 촉감과 부드러움 및 높은 마찰계수 덕분에 쉽게 잡을 수 있는 손잡이의 제작이 가능하다. (Courtesy of Lakeland Limited.)

게 미끄러져 움직이는 것을 방해하기 때문이다.

폴리스타이렌(polystyrene)과 PTFE(polytetrafluoroethylene)는 더욱 더 널리 사용되는 열가소성 고분자이다. 폴리스타이렌은 가스에 의해 팽창시켜서 포장 및 단열에 사용하는 가볍고 단단한 백색 물질로 만들 수 있다. 한편, PTFE는 견고하면서도 화학물질에 대한 내성이 있어 주방에서 볼 수 있는 조리도구를 코팅하는 데에 사용된다. 이 같은 표준적인 열가소성 고분자 이외에도, 열가소성 고분자와 엘라스토머(elastomer)의 특성을 결합한 열가소성 엘라스토머(thermoplastic elastomer)와 같은 고분자 소재도 있다(그림 3.19 참조).

예제 3.4 플라스틱의 응용

당신은 플라스틱 제품을 제조하는 사업체를 운영하고 있으며, 세 종류의 PVC 제조 라인을 보유하고 있다. 라인 1은 가소제(plasticizer)가 전혀 첨가되지 않은 PVC, 라인 2는 적은 양의 가소제가 첨가된 PVC, 그리고 라인 3은 많은 양의 가소제가 첨가된 PVC 가 제조된다. 다음 보기의 제품을 위해 각각 어떤 라인에서 제조된 PVC를 사용할 것인가?

(a) 비옷
(b) 하수 파이프
(c) 음료수 병

성납

(a) 뻣뻣해서 입기 불편한 비옷은 누구도 원치 않을 것이다. 따라서, 비옷을 가능한 유연하게 만들기 위해서, 가소제가 많이 첨가된 라인 3에서 만들어진 PVC를 이용할 것이다.
(b) 가소제가 첨가되지 않으면 PVC는 딱딱하고 강하게 된다. 따라서, 하수 파이프를 제조를 위해서는 라인 1의 PVC를 이용할 것이다.
(c) 음료수 병은 하수 파이프보다는 더 유연해야 하지만, 음료를 못 담을 정도로 너무 말랑말랑해서는 안될 것이다. 따라서, 적은 양의 가소제가 첨가된 라인 2의 PVC를 이용할 것이다.

3.3.3 열경화성 고분자

열가소성 고분자와 달리, 열경화성 고분자(thermoset) 또는 열경화성 플라스틱(thermosetting plastic)은 높은 온도로 가열하면 타서 분해되기 때문에 성형을 할 수 없다. 또한, 열경화성 고분자는 가교형(cross-linked) 고분자이며 따라서 단단하다. 이러한 가교 구조 때문에 열경화성 고분자의 재활용은 불가능한데, 이는 열로 인해 가교(cross-link)의 공유결합이 끊어지기 때문이다. 일단 끊어진 가교 결합은 다시 형성될 수 없으므로 플라스틱을 사용할 수 없게 되는 것이다. 그러나 이러한 가교 결합을 끊고 플라스틱이 유동(flow)하게 하는 데 필요한 열에너지의 양은 충분히 크기 때문에 일반적으로 열경화성 고분자는 열가소성 고분자보다 녹는점이 높고, 따라서 온도가 더 높은 환경에서 사용할 수 있다. 또한, 열경화성 고분자는 열가소성 고분자보다 강하고 단단한 경향이 있다.

베이클라이트(Bakelite)와 몇몇 폴리에스테르(polyester)는 열경화성 고분자이다. 이러한 열경화성 고분자 소재로 만든 대부분의 제품은 몰딩(molding)에 의해 제조되는데, 이때 고분자가 몰드(mold) 안에 있을 때 가교가 일어난다. 그 이유는, 일단 성형이 된 이후에는 열경화성 수지를 절단하는 것 외에는 모양을 바꿀 수 있는 다른 방법이 없기 때문이다.

널리 사용되는 다른 열경화성 고분자로는 에폭시(epoxy)가 있다. 에폭시는 풀(glue)과 건설 산업에 사용되는 모르타르(mortar) 및 고강도 접착제로 사용된다. 건축업에서 사용하는 에폭시 접착제(adhesive)는 콘크리트끼리 붙이거나 콘크리트를 강철에 붙일 수 있을 만큼 강하다. 또한, 폴리에스터 기반의 모르타르 및 퍼티(putty)는 콘크리트 또는 벽돌과 함께 사용되기도 한다.

3.3.4 엘라스토머

천연 및 합성 고무(rubber)는 모두 엘라스토머(elastomer)로 알려진 고분자 부류에 속한다. 엘라스토머는 잡아 늘이거나 또는 압축하는 힘이 제거되면 원래 모양과 크기로 돌아가는 탄력이 있는 재료이다. [탄력성(elasticity)은 4장에서 자세히 설명할 것이다.]

엘라스토머는 어느 정도의 가교를 가지면서 말린(curled-up) 형태를 갖는 선형 분자로 이루어진 비정질 구조를 갖는다. 엘라스토머가 늘어나서 펴진 후에 원래의 모양과 크기로 되돌아갈 수 있도록 탄력을 제공하는 것은 바로 이러한 가교(cross-links)때문이다. 가교가 없으면 외부 힘이 가해졌을 때 고분자 사슬들이 원래의 위치와는 다른 새로운 위치로 미끄러져 이동하게 되며, 원래의 위치로 회복하지 못하고 그곳에 그대로 남아 영구적인(permanent) 모양 변화를 일으킨다.

고무(rubber)는 매우 차가울 때나 너무 과도하게 잡아 늘렸을 때 딱딱해질 수 있다. 이는, 두 경우 모두 고무가 부분적으로 결정질(crystalline)이 되었기 때문이다. 오래된 고무 풍선에 바람이 빠졌을 때 주름이 생기는 이유도 바로 이러한 고무의 결정화로 인한 것이다.

합성 고무는 석유(petroleum)로부터 만들어지는 반면, 천연 고무는 남미의 고무나무(Hevea brasiliensis)에서 얻어지는 라텍스(latex)이다. 천연 고무는 천연 상태 그대로도 사용할 수 있지만, 유황(sulfur)을 첨가하면 훨씬 더 탄력이 있고 덜 끈적하게 만들 수 있다. 이렇게 고무에 유황을 첨가하는 과정을 가황(vulcanization)이라고 하며, 1839년 Charles Goodyear에 의해 발명되었다. 가황 과정에서 첨가된 유황 원자는 고분자 사슬 사이의 가교를 형성하여 고무를 더 단단하게 만든다. 더 많은 유황이 첨가되면 고무는 결국 에보나이트(ebonite)로 알려진 단단한 고체가 된다.

고무는 유연하고 쉽게 주조(mold)할 수 있을 뿐만 아니라, 방수 성능이 있고 내구성이 뛰어나다. 이러한 특성때문에 고무의 가장 잘 알려진 응용분야 중 하나인 차량용 타이어에 이상적이다. 실제로, 전 세계적으로 사용되는 고무의 상당 부분이 차량용 타이어로 만들어지며, 이 외에도 방수 부츠 및 의류, 개스킷(gasket), 씰(seal) 및 밸브도 일반적으로 고무로 만들어진다.

3.3.5 첨가제

사용 용도에 딱 맞는 특성을 가진 고분자는 그리 많지 않으며, 필요한 품질에 따라 고분자 구조에 다양한 물질을 첨가할 수 있다. 예를 들어, 고분자에 충전제(filler)를 추가하여 인장 강도(tensile strength), 강성(stiffness) 및 내마모성(abrasion resistance)을 향상시킬 수 있다. 충전제로는 다양한 물질이 사용될 수 있는데, 일반적으로 충전제는 고분자보다 저렴해서 전체 소재비용을 절감할 수 있다. 뿐만 아니라, 표 3.2에 나타나 있는 것처럼 충전제의 종류에 따라 고분자의 물성을 다양한 방식으로 변화시킬 수 있으며, 이를 통해 고분자를 특정 용도에 맞게 조정할 수 있다. (이 표에 언급된 고체의 기계적 물성 중 일부는 4장에서 설명한다.)

충전제가 첨가제의 유일한 유형은 아니다. 고분자에 첨가된 물질이 고분자가 사용되는 환경에 의해 손상되는 것을 방지하는 데 도움이 되는 경우, 이러한 첨가제를 안

표 3.2 충전제(filler)의 종류가 고분자에 미치는 영향

Filler	Effect on Properties
Cotton flock	Increases the impact strength, but reduces water resistance
Cellulose fibres	Increases both tensile and impact strength
Glass fibres	Increases the tensile strength and stiffness, but lowers the ductility
Mica	Improves electrical resistance
Graphite	Reduces friction

Note: The filler can make up as much as 80% of a plastic.

정제(stabilizer)라고 한다. 예를 들어, 어떤 플라스틱은 햇빛에 주기적으로 노출되면 색상이 변할 수 있으며, 또한 기계적 물성이 저하될 수도 있다. 이러한 현상은 카본 블랙(carbon black)과 같이 자외선(UV light)을 흡수할 수 있는 안정제를 추가하여 완화시킬 수 있다.

다른 종류의 첨가제로는 3.3.2절에서 논의했던 플라스틱의 유연성을 높이는 데 사용되는 가소제(plasticizer), 물 분자를 포함한 다양한 물질을 흡수할 수 있는 제올라이트(zeolite), 난연제(flame retardant) 등이 있다(예제 3.5 참조).

예제 3.5 첨가제

아래 보기의 각 고분자에 다음의 첨가제—glass fiber, titanium dioxide, trisbromoneopentyl alcohol flame retardant—중 어떤 것을 넣어야 적합한가? 또한 왜 그렇다고 생각하는가?

(a) 폴리우레탄 폼 메트리스(Polyurethane foam mattress)

(b) 폴리에스터 보트 선체(Polyester boat hull)

(c) 단단한 PVC 창문틀(rigid PVC window frame)

정답

(a) 만약에 trisbromoneopentyl alcohol flame retardant(난연제)가 폼 메트리스에 첨가된다면, 화재가 났을 때 좀 더 안전할 것이다. 일반적으로, 난연제는 연소를 막는 가스를 내뿜거나 화재가 일어난 부분에 화학반응을 일으켜 냉각시킴으로써 화재를 방지한다.

(b) Glass fiber(유리 섬유)는 폴리에스터 보트 선체를 더 강하고 단단하게 만드는 데 도움이 될 것이다.

(c) Titanium dioxide(이산화타이타늄)은 선크림의 주성분으로 자외선을 막는 역할을 한다. 또한, PVC 창문틀과 같은 플라스틱 제품에 첨가되어 이들 플라스틱 제품이 사용 중 햇빛에 의해 변질되는 것을 막아줄 수 있다.

더 읽을거리

Ashley, S. "Artificial muscles". *Scientific American* (Oct. 2003): 35–41.

Elliott, S. R. *Physics of Amorphous Materials*. 2nd ed. Longman Group UK Limited; copublished in the United States with John Wiley & Sons, Inc., New York, 1990, Sections 1.3, 2.2, and 3.5.

Hull, D., and Bacon, D. J. *Introduction to Dislocations*. 4th ed. Oxford: Butterworth-Heinemann, 2001.

Townsend, P. D., and Kelly, J. C., *Colour Centres and Imperfections in Insulators and Semiconductors*. London: Chatto & Windus for Sussex University Press, 1973, Chapters 3 and 7.

(More references for further reading, as well as Web links, are available on the following Web page: http://www.crcpress.com/product/isbn/9780750309721.)

대표 예제

Q 3.1 만약 당신에게 1 cm^3 크기의 알루미늄(aluminum) 시료가 있다고 하자. 공공(vacancy)를 생성하는 데 필요한 에너지가 0.75 eV이고, 매 cm^3 당 1022개의 원자 위치가 존재한다고 할 때, 250 K에서 이 시료에 포함된 공공의 개수는 얼마인가?

Q 3.3

(a) 색 중심(color center)란 무엇인가?

(b) 색 중심을 갖는 결정은 어떤 유형의 결합을 갖는가?

(c) 색 중심은 자연적으로 존재하는가? 아니면 인공적으로 만들어지는가?

Q 3.8 과냉각 액체(supercooled liquid)란 무엇인가?

Q 3.9 위의 Q 3.8 질문에 언급된 과냉각 액체를 계속해서 더 냉각시키면 어떻게 되는가?

Q 3.12 고밀도 폴리에틸렌과 저밀도 폴리에틸렌의 주요한 구조적 차이는 무엇이며, 이 차이가 밀도에 어떻게 영향을 미치는가?

Q 3.13 다음의 보기 중 어떤 것을 고무(rubber)에 첨가하겠는가? 또한 왜 그렇게 생각하는가? (a) Carbon, (b) Sulphur, (c) Mica

CHAPTER 04

Understanding Solid State Physics

고체의 기계적 성질
(The Mechanical Properties of Solids)

4.1 고체의 기계적 물성 개론

도로교량을 건설할 때 사용할 재료로 고무(rubber)와 강철(steel) 중에서 선택해야만 하는 상황이라면 당연히 강철을 선택할 것이다. 재료의 성질을 고려했을 때, 고무는 쉽게 구부러지고 찢어질 수 있지만 철은 자동차와 사람의 무게를 지탱할 만큼 강하다는 것을 이미 알고 있기 때문에 철을 이용해서 도로교량을 건설하는 것이 당연한 선택일 것이다. 하지만, 만약 도로교량의 재료를 금속과 강화 콘크리트 중에서 선택하라고 하면 과연 어떨까?

이 경우라면, 어떤 재료를 선택해야할 지에 대한 결정은 그렇게 명확하지 않다. 금속과 강화 콘크리트 모두 도로교량의 재료로 사용될 수 있고, 둘 중 어떤 재료를 선택하든 그 재료는 교량의 크기나 위치 등 다양한 요구사항을 만족시킬 것이다. 우리가 현재 사용하는 다양한 제품들이나 역학구조물에 대해 누군가는 이와 같은 재료 선택의 결정을 내렸을 것이며, 다양한 종류의 고체 재료들은 각각의 소재가 알맞게 사용될 수 있는 응용분야에 걸맞는 물성을 갖는다.

예를 들어, 냄비의 경우 부식(corrosion)이 잘 되지 않고 열 전도도(thermal conducti-vity)가 좋은 금속 재료를 사용하는 반면, 플라스틱 음료수 병은 가벼우면서 구부러질 수 있고 투명하면서 재활용이 가능한 고분자(polymer) 물질을 사용한다. 어떤 응용분야에 있어서는, 반투명성(translucency)이나 전기 전도도(electrical conductivity)와 같은 재료의 성질이 최종 제품에 별다른 성능 차이를 부여하지 않을 수 있지만, 어떤 경우에는 이런 성질이 필수적인 경우도 있다.

예를 들어, 금속 와이어(wire)를 목걸이와 같은 장신구에 사용할 경우는 전기 전도도가 전혀 중요하지 않지만, 이를 전선으로 사용할 경우에는 전기 전도도는 필수적인 성질이다. 하지만, 모든 적용 분야에서 중요한 일반적인 성질도 있다. 바로 경도

(hardness)와 탄성(elasticity)과 같은 재료의 기계적 성질이 그 예인데, 그 이유는 제품의 사용기간 동안 가해지는 다양한 힘이 제품에 직접적인 영향을 주기 때문이다.

이 장에서는 재료의 몇가지 주요한 기계적 성질들이 어떻게 측정되는지에 대해 다루고, 각각의 기계적 성질들이 왜 중요한지에 대해 살펴볼 것이다. 또한, 이러한 재료의 기계적 성질들을 변화시키거나 특정 응용분야에 알맞게 보완할 수 있는 방법에 대해서도 알아볼 것이다.

4.1.1 응력과 변형률

재료의 기계적 성질은 재료에 **응력**(stress)을 가했을 때 그 재료가 어떻게 반응하는지를 나타낸 것이다. 응력은 단위 단면적(cross-sectional area) 당 가해지는 힘(force)으로 정의되며 파스칼(Pa, 1 Pa은 1 N m^{-2}과 같다) 단위를 사용한다. 응력을 가장 간단한 수식으로 나타내면 다음과 같다.

$$\sigma = \frac{F}{A} \tag{4.1}$$

여기서, σ는 응력, F는 힘, A는 힘이 가해지는 단면적이다.

응력이 재료에 가해질 때, 재료는 변형을 일으키고 모양이 변하게 된다. 그림 4.1에서는 세 가지 다른 종류의 응력과—**인장응력**(tensile stress), **압축응력**(compressive stress), **전단응력**(shear stress)—각 응력에 대해 재료가 어떻게 변형하는지 보여준다.

물체에 작용하는 응력에 의해 생기는 부피나 모양의 변화는 **변형률**(strain)이라고 한다. 변형률은 단위가 없으며, 다음 식에 의해 정의된다.

$$\varepsilon = \frac{l - l_0}{l_0} \tag{4.2}$$

여기서, ε는 변형률, l_0는 응력을 받기 전의 길이, l은 응력을 받는 동안의 길이이다.

대부분의 재료들은 매우 작은 응력에 대해서는 변형률이 그 응력에 비례하여 증가한다. 그러나, 곧 살펴보겠지만, 훨씬 더 큰 응력을 재료에 가할 경우에는 재료의 종류에 따라 매우 다른 변형률이 생기게 된다.

응력-변형률 곡선(Stress-Strain Curves)

특정 재료에 대한 응력과 변형률의 관계는 그림 4.2와 같은 응력-변형률 곡선으로 나타낼 수 있다. 이 그림은 인장 응력을 받고 있는 금속에 대한 가상적인 응력-변형률 곡선이다.

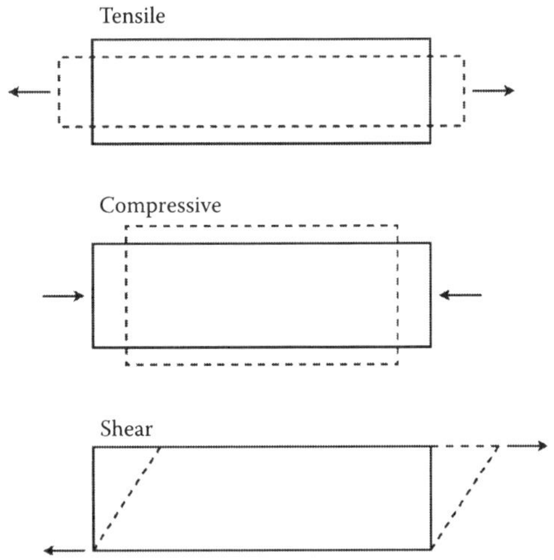

그림 4.1 인장응력, 압축응력, 전단응력 및 각각의 응력에 따른 모양의 변화. 굵은 실선은 응력을 받기 전 원래의 물체의 모양을 나타내고, 점선은 각 응력에 따라 변형된 모양을 나타낸다. 그림에서 볼 수 있듯이, 인장 응력은 물체를 잡아 당겨서 늘리고, 압축 응력은 물질을 짓누르고, 전단 응력은 물질을 비튼다. [Modified from Types of Stress Diagram(p.404) from *the Penguin dictionary of mathematics*, 2nd ed., edited by David Nelson(Pengiun Books, 1998). Copyright © Penguin Books Ltd. 1989, 1998.]

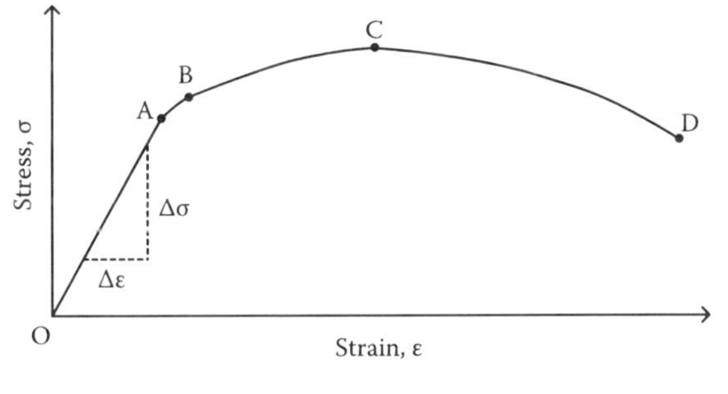

그림 4.2 인장응력을 받는 가상의 금속에 대한 전형적인 응력-변형률 곡선. 원점과 항복응력(B 지점) 사이의 탄성영역에서는, 응력이 제거되었을 때 금속이 원래의 모양과 크기로 회복될 것이다. O와 A 사이의 영역에서는 응력은 변형률에 비례하고, 이 선형 구간의 기울기를 영률(Young's modulus)이라고 한다. B 지점 이후는, D 지점의 파괴응력(breaking stress)에서 재료가 파괴될 때까지 영구적인 '소성(plastic)' 변형이 일어난다. C지점은 인장강도(tensile strength)를 나타내는데, 인장강도는 재료가 파괴되기 전까지 견딜 수 있는 최대의 응력이다.

원점에서 A 지점까지는 탄성한계(elastic limit) 또는 '비례한계(limit of proportionality)' 라고 하는 구간으로서 이 구간에서 재료는 훅의 법칙(Hooke's Law)을 따른다. 이 법칙은 영국의 물리학자 Robert Hooke(1635-1703)의 이름을 따서 지어졌다. 그는 탄성한계 이하에서는 응력과 변형률이 비례하며, 응력을 제거할 시 물질은 원래의 모양으로 돌아간다는 것을 발견했다.

이 곡선의 O에서 A 지점까지의 선형 구간의 기울기는 **영률**(Young's modulus)이라고 한다. 영률은 인장 탄성률(tensile modulus)이나 탄성계수(modulus of elasticity)라고도 한다. 그러나 이들 중, 탄성계수라는 용어는 다소 혼동하여 사용될 수도 있는데, 왜냐 하면 사실 일반적으로 많이 사용되는 탄성계수에는 크게 세 가지—영률(Young's modulus), 체적 탄성계수(bulk modulus), 전단 탄성계수(rigidity modulus)—가 있기 때문이다. (차례로 각각 인장 응력, 압축 응력, 전단 응력에 대한 값이다.)

훅의 법칙은 다음과 같이 수식으로 나타낼 수 있으며, 이 수식에서 $\Delta\sigma$는 응력 변화, $\Delta\varepsilon$는 변형률 변화, 그리고 비례상수 E는 영률이다.

$$\frac{\Delta\sigma}{\Delta\varepsilon} = E \tag{4.3}$$

영률 E는 영국의 물리학자이자 의사 그리고 이집트학자인 Tomas Young(1773-1829)가 1807년 발견하여 그 이름을 따서 지어졌다. 영률은 재료가 응력을 받는 때 생기는 **탄성변형**(elastic deformation)에 얼마나 저항하는지를 의미하는 재료의 **강성**(stiffness)을 나타낸다. 다시 말해서, 영률의 값이 클수록 주어진 응력에 의해 생기는 변형률은 작게 된다.

탄성한계를 넘은 A와 B 사이의 구간은 비록 응력이 변형률과 더 이상 비례하지는 않지만 재료에 가해진 응력을 제거했을 때 재료가 원래의 모양으로 돌아오게 되는 구간이다. 따라서, 원점에서 B점까지의 구간을 탄성 영역이라고 할 수 있다. 그러나, B 지점을 넘어 계속해서 응력을 가하면 '항복응력(yield stress)', '항복강도(yield strength)' 혹은 '항복점(yield point)'이라고 불리는 영구적인 재료의 변형이 발생하게 된다. 이러한 영구적인 변형을 **소성변형**(plastic deformation)이라고 한다.

C 지점이 가리키는 인장강도['극한강도(ultimate strength)' 또는 '극한인장응력(ultimate tensile stress)'이라고도 일컫는다.]는 고체가 부러지지 않고 견딜 수 있는 최대의 인장응력이다. 비록 이 곡선은 인장응력을 받고 있는 가상의 고체의 거동을 나타내고 있지만, 일반적으로 파괴되기 전까지 재료가 감당할 수 있는 응력을 재료의 **강도**(strength)라고 한다. 재료의 유형 마다 더 강하게 견딜 수 있는 응력의 종류가 다르다. 예를 들어, 콘크리트는 인장응력에는 상대적으로 약하지만 압축응력에는 매우 강하다. 압축에 강한 이러한 콘크리트 성질 때문에 교량을 건설할 때 콘크리트로 만든 기둥이 많이 사용된다.

마지막으로, 재료에 응력을 계속 가하게 되면 결국 파괴되는데, 재료의 파괴가 일어나는 지점의 응력을 파괴응력(breaking stress), 파괴강도(breaking strength), 또는 파괴점(break point)이라고 한다.

응력-변형률 곡선은 물질의 종류 즉, 취성(brittle) 재료인지 또는 연성(ductile) 재료인지에 따라 매우 다른 모습을 보인다. 유리, 돌, 열경화성 고분자(thermoset), 세라믹과 같은 취성 재료는 망치로 쳤을 때 산산이 부서지거나 파괴되기 전까지 소성변형이 거의 일어나지 않는다. 이런 재료들은 탄성한계에 이르기 전까지는 많이 늘어나지 않으며 항복점에 도달하기 전에 파괴된다.

예제 4.1 응력과 변형률

20 cm 길이의 기다란 타이타늄(titanium) 시편에 250 MPa의 인장응력을 가했을 때, 이 타아타늄 시편은 얼마나 늘어나는가? (타이타늄의 영률은 107 GPa이며, 탄성변형 조건이라고 가정해라)

정답

탄성변형 조건으로 변형된다고 가정한다면 응력(σ)은 변형률(ε)에 비례하게 되며 응력을 받기 전까지는 타이타늄은 변형이 되지 않는다. 따라서,

$$\frac{\sigma}{\varepsilon} = E$$

이며, 여기서 E는 영률이다. 타이타늄의 영률 E를 알고 있기 때문에 얼마만큼의 응력이 가해졌는지를 계산할 수 있다. 또한 변형률을 계산할 수 있으며 그러기 위해서는 증가된 길이를 알아야 한다. 증가된 길이는 다음 식으로부터 매우 간단히 알 수 있다.

$$\varepsilon = \frac{l - l_0}{l_0}$$

l_0는 응력을 받기 전 재료의 길이이고, l은 재료가 응력을 받는 동안의 길이이다. 따라서, $(l - l_0)$ = 변화된 길이로 Δl이라고 나타낸다.

위의 두 식을 합치면 아래와 같이 늘어난 길이를 알 수 있다.

$$\frac{l_0\sigma}{E} = \Delta l = \frac{0.2 \times 250 \times 10^6}{107 \times 10^9} = 0.467 \text{ mm}$$

이와 대조적으로, 금속, 나무, 일부 열경화성 플라스틱(thermoplastic)은 파괴되기 전까지 큰 소성 변형을 보인다. 이런 특성 때문에, 이러한 재료들은 다양한 방법으로 가공될 수 있고, 와이어(wire) 모양으로도 인출(draw)하거나 망치로 쳐서 새로운 모양

을 비교적 쉽게 만들 수 있다. 또한, 이런 재료들은 탄성한계에 다다르기 전까지 잘 늘어날 수 있다. 고무와 같은 탄성물질은 소성변형이 일어나는 정도가 크지만, 변형률이 응력에 비례해서 증가하는 구간은 탄성영역의 극히 작은 일부분이다(예제 4.2 참고).

예제 4.2 응력-변형률 곡선

아래의 세 가지 응력-변형률 곡선은 (a) 고무, (b) 금속 (c) 다이아몬드 중 각각 어떤 재료를 나타내는 곡선인가?

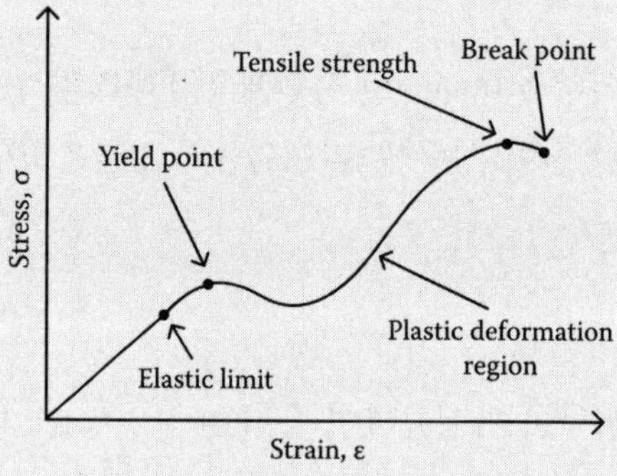

Curve A

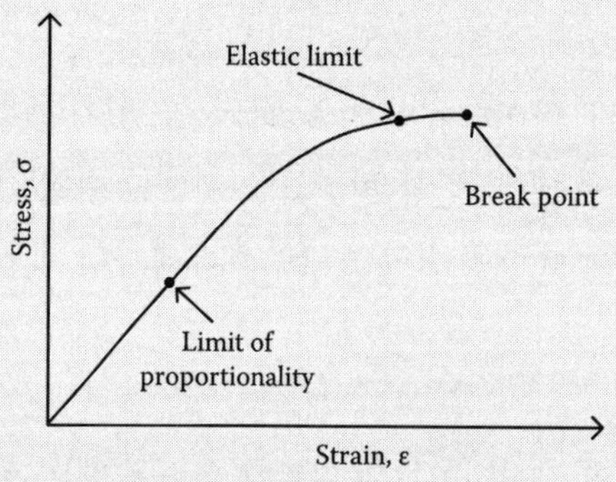

Curve B

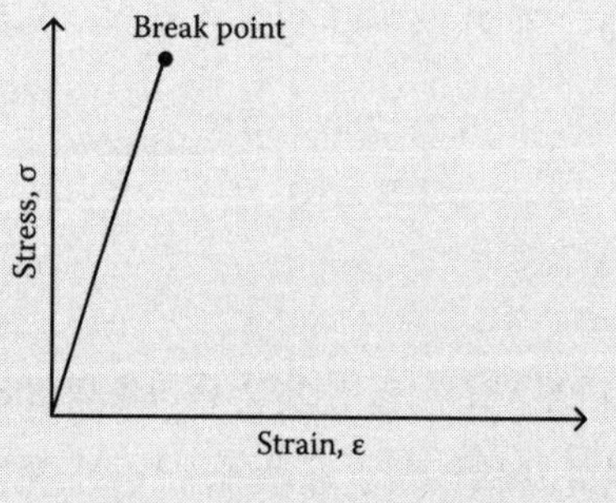

Curve C

정답

(a) 곡선 B는 고무를 나타낸다. 이 물질은 넓은 탄성영역을 가진 반면 작은 선형 탄성영역을 갖는다. 그리고, 파괴되기 전 비교적 작은 소성변형을 보여준다.

(b) 곡선 A는 금속을 나타낸다. 이 물질은 앞서 다루었던 그림 4.2에서와 같은 특성을 보인다.

(c) 곡선 C는 다이아몬드와 같은 취성(brittle) 재료를 나타낸다. 취성 재료는 파괴점 이전에 소성변형을 보여주지 않는다.

결합이 기계적 성질에 미치는 영향

비록 탄성변형률이 고무줄을 잡아당기는 것처럼 쉽게 관찰할 수 있는 거시적인 성질이지만, 사실 이 현상은 재료를 구성하는 원자들이 약간 멀어지고 결합이 잡아 당겨지면서 일어난다. 실제로, 높은 영률 값을 갖는 물질은 원자들을 서로 멀어지게 하는 데에 대한 저항이 더 크다. 따라서 높은 결합력을 가지는 물질이 더 큰 영률을 갖는다(예제 4.3 참조).

위의 예는 미시적 크기 수준에서의 거동이 거시적 크기 수준(현미경 없이 육안으로 볼 수 있는 정도의 크기 수준)에서 일어나는 물리현상에 영향을 미치는 것을 보여주는 하나의 예이다. 표 4.1에서는 다양한 유형의 결합들이 고체의 성질에 미치는 영

표 4.1 결합의 유형이 재료의 거시적인 물성에 미치는 영향

결합 종류	응집에너지 (eV/atom)	거시적 물성
이온결합	5-10	딱딱하고 깨지지 쉬우며 높은 녹는점을 가지고 있다. 좋은 전기 절연체이면서 동시에 단열재 이지만 녹는점 이상에서는 전기가 흐를 수 있다.
공유결합	1-5	높은 응집에너지에서는 녹는점이 높고 딱딱한 특성을 나타내며, 낮은 응집에너지에서는 낮은 녹는점과 부드러운 특성을 보인다.
금속결합	1-5	연성이 있고 높은 전기 전도율과 열전도율을 보인다. 낮은 응집에너지를 가지는 물질은 높은 응집에너지를 가지는 물질보다 부드러우며 낮은 녹는점을 가진다.
반 데르 발스 결합	0.1	부드럽고, 유연하며, 탄성이 있고 낮은 녹는점을 가진다.

향을 나타내었다. 표 4.1과 2.1절에서 살펴보았듯이, 고체에서 원자들을 서로 붙들고 있는 결합의 유형은 그 고체의 기계적 성질—예를 들어, 결합이 강할수록 더 단단하다—뿐만 아니라 열적 및 전기적 물성에도 영향을 미친다. (이에 대해서는 5장과 6장에서 더 자세히 논의할 것이다.)

중요하게 기억해야 할 것은 종류가 다른 고체들이 비록 같은 유형의 결합을 가지고 있을지라도 응집에너지(cohesive energy)의 값은 매우 다를 수 있다는 것이다. (응집에너지는 결합 강도의 지표로, 이에 대해 2.1.2절에서 다루었다.) 예를 들어, 다이아몬드는 회주석(grey tin)처럼 공유결합으로 이루어져 있지만 회주석 보다는 매우 큰 응집에너지 값을 가지고 있기 때문에 더 단단하며 더 높은 녹는점(melting point)을 가지고 있다. 앞서 논의한 대로, 많은 고체들은 다양한 유형의 결합이 혼합된 형태로 이루어지며(2.1.7절 참조), 그 결과 특이한 기계적 성질을 보이기도 한다. 예를 들어, 흑연(graphite) 결정의 경우, 결정의 수직방향보다는 수평방향으로 힘을 가했을 때 쉽게 변형시킬 수 있다(그림 2.8 참조). 그 이유는, 흑연의 층과 층 사이를 수직으로 결합하는 반 반 데르 발스 힘(van der Waals force)이 수평면의 탄소 원자들을 붙드는 공유결합에 비해 매우 약하기 때문이다. [그러나, 재료의 기계적 성질에 영향을 미치는 것은 단지 결합만이 아니다. 앞으로 살펴보겠지만, 외부 힘에 반응하는 방식에 있어 고체의 결함(defect)도 큰 영향을 끼친다.]

예제 4.3 재료의 강성

당신의 연구결과에 대한 발표준비를 서두르다가 실수로 두 번째와 세 번째 열에 나와 있는 정보를 잘못 기입했다. 이를 바로 잡으면 어떻게 되겠는가?

재료	Young's modulus (GPa)	결합 기구(mechanism)
다이아몬드	196	금속결합
철	1,000	공유결합
실리콘	3	반 데르 발스 결합(주로)
나일론	107	공유결합

정답

표는 아래와 같이 수정되어야 한다.

재료	Young's modulus(GPa)	결합 기구(mechanism)
다이아몬드	196	금속결합
철	1,000	공유결합
실리콘	3	반데르발스(주로)
나일론	107	공유결합

4.1.2 소성변형

탄성변형(elastic deformation)은 원자들이 서로 멀어질 때 원자 간의 결합이 늘어남에 의해 일어나는 반면, 소성변형(plastic deformation)은 원자 간의 결합이 끊어지면서 발생한다. 끊어진 원자는 주변의 원자와 새로운 결합을 생성하여 원래 위치해있던 곳에서 벗어나 새로운 위치에 자리잡게 된다. 이 현상은 영구적인(permanent) 변형을 가져오게 되며, 재료가 결정성 혹은 비정질인지에 따라 다른 과정에 의해 결합이 파괴된다. 우선, 우리는 이처럼 탄성한계(elastic limit)를 넘은 재료의 결정 안에서 일어나는 현상을 다룰 것이다.

슬립(Slip)

전위(Dislocation, 3.1.2절 참조)는 결정이 소성변형을 일으킬 때 이를 설명하기 위해 1930년대에 처음으로 소개되었다. 이때까지만 해도 연구자들은 현미경을 사용해서 금속 결정의 소성변형을 관찰할 수는 있었지만 전위를 직접 확인하지는 못했다. 그러나, 일부 선구적인 과학자들은 소성변형이 한 위치의 원자들이 다른 원자들의 위를 미끄러져 지나가면서 일어난다는 것을 관찰할 수 있었는데, 이 과정을 슬립(slip)이라고 한다.

금속 결정에서는 슬립이 '슬립 면(slip plane)'이라고 하는 특정 결정면과 '슬립 방향(slip direction)'이라고 하는 특정 방향을 따라 가장 잘 일어난다. [한 슬립 면에 대해 하나 이상의 슬립 방향이 있을 수 있기 때문에, 특정 슬립 면과 슬립 방향의 조합을 종종 '슬립 시스템(slip system)'이라는 용어를 사용한다.] 슬립 면은 일반적으로 가장 밀집한(closest packing) 면이 된다. 따라서, fcc 금속의 경우, 네 개의 동등한 {111}

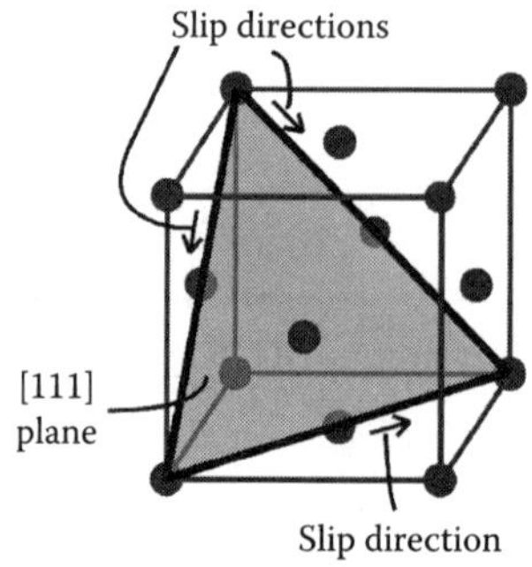

그림 4.3 fcc 결정에 대한 세 가지 가능한 슬립 시스템(slip system). 결정에서 슬립은 가장 조밀한 원자면에서 발생하며, 이 경우 네 개의 {111}면에 해당한다. 이들 각 면에는 슬립이 발생할 수 있는 세 가지 다른 방향이 있다. 이 각각의 방향은 원자가 가장 밀집해 있는 선이며, fcc 결정의 경우 총 12개의 슬립 시스템이 존재한다.

면들이 슬립 면이며, 반면 bcc 금속의 경우 {110}, {112}, {321} 면에서 슬립이 일어난다. 슬립 방향은 슬립 면 안에서 원자들이 가장 밀집해 있는 선(line)이다. 따라서, fcc 금속의 경우, 슬립 방향은 면 대각선인 <110>(그림 4.3 참조)방향이고, bcc 금속은 <111>방향이다. (2.2.7절의 원자 면과 방향 표기법 참조). Fcc나 bcc 구조를 갖는 금속들은 슬립이 일어날 수 있는 많은 면과 방향을 가지고 있기 때문에 일반적으로 연성(ductile)을 나타내는 반면, hcp 구조를 갖는 금속들은 슬립 시스템이 적기 때문에 취성(brittle)인 경향이 있다.

슬립을 생성시키기 위해서는 결정에 전단응력(shear stress)을 가해야 한다(그림 4.1 참조). 즉, 전단응력은 슬립 방향으로 작용하도록 슬립 면에 평행하게 가해지는 응력이다. 탄성한계(elastic limit)는 영구적인 변형 또는 소성변형을 일으키는 원자면의 슬립이 일어나기 직전의 수준에 해당한다. 만약 결합을 끊고 슬립을 일으킬 수 있는 응력을 통해 결정의 탄성한계 값을 계산한다면, 그 값은 실험에서 얻어진 값보다 두 배에서 네 배정도 큰 결과를 얻게 될 것이다. 그 이유는 계산을 함에 있어서 결함이 없는 완벽한 결정을 가정했기 때문이다. 실제로는, 대부분의 결정들은 제곱센티미터 당 10^2에서 10^{12} 개 정도의 전위를 포함하고 있어, 이 전위들이 탄성한계를 크게 줄여주기 때문이다—결정 내에 더 많은 전위가 존재할수록 탄성한계 값은 더 낮다.

그림 4.4는 이해를 돕기 위해 전위가 어떻게 탄성한계 값을 줄여주는지 나타내고 있다. A로 표시된 일련의 원자들은 칼날 전위(edge dislocation)의 끝부분을 나타낸다. 전위선은 지면에 수직한 방향으로 뻗어 있다. [칼날 전위의 경우 전위선은 슬립 면에 수직하게 형성되는 반면, 나선 전위(screw dislocation)는 전위선이 슬립 방향에 수평하게 형성된다.]

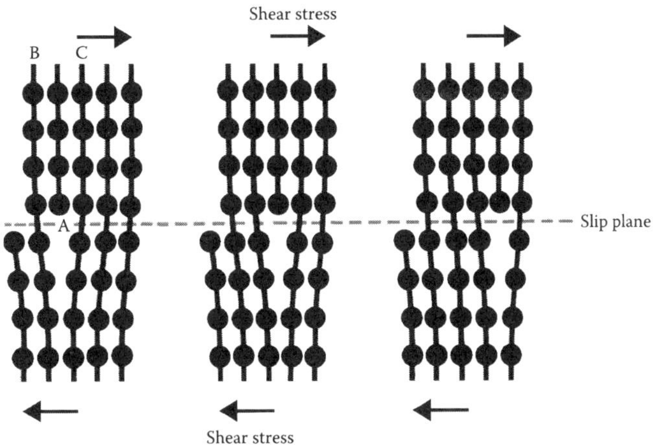

그림 4.4 칼날 전위(Edge dislocation)의 움직임.

B와 C로 표시된 원자면은 전위가 끝나는 주변 영역에서 뒤틀려 있다. 따라서, 그림에서 나와있는 것처럼 전단응력이 가해지면 슬립 면을 중심으로 각각 위/아래에 있는 C면의 두 원자 간의 결합이 상대적으로 쉽게 끊어진다. 원래의 C면의 아래쪽 절반은 A면의 절반과 결합하여 새로운 면을 형성한다. 따라서, 이처럼 원래의 C면의 결합이 끊어지고 옆의 원자면과 새로운 결합을 형성하는 것은 원자 한 개 간격만큼 전위를 오른쪽으로 이동시키는 효과를 가져온다.

계속해서 전단응력을 가하면 전위의 오른쪽으로 결합이 끊어지고 또다시 새로운 결합이 형성되면서 전위가 더 이상 진행할 수 없을 때까지 계속된다. 이렇게 전위가 더 이상 움직이지 못하는 경우는 전위가 결정 표면에 다다르거나 또는 다른 전위와 합쳐질 때 일어난다.

이와 같이 전위가 슬립 면을 따라 이동하면 같은 크기만큼 결정의 위에서 슬립이 이동하고 결과적으로 결정의 소성변형을 가져온다. 완벽한 결정에서는 슬립 면 위/아래에 있는 층들 사이의 결합이 동시에 끊어지면서 슬립이 일어난다. 하지만, 이러한 소성변형을 일으키기 위해서는 전위가 한번에 한 줄의 원자만큼만 끊으면서 슬립을 일어나게 하는 전단응력에 비해 훨씬 더 큰 응력이 필요하다.

완벽한 결정 및 전위가 포함된 결정에서 각각 슬립을 일으키기 위해 필요한 전단응력의 차이를 쉽게 이해하려면 바닥에 있는 무거운 카펫을 움직이는 상황을 떠올려보면 된다. 만약 그 큰 카펫을 한번에 끌어서 움직이려면 큰 힘이 필요할 것이다—이는 완벽한 결정에서 슬립을 생성하는 경우와 비슷한 상황이다. 그러나 카펫의 한 부분을 주름지게 잡고 반복해서 튕겨서 움직이게 만들면 훨씬 더 적은 힘으로 카펫을 이동시킬 수 있다. 이 경우는 결정을 통해 전위가 움직이는 것과 매우 유사한 상황이다—

그림 4.5 사진 속의 SS *Schenecatady* 배는 건조된 지 1년만에 두 동강으로 부서졌다.

두 경우 모두 최종 결과는 같지만, 후자의 경우가 더 작은 힘이 든다.

지금까지는 금속 재료를 다루었지만, 전위의 움직임으로 인해 소성변형이 일어나는 다른 종류의 결정성 고체도 존재한다. CsCl과 같이 하나의 금속 원소와 하나의 비금속 원소로 이루어진 화합물인 세라믹(ceramic)이 한 예이다. 세라믹을 이루고 있는 결합이 주로 이온결합이면 소성변형이 거의 일어나지 않는다. 그 이유는, 전하를 띠고 있는 이온들 간의 반발력(repulsion)때문에 슬립 시스템이 거의 없기 때문이다. 심지어 강한 공유결합성을 갖는 세라믹의 경우도 금속보다 낮은 변형을 나타내는데, 이는 결합력이 매우 강한 공유결합과 더불어 상대적으로 적은 슬립 시스템때문이다. 따라서, 세라믹 재료는 금속 재료보다 더 취성(brittle)이 높은 경향을 보인다.

물론 고체의 기계적 성질에 영향을 주는 결함이 전위만 있는 것은 아니다. 예를 들어, 그림 4.5에서처럼 작게 난 금(crack)이 결함으로 작용하여 기계적 성질에 영향을 주기도 한다.

비정질 재료와 고분자(Amorphous Materials and Polymess

우리는 3장에서 비정질 재료의 구조가 결정성 고체에 비해 더 무작위적(random)이라는 것을 배웠다. 또한, 비정질 재료의 구조는 장범위 규칙(long-range order)이 없기 때문에 전위의 움직임을 통한 소성변형은 일어나지 않는다는 것을 배웠다. 그 대신, 비정질 재료의 경우, 원자 층들 사이에 전단응력을 가할 때 마치 액체가 흐르게 되는 방식과 동일하게 원자 간의 결합이 끊어졌다가 다시 생성되는 과정을 통해 변형이 일어나게 된다. 결정성 고체에서와는 달리, 이러한 변형에는 특별히 우선적으로 작용하는 방향 또는 기구(mechanism)는 존재하지 않는다.

열가소성 플라스틱(thermoplastic)과 같은 고분자의 경우는 소성변형을 나타내는데(4.1.1절 참조), 이 변형은 고분자 사슬(polymer chain)이 서로 미끄러져 지나치고 얽혔던 사슬들이 풀리면서 일어난다. 만약 고분자 사슬들이 서로 나란히 배열될 정도로 충분한 응력을 가한다면, 이때에는 고분자 사슬들이 반 데르 발스 힘(van der Waals force)에 의해 서로 붙들리게 되기 때문에 더 큰 변형을 일으키기 위해서는 상당히 큰 응력이 필요하게 된다.

4.1.3 시험, 시험

앞 절에서 다루었듯이, 연성(ductile) 재료는 탄성한계에 이르기 전까지 상대적으로 크게 늘어나는 반면 취성(brittle) 재료는 그렇지 않다는 것을 우리는 알고 있다. 이와 같은 재료의 다양한 기계적 특성들을 과학적으로 시험하는 방법에 대해 이 절에서 살펴볼 것이다.

굽힘 시험(Bend Tests)

취성, 연성, 탄성 재료를 과학적으로 구별하는 한 가지 방법은 굽힘 시험(bend test)을 해 보는 것이다. 이 시험에서는, 시험하고자 하는 얇은 시편(sample)의 양 끝 부분을 고정한 상태에서 시편의 중앙 부분에 하중을 가해 구부린 후, 시편이 부서지거나 금(crack)이 갔는지를 분석한다.

이 시험의 결과는 정량적(quantitative)이라기보다는 정성적(qualitative)이다. 즉, 시험을 한 재료들의 연성(ductility)의 차이를 상대적으로 비교할 수는 있지만, 절대적인 값을 통해 비교되지는 않는다. 고무와 같은 탄성 재료의 경우, 하중을 제거한 후 원래의 크기와 모양으로 되돌아오는 것을 보고 그 탄성을 확인할 수 있고, 유리와 같은 취성 재료는 많이 굽히기도 전에 부서질 것이라는 것을 예상할 수 있다. 반면, 연성 재료의 경우 취성 재료보다 파괴되기 전까지 더 많은 굽혀질 수 있지만, 탄성 재료와는 달리 어떤 한계 수준(연성 재료 마다 다름)을 넘어서면 모양이 영구적으로 변하게 되며 더 큰 하중을 가하면 파괴될 것이다.

앞서 이 시험의 결과를 정량적인 수치로 나타낼 수 없다고 언급했지만, 의도적으로 정량적 분석이 가능하도록 시험을 세팅할 수도 있다. 특히, 세라믹과 같은 취성 재료처럼 인장 시험(tensile testing)을 위해 정확한 모양으로 시편을 제작하기 어려운 재료를 시험하는 데 많이 사용된다. (인장 시험은 다음 단락에서 설명할 것이다.) 이 시험을 통해 제작된 시편의 크기를 측정하고 시험 지지대에 위치시키고 하중을 가하여

표 4.2 범용 세라믹 재료에 대한 굽힘 강도(bend strength)

Material	Bend Strength (MPa)
Titanium carbide (TiC)	1100
Aluminium oxide (Al_2O_3)	200–345
Beryllium oxide (BeO)	140–275
Silicon carbide (SiC)	170
Magnesium oxide (MgO)	105
Spinel ($MgAl_2O_4$)	90
Fused silica	110
Glass	70

시편이 파괴되는 응력을 계산할 수 있다. 굽힘 시험을 통해 얻어진 파괴될 때의 응력을 '굽힘 강도(bend strength)' 또는 '파단 계수(modulus of rupture)'라고 한다. 표 4.2는 많이 사용되고 있는 세라믹 재료들의 굽힘 강도를 보여준다.

인장 시험(Tensile Testing)

굽힘 시험은 신속하고 용이하게 실시할 수 있어 실용적이긴 하지만, 시편에 가해지는 힘(하중)에 의한 영향을 평가하는 표준적인 방법은 아니다. 따라서, 힘(하중)을 계산

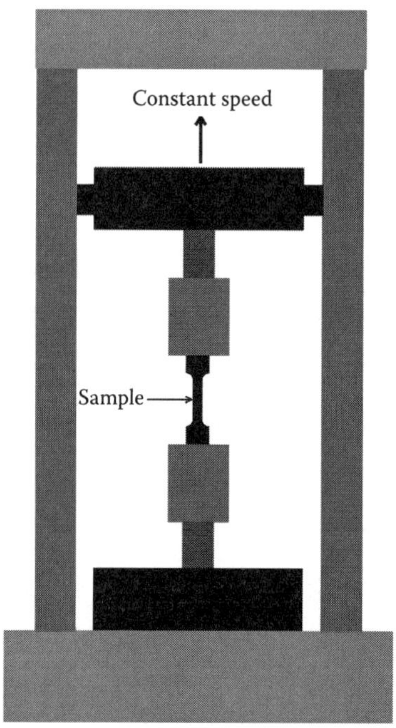

그림 4.6 인장 시험(tensile testing) 장비를 나타낸 그림. 이 장비는 시료가 파괴될 때까지 점차 인장력(tensile load)을 증가시킨다.

할 수 있는 인장 시험(tensile testing)을 일반적으로 사용하며, 인장 시험에서 얻은 값을 비교하면서 재료의 특성을 보다 정확하게 비교할 수 있다. 이렇게 인장 시험을 통한 결과를 비교할 수 있기 위해서는 시편을 표준적인 모양과 크기로 만들어야 한다. 이러한 표준 시편의 크기는 국가마다 다를 수 있다.

인장 시험은 시편에 가해지는 인장 하중을 점차적으로 증가시키면서 시편이 파괴가 일어날 때까지 관찰하는 시험이다. 그림 4.6은 인장 시험 장비의 간단한 도식을 보여준다. 아래에 있는 수평대는 움직이지 않고 위에 있는 가로대가 점진적으로 올라간다. 계속해서 가로대가 위로 움직일수록 시편은 더 큰 힘을 받게 된다.

예제 4.4 인장 강도

아래 재료 중 가장 높은 인장강도를 갖는 재료와 가장 낮은 인장강도를 갖는 재료는 각각 무엇인가?

(a) cast iron

(b) carbon nanotubes (Z. F. Ren et al., *Science* 282, 1105–1107 [1998].)

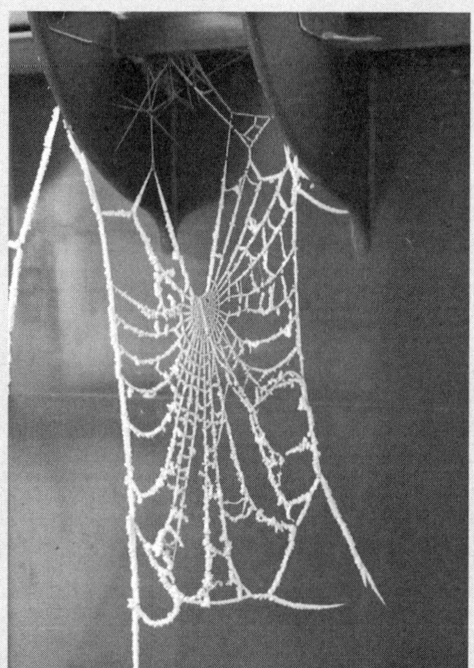

(c) main strut of a spider's web (Courtesy of Alan Piercy.)

(c) main strut of a spider's web (Courtesy of Alan Piercy.)

정답

탄소나노튜브(carbon nanotube)가 가장 높은 인장 강도를 갖는 재료이다. 이 물질의 인장 강도는 50-200 GPa이고, 이 책을 쓰는 현 시점에서는 가장 강한 물질로 알려져 있다

거미줄(spider silk)이 그 다음으로 강한 물질로 인장 강도가 870-1420 MPa이고 이 값은 주철(cast iron)의 인장 강도인 400-1200 MPa보다 높은 값이다.

나일론이 가장 낮은 60-100 MPa의 인장 강도를 가지고 있다.

인장 시험의 결과는 응력-변형률 곡선과 유사한 형태인 힘-신장 곡선(force-extension curves)으로 나타낸다. 만약 재료를 늘이지 않고 압축해야만 하는 시험이면 재료를 당기지 않고 누르면서도 실시할 수 있다.

충격 시험(Impact Tests)

굽힘 시험과 같이, 충격 시험(impact test)은 취성 재료와 연성 재료의 차이점을 구별하

는 데 사용할 수 있다. 특히, 이 시험은 재료의 열처리(heat treatment)가 성공적인지 아닌지를 확인하고자 할 때 매우 유용하게 사용된다. 그 이유는, 서로 다른 열처리 과정을 거친 재료가 인장 시험에서는 비슷한 결과를 나타낼 수 있지만, 충격 시험에서는 이러한 차이가 매우 크게 나타나기 때문이다. (열처리에 대해서는 4.2.2절에서 다룰 것이다.)

충격 시험에는 두 가지 종류(Izod 시험 및 Charpy 시험)가 있다. 두 시험이 각각 다른 모양의 시편을 사용하지만, 두 시험 방법 모두 날카로운 모서리를 갖는 추(pendulum)가 아래를 향해 휘둘러 내려오면서 노치 된(notched) 시편을 충격하는 방식을 사용한다. 이때, 대부분의 경우 시편은 파괴되지만, 파괴 여부와 상관없이 충격 이후 추가 다시 튕겨 올라가는 높이가 그 시편에 의해 흡수된 에너지에 비례하게 된다. 플라스틱의 경우, 보통 파괴되지 않고 그 대신 파이기만 하는데, 이때에는 충격 시험의 결과를 시편의 단위 단면적 당 에너지로 나타낸다. 반면, 대부분 파괴되는 금속이나 합금의 경우는 시험결과를 에너지로만 나타낸다. 시편을 부러뜨리거나 파이게 하는데 들어간 에너지가 클수록 추가 되돌아 올라가는 높이가 낮다. 충격 시험의 결과는 '충격 강도(impact strength)'로 얻어지는데, 충격 강도는 시편의 두께의 절반 정도까지 파괴하는 데 필요한 에너지로 정의된다.

예제 4.5 충격 시험

PVC 시편에 대해서 두 번의 충격 시험을 실시하여 20°C에서 충격 강도(impact strength)가 3 kJm^{-2}, 그리고 40도에서 충격 강도 10 kJm^{-2}인 결과를 얻었다면, 어떤 온도에서 PVC가 가장 연한(ductile) 성질을 나타내는가?

정답

연성인 큰 물질은 부러지기 파괴가 일어나기 전까지 더 많은 에너지를 흡수한다. 따라서 연성이 더 큰 시료는 40°C에서의 PVC이다.

가상 시험(Virtual Testing)

어떤 재료든 사용하기 전에 특정 기능에 적합한지를 알아보기 위해 광범위한 시험을 진행해야 한다. 대부분의 경우 이런 시험은 비싸고 시간이 많이 소요되기 때문에 미래에는 가상 시험(virtual testing)으로 대체될 것이다. 이러한 가상 시험은 실험 결과와 잘 일치하는 수학적 모델을 기반으로 한 복잡한 컴퓨터 시뮬레이션을 사용하며 원자 수준에서의 거동까지 설명이 가능하다.

4.1.4 탄성

앞서 다루었듯이, 탄성(elastic) 재료는 외부 힘에 의해 늘어난 이후에 원래의 모양과 크기로 되돌아오는 성질을 갖는 물질이다. 탄성 한계(elastic limit)는 탄성 물질에 가한 응력에 의해 생긴 변형률이 응력과 비례하는 지점까지를 나타낸다(이 변형률은 응력을 제거하면 사라진다). 만약 탄성한계를 넘어 계속해서 재료에 응력을 가하면 그 재료는 더 이상 원래의 모양으로 돌아오지 못하게 된다. 그림 4.7에서 볼 수 있듯이, 적절한 정도로 늘였을 때의 고무줄은 탄성 거동에 대한 좋은 예를 보여준다. 하지만, 누구나 어린 시절 고무줄을 가지고 놀면서 너무 많이 잡아당기면 영구적으로 늘어나 버린다는 것을 관찰한 경험이 있을 것이다. 이때, 고무줄은 전체 혹은 일부분이 얇아지며, 이렇게 소성 변형 단계에 접어든 고무줄을 계속해서 더 잡아 당기면 고무줄은 끊어지게 된다.

탄성계수(Moduli of Elasticity)

4.1.1절에서 우리는 탄성한계 이전에서의 응력과 변형률의 관계는 영률(Young's modulus)로 나타낼 수 있으며, 이 영률은 다른 유형의 변형률과 관련된 몇가지 탄성계수들 중의 한 종류라는 것을 배웠다. 영률이 고체에 가해진 인장응력(tensile stress)에 적용되는 것임에 반해, **체적 탄성계수**[bulk modulus, '부피 탄성률(volume elasticity)'이

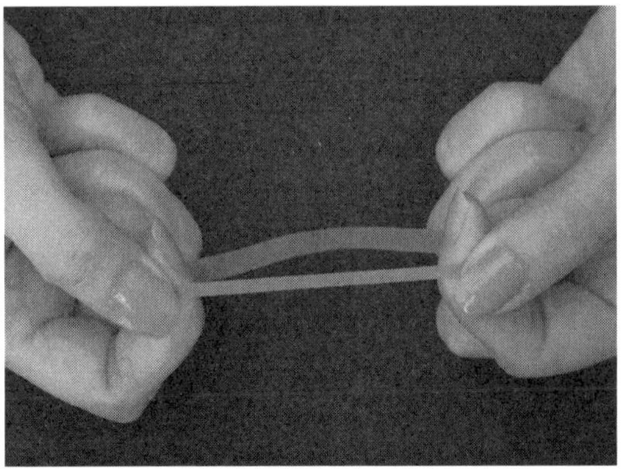

그림 4.7 고무줄이 늘일 때, 적당한 응력으로 늘이면 원래의 모양으로 되돌아 간다. 그러나, 고무줄을 너무 세게 당기면 영구적으로 늘어나며 고무줄의 두께도 얇아지는데, 여기서 더 잡아 늘여서 파괴점(breaking point)에 도달하게 되면 고무줄은 끊어진다.

라고도 함]는 고체 및 유체(fluid)에 가해진 압축응력(compressive stress)에 적용되는 것이다. 체적 탄성계수(K)은 재료에 가하는 압력에 대한 부피변화의 비(ratio)로 정의된다. 체적 탄성계수의 역수(1/K)는 '압축률(compressibility)'이라고 하며, 단위 압력당 부피변화를 나타낸다.

일반적으로 널리 사용되는 또다른 탄성계수로는 '전단 탄성계수(rigidity modulus)' 또는 '전단 계수(shear modulus)'가 있는데, 전단 탄성계수는 영률과 비슷하지만 인장응력 대신에 전단응력(shear stress)과 전단 변형율의 비로 정의된다.

BOX 4.1 꽉 끼이는 압착

가벼운 비행기는 연료의 소모가 적어 매우 실용적이다. 비행기의 무게를 줄일 수 있는 방법에 대해 영국 Surrey 대학의 David Faux 박사는 "통신에 사용하는 구리(copper) 선을 제거하고 대신에 광섬유(optical fibers)나 레이저(laser)를 사용하면 무게 몇 톤은 줄일 수 있다"고 말한다. 이 같은 아이디어는 현존하는 반도체 레이저—광섬유를 통해 신호를 보내는—가 비행기가 운행하는 극단적인 온도에서는 제대로 기능하지 못하기 때문에 현재로서는 실현이 불가능하다. 그러나, David Faux 박사 팀에서 연구하고 있는 '양자점(quantum dots, QDs)'은 언젠가는 새로운 반도체 레이저의 기본이 될 것이고, 이 새로운 반도체 레이저는 광범위한 온도에서 작동 가능하며 다양한 광섬유 통신 환경에서 사용될 수 있을 것이다.

양자점(QDs)은 10억분의 1 미터의 크기의 작은 반도체이다. 양자점의 형태는 한 종류의 반도체 원자들이 다른 종류의 반도체 물질 내부에 묻혀 있는 구조를 갖는다. 성공적인 QD 레이저를 만들기 위해서는 이러한 양자점의 전기 및 광학적 성질에 대해 완벽히 이해해야 한다. 모든 양자점들은 서로 다른 종류의 반도체 물질을 사용함에 따라 원자간 거리(interatomic spacing)나 원자의 크기에 차이가 있어서 대게 변형률(strain)을 갖는데, 앞서 언급한 물성들은 이러한 변형률에 의해 영향을 받게 된다.

Surrey 대학 연구팀은 인듐비소(InAs)가 갈륨비소(GaAs)안에 들어있는 양자점에 대한 연구를 시작했다(Plate 4.1 참조). David Faux 박사는 "In 원자가 Ga 원자보다 물리적으로 크기 때문에 InAs 결정이 자신을 감싸고 있는 GaAs 결정과 같은 원자간격(atomic spacing)을 유지하기 위해서는 압착(squeeze)되어야만 한다"고 설명했다. 이 양자점의 광학 및 전기적 성질을 완벽하게 이해하기 위해서는 가능한 한 정확하게 변형률을 계산해야 하며, 이를 위해 David Faux 박사 연구팀은 분자역학(Molecular

Dynamics) 시뮬레이션이라는 컴퓨터 시뮬레이션 기술을 사용하였다.

분자역학 시뮬레이션은 주어진 온도에서 결정이 뒤틀릴 때 얼마나 많은 수의 원자들이 움직이는지를 계산하기 위해 원자간 힘과 거리에 대한 수치를 사용한다. QD 전체에 걸리는 변형률을 정확히 계산하려면, 변형률에 의해 생긴 탄성 특성—변형된 이후 원래의 모양과 크기로 회복하는 정도를 나타내는 특성—을 고려해야 한다. 따라서, 연구팀은 시뮬레이션을 통해 여러 가지 변형률에 대한 InAs의 탄성 계수를 계산하였다. 그 결과, "InAs 결정은 약 7%의 변형률을 가진다"는 것을 알 수 있었다. 이 정도의 변형률은 1 m의 막대가 7 cm 늘어나는 것과 동일한 정도로 매우 큰 변형률이다. David Faux 박사는 우리가 해답을 찾아야만 하는 질문은 바로 "InAs의 탄성 계수는 이 정도의 변형률 범위 안에서 과연 일정할까?"라고 말한다.

2002년 초 연구팀은 측정된 세 개의 탄성 계수 중 두 개가 양자점에 가해진 변형률이 변함에 따라 크게 변한다는 사실을 발표했다(Plate 4.2 참조). 즉, 탄성 계수가 일정하지 않다라는 것이다. Faux 박사는 향후 다른 종류의 양자점을 연구할 계획을 갖고 있으며, 양자점의 탄성 특성에 대한 변형률의 영향을 시뮬레이션 계산에 반영한다면 비행기뿐만 아니라 가정에서도 사용이 가능한 양자점 레이저를 개발할 수 있을 것이라고 강조했다. 또한 "믿을 수 없을 만큼 빠른 통신속도를 가정에서도 사용이 가능하다면 큰 반향을 일으킬 것이다"라고도 말했다.

PLATE 4.1 이 그림은 밑면 정사각형의 너비가 6.67836 nm 인 피라미드 구조를 갖는 인듐비소(InAs) 양자점(quantum dot)이다. 이 인듐비소 양자점은 분자선 에피택시(Molecular Beam Epitaxy, MBE) 방법을 사용하여 제조하였다. 이 기술은 초고진공(ultra-high vacuum) 조건에서 GaAs 기판에 열을 가한 후 In과 As 원자빔을 쏘는 방식이다. 이렇게 InAs 양자점이 기판 위에 형성된 이후, 마지막으로 Ga과 As 원자빔을 이용해 GaAs 층으로 덮는다. 언젠가는 이러한 양자점이 새로운 반도체 레이저의 기본이 되는 물질로 사용되어서 현재 사용하고 있는 반도체 레이저 보다 훨씬 넓은 온도범위에서 사용이 가능하기를 바란다. (Courtesy of David Faux and Stuart Ellaway, Advanced Technology Institute, University of Surrey, U.K.)

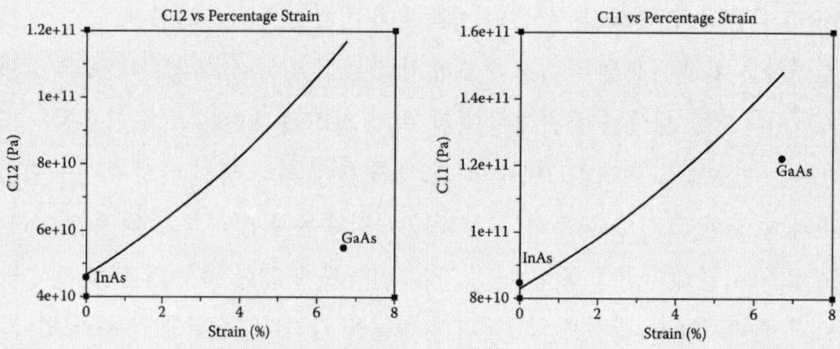

PLATE 4.2 인듐비소(InAs)와 같이 입방 대칭(cubic symmetry)을 갖는 결정들의 경우, 탄성 성질은 각기 다른 방향에서의 탄성력을 대변하는 세 가지 다른 탄성 계수—C_{11}, C_{12}, C_{44}—로 나타낼 수 있다. 이 그래프는 InAs 양자점(quantum dot)의 C_{11}과 C_{12}이 변형률이 증가함에 따라 얼마나 급격하게 증가하는지에 대한 시뮬레이션 결과를 보여준다. 그러나, C44 의 경우는 변형률과 상관없이 일정한 것을 알 수 있다. 각각의 그래프에서 점으로 표시된 부분은 양자점 내부의 InAs와 GaAs 껍질의 변형률이 없을 때, C_{11} 및 C_{12} 상수가 가질 수 있는 값을 나타낸다. GaAs의 위치를 보면, InAs 양자점의 탄성 계수가 자신을 감싸고 있는 GaAs의 탄성 계수와 같지 않다는 것을 명확히 볼 수 있다. 이렇게 계산을 통해 얻어진 변형에 대한 탄성력 상수를 사용하면 양자점의 변형률을 더 정확하게 알 수 있다. 이 방법이 양자점의 전기적 광학적 성질을 이해하는데 도움을 주며 양자점으로 반도체 레이저를 성공적으로 만드는 기회를 제공할 것이다. (Courtesy of David Faux and Stuart Ellaway, Advance Technology Institute, University of Surrey, U.K.)

푸아송 비(Poisson's Ratio)

재료를 탄성적으로 잡아 당기거나, 압축하거나 또는 비틀었을 때 그 재료의 모양은 바뀌게 된다. 예를 들어, 막대(rod)의 장축방향으로 인장응력을 가하면 막대의 지름은 줄어들 것이다. 이러한 현상은 고무줄에서 나타나는 현상과 매우 흡사하다(그림 4.7 참고). 즉, 고무줄을 잡아당기면 길이가 길어지고 동시에 고무줄의 폭이 줄어든다. 이와 반대로, 재료에 압축응력을 가하게 되면 이 응력에 수직한 방향으로 불룩하게 나오게 될 것이다. (연필 끝에 달린 고무지우개를 눌러보면 쉽게 알 수 있다.)

이처럼, 재료를 압축하거나 잡아 당겼을 때, 각각 불룩하게 나오거나 얇아지는 정도를 푸아송 비(Poisson's ratio)라고 하는 비율로 계측할 수 있다. 푸아송 비는 다음의 식으로 정의된다.

$$\nu = -\frac{\varepsilon_x}{\varepsilon_z} = -\frac{\varepsilon_y}{\varepsilon_z} \tag{4.4}$$

여기서, ε_z는 z 방향으로 가해진 인장응력에 대한 z 방향으로의 변형률이며, ε_x와 ε_y

는 각각 x 방향 및 y 방향으로의 압축응력에 대한 변형률이다. 푸아송 비의 명칭은 탄성이론(theory of elasticity)를 수학적으로 정립한 프랑스 수학자이자 물리학자인 Simeon-Denis Poisson(1781-1849)의 이름을 따서 지어졌다.

식 4.2를 상기시켜 보면, z 축 방향으로의 변형률인 ε_z가 인장 변형률이라고 할 때, ε_x 및 ε_y는 압축 변형률이 되고 따라서 ε_z와 부호가 반대가 되므로, ε_z가 압축 변형률인지 인장 변형률인지에 상관 없이 푸아송 비는 항상 양수가 된다. (바로 이 때문에 푸아송 비의 정의에 음의 부호가 있는 것이다.)

푸아송 비의 최대값은 0.5이며, 이 값의 의미는 주어진 변형률에 대해 재료의 전체 부피는 변하지 않는다는 것을 의미한다. 나일론(Nylon)과 같은 플라스틱은 푸아송 비가 약 0.4이며, 고무는 최대값에 가까운 0.49이다. 그러나, 표 4.3에서 볼 수 있듯이, 대부분의 금속이나 합금(4.2.1절 참조)에 대한 푸아송 비는 0.25-0.35 정도이다.

원자 이동(Atomic Movement)

지금까지 살펴본 계산에서는 고체가 하나의 연속체(continuum)라고 가정하였다. 즉, 고체를 구성하고 있는 개별 원자는 고려하지 않았으며 따라서 탄성(elasticity)을 온전히 고전적인 관점에서 바라보았다. 이후 5장에서는 고체가 늘어났을 때 일어나는 원자들의 이동의 관점에서 탄성을 좀 더 자세히 살펴볼 것이다. 이를 위해 기억해야 할 것은, 결정성 고체가 고체 내부에서 전체적으로 균일하게 변형된다면, 그 결정 내의 모든 원시 정(primitive cell)들도 모두 동일하게 변형된다는 것이다.

표 4.3 금속 합금의 푸아송 비(Poisson's Ratio for Various Metal Alloys)

Metal or Metal Alloy	Poisson's Ratio
Aluminum(Al)	0.33
Brass(CuZn)	0.34
Copper(Cu)	0.34
Magnesium(Mg)	0.29
Nickel	0.31
Steel	0.30
Titanium	0.34
Tungsten	0.28

4.1.15 경도

경도(Hardness)는 재료가 눌려서 움푹 파이거나(dented) 긁히는(scratched) 것에 대해 저항하는 정도이다. 자연에 존재하는 물질 중, 다이아몬드가 가장 단단하며, 다이아몬드는 자신을 포함해서 그 어떤 재료라도 자를 수 있어 산업적인 절단 공정에 많이 사용된다.

경도를 측정하는 방법에는 몇 가지가 있다. 가장 오래된 방법은 1812년 독일 광물학자인 Freidrich Mohs(1173-1839)에 의해 개발된 방법이다. 그는 경도의 상대적 비교를 측정할 수 있는 모스 경도계(Mohs scale)를 도입했다. 이 방법은 경도의 크기 순서대로 정해진 서로 다른 10개의 재료들을 각각 서로서로 긁히게 해보는 방법인데, 이를테면 자신보다 높은 숫자를 가지는 물질을 제외하고는 긁히게 만들 수 있다. 예를 들어, 석영(quartz)은 장석(feldspar)에 스크레치를 낼 수 있지만, 황옥(topaz)에는 스크레치를 낼 수 없다. 다이아몬드(diamond)는 오직 다른 다이아몬드만 긁히게 할 수 있기 때문에 이 물질의 모스 경도 값은 10이다. 반면, 모스 경도가 1인 활석(talc)은 어떤 물질에도 스크래치를 낼 수 없다(표 4.4 참조).

비록 모스 경도계가 한 재료가 대략 얼마나 단단한지를 손쉽게 파악하는 데 유용하지만, 오늘날의 관점에서는 그리 과학적인 방법은 아니기 때문에 모스 경도계 대신

표 4.4 모스 경도계(Mohs Hardness Scale)

Number	Material
10	Diamond
9	Corundum
8	Topaz
7	Quartz
6	Feldspar
5	Apatite
4	Fluorite
3	Calcite
2	Gypsum
1	Talc

주석: 표의 각 물질은 자신보다 낮은 번호의 물질을 긁히게 할 수 있다. 예를 들어, 석영(quartz)의 경우 장석(feldspar)에 스크레치를 낼 수 있지만 황옥(topaz)은 긁히게 할 수 없다. 다이아몬드는 자연에 존재하는 물질 중 가장 경도가 높은 물질이다.

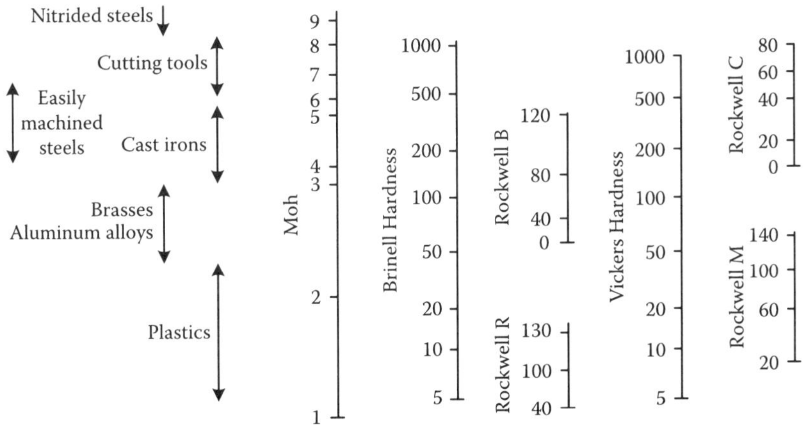

그림 4.8 다양한 경도계(hardness scale)들에 대한 비교. 일반적으로 사용하는 재료에 대한 경도 값의 범위는 왼쪽에 나타나 있다.

기계적(mechanical) 경도 시험이 보다 일반적으로 사용된다. 이러한 기계적 경도 시험은 피라미드 모양의 다이아몬드나 공 모양의 강철로 이루어진 인덴터(indenter)를 사용하여 측정하고 싶은 물질에 압력을 가하는 방식을 사용한다. 이러한 방식의 경도 시험으로는 브리넬(Brinell) 경도 시험과 빅커스(Vickers) 경도 시험이 있는데, 앞서 언급한 인덴터로 표면을 눌러 생긴 자국(indentation)의 표면적으로부터 경도가 계산된다. 이와 대조적으로, 로크웰(Rockwell) 시험은 강철 공이나 다이아몬드 원뿔 인덴터로 자국을 만든 후, 인덴터가 얼마나 시편을 뚫고 들어 갔는지를 계산하여 경도를 판단한다. 세 가지 방법 모두 시편에 가해지는 변형은 비슷함에도 불구하고, 이들 서로 다른 경도 값들을 서로 상대비교하게 해 주는 수학적 관계는 없다. 그림 4.8은 흔히 사용되는 재료들에 대한 다양한 경도 값들을 각 경도계 별로 보여주고 있다.

예제 4.6 푸아송 비

구리(Copper)의 영률(Young's modulus)이 110 GPa 이며 푸아송 비(Poisson's ratio)가 0.34라고 하면, 직경 5 mm 의 구리 막대의 지름을 1×10^{-3} mm 만큼 감소시키기 위해서는 얼마의 힘이 필요한가?

정답

막대의 지름을 줄이기 위해서는 막대의 장축방향인 z-축을 따라 인장 응력을 가해야 한다. 초기 지름(d)과 압력을 가한 후의 지름(d_0)을 알고 있기 때문에, x-축 방향의 변형률을 먼저 계산해야 한다.

$$\varepsilon_x = \frac{\Delta d}{d_0} = -\frac{0.001}{5} = -2\times10^{-4}$$

(막대의 지름이 인장 응력에 의해 감소되므로, 이 변형률은 음의 값이 된다.)

z-축 방향으로의 변형률은 주어진 푸아송 비를 이용하여 아래와 같이 구할 수 있다.

$$\varepsilon_z = -\frac{\varepsilon_x}{\nu} = -\frac{(-2\times10^{-4})}{0.34} = 5.88\times10^{-4}$$

이 변형은 탄성이라는 것을 감안 하였을 때, 우리는 훅의 법칙(Hooke's law)을 사용해야 한다. 다시 말해, 주어진 구리의 영률을 통해 z-축 방향으로 가해진 응력을 구할 수 있고, 구해진 응력을 통해 필요한 힘을 계산할 수 있다.

$$\sigma = \varepsilon_z E = 5.88\times10^{-4}\times110\times10^{3} = 64.68\ \text{MPa} = 64.68\times10^{6}\ \text{Nm}^{-2}$$

구리 막대를 잡아 늘이기 전의 단면적을 A_0라고 하면, 힘은 다음과 같다.

$$F = \sigma A_0 = \sigma\left(\frac{d_0}{2}\right)^2\pi = 64.68\times10^{6}\left(\frac{5\times10^{-3}}{2}\right)^2\pi = 1270\ \text{N}$$

4.2 용도에 적합한 재료

물론, 용도에 적합한 재료를 선택할 때 그 재료의 기계적 성질만 고려해서 결정할 수는 없다. 가격, 공정 용이성, 환경에 미치는 영향, 전기 전도도(electrical conductivity) 및 열전도도(thermal conductivity)와 같은 비기계적(non-mechancial) 성질, 그리고 재활용(recycling) 가능성 등과 같은 요소들도 함께 심도 있게 고려되어야만 한다.

한 종류의 재료가 요구되는 물성을 모두 가지고 있는 경우는 흔치 않다. 지금부터 살펴볼 두 절에서는 특정 응용분야에 적용하기 위해서 재료의 물성을 변화시키는 방법과 더불어 혼합된 재료가 필요한 경우에 대해 논의할 것이다.

4.2.1 합금과 복합재료

합금(Alloys)

두 개 이상의 금속(비금속 원소도 될 수 있다.)을 혼합한 것을 **합금**(alloy)이라고 한다. 순수 금속은 산업적 응용에 요구되는 물성을 모두 갖고 있는 경우가 드물기 때문에, 요구되는 물성을 거의 정확히 발현하도록 제조된 합금을 사용하는 경우가 많다. 예를 들어, 크롬(chromium)은 철(iron)과 탄소(carbon)의 합금인 강철(steel)의 내부식성(corrosion resistance)를 향상시키는 데 사용된다. 표 4.5에 일반적으로 많이 사용되는 합금을 열거하였다.

대부분의 순수 금속은 연한 성질이 있기 때문에, 높은 강도를 갖는 금속이 필요할 때 보통 합금을 사용한다. 표 4.6은 인장 강도를 포함한 몇몇 비철합금(nonferrous alloy)의 물성을 보여준다. 만약 한 개의 합금을 표 4.6에서 선택해야 한다면 가장 높은 강도를 가지고 있는 타이타늄(titanium) 합금이 좋은 선택일 것이다. 그러나, 타이타늄 합금은 가격이 매우 비싸기 때문에 가격적 요소가 중요한 경우라면, 높은 강도를 가지면서도 가격이 저렴한 구리(copper) 합금과 니켈(nickel) 합금이 좋은 선택이 될 것이

표 4.5 흔히 사용되는 합금과 구성 성분

합금	구성 성분
금 황동	85% 구리와 15% 아연
인코넬(Inconel)	78% 니켈, 15% 크롬, 7% 철
양은	~20% 니켈, 60% 구리, 20% 아연
인청동	~95% 구리, 5% 주석, 0.02-0.4% 인
스테인리스강(날이 있는 물질)	~86% 철, 0.32% 흑연, 13% 크롬

표 4.6 합금의 인장 강도(tensile strength) 및 비강도(strength-to-weight ratio)

Main Constiuent of Alloys	Tensile Strengeh (N mm^{-2})	Tensile Strengeh/Density (N mm^{-2}/10^3 kgm^{-3})
Alumimium	100-500	37-200
Copper	200-1300	25-160
Nickel	400-1300	47-146
Titanium	400-1600	89-365
Zinc	200-350	30-52

다. 알루미늄(aluminum) 역시 내부식성이 좋지만, 타이타늄 합금이 표에 열거된 합금 중에서 내부식성이 가장 높다.

예제 4.7 합금

표 4.6에 열거된 합금 중, 다음 보기의 적용분야에 가장 적합한 합금을 선택하고 그 이유에 대해 설명하라.

(a) 인공 고관절(hip joint)

(b) 항공기 프레임

정답

(a) 타이타늄 합금은 매우 우수한 내부식성과 높은 강도 그리고 높은 비강도(strength-to-weight ratio)을 가지기 때문에 인공 관절이나 골절된 뼈를 고정하는 데에 사용하는 핀과 같은 의학용 임플란트로 유용하게 사용된다. 이러한 의학용 소재에 사용되는 타이타늄의 양은 상대적으로 적고 또한 환자의 건강이 무엇보다도 중요한 고려사항이기 때문에 가격은 큰 문제가 되지 않는다. 이와 대조적으로, 치과에서 가장 흔하게 사용되는 크라운(crown)과 브리지(bridge) 같은 의료용 임플란트는 금(gold) 합금으로 만들어진다. 치과용 합금은 일반적으로 60%-75%의 금과 더불어 은(silver), 팔라듐(palladium), 백금(platinum), 구리(copper), 아연(zinc)를 포함한다.

(b) 항공기와 경주용 자동차와 같은 응용분야에 있어서는, 비강도(strength-to-weight ratio)가 중요한데, 그 이유는 이 비율이 좋을수록 더 적은 연료로 더 빨리 움직일 수 있기 때문이다. 자동차 차체를 만들기 위한 재료는 내부식성(corrosion resistance)도 있어야 하기 때문에, 결국 선택지는 타이타늄이나 알루미늄 합금으로 좁혀진다. 단, 타이타늄의 경우 가격이 매우 비싸기 때문에 항공기나 자동차, 자전거 제조 산업에서는 주로 알루미늄 합금을 널리 사용한다.

자동차 차체나 의료용 임플란트(implant)를 만들기 위한 재료는 가공이 용이해야 한다; 즉, 특정 형태로 절단하거나 모양을 만드는 것이 용이해야 한다(예제 4.7 참조). 일반적으로, 순수 금속과 같은 연성(ductile) 재료는 절단 도구에 잘 밀리는 경향이 있어 쉽게 가공할 수 없다. 그렇기 때문에, 가공성(machinability)과 주조성(castability) 같은 유용한 특성을 갖는 합금이 주로 사용된다. 비록 대다수의 합금은 인공적으로 제조되지만, 자연적으로 존재하는 합금도 있다. 예를 들어, 어떤 운석(meteorite)은 철-니켈 합금으로 이루어져 있다.

복합재료(Composites)

원하는 응용분야에 적합한 재료를 제조하기 위해 두 개 이상의 물질을 결합하는 방법이 합금만 있는 것은 아니다. 합금과 같이, **복합재료(composite)** 또한 단일 재료를 사용하여 용도에 맞는 적절한 성능을 구현하지 못했을 때 두 개 이상의 물질을 혼합하여 사용할 수 있는 재료이다. 유리섬유 강화 복합체와 강화 콘크리트가 이러한 복합재료의 좋은 예이다. 강화 콘크리트는 철근을 콘크리트 내에 넣는 방법으로 일반적으로 인장응력에 약한 콘크리트를 인장에 강하게 만든 복합재료이다. 강화 콘크리트는 현대 건축물의 중요한 자재가 되었지만, 사실 복합재료는 이미 수백 년에 걸쳐 건축에 이용되어왔다. 중세 유럽에서 사용되었던 '나뭇가지에 진흙을 두껍게 바른 초벽(wattle and daub)' 역시 복합재료였다.

4.2.2 고체의 기계적 성질 변화

만약 우리가 좀 더 바삭한 빵을 먹기를 원한다면 새로운 방식으로 빵을 구우면 된다. 새로운 방법으로 빵을 구우면 빵의 조직을 바뀌면서 바삭한 토스트가 된다. 이와 마찬가지로, 금속, 합금, 유리와 같은 고체를 속도를 달리하여 '요리(cooking)'하면 이들 재료의 구조(structure)를 변화시킬 수 있다. 가열(heating)과 냉각(cooling) 과정을 포함한 모든 제조 공정은 고체의 성질을 변화시킬 수 있는데, 이러한 공정을 **열처리(heat treatment)**라고 한다.

가장 일반적인 열처리 중 하나는 **어닐링(annealing)**이다. 이 열처리 공정은 고체를 고온으로 가열하고(이때 온도는 고체의 녹는점 보다는 항상 낮다), 그 온도에서 일정 시간 유지한 후, 천천히 냉각 시키는 방법이다. 어닐링 공정은 금속이나 합금을 더 부드럽고 연성이 있게 하며, 유리를 더 강하게 만들기도 한다. 어닐링 공정은 재료의 제조 과정 동안 생긴 응력들을 제거해준다.

더 단단한 고체를 사용해야하는 응용분야도 있다. 이런 경우, **급속냉각(quenching)**이라고 하는 공정을 사용한다. 급속냉각은 고체를 가열한 후 급속하게 냉각시키는 공정이다. 냉각 속도가 빠를수록 고체는 단단해 진다. 가열된 고체를 염수에 밀어 넣으면 가장 빠른 속도로 냉각시킬 수 있으며, 물 역시 염수와 같이 고체를 냉각시키는 좋은 방법이다. 그러나, 기름의 경우는 물을 사용할 때보다 냉각속도가 느리다. 급속냉각 중에는 빠른 냉각속도로 인해 고체에 뒤틀림(distortion)이나 크랙(crack)을 형성시킬 수 있어 주의가 필요하다. 뒤틀림을 줄이는 방법은 작은 면적을 갖는 표면을 냉각액에 먼저 담금으로써 어느 정도 최소화시킬 수 있다. 뿐만 아니라, 급속냉각을 할 때 냉각액이 남긴 '욕조(bath)'를 흔들게 되면 냉각 중인 물체의 표면에 증기 거품이 붙는 것을 막을 수 있는데, 그렇지 않으며 고체의 냉각속도가 부분적으로 일정하지 않아 응력이 쌓이게 된다. 급속냉각을 거친 강철의 경우, 초기의 가열온도보다는 낮은 온도로 다시 가열한 후 공기 중에서 냉각시킴으로써 급속냉각에서 발생했던 응력을 일부 제거하기도 하는데, 이러한 공정을 템퍼링(tempering)이라고 한다.

경우에 따라서는 금속이나 합금의 표면만 강하게 만드는 작업이 필요한데, 이에 대해 몇가지 방법이 있다. 예를 들어, 탄소강(carbon steel)의 표면을 단단하게 만드는 방법은 표면을 옥시아세틸렌(oxyacetylene) 불꽃으로 가열한 후, 내부의 온도가 표면과 같아지기 전에 급속냉각을 시키는 방법이다.

또한, 열처리 과정이 없이도 결정성 재료를 강화하는 것도 가능한데, 이때 사용되는 공정을 '가공경화(work hardening)' 또는 '냉간가공(cold working)' 공정이라고 한다. 이 공정은 결정의 탄성 한계보다 더 큰 응력을 가하는 과정을 포함한다. 이때, 응력으로 인한 변형률이 전위(dislocation)을 생성시키고 이 전위들이 기존에 있던 전위와 합쳐지면서 서로 얽히게 되면 슬립(slip)이 일어나지 않아 재료가 강화된다. 가공경화를 거친 금속이나 합금을 어닐링(annealing)하면 다시 연성(ductility)과 펴짐성(malleability)이 회복될 수 있다.

4.2.3 재활용

원하는 용도에 필요한 물성을 갖는 재료를 찾았다고 하더라도, 원료의 가격과 최종 제품을 제작하는 데에 드는 비용과 같은 요소들도 또한 고려되어야 한다. 이 같은 경제적인 이유보다 더 중요하게 고려되어야 하는 것은 바로 재료에 대한 환경적인 영향이다. 다시 말해서, 재료가 특정 응용분야에 사용될 때 나타나는 환경적 영향과 더불어 사용 후 어떻게 재료가 폐기되는지, 그리고 재료를 제조하는 과정에서 얼마나 오염이 발생하는지에 대해서도 고려해야만 한다.

우리가 천연자원을 계속 사용할수록 버려지는 쓰레기 양이 증가하게 되며(예를 들어, 2008년에 EU에서 버리지는 쓰레기만 약 130억 톤이었다), 그 결과 재활용(recycling)에 대한 관심이 그 어느때보다 높아지고 있다. 물론, 회사는 사업의 유지를 위해 이윤을 창출해야 한다. 그렇기 때문에, 환경을 생각한다면 '녹색(green)' 제품을

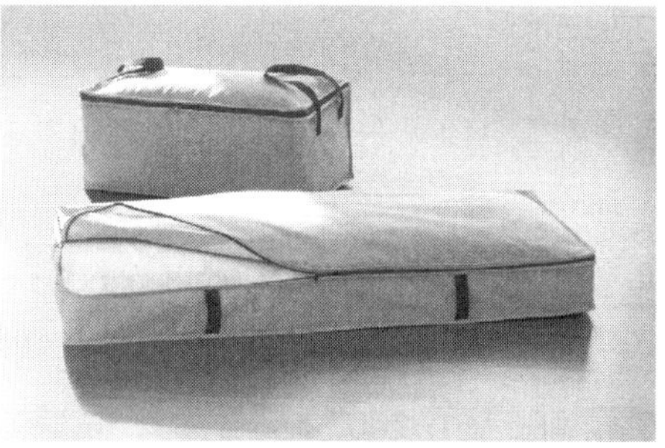

그림 4.9 사진에서 보이는 옷 보관장은 PETSPUN이라는 섬유로 제작된 것이다. PETSPUN은 재활용된 페트(PET, polyethylene terephthalate) 음료수 병으로 만든 섬유이다. PET는 가볍고 강하며 투명한 폴리에스터(polyester)의 한 종류로 수분과 가스를 잘 차단하는 특성이 있어 음식물과 음료수 및 기타 액체 세제 등을 담는 용기로 많이 사용된다. 사진 속의 옷 보관장이 폐기되면, PETSPUN 섬유는 다른 재활용 섬유와 혼합하여 다시 재활용 될 수 있다. 이렇게 사용된 PETSPUN의 수명이 다하면 다른 재활용된 직물과 섞어야지만 다시 재활용 할 수 있다. 많은 국가들에서 PET와 같은 재료에 대한 재활용 프로그램을 운용하고 있다.

만들기 위한 제조비용의 증가를 소비자들이 기꺼이 부담할 의향이 있는지를 잘 따져야 한다. 비록 재활용 소재로 제품을 만드는 데 비용이 더 들긴 하지만, 이 과정 중 일부 공정은 오히려 훨씬 더 비용이 적게 든다. 예를 들어, 알루미늄 음료수 캔을 재활용해서 다시 음료수 캔을 만드는 것이 알루미늄 광석 원료로부터 새로 캔을 만드는 것보다 28배나 비용이 적게 든다. 이와 같은 에너지 절약은 전체 에너지 사용량을 줄여 환경에 좋은 영향을 준다.

어떤 물질은 쉽게 재활용이 가능하다. 하지만, 고무 같은 경우에는 가황(vulcanization) 처리를 해서 열경화성(thermoset) 수지가 되면 재활용이 힘들고 타이어로 사용되는 고무 역시 고속에서 타는 것을 막기 위해 다양한 첨가물이 들어있어 이를 제거하기 어렵다. 그러나, 예를 들어 장난감, 현관 매트, 핸드백과 같은 다양한 물건들은 재활용된 고무로 만들어지고 있다. 심지어 예술 세계에서도 재활용된 고무가 조각품 제작의 원료로 사용되기도 한다.

반면, 대부분의 열가소성 플라스틱(thermoplastics)는 상대적으로 쉽게 재활용할 수 있으며, 많은 국가들에서 페트(PET, polyethylene terephthalate)병을 재활용해서 쓰고 있다. (일례로, 스웨덴에서는 2006년 한해에만 소비된 페트병의 89%가 재활용 됐다.) 회수된 페트병은 세척해서 라벨을 제거한 후, 녹이기 전에 작은 조각으로 절단된다. 이렇게 해서 만든 플라스틱 용융물은 새로운 병을 만드는 데 사용하기 위해 작은 비드(bead) 형태로 만들거나 또는 플리스(fleece)나 카펫과 같은 직물을 만들기 위한 매우 가는 실로 만들 수 있다(그림 4.9 참조). 1990년대 후반 영국에서만 매년 500만 톤의 플라스틱이 사용되었으며, 그 중 절반 이상이 쓰레기로 버려졌다. 따라서, 재활용된 플라스틱 제품을 사용한다면 쓰레기 매립지에 묻는 플라스틱 쓰레기의 양을 크게 줄일 수 있다.

매립된 쓰레기는 온실효과(greenhouse effect)를 일으키는 가스인 메탄(methane)을 만들어 내기 때문에, 따라서 앞서 살펴본 방법으로 쓰레기를 줄이는 것이 환경에 좋을 것이다. 예를 들어, 2007년도에 영국에서 재활용된 쓰레기의 양은 3500백만 대의 자동차를 영국의 도로 위에서 없앤 것에 해당하는 만큼의 온실가스 감축효과를 가져왔다.

알루미늄 음료수 캔과 자동차 차체는 많이 재활용되고 있는 소재인 반면, 금속 합금(alloys) 및 복합소재(composites)는 현재 기술로는 재활용이 불가능하거나 또는 재활용 기술이 매우 복잡한 재료들이다. 재활용을 하는 것에 대한 한 대안으로는 생분해성(biodegradable) 제품을 만드는 것을 들 수 있다. 예를 들어, 어떤 플라스틱 가방은 완전히 분해되기도 한다.

더 읽을거리

Davidson, P. "A problem of perception in plastics recycling". *Materials World* 33 (March 2004).

Kahn, J. "Nano's big future", *National Geographic* 209, no. 6 (June 2006): 98–119.

(More references for further reading, as well as Web links, are available on the following Web page: http://www.crcpress.com/product/isbn/9780750309721.)

대표 예제

Q 4.2 변형률(strain)에 사용되는 단위는 무엇인가?

Q 4.3

(a) '비례한계(limit of proportionality)'는 무엇인가?

(b) 위의 문제의 답을 적절한 다이어그램을 사용하여 설명하라.

(c) 비례한계 이전에서의 응력(stress)과 변형률(strain)의 관계에 대해 설명하라.

(d) 이 관계를 발견한 사람은 누구인가?

(e) 이 관계를 수학적으로 표현해 보아라.

Q 4.5 영률이 69 GPa인 12 cm 길이의 알루미늄 시편에 240 MPa의 인장응력을 가하면 길이가 얼마나 증가하는가?(탄성변형이라고 가정해라.)

Q 4.7 탄성변형과 소성변형의 차이점은 무엇인가?

Q 4.9

(a) 재료의 '압축성(compressibility)'은 어떻게 측정되는가?

(b) 푸아송 비(Poisson's ratio)는 무엇을 나타내는가?

(c) 형석(Fluorite)의 모스 경도는 4이며, 장석(feldspar)의 모스 경도는 6이다. 어느 물질이 더 단단한가?

CHAPTER 05

Understanding Solid State Physics

회절, 포논 그리고 고체의 열성질

(Diffraction, Phonons, and Thermal Properties of Solids)

5.1 회절

1781년 프랑스 광물학자인 Rene Just Hauy(1743-1822)는 그가 연구하고 있는 방해석(calcite) 결정을 바닥에 떨어뜨려 일진이 좋지 않은 날을 보내고 있었다. 하지만, 이 사건—비록 계획된 건 아니지만—이 그의 경력을 완전히 바꾸어 놓았다. Hauy가 완전히 부서진 방해석 결정의 파편을 봤을 때 놀랍게도 결정이 삼방정계(trigonal) 모양임을 관찰할 수 있었기 때문이다.

그 후, 추가적인 실험을 위해 방해석을 고의로 깨뜨렸을 때에도 같은 결과가 관찰되었다. 이 실험을 통해 Hauy는 방해석의 경우 기본적으로 같은 모양이 반복적으로 그룹지어 형성되었다고 결론지었다. 비록 오늘날 우리는 7개의 결정계가 존재 한다고 알고 있지만, Hauy의 연구로 인해 6개의 기하학적 결정의 형태를 발견하였다. 그의 발견은 결정구조를 이해하는데 큰 돌파구였고 과학자들이 그 다음 단계를 넘어가는데 130년이 넘게 걸렸다.

다음 단계의 연구는 1912년 독일 물리학자 Max von Laue(1879-1960)가 X-선(ray)을 발견하면서 시작되었고 영국의 부자(父子) 연구팀인 William H. Bragg(1862-1942)와 William L. Bragg(1890-1971)가 유명한 법칙을 발견하면서 결론지어졌다. 이 방법을 통해 지금까지는 알 수 없었던 결정 안에 있는 원자들이 어떻게 위치해 있는지를 알 수 있었다. X-선 회절(X-ray diffraction) 이미지는 영국 결정학자인 Rosalind Franklin(1920-1958)에 의해 촬영되었고, 1953년에 Watson과 Crick이 DNA분자 구조를 알아내는 데 일부(이 부분이 중요하게 논의 되었다) 기여했다. X-선 회절 방법은 여전히 미지의 물질을 알아내는데 사용되고 있으며 최근에는 X-선와 함께 전자와 중성자(nuetron)를 이용해서 물질을 분석한다.

5.1.1 전자기 방사선의 전파

전자기(electromagnetic, 줄여서 'e-m') 방사선의 전파, 즉 e-m 방사선(radiation)이 움직이는 방식은 다양한 물리학 분야에 영향을 주고 있다. 진공에서 빛의 속도가 일정하다는 것이 상대성 이론의 초석이 되었고 빛은 파동(wave)이면서 동시에 입자(particle)처럼 거동한다는 가정이 양자역학의 기본인 것처럼(부록 D의 파동-입자 이중성 참고), 마찬가지로 고체물리에서는 e-m 방사선이 고체에서 어떻게 흡수되고(absorbed), 생성되며(generated), 산란(scattered), 투과(transmitted), 또는 반사(reflected)되는지를 고려해야만 한다.

7장에서는 광전자 소자(optoelectronic device)에서의 흡수(absorption)와 방출(emission) 현상을 다룰 것이고, 그것이 어떻게 빛을 내며(LED 및 반도체 레이저), 태양전지는 빛을 어떻게 감지하는 지를 알아볼 것이다. 이번 장에서는 e-m 방사선이 결정 내에서 일정한 간격을 가지는 원자들과 어떻게 작용하는지를 다룰 것이다.

전자기 파동의 회절(Diffraction of Electromagnetic Waves)

광선(beam of light)—또는 다른 모든 전자기 방사선의 형태—은 구멍이나 슬릿(slit)을 통과하거나 또는 물체의 바깥 부분을 지나갈 때 몇 개의 작은 빔(beam)으로 분리된다. 이 과정을 **회절**(diffraction)이라고 하며, '회절 패턴(diffraction pattern)'은 이렇게 분리된 광선들이 보강간섭(constructive interference)을 일으키거나 상쇄간섭(destructive interference)으로 없어지게 되면서 밝은 영역과 어두운 영역으로 나타나는 것을 말한다. 밝은 부분은 회절된 두 개(또는 더 많은)의 광선이 보강간섭이 일어난 부분이고, 어두운 영역은 상쇄간섭이 일어나는 부분이다. [부록 B의 간섭(interference) 효과를 포함한 파동의 성질 및 특성 참고]

5.1.2 파동이 결정성 고체와 상호작용 하는 방식

'회절(diffraction)'이라는 용어가 고제물리학에서 사용될 때에는, 이는 고체 내의 원자들에 의해 생긴 보강간섭을 일으킨 e-m 방사선의 회절을 의미한다. 결과적으로 회절 패턴이 생성되고 이 회절 패턴은 일반적으로 어떤 방식으로든 기록된다. 따라서, 결정성 고체는 매우 큰 3차원(3D)의 회절 격자(diffraction grating)의 역할을 한다고 생각할 수 있다. 실제, 고체 내에서의 원자면들 간의 거리는 파장(wavelength)을 알고 있는 빛이 슬릿(slit)에 의해 회절되어 생긴 회절 패턴으로부터 슬릿 사이의 거리를 알 수 있는

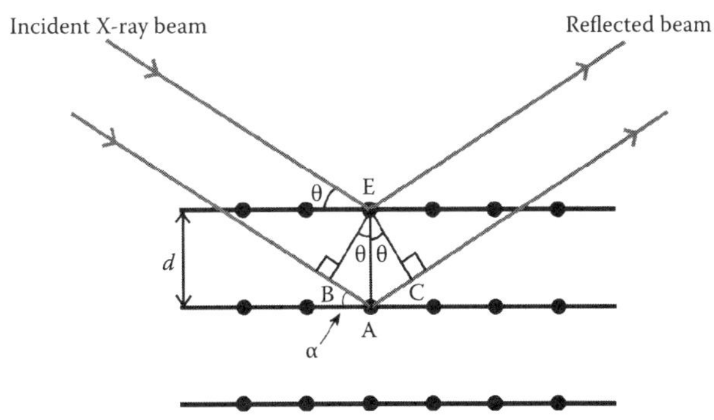

그림 5.1 X-선 빔(X-ray beam)을 결정에 조사하면, X-선은 원자면에서 반사되는 것과 같은 거동을 보인다. 이 그림은 거리 d 만큼 떨어져 있는 두 원자면에 두 개의 X-선이 각각 반사될 때 일어나는 현상을 보여준다. (A, B, C, E로 표시된 원자들은 본문의 Bragg 법칙을 유도하기 위해 사용한 것과 일치한다.)

것과 똑 같은 방식으로 알아낼 수 있다(부록 B 참조).

결정에 의한 회절 패턴은 e-m 방사선이 결정을 구성하는 원자들과 상호작용한 결과로서 생성된다. 비록 가시광(visible light)도 광학 회절 격자에 비추면 회절 패턴을 형성시키지만, 회절 실험에 가시광을 사용하지는 않는다. 그 이유는, 원자와 비교했을 때, 가시광의 파장은 매우 커서 각각의 원자들을 그대로 지나쳐 버리기 때문이다. 이는, 마치 큰 파도가 해변에 있는 작은 조약돌에 의해 전혀 방향이 변하지 않고 조약돌들을 그냥 덮쳐 지나가는 것과 같다. 그러나 만약 더 작은 파장을 갖는 e-m 방사선(예를 들어, X-ray)을 결정에 비춘다면, 이때에는 원자들이 이 e-m 방사선 파동과 상호작용하기에 충분히 큰 상황이 된다—이는, 마치 방파제의 커다란 콘크리트 테트라포트(tetrapod)가 부딪혀 오는 파도에 영향을 미치는 것과 같다.

브래그 법칙(The Bragg law)

Bragg는 최초로 X-선 회절 패턴이 결정 안의 원자 배열을 드러낼 수 있다는 것을 보여주었다. Bragg는 원자들로 이루어진 면은 거울과 같은 효과를 내어서 결정 내부로 들어온 X-선을 '반사(reflect)'시킬 수 있다고 생각했다. 그림 5.1은 두 개의 평행한 면에 X-선 빔을 조사하고 있는 그림을 보여준다. '회절 점(diffraction spot)'은 이웃한 평행

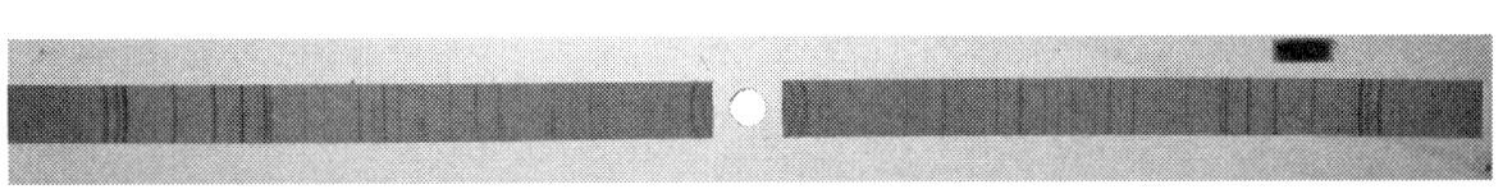

그림 5.2 분말법(powder method)을 통해 실험적으로 측정된 X-선 회절 패턴. 각각의 선은 단일 원자면으로부터의 회절을 나타낸다. (Courtesy of Alan Piercy.)

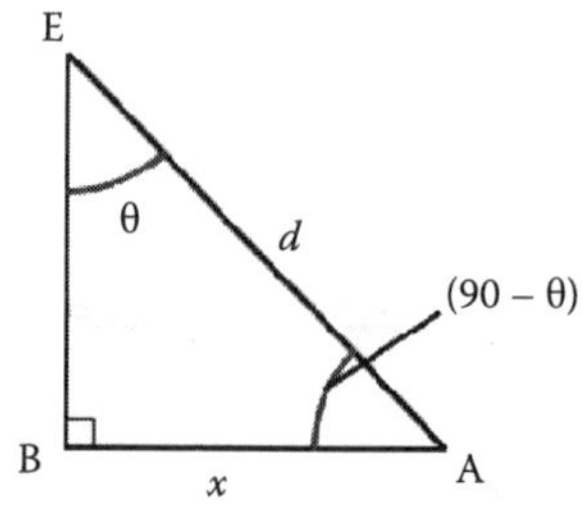

그림 5.3 그림 5.1에서의 삼각형 EBA.

면에서 반사된 X-선의 보강간섭(constructive interference)으로 만들어지며, 그림 5.2는 실험적으로 얻은 회절선(diffraction line)으로 구성된 회절 패턴을 보여준다.

반사된 X-선의 보강간섭이 일어나는 조건은 Bragg 법칙으로 설명되며, 이 법칙은 그림 5.1을 자세히 살펴보면 도출될 수 있다. 그림에서, 거리[보통 면간거리(interplane spacing)라고 일컫는다.] d 만큼 떨어져 있는 맨 위의 두 원자면만 고려해 보면, 두 개의 X-선 중 아래의 X-선은 결정을 떠나기 전에 위쪽 X-선보다 더 먼거리를 이동해야함을 알 수 있다. 사실상 BAC 만큼 더 긴 거리이다. 결정면에 대한 X-선의 입사각(angle of incidence)를 θ라고 하면, 그림에 나타난 각 α 역시 여각이기 때문에 θ와 같다. 만약 점 E에서 아래의 X-선으로 수직선을 긋고(점 B와 C에서 만난다), 동시에 점 E와 점 A를 연결하는 선을 그으면 두 개의 작은 직각삼각형이 생긴다. 이 두 직각삼각형의 위쪽 각은 $\theta(\theta = \alpha)$가 되고, 아래쪽 각은 $\beta = (90 - \theta)^\circ$가 된다. 시각적인 이해를 돕기 위해, 그림 5.3에 이 직각삼각형 하나를 나타내었다.

그림 5.3에서 보면, $\sin\theta = x/d$이기 때문에 A와 B의 사이의 거리인 x는 $x = d\sin\theta$이 된다. 다른 직각삼각형에 대해서도 동일한 방식으로 AC의 길이를 구할 수 있으며, 따라서 BAC의 총 길이는 $2d\sin\theta$와 같아진다.

두 개의 평행한 광선으로부터 보강간섭이 일어나기 위해서는 두 광선의 이동거리의 차이가 파장의 정수배가 되어야만 한다. 따라서, BAC는 반드시 $n\lambda$와 같아야 하며(여기서, n은 정수), BAC $= 2d\sin\theta$이므로,

$$2d\sin\theta = n\lambda \tag{5.1}$$

가 성립한다(부록 B 참조). 이를 브래그 법칙(Bragg law)이라고 한다

실제 결정으로부터 얻은 보강간섭을 관찰하게 된다면, 그것은 결정의 맨 위의 두 면으로부터만 생성된 것은 아니다. X-선 빔은 결정에 꽤 깊게 들어가기 때문에, 대략 10^3-10^5개의 원자면이 반사에 참여한다. 또한, 결정 내에는 반사를 일으킬 수 있는 다양한 원자면들이 존재한다.

두꺼운 결정의 경우, 입사각이 Bragg 각도와 맞지 않으면 회절 패턴이 생기지 않는 상황이 생길 수도 있다. 이 경우는, 결정 내부 깊은 곳에서 반사된 빛이 최상층 면에서 반사된 빛 사이에 역위상(out of phase) 조건이 생기는 경우이다. 다시 말해서, 두꺼운 결정에서는 너무 많은 원자 층들이 존재하여 한 층에서 '반사'된 빛이 첫 번째 층에서 반사된 빛과 정확하게 역위상(out of phase)을 갖는 일이 벌어진다. 이렇게 되면, 이 두 회절된 파동에 의한 상쇄간섭(destructive interference)이 일어나 회절은 없어지게 된다.

이와 같은 현상이 다른 면들 사이에서도 일어날 수 있고, 어떤 경우에는 모든 면에 의한 간섭이 서로 상쇄되어 회절 패턴을 관찰할 수 없게 되기도 한다. 따라서, 두꺼운 샘플의 경우는 결정 면들에 입사하는 X-선의 위상을 같게(in phase)하기 위해서 입사 각도가 매우 중요하게 된다.

앞서 우리는 Bragg이 제안한 것처럼 X-선이 원자 면에 '반사(reflect)'하는 것처럼 거동하기 때문에 회절을 다룰 때에도 이러한 반사의 개념을 사용했다. 그러나, 실제로는 원자의 오비탈에 있는 전자들이 각각의 면을 만들고 있기 때문에 X-선은 모든 방향으로 산란(scatter)하는 것이며, 이렇게 산란되는 X-선들 중 보강간섭을 일으켜 Bragg 법칙을 따르는 것들만 측정되는 것이다.

Bragg 법칙을 이용하면, 우리는 미지의 고체의 단위 정(unit cell)의 모양과 크기를 파악할 수 있다. 이는, 앞서 배웠듯이, 회절 패턴의 최고점 사이의 각(Bragg 각이라고도 함)으로부터 고체를 구성하고 있는 원자면들 사이의 거리를 알 수 있기 때문이다. 그러나, 단위 정(unit cell) 내의 원자의 배열과 종류를 알기 위해서는—즉, 결정 구조를 파악하기 위한 충분한 정보를 얻기 위해서는—회절된 빔의 세기(intensity)도 고려되어야 한다. 이어지는 다음 두 절에서 이에 대해 살펴볼 것이다.

원자 산란 인자(Atomic Scattering Factor)

앞서 논의했듯이, X-선은 고체를 이루고 있는 원자의 전자들에 의해 산란된다(scattered). 회절된 빔의 세기(intensity)는 원자 하나에 의해 산란된 양과 단위 정(unit cell) 내에서 산란된 양에 모두 비례한다. 다음 절에서 원자 하나에 의한 산란에 대해 먼저 살펴본 후에, 단위 정 내에서의 원자들의 배열에 의해 어떻게 회절된 빔의 세기가 영향을 받는지에 대해 차례로 살펴볼 것이다.

일반적으로 전자를 많이 가지고 있는 원자일수록 X-선과 더 강하게 상호작용을 하며, 따라서 더 강한 회절 빔을 만들어 낸다. 임의의 원자에 의해 회절된 빔의 세기는 '원자 산란 인자(atomic scattering factor)', f_s에 의해 결정된다.

θs가 입사된 방사선이 산란되는 각도라면, 원자 산란 인자 f_s는 다음과 같이 정의된다.

$$f_s(\theta_s) = \frac{\text{원자에 포함된 전자에 의해 각 } \theta_s \text{로 산란된 빛의 진폭(amplitude)}}{\text{자유전자(free electron)에 의해 각 } \theta_s \text{로 산란된 빛의 진폭}} \quad (5.2)$$

원자번호(Z)가 큰 원자들은 높은 f_s 값을 가지며, 일반적으로는 f_s는 원자당 존재하는 전자의 개수와 비례한다. (원자구조에 대해 설명된 부록 C 참고.)

이러한 원자번호에 대한 산란된 방사선의 세기의 의존성으로부터 알 수 있는 것은 가벼운 원자에 의한 X-선의 회절은 매우 약할 수 있다는 것이다. 일반적으로 탄소 원자보다 무거운 원자에 의한 회절된 빔의 세기는 분석을 할 수 있을 만큼 충분히 강한 반면, 탄소보다 가벼운 원자들의 경우는 그렇지 못하다. 따라서, 유기물(organic substance)과 같은 일부 재료들의 경우는 전자나 중성자로 분석하는 것이 더 좋은 분석 결과를 기대할 수 있다. (이에 대해서는 5.1.4절에서 다룰 것이다.)

구조 인자(Structure Factor)

앞서 배웠듯이, 회절이 잘 일어나기 위해서는 Bragg 조건(식 5.1)을 만족시키는 것만으로는 충분하지 않다. 즉, 관찰이 가능한 정도로 회절된 빔의 세기를 충분히 크게 하기 위해서는 관찰하고자 하는 원자의 원자 산란 인자(atomic scattering factor)가 최대값에 가까워야 한다(다시 말해, 가능한 Z에 가까워야 한다). 물론, 실제로 고체들은 하나의 원자만으로 이루어져 있지 않다. 따라서, 고체의 단위 정(unit cell) 내의 원자들의 위치를 반영할 수 있는 '기하학적 구조 인자(geometrical structure factor)' (F_{hkl})도 또한 고려되어야 한다.

기하학적 구조 인자의 값은 주어진 (hkl) 면에 대해 0이거나, 작은 값이거나, 또는 큰 값일 수 있다. 기하학적 구조 인자는 단위 정(unit cell) 내에서 원자들의 간섭에 의해 산란된 빔의 세기가 얼마나 감소될 수 있는지를 알려준다: 그 값이 클수록 더 강한 회절이 관찰될 수 있다. (2장에서 다루었듯이, 결정성 고체는 단위 정의 반복으로 이루어지므로 고체 내의 모든 개별 원자들에 의한 효과를 전부 다 고려할 필요가 없다.)

식 5.3에서 알 수 있듯이, 기하학적 구조 인자는 단위 정의 원자들의 실제 위치뿐만 아니라, 원자들에 대한 원자 산란 인자(atomic scattering factor)에도 영향을 받는다.

$$F_{hkl} = \sum_{x=1}^{N} f_{s_x} \exp\left[2\pi i\left(hS_x + kS_y + lS_z\right)\right] \quad (5.3)$$

여기서, N은 단위 정 내의 원자의 개수이고, f_{sx}는 단위 정의 x번째 원자의 원자 산란

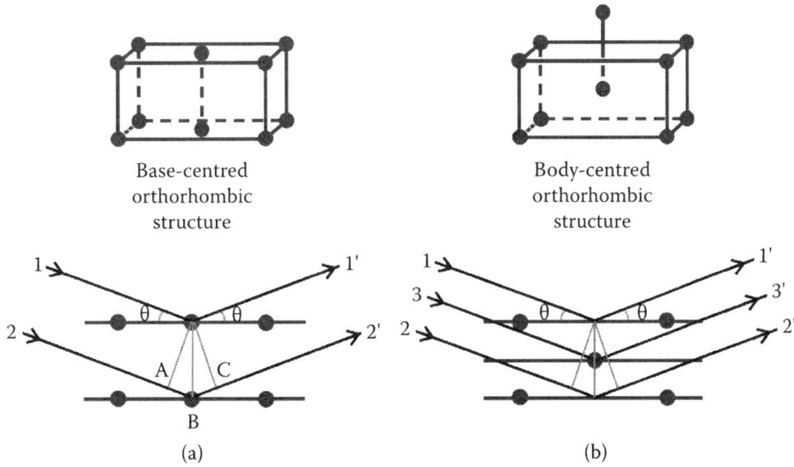

그림 5.4 (a) 저심 사방정계(base-centered orthorhombic) 격자의 (001)면의 회절 및 (b) 체심 사방정계(body-centered orthorhombic) 격자의 (001)면의 회절.

인자이며, 지수(exponential) 항은 (hkl)면의 원자 좌표 S_x, S_y, S_z에 있는 원자에 의해 산란된 X-선과 원점에 있는 원자에 의해 산란된 X-선 사이의 위상차(phase difference)이다. (원자 좌표에 대해서는 2.2.7절에서 논의하였다.)

하지만, 그림 5.4(b)와 같은 경우는, 체심 사방정계(body-centred orthorhombic) 격자의 (001)면에서의 회절을 나타내고 있는데, 이 경우는 단위 정 내의 원자 산란 인자가 무엇인지는 중요하지 않다. 그 이유는, 이 (001)면들에서의 회절이 전혀 일어나지 않기 때문이다. 이처럼 왜 회절이 일어나지 않았는지를 이해하기 위해서는 우선 X-선이 체심 사방정계의(001)면에 부딪치는 상황을 살펴볼 필요가 있다.

그림 5.4(a)에서 볼 수 있듯이, Bragg 법칙이 특정 파장과 입사각의 조합에 대해 적용된다고 한다면, 빔 1과 2의 경로차(path difference)인 ABC는 정확히 파장의 정수배가 되어야 하며 서로 보강간섭을 일으키며 회절하게 된다. 그런데, 또 하나의 면을 이들 면 중간에 추가하면—즉, (b)의 체심 사방정계의 체심의 위치—빔 1과 3이 정확히 파장의 절반만큼의 위상차를 갖게 됨으로써 서로 상쇄간섭이 일어나 회절이 없어지게 된다. [이 반파장(half-wavelength) 위상차는 한 파동의 마루(peak)가 다른 파동의 골(trough)과 정렬하는 것에 해당하고(부록 B의 그림 B6 참조), 따라서 서로 상쇄간섭이 일어난다.]

이러한 과정은 결정 전체에 걸쳐 일어난다. 예를 들어, 그림 5.4(b)에 나타나 있는 원자면의 바로 아래에 있는 원자면은 빔 2를 상쇄시켜버릴 것이다.

이제는 회절 패턴이 고체에 대한 정보를 어떻게 알려주는지 명확히 알게 됐을 것이다. 회절 패턴에서는 '사라진(missing)' 점들이나 선들도 있을 것이며, 측정된 점이나 선들은 특정 세기(intensity)로 나타날 것이다. 앞서 언급했듯이, 회절 패턴의 최고 세기에서의 각 θ를 측정하면 인접해 있는 원자면들 간의 거리를 알 수 있을 것이다. 지금까지 다룬 것과 같은 결과들의 조합을 얻으면, 이 결과들을 국제회절데이터센터(International Centre for Diffraction Data)의 결과와 비교하여 결정에 대한 식별이 가능해진다.

다음 절에서 살펴보겠지만, 회절 패턴은 이를 관찰하는 방법에 따라 다르게 나타난다. 회절 패턴이 점들이나 선들로 나타나는 것과 상관없이, 회절 패턴을 관찰하는 목적은 결정 내에 있는 원자들의 배열을 파악하는 것이다. 회절 패턴 관찰을 위한 시료는 단결정(single crystal)과 다결정(polycrystalline) 모두가 가능하다. 실제, 미술품 보존학자나 고고미술사학자들은 그림에 사용된 다결정 물감 물질의 X-선 회절 패턴을 관찰함으로써 그림에 사용된 안료(pigment)를 식별한다. 이 경우, 시료를 채집할 때 수술용 메스를 이용하여 그림의 가장자리나 훼손된 부분를 아주 조금 떼어낸다. 그런 다음, 이 시료로부터 얻은 회절 패턴을 이미 알고 있는 안료 물질과 비교해서 비로소 식별할 수 있게 된다. 이처럼, 안료에 대한 정보를 알게됨으로써 그림의 색이 바래지기 이전 시점에서의 그림의 상태를 알 수 있으며, 이는 또한 미술품 보존과학자들이 좀 더 정확하게 그림을 복원하는 데에 중요한 정보를 제공한다.

사람의 머리카락과 같은 비정질을 고체를 포함한 다양한 고체들도 X-선 회절을 이용해서 분석할 수 있다. 예를 들어, 화장품 제조회사에서는 파마나 드라이를 하기 전/후의 머리카락에 대한 X-선 회절 실험을 통해 머리카락의 구조에 어떻게 변하는지를 알게 됨으로써 모발의 손상을 방지하거나 복구할 수 있는 제품을 개발한다.

예제 5.1 기하학적 구조 인자

FCC 결정은 다음의 네 개의 원자 좌표로 나타낼 수 있다: 000, 0½½, ½0½. FCC 결정 (100)면에 대해 Bragg 법칙을 충족하는 반사가 일어나는가?

정답

원자 좌표와 면의 밀러 지수(Miller index)를 식 5.3에 대입하면,

$$F_{100} = \sum_{x=1}^{N} f_{s_x} \exp\left[2\pi i\left(hS_x + kS_y + lS_z\right)\right]$$

$$= f_s e^{2\pi i(1\times0+0\times0+0\times0)} + f_s e^{2\pi i\left(1\times0+0\times\frac{1}{2}+0\times\frac{1}{2}\right)} + f_s e^{2\pi i\left(1\times\frac{1}{2}+0\times0+0\times\frac{1}{2}\right)} + f_s e^{2\pi i\left(1\times\frac{1}{2}+0\times\frac{1}{2}+0\times0\right)}$$

$$= f_s e^{2\pi i 0} + f_s e^{2\pi i 0} + f_s e^{\pi i} + f_s e^{\pi i}$$
$$= f_s (1+1-1-1)$$
$$\therefore F_{100} = 0$$

$e^0 = \text{a}, e^{\pi i} = -1$이므로 fcc 결정의 (100)면에 대한 Bragg 회절을 관찰할 수 없다.

5.1.3 X-RAY 회절 패턴 관찰

X-선 회절 이미지를 얻기 위한 실험 구성에는 여러 가지 종류가 있으며, 시료의 유형에 따라 실험 기법이 결정된다. 이 절에서는 가장 널리 사용되는 세 가지 실험 방법에 대해 알아볼 것이다.

5.1.2절에서 Bragg 법칙을 (식 5.1) 만족시키는 보강간섭의 기본 조건에 대해 알아보았다. 즉, 보강간섭은 θ, d, λ가 특정 값을 가지는 조건에서만 일어난다. 따라서, 단결정(single crystal)을 분석할 때는 다양한 파장의 X-선를 사용하거나, 또는 시료를 움직여서 단일파장(monochromatic)의 X-선 빔이 다양한 각도로 시료에 들어가게 만들어야 한다. 단결정 시료에 단일파장의 X-선 빔을 한가지 각도로 조사하는 것은 회절을 만들기 어렵기 때문에 의미가 없다.

라우에 법(Laue Method)

라우에 법에서는 다파장(polychromatic, 즉 넓은 범위의 파장을 갖는)의 X-선을 단결정에 입사시킨다. 이러한 경우에는, Bragg 조건을 만족시키는 파장이 X-선 빔 안에 존재할 것이기 때문에 입사각에 무관하게 회절을 일으킬 수 있다.

라우에 기법의 실험 구성을 나타내는 그림 5.5에서 볼 수 있듯이, 회절 패턴은 X-선 광원의 반대편에 위치한 사진건판 위에 기록된다. 회절 패턴의 점들은 결정 구조와 함께 결정 방향에 대한 정보를 나타내지만, 이 방법은 주로 이미 알고 있는 결정에 대한 결정 방향 정보만을 얻기 위해 주로 사용된다. 그 이유는, 각 점들이 X-선의 다양한 파장으로 인해 같은 원자면임에도 다양한 회절이 생성된 결과일 수 있기 때문이다. 따라서 이 방법으로는 새로운 결정 구조를 분석하기가 쉽지 않다.

중요한 것은, 어떤 방법을 사용하더라도 X-선 회절 패턴을 분석하는 것은 쉽지 않다는 것이다(책 한권 전체가 X-선 회절 분석을 주제로 하는 책도 있다). 이렇듯, X-선 회절 패턴 분석이 복잡한 이유는 바로 결함(defect) 때문이다. 이러한 복잡함을 피하기

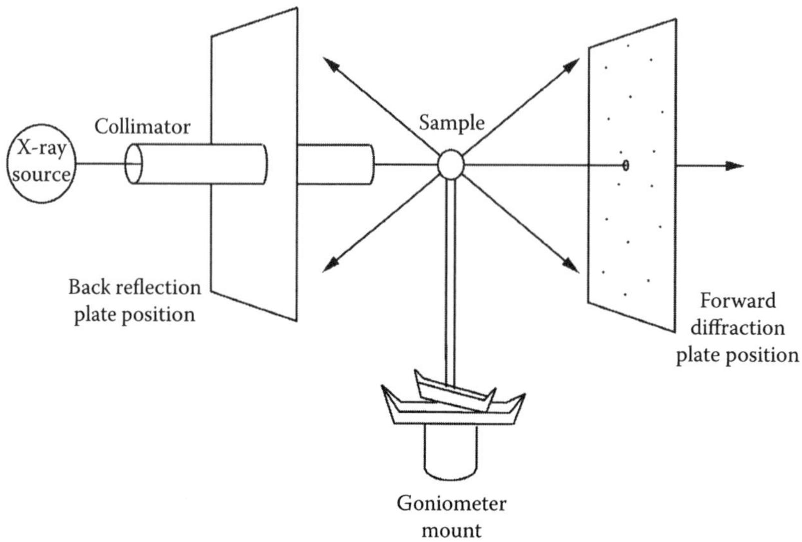

그림 5.5 라우에(Laue) 법을 사용하는 X-선 회절 실험 구성. (Copied from J. S. Blakemore, Solid State Physics, 2nd edition(1985), © Cambridge University Press, With permission.)

위해, 이 절에서 우리는 '완벽한(perfect)' 결정만 다룰 것이다. 그러나, 3장에서 배웠듯이, 현실에서 완벽한 결정이라는 것은 존재하지 않기 때문에 결정 내의 결함이 회절 패턴에 많은 영향을 주게 된다. 예를 들어, 결정 내에 전위(dislocation)가 많으면 회절 패턴을 흐릿하게 만든다.

결정 회전 방법(Rotation Crystal Method)

위의 라우에 방법과는 달리, 결정 회전 방법(rotating crystal method)과 다음에서 소개할 분말 방법(powder method)은 미지의 결정 구조를 분석하는 데에 주로 사용된다. 결정 회전 방법은 단일파장 X-선을 사용하며, 그 명칭에서 알 수 있듯이 Bragg 각을 찾을 수 있도록 시료를 회전시킨다.

그림 5.6은 단백질 결정 분석에 사용되는 상용 X-선 회절분석기를 보여준다. 시료를 각도기(goniometer)에 위치시켜 회전시킴으로써 시료 내의 결정면들을 Bragg 조건을 충족시키도록 한다. 회절 패턴은 CCD 검출기(7.2.5절 참조)에 의해 X-선 광원 반대편에 만들어진다.

분말 방법(Powder Method)

분말 방법(다른 말로, Debye-Scherrer 방법)에서는 분말로 된 시료와 단일파장(monochromatic) X-선 빔을 사용한다. 따라서, 다결정의 분말 시료 중, 사용된 단일파

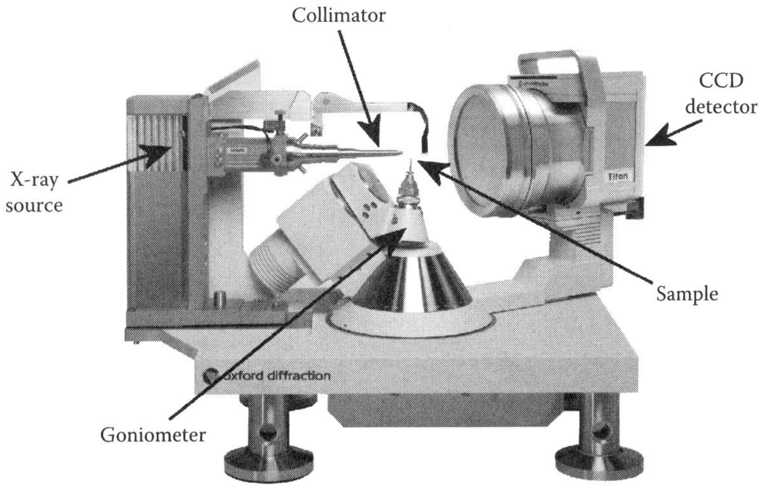

그림 5.6 이 사진은 단백질 결정 분석에 사용되는 Oxford Diffraction 사의 Xcalibur Nova 시스템이다. 시료를 각도기(goniometer)에 위치시키면, 이 각도기가 움직여서 시료 내의 많은 면들 중 bragg 회절 조건에 맞는 면을 찾을 수 있다. 단백질의 구조를 분석할 경우에는, 일반적으로 시준기(collimator)에 의해 평행하게 만들어진 1.54 Å의 단파장 X-선 빔을 사용한다. 수백 또는 수천 개의 회절 패턴을 CCD 검출기로 수집하여 단백질의 3-D 구조를 알아낼 수 있다. 그림 5.7은 이 시스템으로부터 얻은 회절 패턴을 보여준다. (Photo courtesy of Oxford Diffraction.)

장 X-선 빔에 대해 회절을 일으킬 수 있는 방향으로 놓여 있는 결정립들이 반드시 존재한다. (다결정 구조에 대해서는 2.2.6절 참고.)

점들로 구성된 회절 패턴을 만드는 결정 회전 방법과 달리, 분말 기법에서는 사진 건판의 크기에 따라 동심의 원이나 둥근 아치 모양의 패턴을 얻게 된다(그림 5.2 참조).

결정 회전 방법과 분말 방법에 모두에 있어 사용되는 기본적인 실험 구성은 중성자 회절(neutron diffraction) 실험에도 사용할 수 있으며(5.1.4절 참조), 분말 방법의 구성은 전자 회절(electron diffraction)에서도 사용할 수 있다. 또한, 주목할 점은 BOX 5.1에서 볼 수 있듯이 X-선 회절 실험을 할 때에는 시료를 상온(room temperature)이나 상압 조건으로 유지시킬 필요가 없다는 것이다.

5.1.4 전자와 중성자 회절

지금까지는 우리는 주로 X-선 회절에 대한 내용을 다루었다. 그러나, 어떤 경우에는 X-회절 패턴을 얻는 데 있어서 X-선이 가장 적합한 방사선이 아닌 경우가 있다. 5.1.2절에서 다루었듯이, X-선은 원자에 존재하는 전자(electron)와 주로 상호작용한다. 따

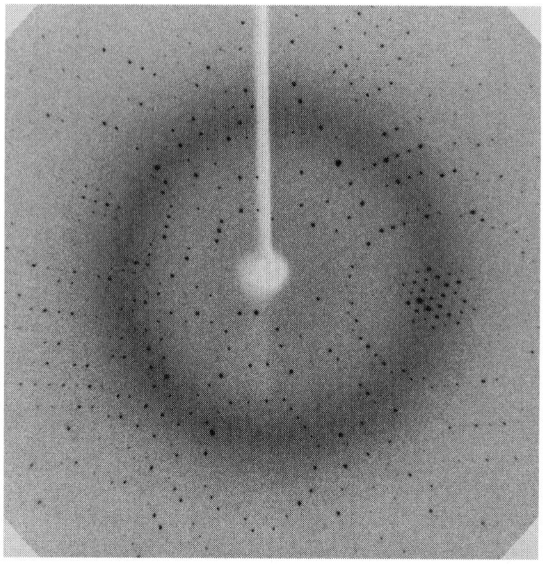

그림 5.7 그림 5.6에 있는 X-선 회절 분석기를 이용해 얻은 인슐린(insulin)의 회절 패턴. (Courtesy of Oxford Diffraction.)

라서, 탄소(carbon)보다 가벼워서 전자가 별로 없는 원자로 구성된 결정이나 또는 고체의 표면을 관찰함에 있어서는, X선 대신에 모든 유형의 원자와 강하게 상호작용을 하는 전자(electron)를 사용하는 것이 더 적합하다.

전자는 공기 중에서 산란되기 때문에, 전자 회절 실험은 진공에서 진행해야만 한다. 오늘날의 전자 회절 실험은 주로 전자현미경 안에서 진행된다. 전자는 전하를 띠므로 원자들과 상호작용하여 에너지를 잃기 쉬우므로 결정 내부로 침투할 때 짧은 거리 밖에 이동할 수 없다. 따라서, 이 방법은 시료의 표면 관찰이나 박막(thin film)을 연구할 때 주로 사용된다. 전자 회절이 가장 중요하게 응용되는 분야 중 하나는 전자산업으로, 전자 회절은 반도체의 표면 구조를 분석하는 데 사용된다. 전자 회절 실험 구성에는 두 가지 방법이 있으며, 이에 대해 앞으로 살펴볼 것이다.

BOX 5.1 압력을 받고 있을 때

우리가 연필로 필기를 할 때, 연필심인 흑연(graphite)을 이루는 탄소 원자들이 특정 조건에서는 다이아몬드(Diamond)로 변할 수 있다는 사실을 받아 들이기가 때론 힘들다. 그럼에도, 탄소에 극히 높은 온도와 압력을 가하면 구조와 성질이 전혀 다른 다이아몬드로 변하게 되는데, 아마 이러한 극적인 변화가 일어나는 것은 탄소 밖에 없을 것이다. 스코트랜드 University of Edinburgh의Centre for Science at Extreme Conditions 소속 Malcolm McMahon 박사는 "텔루륨(tellurium)과 셀레늄(selenium)이 어떤 원소에서도 볼 수 없는 고압 구조(high pressure structure)를 갖는다는 것을 발견했다."라고 말한다.

2003년 McMahon 박사 연구팀은 대기압 보다 100,000 배 이상 높은 고압 조건에서 재료가 어떤 거동을 보이는지를 알아보기 위한 일련의 실험 결과를 발표했다. 그들은 이 실험을 통해 새로운 특성을 갖는 재료를 개발할 수 있기를 희망했으며, 또한 지구를 포함한 행성의 중심부위에 대한 보다 더 깊은 이해를 할 수 있을 것이라 생각했다.

지구의 중심부위에 들어가는 일은 영화에서만 가능한 이야기이다. 그렇기 때문에, 지구의 중심부위에 대해 더 자세히 알고 싶으면 지구 중심부위의 고압 조건을 재현할 수 있는 방법을 찾아야 한다. 이를 위한 한가지 방법은 Diamond Anvil Cell(DAC)로 알려진 장치를 사용하는 것인데, 이 장치는 두 개의 평평한 다이아몬드 팁(tip) 사이

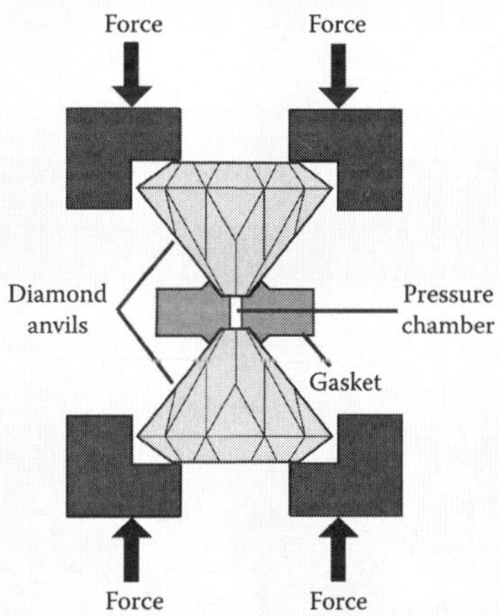

PLATE 5.1 이 그림은 Diamond Anvil Cell(DAC)의 기본 구조를 보여준다. DAC는 두 개의 다이아몬드 재질의 평평한 팁(tip) 사이에 재료를 위치시키고 엄청난 압력으로 압착할 수 있는 장치이다. McMahon 박사 연구팀은 '가스켓(gasket)'이라고 하는 매우 얇은 금속을 다이아몬드 팁 사이에 위치시키는 디자인을 사용했다. 0.1 nm 두께의 이 가스켓은 0.2 nm 지름의 구멍이 뚫려 있는데, 이 구멍은 샘플을 압착하기 위한 챔버(chamber) 역할을 한다. 시료를 이 챔버에 위치시킨 후, 이 공간에 메탄올(methanol)/에탄올(ethanol)의 혼합 용매를 첨가하여 다이아몬드 팁이 압력을 가할 때 이 액체가 같이 압착되어 결과적으로 재료에 균일한 압력이 가해진다. 다이아몬드는 가시광과 X-선 모두를 투과시킬 수 있기 때문에, 샘플을 위치시킬 때 육안으로 볼 수 있을 뿐만 아니라 시료 분석을 위해 X-선을 조사하여 회절 패턴을 얻을 수 있다.

에 고체 시료를 놓고 압착(squeeze)시키는 장치이다(Plate 5.1참조). McMahon 박사는 "작은 DAC 장치를 이용한 실험을 통해 지구 중심부위에 존재하는 철(iron)의 상태에 대한 정보를 얻을 수 있으며, 다른 행성들의 중심부위에 존재하는 유리(glass)나 얼음의 거동에 대해서도 알 수 있다."라고 설명한다.

McMahon 박사 연구팀은 그들이 연구하고 있던 여러 원소의 샘플들을 압착(squeeze)시키 위해 이 방법을 이용했으며, DAC 장치 안에서 압력을 받는 상태에 있는 시료에 X-선을 조사하여 회절 패턴을 얻었다. 즉, 이 압착된 결정에 높은 세기(intensity)의 X-선 빔을 조사하고, 시표 내부의 원자면으로부터 반사된 X-선의 패턴을 기록하였다. 이렇게 해서 얻어진 회절 패턴들을 분석하여 재료 안의 원자들의 위치를 알 수 있었고, 여러 가지 다른 구조에 따른 다른 패턴 결과를 얻었다.

일반적인 조건에서는 텔루륨과 셀레늄은 나선형 사슬 형태의 원자 배열이 결정 전체에 걸쳐 규칙적으로 반복되는 간단한 구조를 갖는다. 그러나, 높은 압력에서는 이러한 구조가 뒤틀리게 되고, 회절 패턴 분석 결과 45,000기압에서는 '부정합(incommensurate)' 결정 구조를 갖는다는 사실이 발견되었다. 이러한 부정합 구조에서는, 원자들의 위치가 결정 내의 어느 곳에서도 반복적 패턴을 이루지 않도록 틀어져 있다(Plate 5.2 참조).

McMahon 박사 연구팀의 이전 연구결과에서 바륨(barium), 비스무트(bismuth), 세슘(cesium) 등 다른 물질들에서도 극한 고압의 조건에서는 특이하고 매우 복잡한 구조를 가짐을 발견하였다.

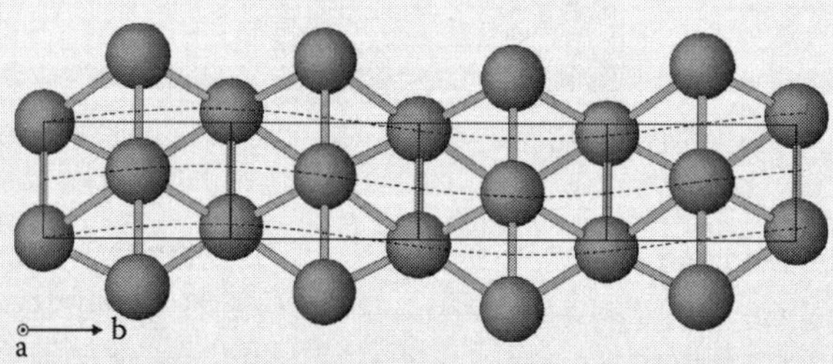

PLATE 5.2 이 그림은 8.5 GPa 압력에서의 a-축 방향으로 내려다 본 Te-III 부정합(incommensurate) 구조를 보여준다. 일반적인 결정 구조는 결정 전체에 걸쳐 반복적인 단위 정들로 구성된 원자 배열을 가지며, 모든 단위 정들에 대한 원자 배열을 모두 동일하다. 부정합 구조에서는 아래 그림의 점선처럼 원자들이 뒤틀려서 일반적인 위치에서 벗어나 있다. 이 때문에, 단위 정의 원자 배열이 서로 모두 같지 않게 되며 따라서 이러한 부정합 구조는 특정 원자 배열의 반복이 발견되지 않는다. (Courtesy of Malcolm McMahon, University of Edinburgh, Scotland.)

2003 년 McMahon 박사는 미래에 Edinburgh 연구팀이 고압에 조건에서의 다른 물리적 특성들도 측정할 것이라고 말했다. "우리의 이 실험이 성공한다면, 우리는 압력을 사용해서 재료의 물성을 '조절(tune)'해서 성능을 향상시킬 수 있을 것이다"라고 McMahon박사는 덧붙였다. 또한, McMahon 박사는 고압에서 나타나는 재료의 성질을 원소를 첨가하는 것과 같은 일반적인 방법을 사용해서 대기압에서 재현할 수 있기를 기대한다고 말했다.

결정을 분석하기 위해서는, 사용하는 방사선의 종류와 상관 없이 원자 간격(interatomic spacing)과 비슷한 크기의 파장을 갖는 방사선을 사용해야만 한다. 따라서, 결정을 분석할 때 X-선, 전자, 중성자(neutron)와 같이 서로 다른 에너지를 가지는 빔이 필요하다.

전자와 중성자의 파장은 다음의 식으로 주어진다:

$$\lambda = \frac{h}{p} \tag{5.4}$$

위 식에서, h는 플랑크 상수(Planck's constant), p는 운동량(momentum)이다. 드브로이(de Broglie) 방정식으로 알려진 이 식은 프랑스 물리학자 Louis de Broglie(1892-1987)의 이름을 따서 명명되었다. 그는 1924년 방사선의 파동-입자 이중성(wave-particle duality)이 물질(matter)의 한 특징이라는 내용의 박사학위 논문을 제안했다. 파동-입자 이중성은 입자가(또는 파동이) 파동의 성질과 입자의 성질을 모두 갖는다는 것을 의미한다. (부록 D의 양자역학 부분 참조).

de Broglie가 예상한 것처럼, 전자와 중성자는 파동의 성질을 가지면서도 입자처럼 거동한다. 입자의 운동에너지(kinetic energy)는 다음과 같이 주어진다.

$$K.E. = \frac{1}{2}mv^2 \tag{5.5}$$

입자의 운동량(momentum)은 $p = mv$와 같으며, 이를 식 5.5에 대입하면 다음과 같다.

$$K.E. = \frac{1}{2}m\left(\frac{p}{m}\right)^2 = \frac{p^2}{2m} \tag{5.6}$$

de Broglie 방정식은 $p = h/\lambda$로도 쓸 수 있으며, 이를 입자의 운동에너지에 대한 식(식 5.5)에 대입하면 다음과 같은 식을 얻는다.

$$\text{K.E.} = \frac{h^2}{2m\lambda^2} \tag{5.7}$$

일반적으로, 결정 내의 원자면은 약 0.1 nm 정도 떨어져 있다. 따라서, 회절을 얻기 위해서는 입사하는 방사선의 파장 역시 대략 0.1 nm 정도가 되어야 한다. 그렇지 않으면 방사선은 원자들을 '지나쳐 버리고(wash over)' 원자와 상호작용 하지 않는다. 방정식 5.7은 전자 및 중성자가 회절을 발생시키기 위해 가져야 할 에너지를 나타낸다. 이와 관련하여 예제 5.2를 참고해라.

중성자 회절 실험은 중성자 생성을 위해 원자로(nuclear reactor)를 사용해야 하기 때문에 전자 회절 보다 더 복잡하다. 중성자는 원자로 내의 핵분열(nuclear fission) 반응에서 생성되어 반응기의 작은 구멍을 통해 빔으로 나온다. 열 원자로(thermal reactor)에서 만들어진 중성자들이 0.1 nm의 파장을 가지고 있어 사용하기에 가장 좋은데, 그 이유는 앞서 다루었듯이 0.1 nm 정도의 파장이 결정에서 회절을 잘 만들어내기에 적합한 크기이기 때문이다.

비록 실험 자체는 어렵지만, 중성자 회절은 수소(hydrogen) 원자를 함유하는 유기결정(organic crystal)를 연구하는 데 매우 유용하다. 그 이유는, 수소 원자가 X-선은 약하게 산란시키는 반면, 중성자는 강하게 산란시키기 때문인데, 이는 중성자가 원자의 전자보다는 핵과 상호작용을 더 잘하기 때문이다.

LEED와 RHEED

저속 전자 회절(low-energy electron diffusion, LEED)은 고체의 표면 층에 있는 원자들의 위치를 분석하기 위해 사용된다. 고체 표면에 존재하는 원자들의 위치는 고체 내부의 원자들의 위치와는 일반적으로 다르다. LEED실험에서는 20-250 eV정도의 에너지를 갖는 전자 빔을 시료에 조사하여 그 회절 패턴을 기록하는데, 이때 회절 패턴이 기록되는 형광판은 전자 빔을 생성시키는 '전자총(electron gun)'과 같은 편에 위치한다. 시료에 조사된 후 회절되어 다시 빠져나오는 전자들은 시료 표면의 첫 세 개의 층 내지는 네 개의 층에서만 나오는 것이므로, 회절 패턴은 표면의 원자 구조만을 나타낸다. 이러한 LEED 실험을 통해 1927년 Davisson과 Gerner가 전자의 파동성을 발견할 수 있었다. (부록 D의 D1절에서 이 실험에 대해 더 자세히 설명되어 있다.)

이와 대조적으로, 고속 반사 전자 회절(reflection high-energy electron diffraction, RHEED) 패턴은 ~50 eV 정도의 에너지를 갖는 전자로부터 얻어진다. RHEED실험에서는 전자가 매우 큰 입사각으로 시료에 조사되어 고체 내부로 깊이 침투하지 못하고 전자가 표면을 스치는 회절되어 나간다. RHEED는 시료의 표면이 얼마나 매끄러운지를 평가하는 데 주요하게 이용된다. 예를 들어, RHEED는 결정 기판 위에서 새로 성장하는 원자 층을 관찰하는 데 이용될 수 있다. 이러한 결정 층의 성장은 전자 소자를 제조하는 주요 과정 중 하나인데, 이에 대해서는 7장에서 다룰 것이다.

5.2 격자 진동과 포논

지금까지 우리는 결정 격자의 원자를 고려할 때, 원자들이 모두 정지되어(stationary) 있다고 가정해 왔다. 그러나, 원자들은 마치 수업을 듣고 있는 학생들처럼 가만히 있지 않고, 격자점을 중심으로 항상 어느 정도 움직인다. 사실, 만약 원자들이 움직이지 않으면 하이젠베르그의 불확정성 원리(Heisenberg's uncertainty principle)에 위배되는 것이다. 왜냐 하면, 불확정성 원리에 따르면 입자의 정확한 위치(position)를 안다면 그 입자의 운동량(momentum)은 알 수 없게 되며, 그 반대도 마찬가지이기 때문이다(vice versa). 따라서, 비록 회절이 결정 내에서 원자의 위치를 알려주더라도 그것은 사실상 회절 실험에서 방사선이 원자에 반사되는 바로 그 순간의 원자의 위치일 뿐인 것이다. 원자의 위치가 파악된 그 순간이 지나게 되면, 원자의 위치에 변화가 생길 것이다. 그러나, 이 위치의 변화는 매우 적어서 회절에 의해 결정의 구조를 파악하는 데에는 영향을 주지 않는다.

비록 분석된 회절 패턴이 다르더라도 결정의 구조는 같을 수 있다. 그 이유는 원자가 격자 위치에서 움직이는 것은 회절 패턴에 미치는 영향이 매우 작고, 오히려 결정의 다른 성질들이 회절 패턴에 더 많은 영향을 미칠 수 있기 때문이다. 특히, 고체의 열적(thermal) 특성의 경우 오로지 원자의 움직임에 의해 결정되며(5.3절 참조), 고체의 전기적 특성은—6장에서 다룰 것이다—원자의 진동에 의해서 영향을 받는다.

예제 5.2 Bragg 회절을 허용하는 가장 낮은 입자 에너지

입방(cubic) 결정에서 인접한 원자면 간의 거리 $[d_{(hkl)}]$가 아래와 같이 주어진다면,

$$d_{(hkl)} = \frac{a}{\sqrt{h^2 + k^2 + l^2}}$$

격자상수 (a)가 0.542 nm인 silicon 결정에 대한 전자 회절 실험에서 {111} 면에서의 Bragg 회절을 허용하는 가장 낮은 입자 에너지를 계산해라.

정답

a 값을 알고 있고, 대상이 되는 면은 {111}면이므로 주어진 식에 값을 대입하면 다음과 같이 면간 거리를 구할 수 있다.

$$d_{(hkl)} = \frac{0.542}{\sqrt{3}} = 0.313 \text{ nm}$$

회절이 일어나기 위해서는 Bragg 법칙인 $2d \sin\theta = n\lambda$를 반드시 만족시켜야 한다. θ의 최대 값은 90°이므로, sin 90° = 1이 된다.

$$n\lambda/2d \le 1$$

즉, 파장 λ_{max}의 상한값은 2d와 같아지고, 따라서

$$\lambda_{max} = 0.313 \times 2 = 0.626 \text{ nm}$$

입자의 운동에너지에 대한 식(5.7)으로부터, 입자의 파장이 길수록 에너지는 작다는 것을 알 수 있다. 따라서 만약 λ_{max}를 이 식에 대입시키면 Bragg 회절이 일으키는 입자의 가장 낮은 에너지를 구할 수 있다. (전자의 질량 m_e, Planck 상수 h는 공학용 계산기나 또는 다른 자료에서 찾을 수 있다.)

$$\begin{aligned} \text{K.E.} &= \frac{h^2}{2m_e\lambda^2} \\ &= \frac{\left(6.626\times10^{-34}\right)^2}{2\times9.11\times10^{-31}\times\left(0.626\times10^{-9}\right)^2} \\ &= \frac{4.390\times10^{-67}}{7.139\times10^{-49}} \\ &= 6.149\times10^{-19}\text{ J} \\ &= 3.838\text{ eV} \end{aligned}$$

[줄(joule)을 eV(electron volt)로 변환할 때, $e = 1.602 \times 10^{-19}$ C를 사용해서 나누어 주면 된다. 다른 자료에서 참고한 상수를 사용하면 정답과는 약간 다른 값을 얻을 수도 있는데 그것은 여기에 사용된 상수의 값이 약간 다르기 때문이다.]

만약 중성자에 대해 계산하더라도 중성자 입자의 질량만 제대로 사용한다면 계산 방법은 동일할 것이다.

5.2.1 결정성 고체 내에서의 원자 진동

고체 내의 원자들은 그들의 격자 위치에 가만히 있지 않으며, 움직이기 위해서는 어떤 형태로든 에너지가 필요하다. 이 에너지는 열 에너지 또는 기계적인 에너지일 수 있다. 고체가 뜨거우면 뜨거울수록 더 많은 원자들이 격자 위치에서 더 많이 진동한다. [이 현상은 사실 회절 실험을 통해 알 수 있다. 왜냐 하면, 시료의 온도가 높아지면 회절된 빔의 세기가 감소하기 때문인데 그 이유는 다음과 같다. 온도가 높아지면 더 많은 원자들이 움직이는데, 이렇게 원자들이 움직이면 X-선 회절을 관찰하는 순간에 위상이 같은(in-phase) 반사를 통한 보강간섭을 일으킬 수 있는 원자들의 숫자가 적어지기 때문이다.] 앞서 논의했듯이, 원자들이 격자에 그대로 가만히 있다면 그것은 하이젠베르그의 불확정성 원리에 위배된다. 결론적으로, 높은 온도에서보다 낮은 온도에서 원자들은 덜 움직이긴 하지만, 절대 0도 에서조차 원자들은 가만히 있지 않고 움직인다. 이 운동을 영점 운동(zero-point motion)이라고 하며, 영점 운동을 하는 원자가 갖는 운동에너지를 '영점 에너지(zero-point energy)'라고 한다.

개별적 원자에 대해 고려해 보면, 격자점을 중심으로 한 원자의 움직임은 단순 조화운동(simple harmonic motion, SHM)과 흡사하다고 할 수 있다. 하지만 원자들은 결합을 통해 서로 연결되어 있어 독립적으로 진동할 수는 없다. 따라서 한 원자의 진동은 이웃한 원자들에게 전달되며, 전달된 진동은 또다시 다른 인접한 원자들에게 계속해서 전달되면서 고체를 통해 지나가는 진동파(vibratory wave)를 만들게 된다.

고체 내에서의 탄성파(acoustic wave)와 광(optical wave)파

결정 내의 원자를 상상하는 한가지 방법은 용수철(spring)로 연결된 공들의 집합으로 생각하는 것이다. 이를 그림 5.8에 나타내었는데, 여기서 공은 원자를 나타내고 용수철은 결합을 나타낸다.

그림 5.8과 같은 1차원(1D) 원자 층에서의 탄성파(elastic wave)—즉, 재료 내의 입자들의 진동에 의해 전파되는 파동—를 만들어내는 방법에는 두 가지가 있다. 첫째는 두 개의 공을 수평방향으로 서로 잡아당긴 후 놓아버려 원래의 위치로 되돌아가게 하는 것이다(그림 5.9 참조). 이와 같은 과정은 결정의 일부분이 가열될 때 일어난다. 가열된 영역은 팽창하게 되고 이때 원자들은 서로 멀어지며, 온도가 낮아지면 원래 위치

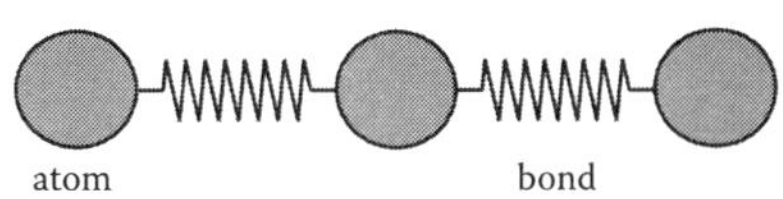

그림 5.8 원자 결합에 의해 연결된 1차원 원자 사슬을 나타낸 모식도.

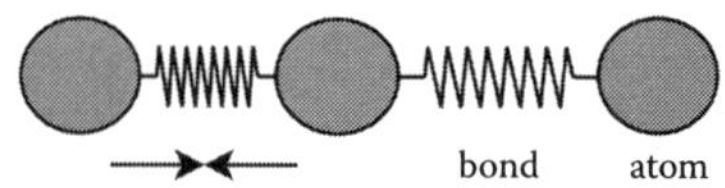

그림 5.9 원자 결합에 의해 연결된 1차원 원자 사슬을 따라 전파하는 종파(longitudinal wave)의 일종인 탄성파(acoustic wave)를 나타낸 그림.

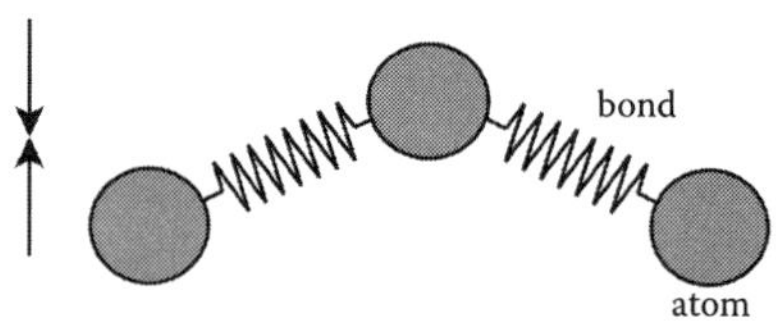

그림 5.10 원자 결합에 의해 연결된 1차원 원자 사슬을 따라 전파하는 횡파(transverse wave)의 일종인 광파(optical wave)를 나타낸 그림.

로 모두 되돌아 간다. 결과적으로 이러한 원자들의 움직임은 고체 내에서 전파하는 종파(longitudinal wave)를 만든다. 또한, 이 같은 원자의 움직임은 결합으로 인해 한곳에서 다른 주변으로 전달되는 노크 효과(knock-on effect)를 나타낸다.

이러한 종파(longitudinal wave)는 사실 음파(sound wave)인데, 그렇다고 해서 고체에서 이 음파의 소리를 들을 수 있는 것은 아니다. 이 종파가 음파인 이유는 음파가 바로 길이 방향으로 진동하는 파동이기 때문이다; 즉, 파동을 만드는 진동의 방향과 파동의 전파 방향이 같다. (부록 B의 진동과 파의 주요 특징 설명 부분 참고). 공기를 통해 우리가 듣는 소리의 음파는 이와 동일한 원리로 생성된다. 그러나, 혼동을 피하기 위해서 고체 내에서의 음파를 '탄성파(acoustic wave)'라고 일컫는다.

고체 내에서 파동이 만들어지는 또 다른 방법은 그림 5.10에서 볼 수 있듯이 원자가 수직 방향으로 진동하는 것이다. 이 같은 원자의 수직 진동은 횡파(transverse wave)를 만드는데, 횡파는 파동을 만드는 입자의 진동 방향과 파동의 전파 방향이 서로 수직인 파동을 의미한다. 빛(light)은 대표적인 횡파로, 이 때문에 이 같은 파동을 '광파(optical wave)'라고 한다.

5.2.2 포논

빛을 파동이나 또는 광자(photon)라고 하는 입자의 흐름으로 생각할 수 있듯이, 마찬가지로 고체 내에서의 진동도 파동 또는 입자로 생각할 수 있다. 이를 포논(phonon)이라고 한다. 이는 다른 양자역학적 개념과 마찬가지로 포논 또한 특정 에너지 값만을 가질 수 있다는 것을 의미한다. 실제로, 주파수 ω로 진동하는 포논은 $\hbar\omega$만큼씩 차이

표 5.1 몇몇 물질에 대한 비열용량 및 디바이 온도

Substance	Specific Heat Capacity, C_p (J/g · K)	Debye Temperature, Θ_D (K)
Aluminium (Al)	0.897	375
Copper (Cu)	0.385	340
Lead (Pb)	0.129	95
Silver (Ag)	0.235	230
Water (H_2O)	4.184	N/A

가 나는 에너지 값들만 가질 수 있다.

포논(phonon)을 진동에너지의 양자화된 묶음(quantized packet)으로 간주한다면, 고체 내의 다른 부분보다 원자 진동의 진폭이 더 큰 영역에 더 많은 포논이 존재한다고 생각할 수 있다. 이와 마찬가지로, 더 큰 원자 진동을 갖는 고체는 내부에 더 많은 포논이 존재한다고 할 수 있다.

포논이 입자성(particle nature)을 갖는다는 것은 포논이 고체 내에서 '이동(move)' 할 수 있다는 의미이며, 온도에 영향을 받는 많은 고체의 물성들은 포논의 산란으로 설명할 수 있다. 포논의 산란은 점결함(point defect)이나 전위(dislocation)에 의해 일어나거나, 또는 포논들끼리, 또는 고체 표면에 의해 일어날 수 있다. 각각의 경우, 포논이 산란되기 전 평균적으로 이동하는 거리를 나타내는 평균자유행로(mean free path) l는 서로 다르다. [평균자유행로의 개념은 다른 물리학 분야에서도 많이 사용된다. 평균자유행로는 입자가 매질(medium)에서 임의의 상호작용을 겪기 전까지 평균적으로 이동하는 거리를 의미한다.]

움직이는 모든 물체가 그렇듯, 포논도 파장을 갖는다(부록 D의 D1절의 파동-입자 이중성 부분 참고). 또한, 포논이 결함에 의해 산란되는 정도는 고체의 온도에 영향을 받는데, 이는 포논의 파장이 온도에 따라 다르기 때문이다. 사실, 모든 온도에 있어서 포논의 파장은 특정 값이 아닌 범위를 이루지만, 평균적으로 볼 때 낮은 온도에서는 포논은 긴 파장을 갖고 높은 온도에서는 짧은 파장을 갖는다. 대략적으로, 절대 0도 근처에서는 포논의 주요 파장이 수백 개의 원자 간격 정도인 반면, 상온(room temperature) 이상에서는 격자 상수 a의 두 배 정도 된다. 즉, 낮은 온도에서는 포논의 파장이 어떠한 점결함보다도 훨씬 더 크기 때문에 포논이 결함에 의해 산란되지 않는다(마치, 해변의 작은 조약돌들이 커다란 파도의 진행 방향을 바꾸지 못하는 것처럼). 따라서, 산란되는 포논의 양은 온도가 높을 때보다 낮은 온도에서 훨씬 더 적다. 왜냐하면, 높은 온도에서는 포논의 파장이 점결합의 크기와 비슷해져서 그 만큼 산란이 많이 일어나기 때문이다.

높은 온도에서는 포논들끼리의 산란도 또한 더 많이 일어난다. 왜냐 하면, 높은 온도에서는 원자들의 움직임이 더 활발해지고, 이로 인해 포논들의 진폭이 더 커져 서로 상호작용할 확률이 높아지기 때문이다. 연못에 생긴 잔물결(ripple)은 진폭이 낮기 때문에 서로 부딪혔을 때 산란이 일어나지 않는다. 마찬가지로, 포논-포논 상호작용은 낮은 온도에서는 무시할 수 있을 만큼 작다. 이와 대조적으로, 전위(dislocation) 주변의 변형장(strain field)은 온도에 관계없이 포논을 산란시킬 수 있을 만큼 크다.

결함에 의한 산란의 효과가 최소화 되었을 때에 조차도, 산란을 겪지 않고 포논이 이동할 수 있는 거리에는 한계가 있다. 그 이유는, 포논이 이동 중에 어떤 것과도 부딪히지 않았더라도 고체의 경계(boundary)에 도달하면 결국에는 산란이 발생하기 때문이다. 그러나, 이처럼 경계에 의한 산란에 의해 포논의 평균자유행로가 제약을 받는다는 것이 곧 평균자유행로의 길이가 시료의 너비에 해당한다는 의미는 아니다. 만약 시료의 표면이 매우 매끄럽게 잘 연마가 된 상태라면, 포논은 이 경계에서 다시 반사되어 되돌아가게 되어 평균자유행로의 길이가 길어지게 된다.

5.3 열 물성

고체를 가열하게 되면, 그 열로부터 에너지를 얻어 온도가 올라간다. 가열되어 뜨거워진 부분의 열은 차가운 부분으로 전달되기도 한다. 고체의 녹는점(melting point) 이상까지 가열하면 고체는 녹으며, 그 이하의 온도에서는 팽창한다. 건물이나 교각, 컴퓨터 칩 등의 제품을 설계할 때에는 재료의 열 물성이 중요하게 고려되어야 한다. 이 절에서는 고체가 열에 어떻게 반응하는지를 원자 수준 및 거시적 수준 모두에서 다룰 것이다.

5.3.1 비열

정의(Definition)

어떤 물질의 온도를 올리기 위해 정확히 어느 정도의 열을 공급해야 하는지를 아는 것은 유용한데, 이처럼 상승된 온도에 대한 공급된 열의 비율을 열용량(heat capacity)이라고 한다. 사실, 비열용량(specific heat capacity) C—또는 줄여서 '비열(specific heat)'—이라는 용어가 더 일반적으로 사용되는데, 비열의 보다 더 정확한 정의는 임의의 물질 1 kg의 온도를 1도(Kelvin) 올리는 데 필요한 열량이다. 즉, 임의의 물질 1 kg의 상승된 온도에 대한 공급된 열의 비(ratio)이며, 따라서 비열의 단위는 J K^{-1} kg^{-1} 이다. [동일한 개념으로 '몰 열용량(molar heat capacity)'을 사용할 수도 있는데, 몰 열용량의 정의는 임의의 물질 1몰(mole)의 온도를 1도(Kelvin) 올리는 데 필요한 열에너지이다. 고체를 논할 때에는 비열이 일반적으로 많이 사용되므로, 이 책에서 우리는 비열이라는 개념에 집중할 것이다.]

비열(specific heat)은 두 가지 방식으로 측정된다: 즉, 시편을 일정한 압력 조건에 두거나 또는 일정한 부피 조건에 두는 방식이 있으며, 이 두 가지 비열의 기호는 각각 C_p와 C_v이다. 두 종류의 비열 모두 기체를 다룰 때 매우 중요하며, 서로 매우 다른 값을 가진다. 그러나 상온 이하에서의 고체의 경우는 C_p와 C_v의 값이 서로 비슷하다. 그럼에도, 일반적으로 고체에서는 C_p의 값이 C_v보다 수 퍼센트 정도 높은데, 그 이유는 C_p의 경우 고체의 부피가 변하면서 발생하는 일(work)과 더불어 공급된 열로 인한 내부에너지(internal energy)의 변화와 관련이 있기 때문이다

표 5.1에는 몇몇 고체와 물에 대한 비열용량(specific heat capacity) 값이 나와있다. 물질의 비열용량이 클수록 온도를 올리는데 더 많은 열에너지가 필요하다.

온도에 따른 비열(Specific Heat at Different Temperatures)

1912년, 네덜란드계 미국인 물리학자인 Peter Debye(1884-1966)는 현재까지 받아들여지는 이론을 발표하였다. 이 이론은 고체의 내부에너지(internal energy)는 포논(phonon)의 형태로 존재한다는 내용이다(5.2.2절 참조). 이 이론에 따르면, 증가된 열에 의해 고체의 내부에너지가 증가하면 포논의 숫자가 증가하게 된다. 즉, 물체가 뜨거워지면 원자가 진동을 더 많이 하게 되고, 그 결과 고체 내부를 지나는 진동파(vibrational wave)의 진폭과 숫자가 더 커지게 된다.

이 이론은 이보다 앞서 프랑스 물리학자 Alexis-Therese Petit(1791-1820)와 Pierre Dulong(1785-1836) 발견한 Dulong-Petit 법칙과 대조를 이루었다. 이 법칙에 따르면, 고체의 비열에 원자량을 곱하면 하나의 상수(constant)가 되며, 그 값은 약 25 mol-$1K^{-1}$이다. 그림 5.11은 몇몇 고체들에 대한 일정한 압력 조건에서의 비열을 나타내고 있는데, 온도가 높은 조건에서 Dulong-Petit 법칙이 실제 실험 결과를 잘 예측한다는 것을 볼 수 있다. 그러나, 보론(boron)이나 다이아몬드의 탄소(carbon)과 같은 일부 가벼운 원소들은 이 법칙을 따르지 않으며, 대부분의 고체들의 경우에서도 온도가 낮아지면서 비열이 감소하는 것으로 볼 때 낮은 온도 영역에서는 이 법칙이 잘 맞지 않는다. 이러한 부분적인 오류는 Dulong-Petit법칙의 수학적인 유도과정에서 비열이 서로

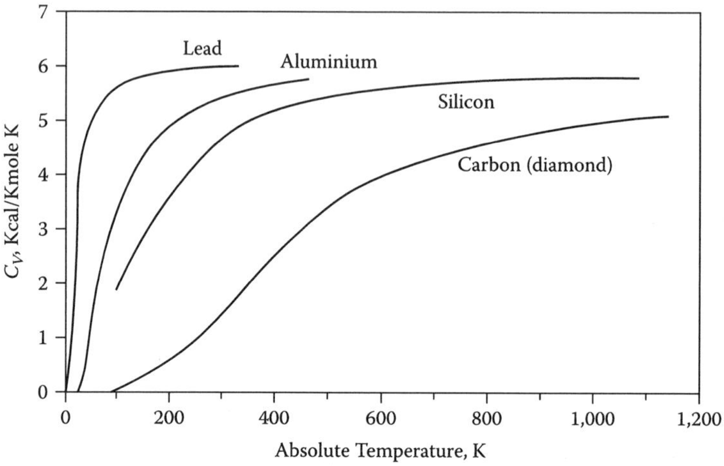

그림 5.11 이 그래프는 몇몇 원소들의 온도에 따른 일정한 부피 조건에서의 비열(specific heat)을 보여준다. 납(Pb), 알루미늄(Al), 실리콘(Si)에 대해Dulong-Petit 법칙이 300 K 이상의 온도에서 에서는 잘 맞지만, 낮은 온도에서는 모든 물질에 대해 맞지 않는다. (From Perspectives of Modern Physics, A Beiser, 1981, © The McGraw-Hill Companies, Inc. Reproduced with permission.)

연결된 원자들로부터 기인하는 것이 아닌 개별 원자의 진동에 의한 것이라는 고전적인 관점이 이용됐기 때문이다. (이것은 틀린 사실이라는 것을 우리는 이미 알고 있다.)

BOX 5.2 파동의 생성

일본의 물리학자들이 개발한 한 영상 기술로 인해 마이크로 전자산업분야에서 통신 네트워크와 휴대전화에 사용되는 더욱 더 효율적인 부품의 생산이 가능해 질 것이다. 홋카이도 대학의 Oliver Wright 교수팀이 디자인 한 이 영상 시스템은 결정 표면을 통해 전파되는 아주 작은 음파를 이용해 영상을 기록할 수 있다.

연구팀은 이 음파—실제로는 결정을 이루는 원자들의 집단적인 진동이다—를 생성시키기 위해 극도로 짧은 레이저 빛 펄스(pulse)를 결정의 표면에 조준하여 조사하는 방법을 이용했다. 각각의 레이저 펄스가 다다르는 영역은 급속히 가열되어 팽창한다. 팽창과정에서 이 영역의 원자들은 결정 격자 내에 원래 존재했던 위치에서 벗어난다. 이때, 각 원자들은 인접한 원자들과 결합에 의해 서로 연결되어 있기 때문에, 주변의 원자들의 진동을 일으킨다. 이러한 노크효과(knock-on effect)는 연쇄적으로 계속되어 '표면 탄성파(surface acoustic wave, SAW)'라고 하는 결정 전체를 통해 전파되는 진동파를 일으킨다.

표면에서 전파되는 SAW 의 움직임을 측정하기 위해, 연구팀은 두 개의 짧은 '탐침(probe)' 레이저 펄스를 연속적으로 표면에서 반사시킨다. 움직이는 SAW는 이들 두 펄스에 다르게 영향을 미치며, 반사된 펄스가 만날 때 생기는 간섭 패턴은 파동이 탐침되고 있는 지점을 통과할 때 발생하는 표면 높이의 변화를 나타낸다. 이렇게 결정 전체에 걸쳐 레이저 펄스로 스캔(scan)하게 되면 표면의 완벽한 이미지가 만들어지고, 또한 표면 전체를 반복적으로 스캔하면 표면 탄성파(SAW)의 동영상을 얻을 수 있다(Plate 5.3 참조). Wright 교수는 "이 기술은 비접촉 및 비파괴 방식이라는 장점 외에도, 정밀도가 매우 높아 원자 직경의 10분의 1 만큼이나 작은 표면에서의 변위도 쉽게 측정할 수 있다."라고 말했다.

빛이 파동 뿐만 아니라 광자(photon)이라고 하는 입자로도 간주될 수 있는 것과 마찬가지로, 고체의 격자 진동도 음파(sound wave)나 포논(phonon)이라고 하는 진동에너지의 묶음으로 간주될 수 있다. 결정 구조에 따라 포논이 집중되는 방향이 다 다르며, 이론적으로 예측 가능한 다양한 패턴을 나타낸다. 또한, 포논도 결함을 만나면 산란되기 때문에, 이론적으로 예측된 패턴에서 벗어나는 부분은 불순물(impurity)이나

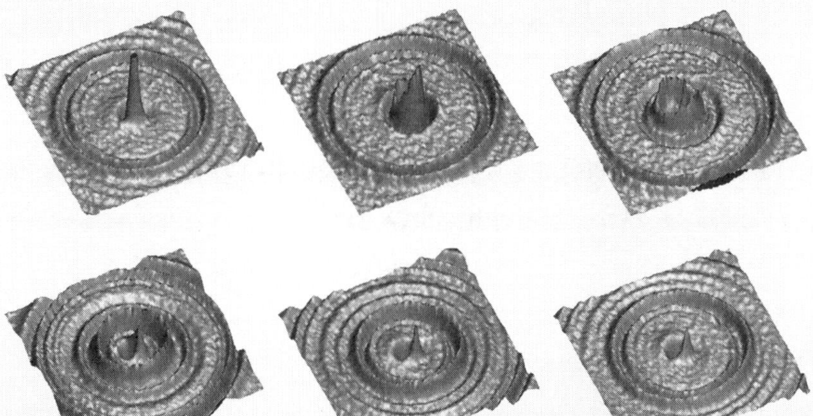

PLATE 5.3 이 일련의 영상 스틸컷은 다결정 금 박막으로 코팅된 유리의 90 μm^2 크기의 정사각형 영역을 가로 지르는 표면 탄성파(surface acoustic wave)를 보여준다. 스틸컷에서 보이는 패턴의 대칭성(symmetry)은 유리 기판에 약 10 μm 정도 파동이 침투하여 생긴 것이다. SAW가 이동하는 속도는 해당 방향의 원자 결합의 강도에 따라 다른데, 유리 기판의 경우 모든 방향에서 결합 강도가 모두 같기 때문에 파동의 모양이 원형으로 나타난다. 또한, 중심에서 멀어질수록 파동의 더 넓어지는 것을 볼 수 있다. 이 같은 분산(dispersion) 현상은 SAW의 단파장 성분이 주로 금 박막에 국한되기 때문에 발생하며, 음파는 유리보다는 금에서 더 느리게 이동하기 때문에 기판에 침투하는 장파장 성분은 뒤에 남겨진다. 이러한 분산의 분석을 통해 박막의 두께를 알 수 있다.

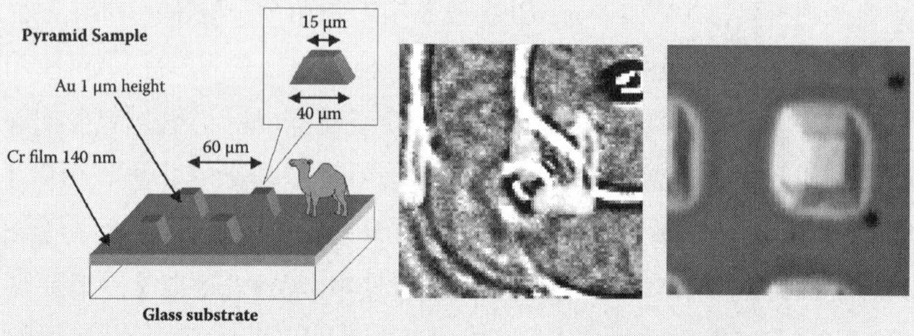

PLATE 5.4 그림 (b)는 금(gold)으로 된 작은 피라미드가 크롬(chromium)이 코팅된 유리 기판 위에서 어떻게 표면 탄성파(SAW)를 굴절(refraction)시키는 지를 보여준다. (결함이 없다면 이 SAW는 PLATE 5.3에서처럼 원형일 것이다.) 이 굴절(refraction)은 음파가 주변의 크롬보다 금에서 더 천천히 이동하기 때문이다. 또한, 표면 탄성파는 피라미드를 지나가면서 모서리 부분에서 산란된다. 그림 (a)에서는 이 시편의 크기가 나와 있다. 그림 (c)는 (b)에서 보이는 SAW의 굴절 및 산란을 일으키는 금 피라미드의 위치를 보여주는 광학적 반사 이미지이다. 이 정도 분해능(resolution)으로 표면 탄성파를 이미지화할 수 있는 기술은 결함의 존재를 파악하는 것 뿐만 아니라 SAW의 전파를 연구하는 데에도 매우 유용하다. (Plate 5.3 and 5.4 courtesy of Oliver Wright, Hokkaido University, Japan.)

구조적 결함을 나타내는 것으로 볼 수 있다(Plate 5.4 참조). "표면 탄성파가 전파되는 것을 직접 시각적으로 관찰할 수 있는 능력은 다른 기술로는 얻을 수 없는 결함 영역의 모양에 대한 정보를 줄 수 있다."라고 Wright 교수는 설명한다.

이 기술을 통해 불투명한 기판(전자소자의 초석) 위에 제작된 박막의 실시간 관찰이 가능하기 때문에, 결함을 감지하거나 SAW 소자의 성능을 평가하는 데 사용될 수 있어 전자산업에 있어서 매우 유용한 기술이다. 현재 이 기술은 휴대폰과 케이블 기반 통신 네트워크에서 널리 사용되기 때문에, 표면 탄성파를 사용하여 전기 신호에서 불필요한 주파수를 제거하는 SAW 필터의 성능을 개선하는 데 많은 관심이 모아지고 있다.

2002년 이 시스템을 발표한 직후, Wright교수는 이 기술을 전자산업에서 일상적으로 사용할 수 있을 만큼의 수준으로 개발하는 것은 시기적으로 적어도 2005년 정도가 되어야 할 것이라고 말했다. 그러면서 그는 농담으로 이 기술을 적용해 볼 수 있는 재미있는 응용분야를 찾았다며, "디스코텍에서 포논을 사용해서 영상을 재생하면 사람들이 정말 즐거워 할겁니다."라고 덧붙였다.

그림 5.11에서 온도가 낮은 영역을 다시 살펴보면, 절대 0도에서 비열의 값은 0이며 높은 온도 영역으로 가면서 그 값이 증가하다가 일정해 지는 것을 알 수 있다. 절대

표 5.2 몇몇 물질의 Debye 온도

Substance	Θ_D (K)
Iron (Fe)	360
Carbon (diamond) (C)	1850
Gallium arsenide (GaAs)	204
Calcium fluoride (CaF_2)	474

0도 이상에서는, 온도가 증가함에 따라 격자 진동에 의한 파동(lattice wave)은 더 큰 에너지를 갖게 되며, 고전적 모델이 지배적으로 적용되는 영역 아래에서는 비열은 T^3에 비례한다.

Debye 온도(Θ_D)는 고전적 모델로 설명되는 고온 영역에서의 거동과 포논(phonon)에 의해 설명 가능한 저온 영역을 구분하는 매우 유용한 근사적인 기준점을 알려준다. 표 5.1과 5.2에 몇몇의 고체들의 Debye 온도를 정리하였다.

그렇지만, Debye 이론이 반드시 높은 온도에서 맞지 않는다는 뜻은 아니다. 사실, 포논이 보즈-아인슈타인 통계(Bose-Einstein statistic)를 따르는 '포논 기체(phonon gas)'로 간주되지만(부록 E의 통계역학 부분 참고), Debye온도보다 높은 구간에서의 포논의 거동은 고전적 모델에서 예측된 것과 동일하며 실험 결과와도 잘 맞는다. 따라서, Dulong-Petit 법칙을 유도하는 데 사용되는 양자 통계와 고전 통계는 고온의 영역에서 동일한 결과를 보여준다. 하지만, 고전 통계와는 달리 양자 통계에서는 온도가 0도에 가까워 질 때, 왜 비열이 0에 가까워 지는지가 설명 가능하다.

다른 물리적 모델과 마찬가지로, Debye 모델도 실제 현상을 단순화시킨 것이기 때문에, 특정 고체와 온도 조건에 대해서는 수정이 되어야 한다. 예를 들어, 비열용량이 포논에 의한 특성이긴 하지만, 금속의 경우 극저온 및 극고온 조건에서는 전자(electron)에 의한 효과도 존재한다. 이에 대해서는 6장에서 살펴볼 것이다.

5.3.2 열전도도

물질의 뜨거운 영역에서 차가운 영역으로의 열(heat)의 이동(transfer)을 열전도(thermal conduction)라고 한다. 우리는 일상에서 이런 열전도 현상에 익숙하다. 불이나 오븐의 열기로 음식을 조리할 때 차가운 음식이 열에 의해 데워진다. 어떤 물질들은 특별히 열을 잘 전달하는데, 이렇게 열을 전달하는 능력을 그 물질의 열전도도(thermal conductivity) κ라고 한다. 6장의 그림 6.1에서 고체 재료들이 갖는 전기 전도도(electrical conductivity)의 범위는 넓은 것을 볼 수 있는데, 이는 열전도도의 범위가

표 5.3 온도293 K에서의 몇몇 물질들의 열전도도

Material	κ (W m⁻¹ K⁻¹)
Silver	429
Copper	401
Aluminium	237
Sodium	141
Zinc	116
Cadmium	97
Iron	80
Lead	35
Fused silica	1.4
Carrot	0.53
Banana	0.475
Nylon 6,6	0.24
Polystyrene	0.13

훨씬 작은 것과 큰 대조를 이룬다. 이런 큰 차이는 고체에 따라 전기 전도도가 매우 높을 수도 있고 또한 반대로 거의 전기 절연체(electrical insulator)가 될 수도 있는 반면, 모든 고체들은 어느 정도 열을 잘 전도하기 때문이다. 몇몇 대표적인 고체들의 열전도도를 표 5.3에 나타내었다.

좋은 열전도체와 나쁜 열전도체 모두 각자 알맞은 용도로 다양하게 사용될 수 있다. 예를 들어, 좋은 열전도체는 전자소자에서 발생하는 열을 방출시키기 위해 사용된다. 만약 이처럼 열을 방출하지 못하면 소자가 과열되어 불안정하게 된다. 이와 반대로, 폼(foam)과 같은 안좋은 열전도체—즉, 열 절연체(thermal insulator)—는 천장의 단열재로 쓰이거나 가정집의 온수 저장 탱크에 사용된다. 동물의 지방층은 좋은 절연체의 또 하나의 예로, 장거리 수영선수들이 신기록 수립을 위해 미리 체지방을 늘리는 이유가 여기에 있다. 또한, 혹한의 환경에서도 북극곰이 생존할 수 있는 것도 바로 지방층 때문인데, 곰털이 열을 잡아주기도 하지만 피부 아래에 있는 두꺼운 지방층이 몸에서 열이 방출되는 것을 막는 역할을 하기 때문이다.

열의 전도는 고체를 이루고 있는 원자들의 진동(즉, 포논) 및 자유 전자(free electron)에 의해 이루어진다. 차가운 원자에 비해 더 뜨거운 원자일수록 격자 내 원래의 위치에서 더 활발히 진동하는데, 원자들은 서로 결합에 의해 연결되어 있기때문에 뜨거운 원자의 진동이 주변으로 전달되면서 열이 전달되는 것이다. 앞서 5.2절에서 다루었듯이, 열로 인한 팽창도 또한 원자를 움직이게 한다—이때, 고체가 팽창하면서 원자들은 더 멀어졌다가 식게 되면 다시 원래의 위치로 돌아온다. 이러한 현상들은 고체 내에 탄성파(acoustic wave)를 만들게 되는데, 이는 곧 포논(phonon)이 열전도에 기여하는 또다른 방식이 된다.

고체 내의 자유전자도 뜨거운 영역의 열로부터 운동에너지를 얻어 열을 전달할 수 있다. 이들 자유전자가 고체 내의 차가운 영역으로 이동하면, 격자 결함이나 포논들과 충돌이 일어나면서 자신의 운동에너지를 주게 되고, 이렇게 전달된 운동에너지가 격자의 진동에너지로 바뀌게 된다—즉, 더 많은 포논이 생성된다. 따라서, 총 열전도도(thermal conductivity) κ는 아래와 같이 주어진다.

$$\kappa = \kappa_l + \kappa_e \tag{5.8}$$

여기서, κ_l는 격자 진동에 의한 열전도도 기여분(contribution)이며, κ_e는 자유전자에 의한 열전도도 기여분이다.

자유전자가 많아지면 그만큼 자유전자가 열 전달에 더 많이 기여하게 되므로 κ_e가 κ_l보다 상대적으로 더 커진다. 따라서, 자유전자가 많은 순수 금속에서는 κ_e가 κ_l보다 더 크다. 불순물을 포함하는 금속의 경우, 불순물과의 충돌에 의해 전자의 평균자유행로(electron mean free path)가 줄어들어 κ_e의 크기가 κ_l과 비슷해진다. 비금속(non-metals)의 경우, 자유전자가 거의 없기 때문에 κ_l이 지배적이다. 비정질(amorphous) 재료나 고분자(polymer)의 경우에는 κ_l과 κ_e이 모두 낮은데, 그 이유는 구조의 규칙성이 없어서 전자의 평균자유행로가 매우 짧아 포논이나 자유전자가 재료 내에서 멀리 이동할 수 없기 때문이다(3장 참조).

5.3.3 열팽창

고체가 온도 변화에 따라 팽창하고 수축한다는 사실은 건축가나 디자이너들이 건축물이나 물건을 설계할 때 반드시 고려해야하는 점이다. 예를 들어, 철도기술자들은 무더운 여름날 철도의 팽창을 막기 위해 장대레일(continuous welded rail)에 응력을 가한다. 이러한 예방적 조치에도 불구하고, 레인은 이례적으로 매우 무더운 날씨에는 그림 5.12에서 보는 것처럼 휘어지기도 한다.

비록 레일과 같은 구조물의 팽창된 정도는 구조물의 전체 크기에 비해서는 크지 않아 보일 수 있지만, 실제 상당한 응력을 충분히 유발할 수 있다—예를 들어, 시드니 하버 다리(Sydney Harbour Bridge)의 높이는 매우 무더운 날 18 cm 정도 높아진다.

열팽창계수(Coefficients of Expression)

상당히 넓은 온도 범위에 걸쳐 가열된 고체 막대의 길이의 증가량은 온도 상승량에 비

그림 5.12 무더운 여름날 레일의 팽창을 방지하기 위해 철도기술자들이 장대레일(continuous welded rail)에 응력을 가하는 예방적 조치에도 불구하고, 이례적으로 매우 더운 날씨에는 철도레일이 휠 수도 있다. 이 사진은 2006년 7월 18일 영국 맨체스터의 Moses Gate 역의 철도의 모습이다. 레일의 온도는 종종 주변 대기 온도보다 훨씬 더 높이 오르기도 한다. 영국에서도 심지어 무더운 여름에 섭씨 50도 이상의 레일의 온도가 기록되기도 했다. (Courtesy of Network Rail.)

례한다. 이 관계는 다음의 식으로 나타낼 수 있다.

$$\frac{\Delta l}{l_0} = \alpha_l \Delta T \tag{5.9}$$

l_0는 막대의 초기 길이, Δl은 막대의 길이 변화량, ΔT는 온도 변화량, 그리고 α_l는 '선형 열팽창계수(linear coefficient of thermal expansion)'이다.

표 5.4에 나와있듯이, 고분자(polymer) 재료의 선형 열팽창계수(α_l)의 값은 다른 유형의 고체보다 일반적으로 10배 정도 크다. 또한, α_l 역시 온도에 따라 변할 수 있으며—온도 증가에 따라 증가한다—표 5.4에 나와있는 값은 모두 상온에서 측정한 값이다. 만약 두 가지 이상의 재료로 물건을 만들어야 한다면, 열팽창 특성이 비슷한 재료를 사용하는 것이 좋다. 그렇지 않으면, 서로 다른 열팽창 정도나 속도에 의해 재료가 조기에 파열될 수도 있다. [열응력(thermal stress)은 다음 절에서 다룰 것이다.]

선형 열팽창에 대한 수식과 유사하게 고체의 부피 팽창도 표현할 수 있다. 이 경우, 수식 5.9의 길이를 부피로 대신하고, α_l을 '부피 열팽창계수(volume coefficient of

표 5.4 다양한 고체의 상온에서의 선형 열팽창계수

Material	Linear Coefficient of Thermal Expansion, $\alpha_l \times 10^{-5}$ (K^{-1})
Polyethylene (low density)	18–40
PTFE	12–21
Aluminium	2.39
Brass	1.8
Glass (Pyrex)	0.32
Quartz	0.05

주석: 고분자에 대한 수치는 결정화도 뿐만 아니라 열 및 응력 이력에 따라서도 달라질 수 있다.

thermal expansion)' α_V로 대체한다. 대개, 재료의 α_V는 방향에 따라 다른 값을 갖는 이방성(anisotropicity)을 나타낸다.

그림 2.4는 이온성 결정 내의 한 쌍의 이온 간의 거리에 따른 포텐셜 에너지를 나타내는데(일반적인 고체 내의 두 원자에 대한 상황도 이와 유사하다), 이를 보면 열팽창이 원자 수준에서 어떻게 일어나는 지를 알 수 있다. 고체가 가열되면 원자는 열로부터 에너지를 얻게 되는데, 이를 그림 5.13의 그래프에 나타내었다. E_1은 온도 T_1에서의 진동에너지이고, E_2는 그보다 높은 온도 T_2에서의 에너지이다. 각 온도에서의 원

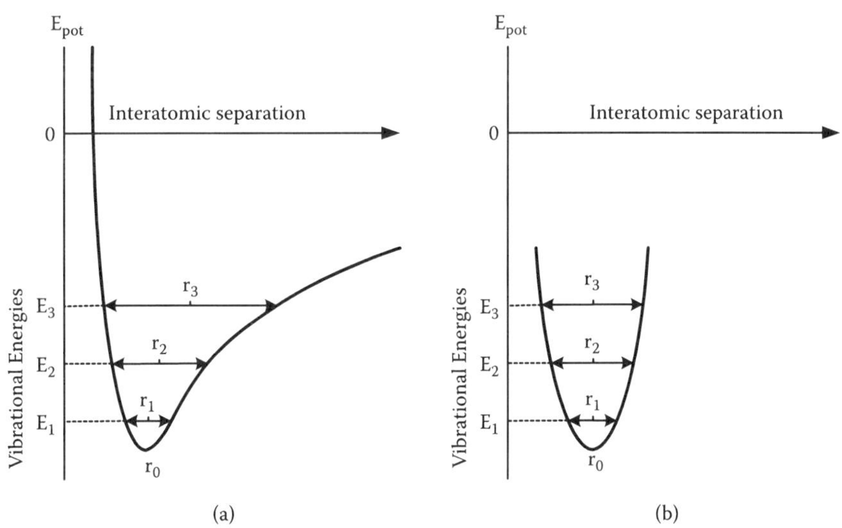

그림 5.13 (a) 그림 2.4에서 소개했던 포텐셜 에너지 곡선의 일부. 온도가 높아질수록, 그래프 상의 두 개의 이웃한 원자는 에너지를 얻는다. 곡선의 비대칭적 모양에 따라 온도가 높아지면서 두 원자 간의 거리가 멀어진다. 만약 포텐셜 에너지 곡선이 그림 (b)와 같이 대칭적이라면 온도가 증가함에 따른 원자간 거리의 증가는 없을 것이며, 따라서 팽창도 일어나지 않을 것이다.

자 진동의 평균 진폭(amplitude)은 포텐셜 에너지 곡선의 골(trough)의 너비에 해당한다. 그리고, 그래프에 r_1, r_2, r_3로 표시된 중간지점은 원자 진동의 평균 위치로서 평균 원자간 거리를 나타낸다. 따라서, 그림 5.13(a)에 나타나 있듯이, 포텐셜 에너지 곡선의 비대칭적인 모양에 따라 온도가 올라가면서 원자들이 서로 멀어지는 것을 알 수 있다. 만약, 그림 5.13(b)에서 보는 것처럼 곡선이 대칭적이라면 온도 상승에 따른 원자간 거리의 증가는 없을 것이다.

열응력(Thermal Stresses)

단순히 실험실에서 고체 막대의 열전도도(thermal conductivity)를 측정할 때에는 막대를 가열함에 의해 발생하는 막대의 팽창은 고려할 필요가 없다. 하지만, 고체 막대를 양쪽 끝이 고정된 토목구조물로 사용할 경우라면, 양 끝을 고정하는 재료를 이 막대와 동일한 비율로 팽창하거나 수축하지 않는 재료를 사용한다면 온도 변화에 따라 이 막대에 기계적인 응력이 생기게 될 것이다.

응력은 고체를 빠르게 가열하거나 식힐 때에도 생길 수 있다. 예를 들어, 고체를 극단적으로 빠르게 가열했을 때에는 고체 바깥쪽의 온도가 안쪽보다 더 빠르게 상승할 것이다. 그 결과, 바깥쪽 부분은 내부보다 더 많이 팽창하면서 응력이 발생할 것이다. 이때, 고체가 받게 되는 응력의 크기는 고체의 열전도도와 온도 변화율, 그리고 고체의 크기와 모양에 의해 결정된다.

연성(ductile) 금속이나 고분자의 경우, 열에 의해 생기는 응력은 소성 변형(plastic deformation)에 의해 줄일 수 있다. 세라믹과 같은 비연성 재료 열응력을 받을 때 잘 파괴되는 경향이 있다. 예를 들어, 취성(brittle) 물질을 급냉시킬 경우 표면 크랙(crack)이 잘 발생된다. 이러한 열응력에 의한 취성 파괴(brittle fracture)를 열 충격(thermal shock)이라고 한다.

열 충격이 발생하는 가능성을 줄이는 방법에는 여러 가지가 있다. 예를 들어, 가열 속도나 냉각 속도를 낮추고, 재료 내에 큰 구멍을 만들어 크랙이 크게 자라는 것을 막는 방법이 있다. 유리(glass)는 열 충격에 특히 취약한데, 첨가제(additive)를 넣거나 어닐링(annealing)을 하게 되면 열 충격으로 인한 파괴 가능성을 줄일 수 있다. Pyrex라고 일컫는 유리는 B_2O_3 첨가제가 도입된 것으로, 열팽창계수가 충분히 낮아서 오븐을 이용해 요리할 때에도 깨지지 않는다.

예제 5.3 열팽창

당신은 채석장에 철도 레일을 만들어야 한다. 당신이 사용 가능한 레일의 재료는 저탄소 강(low-carbon steel)으로, 이 재료의 선형 열팽창계수(coefficient of thermal expansion)는 $1.2 \times 10^{-5}\ K^{-1}$이다. 이렇게 만들어진 철도는 10°C에서 40°C 사이에서 사용될 예정이다. 만약 각 레일의 길이가 20 m이고 작업하는 날의 온도가 10°C라면, 더운 날 열팽창을 고려했을 때 레일 사이에 얼마만큼의 간격이 필요한가?

정답

재료의 선형 열팽창계수를 알고 있으므로 다음의 식을 이용할 수 있다:

$$\frac{\Delta l}{l_0} = \alpha_l \Delta T$$

위의 식을 다시 정리하면,

$$\begin{aligned}\Delta l &= \alpha_1 \Delta T l_0 \\ &= 1.2 \times 10^{-5} \times 30 \times 20 \\ &= 7.2 \times 10^{-3}\,\text{m} = 7.2\ \text{mm}\end{aligned}$$

따라서, 두 레일 사이에 7.2 mm 간격을 두어야 한다.

예제 5.4 집 안에서의 물리학

금속 뚜껑의 유리 용기가 잘 열리지 않을 때, 뚜껑을 열기 위해 다음의 주어진 재료 중 하나를 골라야 한다면 어떤 것을 고를 것인가? 또한, 왜 그 재료를 골랐는가? 그리고, 당신이 선택한 방법을 안전하게 사용하려고 할 때, 필요한 주의사항은 무엇인가?

(a) 병따개

(b) 칼

(c) 젖은 천

(d) 뜨거운 물

정답

뜨거운 물을 유리 용기의 뚜껑에 붓는 것이 가장 좋은 방법이다. 왜냐 하면, 뜨거운 물의 열이 금속을 팽창시켜 뚜껑을 느슨하게 할 수 있기 때문이다. 그렇지만, 이때 유리에 생길 수 있는 크랙을 조심해야 한다. 특히, 유리 용기가 매우 차가울 경우 뚜껑에 뜨거운 물의 부으면, 비록 유리가 금속만큼 많이 팽창 하진 않지만 뜨거운 물과 뚜껑에서 전달된 열이 급속히 열응력을 발생시켜 유리가 깨질 수 있다.

더 읽을 거리

Cullity, B. D., and Stock, S. R. *Elements of X-ray Diffraction*. 3rd ed. Englewood Cliffs, NJ: Prentice Hall, 2001.

Leroy, F. "Because you're worth it". *Physics World* May 22, 2001.

Liang, X. G., Zhang, Y., and Ge, X. "The measurement of thermal conductivities of solid fruits and vegetables". *Measurement Science and Technology* 10, no. 7 (1999): N82–86.

(More references for further reading, as well as Web links, are available on the following Web page: http://www.crcpress.com/product/isbn/9780750309721.)

대표 예제

Q 5.1

(a) Bragg 법칙을 기술하여라.

(b) 각 항이 의미하는 것은?

Q 5.4

(a) 회절 패턴을 관찰하기 위해 X-선 이외에 많이 사용되는 방사선은 무엇인가?

(b) LEED는 무엇의 약자인가?

(c) 격자 상수(lattice parameter) a가 0.542 nm인 silicon 결정의 {110}면에 대해 Bragg 회절(diffraction)을 허용하는 가장 낮은 중성자(neutron) 에너지를 계산하여라.

Q 5.7 다음의 문장 (a), (b), (c) 중, 포논(phonon)에 대해 가장 잘 설명한 것은?

(a) 원자 진동의 큰 진폭(A large amplitude atomic vibration)

(b) 진동에너지의 양자화된 저장소(A quantized packet of vibratory energy)

(c) 전자와 같은 성질(The sound equivalent of an electron)

Q 5.9 고체의 C_p(일정 압력에서의 비열)값이 왜 C_v(일정 부피에서의 비열)보다 약간 높은가?

Q 5.14 만약 10 cm길이의 긴 황동(brass) 막대의 한쪽 끝을 고정시킨 후, 20°C에서 40°C로 가열하면 길이가 얼마나 팽창하는가?

CHAPTER 06

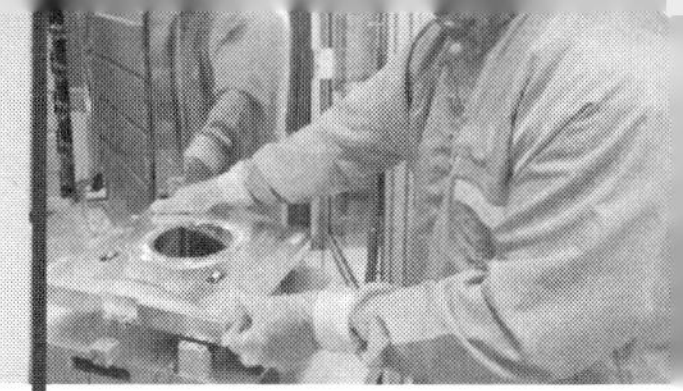

금속, 반도체 및 초전도체

(Metals, Semiconductors, and Superconductors)

6.1 전기 전도에 관한 자유전자 모델

고대 그리스 철학자 탈레스(Thales of Miletus)는 기원전 600년경 호박(amber) 조각을 양털이나 모피로 문지르면 전하(charge)를 띠게 된다는 것을 발견한 것으로 알려져 있다. 이 이야기가 사실이든 아니든, 탈레스가 전하의 기원에 대해서 알고 있었다거나 혹은 우리가 사는 세상의 많은 부분이 언젠가는 실제로 전기(electricity)에 크게 의존할 것이라는 것을 알았다고 보기는 어려울 것이다.

오늘날 우리는 탈레스보다 전기에 대해 더 많이 이해하고 있다. 그러나, 이 장에서 살펴보겠지만, 전도(conduction) 현상의 대부분에 대한 이해가 잘 되어있음에도 불구하고, 물리학자들은 여전히 전도에 대한 정교하고 미세한 현상들을 연구하고 있다. 이러한 연구가 어떻게 진행되어 왔는지에 대해 알기 위해서, 우리는 지난 100년 동안 발전되어온 다양한 전기 전도 모델(model)과 더불어 오늘날 받아들여지는 모델에 대해서도 논의할 것이다.

고체를 연구하는데 있어서는 고체를 비슷한 성질을 갖는 물질들끼리 모아 구분하는 것이 유용할 때가 많다. 고체를 분류하는 가장 일반적인 방법 중 하나는 각 물질이 전기를 얼마나 잘 전도하는가—즉, 도체(conductor), 절연체(insulator), 반도체(semiconductor)—에 따라 나누는 것이다. 이 장의 후반부에서는 먼저 기초적인 반도체 물리에 대해서 다룬 이후에, 임계 온도(critical temperature) 이하에서 전류의 흐름에 저항하지 않는 초전도체(superconductor)라고 하는 일종의 도체에 대해 간단히 살펴볼 것이다. 절연체(insulator)에 대해서는 반도체의 응용과 함께 7 장에서 자세히 다루어 질 것이다.

6.1.1 전기 전도의 개요

일반적인 상황에서는 도체를 포함한 대부분의 고체는 전기적으로 중성(electrically neutral)이다. 도체는 내부에 자유롭게 이동할 수 있는 전자를 포함하는데, 일반적으로 이들 전자는 모든 방향으로 자유롭게 움직이기 때문에 고체 내의 어떤 영역에서도 순 전기 분극(net electrical polarization)이 생기지 않는다.

그러나, 예를 들어 도체를 배터리(battery)의 단자에 연결해서 도체가 전기장(electric field)에 놓일 때, 이들 '자유(free)' 전자들은 모두 같은 방향으로 흐르게 되면서 전류(current)를 생성한다. 이는 음의 전하를 띠는 전자가 배터리의 양극 단자에 이끌리기 때문이다. 절연체[또는 유전체(dielectrics)라고도 함]는 전도에 참여할 자유전자가 거의 없기 때문에 도체와 반대로 생각할 수 있다. 즉, 절연체의 경우는 배터리에 연결하더라도 전류가 거의 흐르지 않는다. 따라서, 절연체는 유해한 전류로부터 전자 부품을 보호하고 우리가 감전되지 않도록 해줄 뿐만 아니라 전기를 저장하는 축전기(capacitor)의 주요한 구성 요소 중 하나이기도 하다.

2.1절에서 우리는 결합의 종류가 고체의 거시적 특성에 어떻게 영향을 주는지에 대해 배웠다. 전도(conduction)의 관점에서는 이온성 고체는 좋은 전기적 절연체(electrical insulator) 이면서 동시에 또한 좋은 열적 절연체(thermal insulator)이다. 왜냐 하면, 거의 모든 전자가 특정 이온에 밀접하게 결합되어 있어 전도에 참여할 수 있는 자유전자가 거의 없기 때문이다. 반 데르 발스(van der Waals) 결합으로 이루어진 고체 또한 자유전자를 포함하지 않기 때문에 열과 전기에 대해서 도체의 성질이 약하다. 반대로, 금속 결합으로 이루어진 고체는 이온성 고체처럼 전자가 이온에 구속되어 있지 않고 자유롭게 이동하므로 좋은 전도체의 특징을 나타낸다. 공유 결합성 고체의 경우, 일부는 절연체인 반면 또 다른 일부는 반도체(특정 조건에서는 전도가 일어난다)인데, 이는 일부 공유 결합성 고체의 경우 원자가전자(valence electron)가 핵에 단단히 구속되어 있지 않기 때문이다. 예를 들어, 다이아몬드(diamond)는 공유 결합이 강하기 때문에 절연체이지만, 실리콘(silicon)과 같은 반도체에서는 원자가전자의 구속력이 약하다. 이는, 전자가 원자 사이에서 공유되고 있기 때문에 전류 흐름에 기여할 수 있을 정도로 이동할 수 있음을 의미한다.

전도도와 비저항(Conductivity and Resistivity)

그림 6.1은 잘 알려진 물질들의 전도도를 보여준다. 재료의 **전기 전도도(electrical conductivity)** σ는 전기를 전도할 수 있는 능력의 척도이며, 식 6.1에서 볼 수 있듯이 비

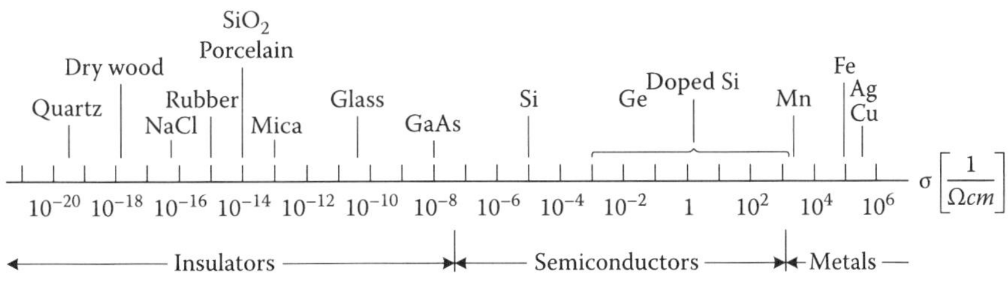

그림 6.1 우리에게 잘 알려진 여러 가지 재료에 대한 실온에서의 전도도. (This diagram has been copied from *Understanding Materials Science*, R. E. Hummel, corrected second printing 19999, Fig. 11.1, p.181 © Springer-Verlag New York, Inc. With kind permission of Springer Science and Business Media.)

저항(resistivity) ρ의 역수이다.

$$\sigma = \frac{1}{\rho} \tag{6.1}$$

비저항은 특정 소자 또는 재료의 **저항**(resistance) R과 다음과 같은 관계를 갖는다.

$$R = \frac{L\rho}{A} \tag{6.2}$$

여기서, L은 소자 또는 재료 샘플의 길이이며, A는 단면적이다.

저항의 값은 재료 샘플의 치수(dimension)와 관련이 있지만 비저항은 샘플 크기와 무관하다. 전기 전도도의 단위는 ohm·meter의 역수[$(\Omega \cdot \mathrm{m})^{-1}$]인데, 그림 6.1에서 보는 것처럼 ohm·centimeter의 역수[$(\Omega \cdot \mathrm{cm})^{-1}$]로도 자주 사용된다. 저항은 ohm(Ω) 단위로 측정되며, 비저항의 단위는 ohm·meter(Ω·m)이다.

저항과 비저항 모두 물질이 전류의 흐름에 얼마나 저항하는지를 나타내며, 저항과 비저항 값이 크면 클수록 이 물질을 흐르는 전류가 적다는 것을 의미한다. 따라서, 절연체가 반도체와 도체보다 훨씬 더 높은 저항과 비저항 값을 갖는다.

이와 같은 맥락에서, 물질이 전기를 전도하는 특성이 좋을수록 그 물질은 더 큰 전도도를 갖는다. 고체의 모든 물리적 성질 중, 실온(room temperature)에서의 전기 전도도는 그 값의 범위가 가장 넓다. 예를 들어, 가장 좋은 도체가 최고의 절연체보다 25배 이상 더 큰 전도도를 갖는다.

그림 6.1에서 알 수 있듯이, 금속은 전도체이고 실리콘[거의 모든 전자 소자가 실리콘(silicon)으로 만들어진다]은 반도체이며 마른 목재, 유리 및 고무는 절연체이다. 실제로 고무(rubber) 및 각종 고분자(polymer)는 매우 좋은 전기 및 열 절연체이며 전기 기구나 전선을 감싸서 감전이나 화상을 방지하는 데 사용된다. 비록 대부분의 고분

자는 절연체이지만, 도체 또는 반도체 수준의 전도도를 갖는 소수의 고분자도 있다. 이 책을 쓰는 시점에서, 이러한 고체들에 대한 연구는 아직 초기 단계이지만 일부는 이미 사용인 것도 있다. 예를 들어, 이식 가능한 심박조정기(pacemaker)에 사용되는 배터리의 음극은 경량 전도성 고분자(conducting polymer)로 만들어진다.

비저항의 기원(Origins of the Resistivity)

전기 전도도 및 비저항은 모두 온도에 의존한다. 그림 6.2는 금속 구리의 온도 증가에 따른 비저항의 증가를 보여준다.

전기장 안에서 금속을 통해 움직이는 자유 전자들을 상상해 보면, 이 자유전자들은 전진하면서 원자와 충돌할 것이고, 이렇게 자유 전자들이 원자와 충돌할 때마다 에너지를 잃을 것이다. 따라서, 원자는 전류의 흐름에 대한 저항을 제공한다. 저항(또한 그에 따른 비저항)이 온도에 따라 증가하는 이유는 온도가 높을수록 금속의 원자들이 자신의 격자(lattice) 위치에서 더 많이 진동함으로써 전자가 원자들과 충돌할 기회가 더 많아지기 때문이다. 그렇지만 온도의 증가만이 비저항을 증가시키는 것은 아니다.

전위(dislocation), 불순물(impurity), 및 공공(vacancy)을 포함하는 격자 결함(defect)도 또한 자유 전자가 부딪칠 수 있기 때문에 비저항의 증가에 기여할 것이다. 그림 6.3은 자유전자가 금속을 통과할 때 발생할 수 있는 다양한 유형의 저항을 보여준다.

사실, 전자가 격자 원자들 또는 결함들과 '충돌(collide)'한다고 말하는 것은 지나친 단순화이다. 실제로는, 전자들은 격자 원자들 또는 결함들과 정전기적(electrostatically)으로 상호작용하는 것인데, 어떻게 생각하든 최종적으로 결과는 동일하다: 즉, 전자는 에너지를 잃게 되고 흐름에 대한 저항에 직면한다.

비저항의 열적 요소와 달리, 결함으로 인한 비저항은 '잔류 비저항(residual resistivity)'으로 알려져 있으며, 온도가 절대 0도에 가까워 지더라도 여전히 남아서 존

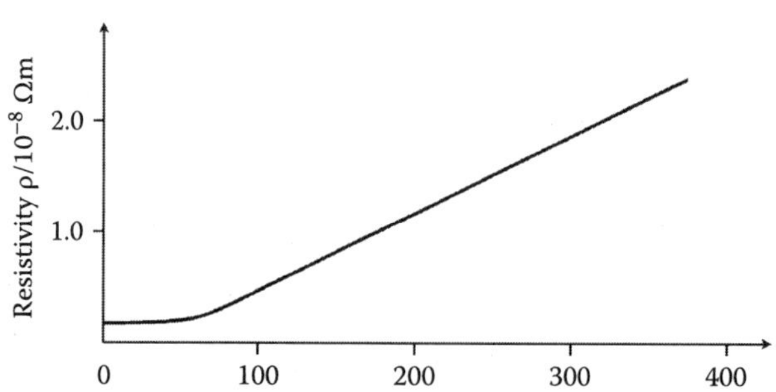

그림 6.2 구리(copper)의 비저항(resistivity)의 온도 의존성.

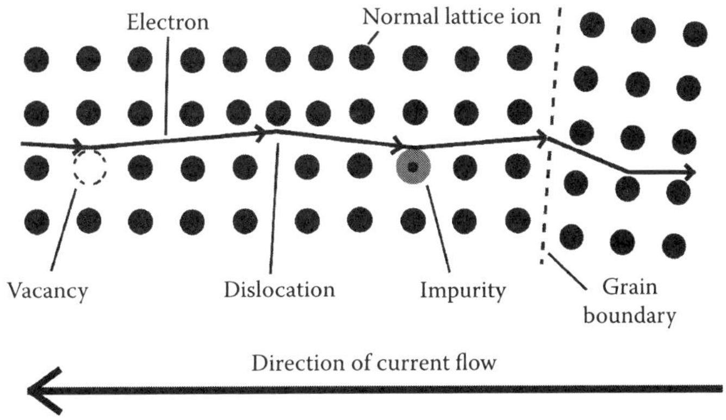

그림 6.3 전기장이 걸린 금속을 통과하려는 자유전자는 격자 원자(lattice atom), 불순물(impurity), 공공(vacancy), 전위(dislocation) 및 결정립계(grain boundary) 형태의 장애물을 만날 수 있다. 비록 전자가 이러한 장애물과 '충돌(collide)'한다고 생각하는 것이 쉽긴 하지만, 실제로는 전자는 이러한 장애물과 충돌하는 것이 아니며 정전기적(electrostatically)으로 상호작용하는 것이다. 이 상호작용으로 인해 전자가 에너지를 잃으므로 금속은 전류 흐름에 대한 저항을 제공하게 된다. 이 그림에서는 충돌이 상당히 빈번하게 일어나는 것으로 표현했지만, 현실에서는 충돌이 이보다 빈번하게 일어나지는 않는다. 전자의 평균 자유 경로(충돌 사이의 거리)는 일반적으로 수백 개의 원자 간격 정도이다.

재한다. 잔류 비저항은 오로지 재료 내에 존재하는 결함의 수의 증가에 따라 증가한다.

도체의 비저항은 다음 식에 의해 주어진다:

$$\rho = \rho_{th} + \rho_{res} \tag{6.3}$$

여기서, ρ는 총(total) 비저항이고, ρ_{res}는 불순물과 결함에 의한 비저항이며, ρ_{th}는 원자의 열적 운동으로 인한 비저항이다. 원자의 열적 운동으로 인한 저항은 포논(phonon)에 의해 산란되는 자유 전자의 관점에서 종종 설명된다(예제 6.1 참조).

전자의 평균 자유 경로(ELECTRON MEAN FREE PATH)

전기장의 영향을 받는 전자가 장애물을 만나기 전에 고체를 통해 이동하는 평균 거리를 '전자의 평균 자유 경로(electron mean free path)'라고 한다. 이것은 5.2.2절에서 논의했던 포논(phonon)의 평균 자유 경로와 유사하다. 일단 전자가 장애물과 상호작용하면, 그 장애물이 결정립계이든, 전위든, 공공이든, 불순물 또는 격자 원자이든지 간에 전자가 이동하는 방향(즉, 그 경로)이 변경된다. 이러한 상황이 그림 6.4에 나타나 있다.

그림 6.4 이 주사 터널링 현미경(scanning tunneling microscope) 이미지는 원형으로 배치된 48개의 철(iron) 원자들의 일부분을 나타낸다. 이 원자들은 의도적으로 이미지에 보이는 각 위치에 배치시켰다. 결정의 표면을 따라 이동하는 자유전자가 이 원자들을 향해 다가가면 자신들이 왔던 방향으로 산란되어 되돌아 간다. 하지만, 이 그림에서 우리가 보고 있는 것은 전자의 입자성(particle-like) 거동이 아니라 파동성(wave-like) 거동이다. 원 내부의 잔물결들은 원자에서 반사된 많은 전자 파동(electron wave)들로 인해 생긴 간섭(interference) 패턴이다. (Photo courtesy of IBM.)

예제 6.1 비저항

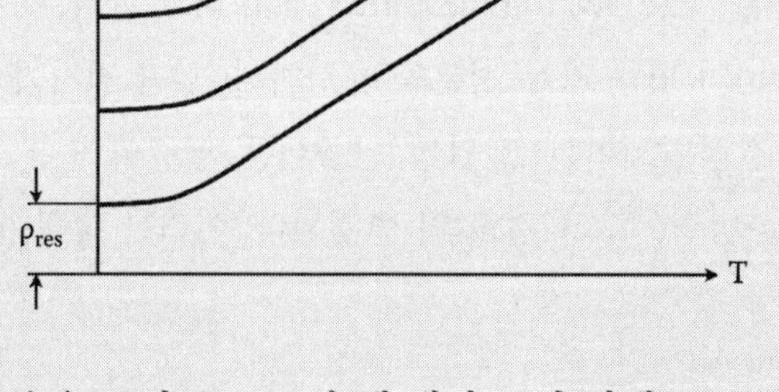

이 그래프의 곡선은 순수 구리(copper)와 세 개의 구리-니켈(copper-nickel) 합금의 비

저항을 나타낸다. 합금 A는 1 원자 퍼센트(atomic percent)의 Ni를 함유하고 있고, 합금 B는 2 원자 퍼센트의 Ni, 그리고 합금 C는 3 원자 퍼센트의 Ni을 포함하고 있다. 위의 곡선은 각각 어떤 재료에 해당하는가?

정답

합금 C가 불순물을 가장 많이 포함하고 있으므로 가장 높은 비저항 값을 가질 것으로 예상되며,따라서 곡선 (i)에 해당한다. 반대로, 가장 낮은 곡선 (iv)는 순수 구리에 해당한다. 그리고, 곡선 (iii)은 합금 A, 곡선 (ii)는 합금 B의 비저항을 나타낸다.

물론, 자유전자끼리도 서로 정전기적으로 상호작용할 수 있다. 그런데 자유전자들이 금속 내에서 서로 얼마나 가깝게 있는지를 고려할 때(약 2Å 정도), 다소 놀랍게도, 자유전자는 다른 자유전자와 충돌하기 전에 1 K의 온도에서10 cm 정도 이동할 수 있고 실온에서는 1 μm 정도나 이동할 수 있다. 이렇게 평균 자유 경로가 긴 이유는 주로 파울리의 배타원리(Pauli's exclusion principle)에 기인한다. 즉, 진행 방향의 변화로 인해 각 전자는 다른 전자와 충돌 한 후 다른 파동 벡터(wave vector)를 가지게 된다. 그리고, 충돌 후 전자는 배타원리로 인해 특정 파동벡터만을 가질 수 있으며, 이같은 사실은 발생할 수 있는 충돌의 수를 효과적으로 제한한다.

이와 대조적으로, 전자와 포논(phonon) 사이의 충돌은 실온에서의 금속의 전자들끼리의 충돌보다 더 쉽게 발생하며, 전자-포논 상호작용에 대한 평균 자유 경로는 전자-전자 평균 자유 경로보다 적어도 10분의 1 수준으로 짧다. 앞서 살펴 보았듯이, 전자와 포논 사이의 충돌은 비저항(resistivity)과 온도의 사이의 관계를 설명하는 데 도움이 된다: 즉, 온도가 높을수록 더 많은 포논이 존재하기 때문에 전자-포논의 충돌이 더 많이 발생한다. 실제로 사실 전자-전자 충돌은 상대적으로 매우 드물게 발생하기 때문에 액체 헬륨(helium) 온도에서만 비저항에 의미있는 기여를 한다.

비데만-프란츠 법칙(Wiedemann-Franz Law)

우리는 앞서 재료의 종류에 따라 가질 수 있는 전기 전도도 값의 범위가 매우 크다는 것을 배웠다. 이와는 반대로, 재료의 열 전도도(5.3절 참조)는 전기 전도도처럼 큰 차이를 보이지 않는데, 그 이유는 모든 고체가 어느 정도 열을 전달하기 때문이다. 그럼에도 불구하고, 이 두 종류의 전도도는 공통점이 있다.

금속과 합금만 고려하면 열 전도도(κ)와 전기 전도도(σ)는 비슷한 양상으로 변

표 6.1 293 K의 온도에서의 일부 금속의 전도도(conductivity) 비교

Metal	σ (10^7 Ω^{-1} m^{-1})	κ (W m^{-1} K^{-1})	(κ/σ) (10^{-6} W Ω K^{-1})
Silver	6.21	429	6.9
Copper	5.88	401	6.8
Aluminium	3.65	237	6.5
Sodium	2.11	141	6.9
Zinc	1.69	116	6.9
Cadmium	1.38	97	7.0
Iron	1.02	80	7.8
Lead	0.48	35	7.3

하기 때문에, 주어진 온도 T에서 κ/σ의 값은 상당히 넓은 온도 범위에서 거의 일정하다(표 6.1 참조). 이 같은 관계는 19세기 중반 독일의 물리학자인 Gustave Heinrich Wiedemann(1826-1899)과 Rudolf Franz(1827-1902)에 의해 처음으로 관찰되었으며, 비데만-프란츠(Wiedemann-Franz) 법칙으로 알려져 있다.

6.1.2 드루드의 고전적 자유전자 모델

1900년, 독일의 물리학자 폴 드루드(Paul Drude, 1863-1906)는 전도(conduction)에 대한 첫번째 모델을 제안했다. 그의 모델에 따르면, 금속을 구성하는 각 원자가 하나 이상의 원자가전자(valence electron)를 잃어버려 양전하를 띤 이온(positively charged ion)이 된다. 이 부분은 2.1.4절에서 금속결합을 시각화 하기 위해 사용되었던 아이디어와 동일한 아이디어이다. 하지만, 드루드의 모델은 고전적인 모델로서, 금속 내에서 자유가 된 전자들이 고전적인 이상기체(ideal gas)의 원자 또는 분자처럼 거동한다고 가정한다. 이는, 자유전자들이 무작위(random) 방향으로 금속 내부를 자유롭게 움직일 수 있지만, 자신들끼리 또는 결정 격자에 고정된 양이온과 충돌할 수 있음을 의미한다. (이 운동은 일반적으로 전압이 없는 상태에서 시간당 수백 킬로미터의 속도이지만, 전류의 일부로서 흐를 때에는 초당 수 센티미터 정도로 훨씬 느리다.) 그렇지만, 이 모델은 전자들끼리의 또는 전자와 이온 사이의 정전기적인 상호작용의 구체적인 요소들을 고려하지 않는다.

이러한 한계에도 불구하고, 드루드 모델은 열을 잘 전도할 수 있는 금속이 동시에 좋은 전기 전도체라는 것을 예측하게 해주며, 앞선 절에서 설명한 비데만-프란츠 법칙도 잘 설명한다. 또한, 드루드 모델은 금속의 전류가 옴의 법칙(Ohm's law)을 따른다는 것을 예측한다:

$$V = IR \tag{6.4}$$

여기서, I는 도체를 포함하는 회로에 흐르는 전류(current)이며, V는 도체 양 끝 간의 전압(voltage), R은 도체의 저항(resistance)이다. [옴의 법칙은 이 법칙을 발견한 독일의 물리학자 Georg Simon Ohm(1787-1854)의 이름을 따서 명명되었다.]

반면, 드루드 모델은 실제 값보다 매우 큰 열용량(heat capacity) 값을 산출한다. 이는, 전자가 이상기체라고 가정하여 전자들의 운동에너지 분포가 맥스웰-볼츠만 분포(Maxwell-Boltzmann distribution)에 의해 주어지기 때문이다. (이상기체의 고전 통계학에 관한 부록 E 참조) 고전적인 기체 모델에 따르면, 각 전자의 평균 열 에너지는 $\langle E \rangle = 3k_BT/2$이며, 임의의 물질 1 몰(mole)의 단위 부피당 자유전자의 개수를 곱하면 바로 그 물질의 몰 열용량(molar heat capacity)이 된다. 그러나, 이 값은 실험적으로 측정한 몰 비열(molar specific heat) 값보다 100 배나 더 높다. 현실에서는, 5.3.1 절에서 보았듯이 열용량은 격자 이온의 열적 진동에서 기인하며, 자유전자의 기여분(contribution)은 거의 없다.

그렇기 때문에, 고체에서 일어나는 실제 상황에 더욱 가까워지기 위해서는 양자 이론(quantum theory)을 고려할 필요가 있으며, 바로 이것이 파울리의 양자적 자유전자 모델(Pauli's quantum free electron model)이다.

6.1.3 파울리의 양자적 자유전자 모델

이 모델은 전도 전자가 마치 결정 내부를 자유롭게 이동하는 가스 분자인 것처럼 취급한다는 점에서 드루드의 모델과 매우 유사하다. 그러나, 파울리 모델은 양자(quantum) 이론을 고려하므로 전자를 페르미온(Fermion)으로 간주한다. 따라서, 이 경우 전자는 파울리의 배타원리(Pauli's exclusion principle)을 만족해야하는 대상이 된다(부록 D 참조). 파울리의 배타원리에 의하면, 임의의 두 개의 페르미온[전자와 같이, 1/2의 스핀 양자수(spin quantum number)를 갖는 미립자]이 정확히 동일한 양자 상태(quantum state)를 갖지 못한다. 따라서, 이 모델의 자유전자 가스는 드루드 모델의 자유전자 가스와는 다르며, 자유전자 페르미 가스 또는 짧게 표현하여 '페르미 가스(Fermi gas)'라고 일컫는다.

자유전자 모델에서의 상태(States of the Free Electron Model)

페르미 가스(Fermi gas)의 전자는 파울리의 배타원리를 따르기 때문에, 전자 자신들끼리 부딪혀 산란되는 일은 거의 일어나지 않는다. 이는 원자가전자(valence electron)들이 자신들끼리 부딪히거나 또는 고정된 격자 이온들과 충돌할 수 있다고 보는 드루드 모델과 직접적인 대조를 이루는 점이다. 드루드 모델과의 또 다른 차이점은, 페르미 가스 내의 전자들은 정확한 격자 위치에 있는 양이온들과는 충돌하지 않는다는 점인데, 이는 물질파(matter wave)가 주기적인 격자 내에서 어떠한 굴절도 없이 전파되기 때문이다.

이 모델에 있어서 전자들이 어떻게 거동하는지 더 깊이 이해하기 위해서는 1차원(1-D)에서 움직이는 전자를 상상해 보는 것이 도움이 된다. 이때, 금속은 결정의 전체 길이가 0에서 L까지로 표현되는 정사각형의 전위 우물(potential well)로 나타낼 수 있다(부록 D 참조). 우리는 양자역학(quantum mechanics)으로부터 이 전자들이 전위 우물 안에서 아무 에너지나 가질 수 없으며, 오직 아래 식에 의해 주어진 에너지만을 가질 수 있다는 것을 알고 있다.

$$E_n = \frac{\hbar^2}{2m}\left(\frac{n\pi}{L}\right)^2 \tag{6.5}$$

여기서, m은 전자의 질량이고, n은 에너지 레벨의 양자수(quantum number)이다.

길이 L의 1-D 금속에 국한되어 있는 전자가 가질 수 있는 처음 몇 에너지가 그림 6.5에 나와있다.

파울리 배타원리는 동일한 양자수의 세트를 갖는 전자가 하나 이상이 되는 것을 허용하지 않는다. 따라서, 최대 두 개의 전자가 그림 6.5에 나타나 있는 각 에너지 레

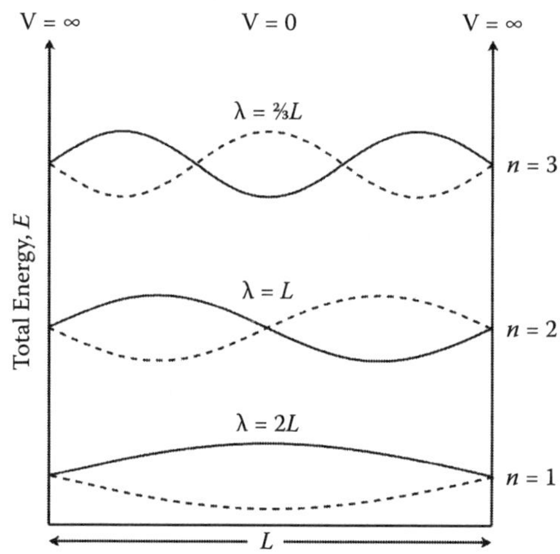

그림 6.5 길이 L의 1차원 금속에 국한되어(confined) 있는 전자에게 허용된 처음 몇 에너지. 전자를 나타내는 파동 또한 표시되어 있는데, 이 파동은 기타(guitar) 줄을 튕길 때 생성되는 정상파(standing wave)처럼 보인다.

벨[또는 상태(state)]을 차지(occupy)할 수 있다. 즉, 한 개의 전자가 $+1/2$의 스핀 양자수(spin up)를 갖고, 나머지 다른 한 전자가 $-1/2$의 스핀 양자수(spin down)를 가짐으로써 결과적으로 두 개의 전자가 각 에너지 레벨에 수용될 수 있다.

절대 0도에서 전자가 하나도 채워져 있지 않은 상태의 금속에서는, 전자는 가장 낮은 에너지를 갖는 상태에서부터 시작해서 점유 가능한 상태까지 각 상태에 두 개의 전자를 각각 채울 것이고, 그 결과 계(system)의 총 에너지는 가능한 한 낮게 유지된다.

페르미 에너지(Fermi Energy)

그래서, 만약 1-D 고체 안에 N개의 전자가 있다고 상상한다면, 에너지 상태는 아래에서부터 위쪽으로 채워질 것이다. 즉, 두 개의 전자가 먼저 $n = 1$ 레벨을 채우고, 그 다음 두 개의 전자는 $n = 2$ 레벨을 채우는 식으로 N개의 전자가 모두 채워질 것이다. 이때, 전자가 채워진 가장 높은 에너지 레벨을 페르미 에너지(Fermi energy) E_F라고 하는데, E_F는 다음과 같이 주어진다.

$$E_F = \frac{\hbar^2}{2m}\left(\frac{N\pi}{2L}\right)^2 \tag{6.6}$$

여기서, m은 전자의 질량, L은 가상 1차원 고체의 길이, N은 전자의 개수이다. (이 식은 식 6.5와 동일한 형태를 갖는다. 식 6.6의 괄호 안의 분모에 있는 숫자 2는 각 레벨에 두 개의 전자가 존재한다는 것으로부터 비롯한다.)

파울리의 양자적 자유 전자 모델에 있어서 이러한 페르미 에너지의 개념이 유용한 점은, 바로 페르미 에너지보다 낮은 에너지를 가진 전자가 추가로 에너지를 얻어서(예를 들면, 전자를 포함하는 고체가 가열 될 때) E_F 위로 올라가게 되면 이 전자들이 전도(conduction)에 참여할 수 있다는 점이다. 따라서, 페르미 에너지에 상당히 가까운 수준의 에너지를 갖는 전자들만이 전도 전자가 될 수 있다. 6.4절에서 다시 다루겠지만, 페르미 에너지는 반도체(semiconductor)에서도 매우 중요한 개념이다. 하지만, 반도체에서의 E_F는 일반적으로 금속에서와 같이 전자가 채워진 가장 높은 에너지 상태를 의미하지는 않는다.

그 어떠한 양자역학적 시스템에서도 양자 상태가 같다면 동일한 에너지 값을 갖는 것은 불가능하기 때문에, 페르미 가스 내의 전자들의 에너지는 그들이 가질 수 있는 모든 에너지 상태들 사이로 나뉘게 된다. 주어진 한 에너지 상태 E에 존재하는 페르미 가스 전자의 평균 개수는 페르미-디락 분포(Fermi-Dirac distribution)에 의해 설명되는데, 이 분포는 다음과 같다:

$$F_F(E) = \frac{1}{e^{(E-E_F)/k_B T} + 1} \tag{6.7}$$

여기서, $F_F(E)$는 페르미 분포 함수이고, E_F는 페르미 에너지이며, k_B는 볼츠만 상수(Boltzman's constant), T는 켈빈(kelvin) 온도이다. (페르미-디락 분포 함수에 대한 자세한 설명은 부록 E를 참조)

그림 6.6은 0 K 및 0 K가 아닌 몇몇 특정 온도에서의 페르미 분포 함수를 보여준다. 절대 0도 조건에서 E_F 이상에서는 $F_F(E)$의 값이 0, 그리고 E_F 아래에서는 1의 값을 갖는다는 것을 명확히 볼 수 있다. $F_F(E) = 0$의 의미는, E_F 이상에서는 전자가 그 어떠한 에너지 상태도 차지(occupy)하지 않고 있다는 것을 의미한다. 반면, 페르미 에너지 이하에서는 $F_F(E) = 1$이기 때문에, 이는 E_F까지의 모든 에너지 상태들은 전자들에 의해 점유(occupy)되어야 한다는 것을 의미한다.

이는 앞서 논의했던 금속 내의 최저 에너지 상태로부터 높은 에너지 상태로 전자를 점진적으로 채우는 것을 이해하는 또 다른 접근 방식이다. 그러나, 금속(혹은 그 어떤 것도)을 절대 0도만큼 차갑게 만들 수는 없으므로, 그림 6.6(b)의 그래프가 사실상 실제 상황을 잘 묘사한다고 할 수 있다. 여기서, 우리는 E_F에서의 경계의 형태가 급작스럽지 않은 것을 볼 수 있다. 그 이유는, 0 K 이상 조건의 경우, E_F 바로 아래의 전자는 E_F 위의 양자 상태로 여기(excitation) 될 만큼의 충분한 열 에너지를 얻어 전도에 참여할 수 있기 때문이다. 따라서, 온도가 높으면 높을수록 더 많은 전자가 E_F보다 높은 레벨로 여기(excitation) 되기에 충분한 열 에너지를 얻을 수 있고, 그 결과 E_F 주변의 곡선의 기울기가 낮을수록 생성되는 전류는 커지게 된다.

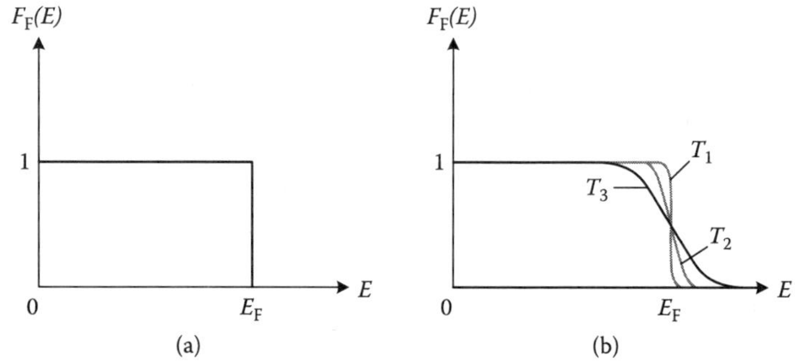

그림 6.6 (a) 0 K 및 (b) $T_3 > T_2 > T_1$인 임의의 온도들에서의 페르미 분포 함수(Fermi distribution function). 주어진 임의의 에너지 상태 E에서의 $F_F(E)$의 값이 클수록, 그 에너지 상태에 존재하고 있는 전자의 개수가 더 많아진다. $F_F(E) = 0$인 에너지 상태는 전자가 존재하지 않음을 의미한다. (페르미 분포 함수는 부록 E의 E4절에서 더 자세히 논의된다.)

에너지와 파동벡터(E-k)와의 관계(E-k Relationship)

자유전자 이론에서 전도 전자는 자유전자의 파동함수(wave function)에 의해 기술된다. 이때, 파동함수는 허용된 특정 파동벡터(wave vector, k)의 값을 갖는데, 이는 원자 내의 전자에게 허용된 상태를 나타내는 양자수(quantum number) n, l 및 m과 유사한 개념이다. 실제, 금속 내의 자유 전자의 에너지는 아래 식에 의하여 파동벡터 k와 연관된다.

$$E = \frac{\hbar^2 k^2}{2m} \tag{6.8}$$

자유전자의 에너지는 온전히 전자의 운동(motion)으로 인한 에너지—즉, 운동에너지(kinetic energy)—이므로, 식 6.8 에서 E는 다음과 같이 $\frac{1}{2} mv^2$로 대체할 수 있다.

$$\frac{1}{2} mv^2 = \frac{\hbar^2 k^2}{2m} \tag{6.9}$$

위 식은 다음과 같이 정리될 수 있다.

$$mv = \hbar k \tag{6.10}$$

식 6.10을 보면, 운동량(momentum) p는 mv와 같으므로 파동벡터 k는 구속되지 않은 완전한 자유전자의 운동량이라고 할 수 있다. [사실, k는 종종 '준 운동량(quasi-momentum)'이라고도 부른다. 그 이유는, 다음 절에서 다루겠지만, 완전한 자유전자에 대해서는 파동벡터가 그 운동량과 속도를 나타내지만, 격자 이온에 의해 영향을 받는 전도 전자에 대해서는 항상 그런 것은 아니기 때문이다.]

식 6.8을 다시 살펴보면, E와 k 사이의 관계는 포물선의 형태를 갖는다는 것을 알 수 있다. 왜냐 하면, 카르테시안 좌표계(Cartesian coordinates)에서 포물선은 다음과 같은 형태의 표준 방정식을 갖기 때문이다.

$$y = ax^2 \tag{6.11}$$

따라서, 우리가 E-k 관계를 그림으로 그리면 결과 그래프는 그림 6.7과 같을 것이라는 것이다.

전자가 전기장에 반응하여 거동하는 방식은 E-k 관계에 의해 결정된다. 이는, 우리가 방금 살펴보았듯이, k가 운동량의 척도이며 E-k 그래프가 에너지와 운동량의 관계를 나타내 주기 때문이다.

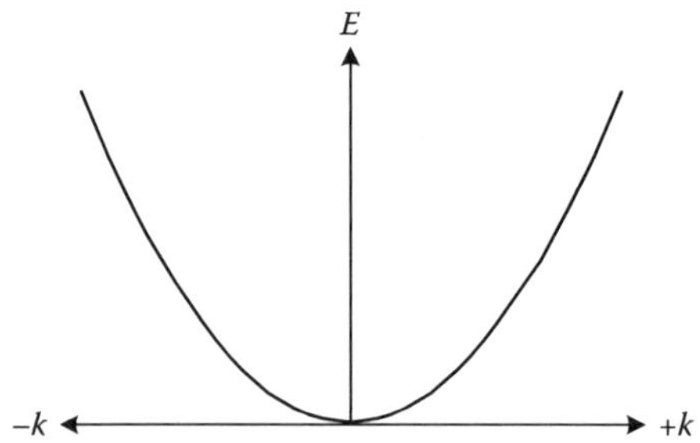

그림 6.7 완전한 자유전자에 대한 *E*–*k* 관계. 이때, 자유전자는 결정 격자와 상호작용하지는 않지만 양자 기체(quantum gas)의 입자인 것처럼 거동한다.

예제 6.2 *E*–*k* 관계

그림 6.7의 곡선은 음의 *k*값과 양의 *k*값 모두에 대해 나타나 있다. 음의 *k*값은 무엇을 의미하는가?

정답

파동벡터 *k*의 음의 값은 양의 *k*값을 갖는 전자가 이동하는 방향과 반대 방향으로 이동하는 전자를 의미한다.

유효질량(Effective Mass)

전자가 진공 상태에서 전기장에 의해 가속되어 이동하는 경우, 전자의 움직임은 뉴턴의 운동 법칙(Newton's laws of motion)에 의해 설명될 수 있다. 그리고, 다소 놀랍게도, 결정 내에서 인가된 전압에 의해 생성된 전기장에 의해 가속되는 자유전자와 같이 양자역학을 따르는 시스템의 운동도 기술할 수 있다. 하지만, 전자가 격자를 통과하며 다른 포텐셜(potential)과 상호작용을 하게 되므로, 뉴턴 법칙이 적용되기 위해서는 전자의 정상질량(normal mass) m_e이 **유효질량**(effective mass) m^*으로 대체되어야 한다. 유효질량은 전자와 격자 사이의 모든 복잡한 상호작용을 반영하기 때문에, 유효질량을 사용한 고전 방정식으로도 전자의 거동을 적절히 설명할 수 있다.

유효질량 m^*은 다음과 같이 표현된다.

$$m^* = \frac{\hbar^2}{d^2E/dk^2} \tag{6.12}$$

따라서, 전자에 대한 *E-k* 곡선이 있다면, 전자의 질량은 *E-k* 곡선의 곡률(curvature)—즉, 기울기의 변화율—에 반비례한다. 왜냐 하면, dE/dk = 곡선의 기울기이고, d^2E/dk^2 = 기울기의 변화율이기 때문이다.

식 6.12는 완전한 자유전자(또는 다른 종류의 입자)에 대해서도 유효하다. 따라서, 어떤 경우라도 입자의 질량 값은 그 입자의 *E-k* 곡선의 2차 미분을 취함으로써 얻을 수 있다.

페르미 표면(Fermi Surfaces)

일반적으로, 대부분의 이러한 유형의 그래프는1 차원에서의 파동벡터에 대한 에너지의 관계를 나타낸다. 다시 말해, 다음과 같이 k_x, k_y, k_z로 구성되는 k에 대한 E가 아니라, k에 대한 E를 나타낸다.

$$\mathbf{k}^2 = k_x^2 + k_y^2 + k_z^2 \tag{6.13}$$

물론, 실제 고체는 3차원(3-D)이기 때문에 어느 전자 에너지 레벨이 점유되는지 또 비어 있는지를 나타내는 보다 정확한 방법은 페르미 표면(Fermi surface)을 구성하는 것이다.

페르미 표면(Fermi surface)은 에너지 레벨이 3-D **k**-공간(space)에서의 점으로 표시될 때의 페르미 에너지 E_F를 나타내는 표면이다. 앞서 살펴보았듯이, 우리는 파울리의 배타원리를 이용해서 전자 가스에 대한 N의 전자 기저 상태(ground state)를 만들 수 있다. 이러한 경우, 허용된 각 파동벡터 **k**에는 두 가지의 전자 상태가 있다: 하나는 'spin up'이고, 다른 하나는 'spin down'이다. 따라서, 기저 상태(ground state)를 만들기 위해 두 개의 전자가 준위 $\mathbf{k} = 0$에 배치된다; 그런 다음, 이와 같은 방식으로 그 다음의 에너지 레벨은 매번 최소 에너지 레벨부터 연속적으로 전자에 의해 채워진다.

전자의 개수 N이 매우 많다면, **k**-공간(space) 내 점유 된 영역은 결국 구(sphere)가 될 것이다. 이 '페르미 구(Fermi sphere)' 내에서 각각의 점유된 레벨들은 한 점으로 표현되므로, 구의 표면—즉, 페르미 표면(Fermi surface)—은 점유된 레벨들과 비어있는 레벨들을 구분한다. 그림 6.8은 파울리의 양자적 자유 전자 모델(Pauli's quantum free electron model)을 따르는 가상의 금속의 페르미 표면을 보여준다. 이 페르미 구의 반지름은 k_F이므로 부피는 $4/3\pi k_F^3$이다. [페르미 표면은 자유전자와 준자유전자(nearly free electrons) 모두에 대해 만들어 질 수 있다. 이에 관해서는 다음 절에서 논의할 것이다.]

현실에서는, 대부분의 페르미 표면은 구형이 아니며, 실제로 특이한 모양을 가질

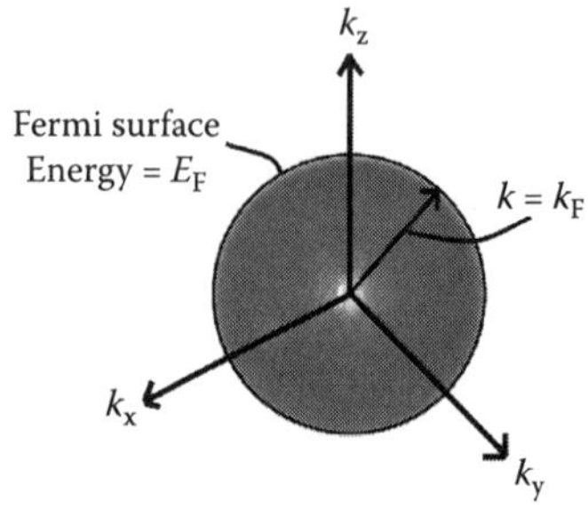

그림 6.8 N개의 자유전자를 포함하는 한 가상의 고체의 페르미 표면(Fermi surface). 점유 된 전자 에너지 레벨들은 반지름 k_F를 갖는 구(sphere)를 채우며, 이를 페르미 파수(wave number)라 한다.

수 있다. 페르미 표면의 형상은 금속의 전기적 특성을 결정하는데, 그 이유는 전도도가 페르미 표면 근처에 있는 상태들(states)의 점유에 기인하기 때문이다. 이러한 페르미 표면의 형상은 각 금속의 원자가전자(valence electron)의 수에 의해 크게 영향을 받는다.

예제 6.3 유효질량

아래의 곡선의 점 A, B, C에서의 유효질량(effective mass) m^*은 양(postivie)인가, 음(negative)인가, 혹은 무한한(infinite)가? 각 점의 유효질량을 갖는 입자의 물성 측면에서 당신의 정답은 무엇을 의미하는가? (힌트: 각각의 수학적 과정을 그려보면 도움이 될 것이다.)

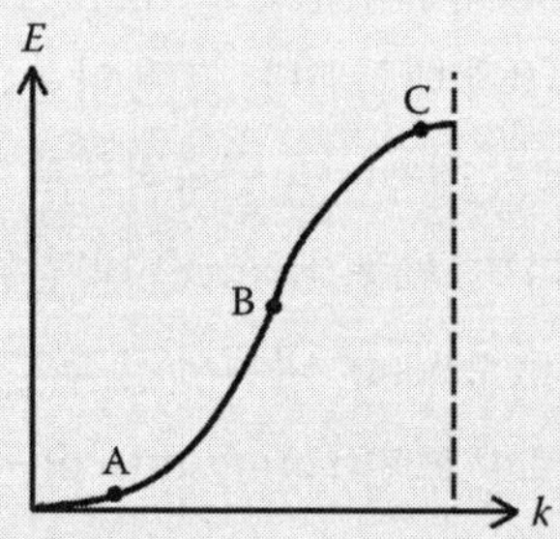

정답

그림에 나와 있는 곡선의 기울기의 변화량, 즉 d^2E/dk^2에 대해 알아볼 필요가 있으므로, 우선 곡선의 기울기, 즉 dE/dk를 그려보면 다음과 같다:

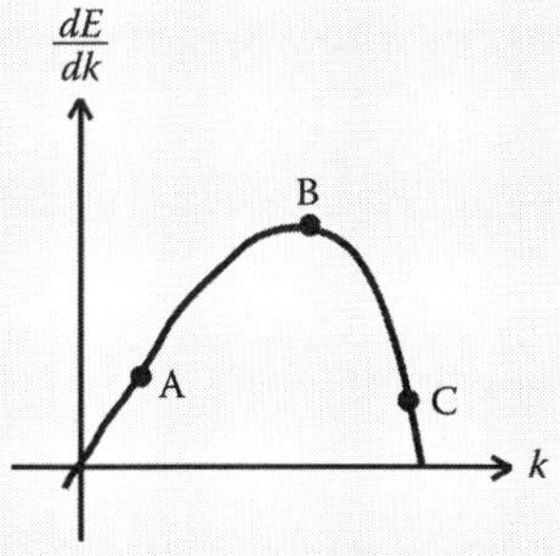

위 곡선은 점 A에서 약간 윗쪽으로 휘어 있으므로 A에서의 기울기는 양(positive)이다. 곡선이 B 지점에서 더 가파르게 위로 올라가므로, B점에서의 기울기는 A 지점보다 더 크다. 마지막으로, 점 C에서의 기울기는 훨씬 더 작다.

이제, 위의 곡선에 대한 기울기, 즉 d^2E/dk^2를 그려보면 다음과 같을 것이다:

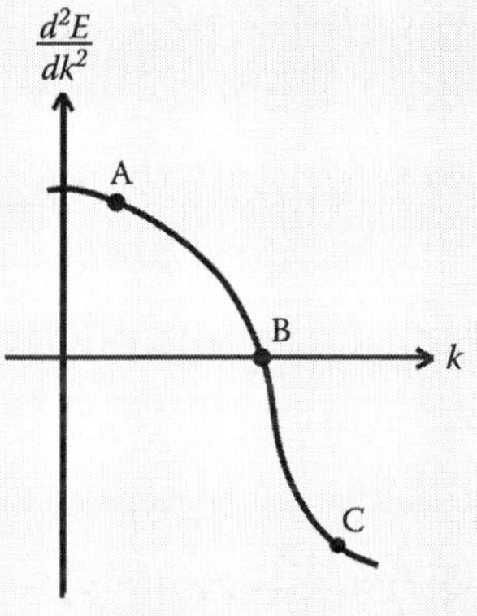

위 그림의 B 지점에서 곡선은 최대값을 가지므로 B에서의 기울기는 0이다. C 지점에서의 기울기는 작으므로 0인 B 지점보다 낮아야 한다. 반면, A 지점은 양의 값을 가지기 때문에 B 지점보다 위에 위치할 것이다.

최종적으로 식 6.12를 고려한 그림을 그리면, 위의 그림의 역수 형태가 된다.

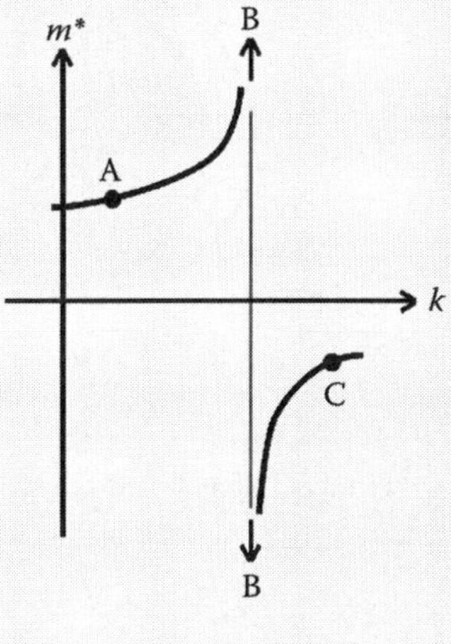

0의 역수는 무한대(infinity)이므로, 점 B는 무한대의 유효질량을 갖는 입자를 나타낸다. 음수의 역수는 마찬가지로 음수이므로, 점 C는 음의 유효질량을 갖는 입자를 나타내며, 반대로 점 A는 그 역수도 양수이므로 이는 양의 유효질량을 갖는 입자를 나타낸다.

물리적으로 점 B와 같은 무한대의 질량을 갖는 입자는 너무 무거워서 움직일 수 없다. 한편, 음의 유효질량을 갖는 입자는 전기장 내에서 양의 유효질량을 갖는 입자와는 반대 방향으로 가속된다. 따라서, A지점은 전자(electron)을 나타낸다(양의 질량 및 음의 전하). 점 C는 '정공(hole)'이라는 입자이다. 정공은 양의 질량과 양의 전하(전하의 크기는 전자와 같다)를 갖는다.

그림 6.8의 페르미 표면 그림을 다시 보면, 파동벡터 k의 값이3 차원으로 나타나 있고, 이들 세 k축이 만나는 지점인 $k=0$을 중심으로 하는 구(sphere)임을 알 수 있다. k는 운동량(momentum)의 척도이므로 가능한 모든 방향으로 이동하는 전자들의 개수는 모두 동일하다. 이와 같은 상황을 잠깐 2차원(2-D)에서 생각해 보면(상황을 시각화 하는데 도움이 된다), 오른쪽으로 이동하는 전자의 개수만큼이나 전자가 왼쪽으로도 이동하고 있음을 의미한다. 따라서, 이러한 모든 자유전자들을 고려하면 평균적인 전자의 속도는 0이 되고 순 전류(net current)는 발생하지 않을 것이다. 이 같은 상황이 그림 6.9(a)에 묘사되어 있다.

이와 반대로, 그림 6.9(b)는 전기장이 한 가상의 금속에 가해졌을 때 2차원 페르미 구의 표면에 일어나는 일을 보여주고 있다. 페르미 가스의 모든 전자는 인가 된 전기장의 반대 방향으로 가속 될 것이고, 이는 곧 특정한 한 방향으로 이동하는 전자가 더

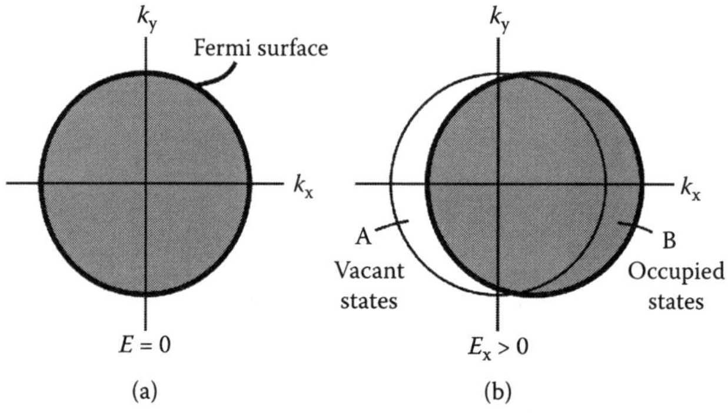

그림 6.9 (a) 전기장이 없는 상태 및 (b) 전기장의 영향을 받는 상태의 가상의 2 차원 금속의 페르미 표면(Fermi surface).

많이 존재한다는 의미가 된다. 그렇게 되면, 페르미 구가 옮겨질 것이고, 그에 따라 물론 전류의 흐름을 만들어 낼 것이다.

도체에 전류가 흐를 때, 전기장이 변하지 않는다면 전류의 크기도 계속 증가하지 않는다. 전류의 크기는 가해진 전기장에 의존하는 정해진 한 값으로 빠르게 증가한 이후 그 값을 유지하게 된다. 이 같은 상황은 페르미 표면에 의해 설명될 수 있다.

페르미 표면(에너지 E_F를 가짐) 근처의 에너지 상태에 놓여 있는 자유전자는 다른 전자들이나, 격자 이온, 및 결함(6.1.1절 참조)과 충돌하여 산란하는데(scattered), 이는 인과적으로 전자의 파동벡터를 변화시킨다. 즉, 산란(scattering)에 의해 전자 이동의 방향과 속도가 변한다는 것은 전자들이 새로운 *k* 상태로 이동해야 함을 의미한다. 산란된 이후 들어갈 수 있는 비어있는(vacant) 상태를 찾아 들어갈 수 있는 것은 페르미 표면 근처의 전자들[그림 6.9(b)에서 '점유 상태(occupied states)'로 표시됨]뿐이다. 그림 6.9(b)를 또 다른 관점에서 살펴보면, 산란된 전자가 차지하게 될 비어있는 *k* 상태(파동벡터의 새로운 값)는 페르미 구의 왼쪽에 위치한 더 낮은 에너지 값을 갖는 *k* 상태라는 것을 알 수 있다.

그러므로, 전류는 그 크기가 무한정 증가하지 않는다. 왜냐 하면, 그러려면 전자의 에너지가 계속 증가해야 하기 때문이다. 즉, 이는 전자가 더 낮은 에너지를 가진 상태로 이동하기보다는 계속해서 더욱 더 높은 에너지의 *k* 상태로 이동해야 한다는 것을 의미한다. 예를 들어, 그림 6.9(b)의 상태 B에 있는 전자는 더 높은 에너지 상태로 가기보다는 상태 A로 이동할 것이고, 결과적으로 이는 전류를 제한할 것이다.

비열에 대한 전자 기여(Electronic Contribution to the Specific Heat)

표 5.2를 다시 살펴보면 금속 및 비금속의 디바이 온도(Debye temperature)가 나와있음을 볼 수 있다. 표를 보면 금속에 존재하는 자유전자가 비열(specific heat)에 기여하지 않는다는 것을 알 수 있다.

사실, 대부분의 온도 범위에서 매우 적은 수의 자유전자만이 비열에 기여할 수 있다. 우리가 방금 논의했다시피, 자유전자들 중 페르미 에너지(E_F)에 근접한 에너지를 갖는 자유전자들은 온도가 높아지면서 추가의 에너지를 얻음으로써 더 높은 에너지 상태로 이동할 수 있다. 따라서, 양자 역학을 자유전자 이론에 적용하고 전자를 페르미 가스로 취급하게 되면, 드루드 모델에 의해서는 합리적으로 설명될 수 없었던 전자 비열(electronic specific heat)에 대한 설명이 가능해진다.

6.2 에너지 밴드 형성

지금까지 살펴보았듯이, 파울리의 자유전자 이론은 열/전기 전도도를 비롯한 다양한 금속의 특성을 잘 설명한다. 그러나, 파울리의 자유전자 이론은 어떤 물질이 왜 전도체인지, 왜 반도체인지, 왜 절연체인지에 대해서는 잘 설명하지 못하며, 또한 100개 이상의 원자 간격에 해당하는 길이만큼의 전자의 평균 자유 경로도 설명하지 못한다. 이와 같은 주제를 이해할 수 있는 더 좋은 방법은, 고체를 에너지 밴드(energy band)의 관점에서 바라보는 것인데, 다음의 두 절에서 다루겠지만, 에너지 밴드가 어떻게 생겨나는지에 관해서는 완전히 다른 두 가지 방법으로 생각해 볼 수 있다.

6.2.1 준자유전자 모델

이 모델은, 격자의 이온들이 전자 바다(sea of electron)에 미치는 영향을 고려한 파울리의 양자적 자유전자 모델의 확장판이다. 파울리의 모델에서는, 격자 이온의 양전하가 금속 시편 전체에 걸쳐 퍼져있기 때문에 전도 전자는 균일한 포텐셜 에너지(potential energy)를 갖는 것으로 가정한다. 따라서, 6.1.3절에서 보았듯이, 단순화를 위해 금속 내부에 있는 전자들의 포텐셜 에너지는 실제로 0으로 간주되고, 반면 금속 외부에서의 포텐셜 에너지는 무한히 큰 것으로 가정하므로 전자는 금속 내부에 국한되는(confined) 것이다.

하지만, 전도 전자와 양전하를 띤 격자 이온의 상호작용을 고려하면 전자의 포텐셜 에너지는 그림 6.10에서 보는 것과 같다. 이 그림에서 알 수 있듯이, 전자의 포텐셜 에너지는 전자가 양이온 근처에 있을 때 평균값보다 낮고, 전자가 정확히 두 양이온 가운데에 있을 때 가장 높다. 이는, 어떤 물체이건 그 물체를 끌어당기는 물체에 멀리 떨어져 있을 때보다는 가까이 있을 때 더 낮은 포텐셜 에너지를 가질 것이기 때문이

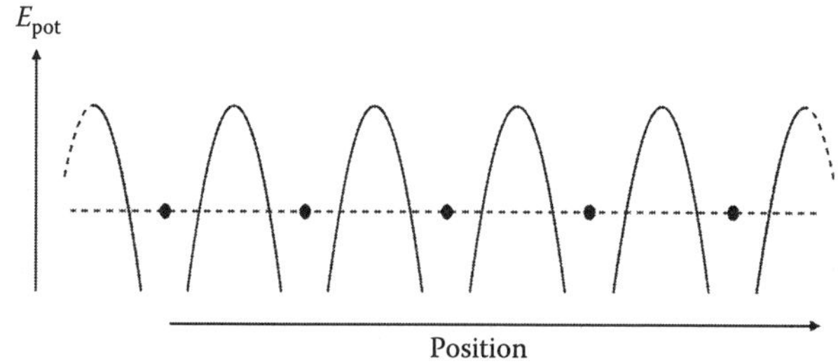

그림 6.10 가상의 1차원 고체에서의 전도 전자의 포텐셜 에너지(potential energy). 그림에서 각 점은 격자 양이온을 나타낸다.

다. 사실, 이 같은 상황은 중력에 의해 지구에 끌어 당겨지는 물체와 유사하다. 예를 들어, 사과는 익었을 때 나무에서 떨어지게 되고, 이 사과의 포텐셜 에너지는 사과가 떨어져 땅에 있을 때 보다 나무에 붙어있을 때 더 높을 것이다.

만약 전자를 파동성(wavelike properties)의 관점에서 간주하고, 또한 양자역학적 계산(이 책의 범위를 훨씬 뛰어 넘으므로 더는 다루지 않는다)에 의해 계산된 전자가 가질 수 있는 에너지를 파동벡터 k의 함수로 나타낸다면, 그림 6.11에 보이는 것과 같이 중간이 끊어진 곡선이 나타난다.

그림 6.11(a)의 점선은 파울리 모델에서의 E-k 관계를 보여준다. 이와 대조적으로, 끊긴 부분이 있는 준자유전자 모델(nearly free electron model)의 E-k 곡선은 고체에서

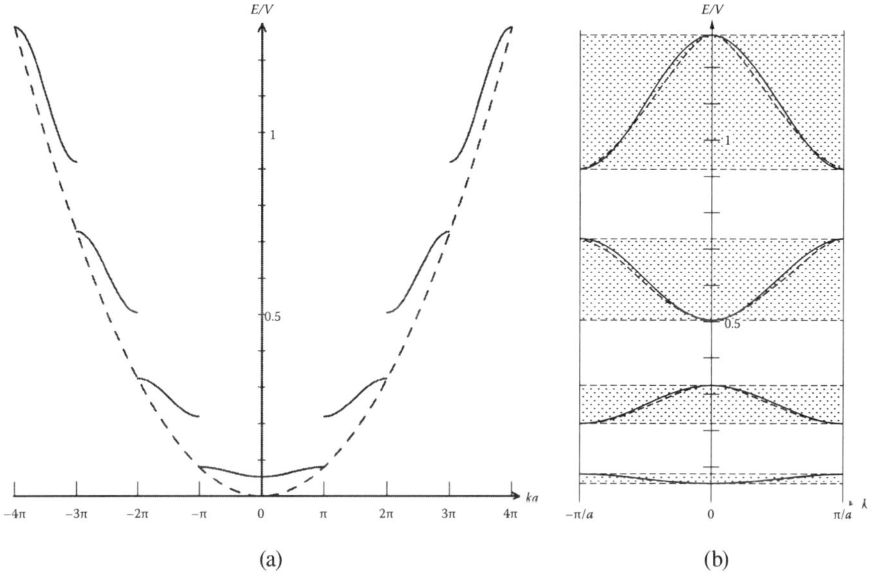

그림 6.11 (a) 점선은 파울리 모델이 예측하는 E–k 곡선을 보여준다(그림 6.7에서 처음으로 다루었다.) 이 경우는, 전도 전자는 모든 에너지 값을 가질 수 있는 반면, 준자유전자(nearly free electron) 모델은 전자가 가질 수 없는 에너지 범위가 존재함을 예측한다. 이러한 전자가 가질 수 없는 에너지는 E–k 곡선인 실선을 불연속적으로 나타냄으로써 표시된다. (사실, 준자유전자에 대한 E–k 곡선의 가장 낮은 부분도 자유전자 E–k 곡선처럼 0을 통과해야 하지만, 비교를 쉽게 하기 위해 이 그림처럼 종종 표시한다.) (b)는 (a)와 동일한 그림의 다른 형태를 보여준다. 먼저 이 그림의 곡선을 (a)와 비교하여 살펴보면, 이 곡선은 준자유전자에 대한 E–k 곡선을 더 조밀하게 나타낸 것임을 알 수 있다. E–k에 관한 정보를 나타내는 세 번째 방법은 그림의 음영 부분처럼 나타내는 것인데, 이는 밴드 다이어그램(band diagram)이라 하는 것을 형성한다. 일반적으로 밴드 다이어그램은 E–k 곡선도 같이 표시하지 않으며, 단순히 음영 영역으로 표시된 '에너지 밴드(energy band)'라고 일컫는 허용된(allowed) 에너지 범위를 나타낸다. 이 경우 에너지 밴드는 음영으로 표시되며 '에너지 갭(energy gap)'이라 부르는 금지된(forbidden) 에너지 범위는 흰색으로 표시된다. 다음 절에서 더 많은 밴드 다이어그램에 대해 살펴볼 것이다. (Courtesy of Gary Swanson.)

전자가 차지(occupy)할 수 없는 에너지 값이 있다는 것을 보여준다. 이는 그림 6.11(b)의 '밴드 다이어그램(band diagram)'으로 나타낼 수 있으며, 일반적으로 *E-k* 곡선을 중첩해서 같이 보여주지 않은 채 나타낸다. (자세한 내용은 그림 설명을 참조.) **밴드갭**(band gap) 또는 '에너지갭(energy gap)'으로 일컫는 이러한 에너지 레벨의 '금지된(forbidden)' 밴드는 흰색 영역으로 표시된다. 이 영역은 전자의 파장이 Bragg 조건을 만족하는 결정 내의 영역에 해당하며, 따라서 격자 이온들로부터의 Bragg 반사는 밴드갭 내의 에너지를 갖는 전자가 이동하지 못하도록 한다. 중간이 끊긴 이 *E-k* 곡선 상에 존재하는 그 밖의 모든 다른 전자들(즉, 그 밖의 모든 파동벡터 *k*의 값과 그에 해당하는 에너지를 갖는 전자들)은 결정을 가로질러 이동할 수 있다. 이처럼 밴드 다이어그램에서 허용된(allowed) 에너지 상태를 나타내는 영역을 **에너지 밴드**(energy band)라고 한다—그림에서 점으로 이루어진 음영으로 표시된 영역.

이것은, Bragg 조건을 만족하지 않는 파동벡터를 가진 전자의 경우에는, 이들 전자가 금속을 통과함에 있어 완벽하게 주기적인 격자가 전혀 영향을 끼치지 않는다는 것을 의미한다. 이는, 격자가 모든 방향에 대해 동일하다면 위치와 관계없이 전자가 특정 격자 이온에 강하게 끌어당겨지는 것만큼이나 다른 방향으로도 똑같이 강하게 이끌리기 때문이다. 결과적으로, 순 효과(net effect)는 격자 내에 결함이 없다면 전자는 격자에 의해 산란되지 않는다는 것이다. 결함의 존재가 전자의 평균 자유 경로(mean free path)가 유한한 값을 갖도록 하는 주요 요인 중 하나이지만, 전체 격자에 의한 산란의 결여(lack)는 전자로 하여금 경로가 변경되지 않고 수백 개의 원자 간격만큼이나 이동하는 것을 가능하게 한다.

그러나, 우리가 잊지 말아야 할 것은, 비록 특정 조건 하에서만 격자에 의해 전자가 산란되지만, 준자유전자 모델의 기반이 되는 것은 양이온 격자에 의해 생성된 주기적인 포텐셜이 자유전자 모델과 비교해서 전자가 차지 가능한 상태가 어떻게 분포되는지를 변화시킨다는 것이다.

준자유전자 모델은 에너지 밴드(energy band)—곧 다루겠지만, 도체, 절연체 및 반도체의 존재를 설명한다—의 관점에서 고체를 이해하는 데 도움이 되지만, 전자의 파동함수(wave function)에 대해서는 잘 설명하지 못한다. 이러한 사실은 일부 계산에서 매우 중요할 수 있다. 그렇기 때문에, 준자유전자 모델 대신에 에너지 밴드 형성에 대한 설명에 있어서 다음 절에서 다룰 밀접 결합 모델(tight-binding model)이 사용될 수 있다. 사실, 밴드 이론(band theory)에 대해 이루어지고 있는 대부분의 연구들은 준자유전자(nearly free electron) 방법이 아닌 밀접 결합(tight-binding) 계산을 포함한다. 이는, 준자유전자 모델이 결정질 금속에만 적용되기 때문이다. 반도체 및 절연체는 준자유전자 모델에 의해 설명할 수 없는데, 그 이유는 이들이 그림 6.10과 같은 구조를 가지지 않기 때문이다. 비정질(amorphous) 재료도 마찬가지로 준자유전자 모델로 설명할 수 없다. 왜냐하면, 준자유전자 모델은 주기적인 격자에 의해 Bragg 조건을 만족하면서 산란된 전자에 의존하는데, 비정질 재료에는 장거리 규칙성(long-range order)이 없어서(3.2.1절 참조) 자유전자를 산란시키는 주기적인 격자 자체가 없기 때문이다.

6.2.2 밀접 결합 모델

핵 주위를 둘러싸고 있는 전자 껍질(궤도)의 그림은 원자 물리에 대해 학습할 때 흔히 볼 수 있다. 그러나, 고체물리학에서는 이러한 껍질을 직선으로 묘사하는 것이 더 일반적이다. 각 전자 껍질은 서로 다른 에너지 값을 가지고 있으며, 이에 해당하는 선—에너지 레벨(energy level)—들도 모두 각각 다르다. 그림 6.12는 전자 에너지 레벨을 묘사하는 이러한 두 가지 방법이 어떻게 서로 연관되어 있는지를 보여준다.

물론, 그림 6.12의 오른쪽의 그림은 실리콘(silicon) 원자가 단독으로 존재하는 경우에 에너지 레벨이 어떻게 나타나는지를 보여주는데, 이 그림은 가스 상태로 존재하는 실리콘 원자일 때에나 사용할 수 있는 정확한 그림이다.

밀접 결합 모델(tight binding model)은 무한히 멀리 떨어져 있는 매우 많은 수의 원자들이 점점 가까워져서 고체를 형성 할 때 어떤 일이 일어나는지 알려준다. 이러한 경우의 한 예로는, 화학기상증착(chemical vapor deposition, 이에 대해 7장에서 다룰 것이다) 공정에서 증착 챔버의 가스가 기판(substrate)에 응축되어(condense) 고체 물질의 얇은 층을 형성하는 것을 들 수 있다. 고체를 형성하기 위해 원자들이 서로 접근함에 따라, 이들 원자의 전자의 파동함수(wave function)들이 겹쳐지기 시작한다. 전자들 간의 상호작용은 개별 원자의 양자화된 에너지 레벨이 수많은 에너지 레벨들로

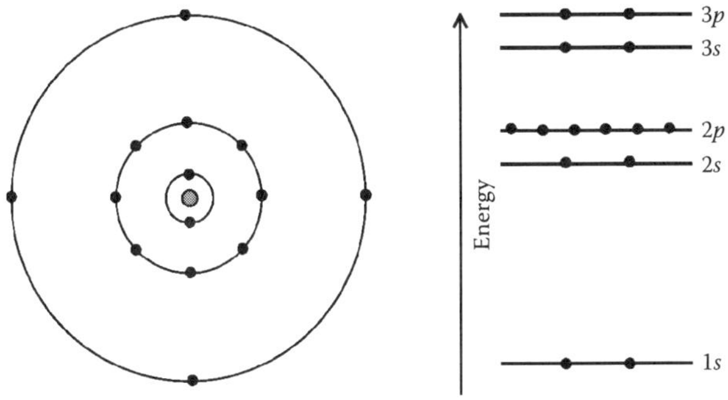

그림 6.12 (왼쪽) 전자 궤도(orbit)로서 묘사된 실리콘(silicon) 원자의 전자 에너지 레벨 및(오른쪽) 에너지 레벨로서 나타낸 실리콘 원자의 전자 에너지 레벨.

나뉘어져 에너지 밴드(band)를 형성하도록 만든다. 이것은 파울리의 배타원리를 충족시킨다. 즉, 파울리의 배타원리에 의하면, 두 개의 원자가 서로 멀리 격리되어 있다면 서로 동일한 전자 에너지 레벨을 가질 수 있지만, 반면 두 원자가 고체 내에서 나란히 인접해 있다면 동일한 전자 에너지 레벨을 갖는 일은 있을 수 없다. 만약, 고체 내의 인접한 두 원자가 동일한 전자 에너지 레벨을 갖는다면, 그것은 동일한 양자수(quantum number)를 가진 전자들이 동일한 에너지 레벨에 있다는 것을 의미하며, 이는 파울리의 배타원리에 의해 허용되는 상황이 아니다. 따라서, 고체가 형성될 때, 그 고체를 이루는 모든 전자들을 다 수용할 수 있게끔 전자 에너지 레벨들이 나뉘어짐으로써 파울리의 배타원리에 위배되는 문제를 극복할 수 있게 되는 것이다. 이렇게 나뉘어진 에너지 레벨들은, 사실 밴드 내에서 서로 너무나 가까워서 개별적이고 서로 떨어져 있는(discrete) 에너지 레벨들이 모여있다 라기보다는 에너지 레벨들의 연속체(continuum)로 간주될 수 있다. 그림 6.13은 아주 많은 수의 동일한 원자들이 서로 접근하면서 발생하는 전자 에너지 레벨의 변화를 보여준다.

이 개념은 두 개의 원자가 모여 하나의 분자(molecule)를 형성할 때 일어나는 상황의 확장판이다. 간단한 예로 수소(hydrogen)를 생각해 보자. 각 수소 원자의 단일 전자는 1s 상태에 있는데, 한 쌍의 수소 원자가 서로를 향해 다가오면 각각의 파동함수가

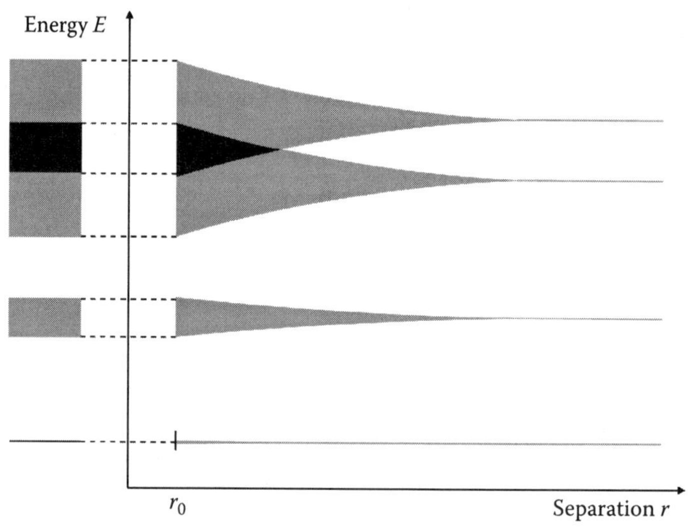

그림 6.13 원자가 서로 멀리 떨어져 있을 때에는, 그림의 오른쪽에서 볼 수 있듯이, 전자의 에너지 레벨은 분리되어 있다. 그러나, 매우 많은 수의 비슷한 원자들이 서로 접근하면 에너지 레벨들이 에너지 밴드(band)의 형태로 넓어지기 시작한다. 원자들 간의 거리가 r_0이 되었을 때 고체가 형성되며, 이 고체의 밴드 구조는 그림의 가장 왼쪽에 나타나 있는 것과 같다. (This diagram originally appeared as Figure 2.23, p.82, of *Quantum Physics of Matter*, edited by Alan Durrant, © 2000, The Open University. Reproduced with permission.)

중첩되기 시작한다. 이로 인해 1*s* 레벨은 두 개의 분리된 에너지 레벨로 나누어진다. 많은 수의 수소 원자들이 서로 가까워진다면, 1*s* 에너지 레벨은 원자의 개수와 같은 수만큼의 에너지 레벨들로 분리된다.

물론 다른 고체들은 하나 이상의 전자를 포함하므로 수소보다 복잡하다. 사실, 떨어져 있던 원자들이 서로 가까워지면, 최외곽 전자껍질(the outermost electron shell)에 있는 전자들의 파동함수가 핵에 가장 가까운 전자들의 파동함수보다 더 많이 중첩된다(overlap). 그 결과, 최외곽 전자껍질들로부터 형성된 에너지 밴드는 핵에 가까운 전자들이 형성한 에너지 밴드보다 더 넓고 더 많은 에너지 레벨들을 포함한다. 사실, 최외곽 전자들의 파동함수의 중첩은 매우 커서 고체 전체로까지 확대될 수 있기 때문에, 이들 최외곽 전자들은 전도(conduction)에 참여할 수 있다. 이와 반대로, 핵에 가장 가까운 전자들은 핵에 구속된 채로 남는다. 밀접 결합 모델(tight binding model)의 이름은 바로 이러한 이유에서 붙여진 것이다. 즉, 금속에서는 대부분의 전자들이 각각의 원자에 '단단히 결합(tightly bound)'되어 있기 때문에 밀접 결합 모델이라고 일컫는다. 전도(conduction)에 참여하는 전자의 수는 실제 아주 적으며, 전자 비열(electronic specific heat)의 실험적인 측정 결과로부터 우리는 이 같은 사실을 이미 알고 있다(6.1.3절 참조).

준자유전자 모델에서와 유사하게, 밀접 결합 모델이 설명하고 있는 밴드 사이의 영역을 '밴드갭(band gap)' 또는 '에너지 갭(energy gap)'이라고 한다. [사실, 나중에 언급하겠지만, '에너지 갭(energy gap)'이라는 용어는 단지 하나의 특정 금지된(forbidden) 밴드만을 지칭하는 경향이 있다.] 이 금지된 밴드는 고립된 원자의 전자껍질들 사이에 존재하는 '금지된(forbidden)' 영역과 일견 유사한 측면이 있지만, 원자 내에서의 금지된 영역은 훨씬 더 좁다. 양자역학은 이러한 금지된 밴드 내에서 전자는 그 어떠한 에너지의 값도 가질 수 없다는 것을 천명하고 있으므로, 전자는 밴드갭 내에 있는 결정에서는 이동할 수 없다. 반면, 에너지 밴드 내에서는 전자는 그 어떠한 에너지의 값도 가질 수 있다. 이는, 에너지 밴드 내에서는 전자들이 이동할 수 있다는 것을 의미한다. 왜냐 하면, 이동한다는 것은 운동에너지가 변한다는 것이고, 이는 곧 에너지 레벨이 변한다는 것이며, 밴드 내에는 전자가 움직여 옮겨갈 수 있는 비어있는 레벨이 있기 때문이다. 다음 절에서 살펴보겠지만, 이러한 개념을 통해 서로 다른 유형의 고체들이 갖는 밴드 구조의 차이를 이해하면 도체, 절연체, 그리고 반도체의 차이에 대해 설명할 수 있다.

밀접 결합 모델과 준자유전자 모델은 모두 정확히 동일한 에너지 밴드를 생성하긴 하지만, 밀접 결합 모델은 금속, 절연체 및 반도체를 모두 잘 설명할 수 있다는 장점이 있다(다음 절에서 살펴 볼 것이다). 하지만, 밀접 결합 모델은 말그대로 어디까지나 모델일 뿐이며, 따라서 실제의 상황에 대한 근사(approximation)라고 할 수 있다. 밀접 결합 모델에서 한 가지 놓친 부분은 전자 간의 정전기적(electrostatic) 상호작용을 잘 고려하지 못했다는 것이다. 그럼에도 불구하고, 강한 결속 모델을 기반으로 사용하는 양자역학적 계산은 여전히 연구자들에게 중요한 도구이다(그림 6.14 설명 참조). 즉,

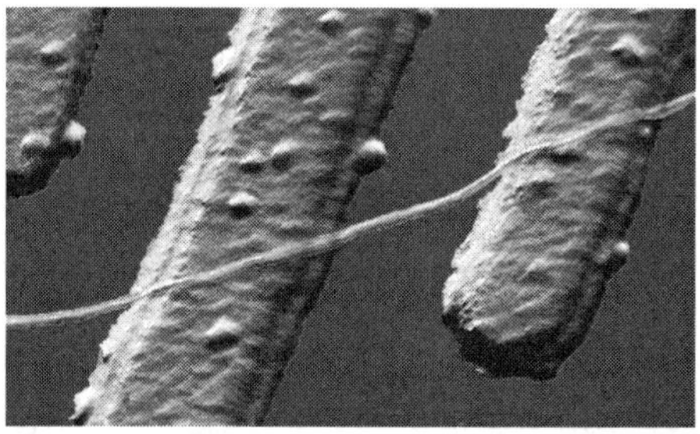

그림 6.14 이 원자간력 현미경(atomic force microscope, AFM) 이미지는, 15 nm 두께의 두 개의 백금(Pt) 전극 위에 놓여있는 직경이 약 1 nm인 단일벽 탄소나노튜브(single-wall carbon nanotube)를 보여준다. 네덜란드 델프트 공과대학(Delft University of Technology)의 Cees Dekker 교수 연구팀은 전극에 바이어스(bias) 전압을 가하고 탄소나노튜브를 통해 흐르는 전류를 측정함으로써 탄소나노튜브를 통한 전기적 전도 현상을 연구할 수 있었으며, 그 결과 탄소나노튜브가 작은 금속 와이어(wire)처럼 거동한다는 것을 알 수 있었다. 또한, 주사터널링 현미경(scanning tunneling microscope, STM)을 이용한 추가 실험을 통해서 탄소나노튜브의 전자 상태밀도(electronic density of states, 6.3.2절 참조)를 측정한 결과, 전자가 나노튜브의 길이 방향으로 이동하며 전자가 움직일 수 있는 분절된(discrete) 에너지 레벨이 있다는 것을 알 수 있었다. 나노튜브는 매우 가늘기 때문에 전자의 이동은 오직 1차원으로 국한되고, 따라서 이 전자 전도는 그림 6.5에 나타나 있는 나노튜브의 길이와 같은 길이 L의 '상자 속 입자(particle in a box)' 모델로 기술할 수 있다. 위의 시료에 대해 측정된 전류-전압 특성은 일련의 계단(step) 모양을 나타낸다. 전류의 이 같은 '단계(step)'적 증가는 전류를 운반하는데 이용 가능한 추가적의 전자 에너지 레벨로부터 기인하며, 따라서 측정된 각 전류 단계의 너비는 양자화된(quantized) 에너지 레벨들 사이의 에너지 차이에 비례한다.

델프트 공과대학 연구팀은 또다른 STM 실험을 통해 짧은 금속성 탄소나노튜브의 분절된 개별 에너지 레벨에 해당하는 전자 파동함수(electron wave function)로 측정하였다. 이 경우, 높은 상태밀도(density of states)의 영역은 정상파(standing wave)의 마루(peak)의 위치를 나타내었다. 단일벽 나노튜브의 구조는 탄소 원자면 시트(sheet)—흑연(graphite) 결정의 층을 구성하는 탄소 원자들과 동일한 육각형 모양으로 배열된 것—가 튜브 형태로 말려 있고 그 양 끝이 버키볼(bucky ball)의 절반으로 덮여있는 구조를 갖는다. 밀접 결합 계산(tight-binding calculation)과 추가적인 STM 실험을 진행한 결과, 나노튜브의 전도도(conductivity)가 튜브의 직경과 튜브 축에 대한 탄소 육각형의 배향 각도에 따라 달라짐을 알 수 있었다. 또한, 나노튜브의 약 3분의 1이 금속과 같은 거동을 보이고 나머지는 반도체 특성을 나타낸다는 결과를 알 수 있었으며, 이는 단일 분자로 만들어진 소자에 기반한 '분자 전자공학(molecular electronics)'의 가능성을 열어준다. (Courtesy of Cees Dekker.)

나노튜브(nanotube)와 같은 복잡한 시스템에서의 전도성 이외에, 반도체의 결함에 의해 발생하는 편재화(localized) 된 전자의 에너지 상태, 밴드 구조, 상태 밀도(6.5.2절 참조), 금속의 페르미 표면 등과 같은 물리량들을 이 방법을 사용하여 계산할 수 있다.

6.3 단순 밴드 이론

6.3.1 실제 고체에 대한 밴드 이론의 적용

이 장의 시작 부분에서 우리는 고체를 분류하는 일반적인 방법이 도체(conductor), 반도체(semiconductor) 및 절연체(insulator)라는 것을 알았다. 이 같은 구분은 단지 금속, 반도체 및 절연체가 서로 다른 전기적 및 열적 특성을 가지기 때문만이 아니라, 7장에서 배울 태양전지(solar cell), 발광다이오드(light-emitting diode) 등 여러 중요한 소자에서 각각 활용될 수 있는 서로 다른 광학적 특성을 가지기 때문에 널리 사용된다.

도체에 있어서의 에너지 밴드 형성(Energy Band Formation for a Conductor)

그림 6.15는 도체인 나트륨(Na, sodium)이 고체를 형성할 때 일어나는 상황을 보여준다. 각각의 나트륨 원자의 전자배치(electronic configuration)은 $1s^2 2s^2 3p^6 3s^1$이다(개정된 전자껍질 표기법에 대해서는 부록 C 참조). 앞선 절에서 살펴보았듯이, 원자들이 서로 접근하여 고체를 형성 할 때, 이 개별 에너지 레벨들은 에너지 밴드로 확장된다.

이러한 에너지 밴드는, 그림 6.15에서 볼 수 있듯이, 크기가 매우 다를 수 있으며 각 밴드 내의 상태(state)들의 개수는 고체를 형성하는 원자의 개수와 원래의 고립된 원자의 해당 부껍질(subshell)의 에너지 레벨의 개수를 곱한 값과 같다. 예를 들어, 모든 p 부껍질은 3개의 가능한 에너지 레벨이 있다. 따라서, N개의 원자로 이루어진 고체에 대해서, 이러한 p 부껍질로부터 형성된 에너지 밴드 내에는 총 $3N$개의 레벨이 존재할 것이다. (고체가 처음 형성되면, 다양한 부껍질의 전자들이 해당 에너지 밴드에 놓이게 된다. 전자들이 이 위치에서 이동하는 경우는 반드시 그 고체가 어떤 변화에 직면하는 경우이다.)

앞서 논의했듯이, 최외곽 전자껍질(the outermost electron shell)들로부터 형성된 에너지 밴드는 핵에 가까운 밴드보다 더 넓으며 더 많은 에너지 준위를 포함한다. 따라서, 가장 낮은 에너지의 전자껍질에 있는 전자는 원자의 핵에 상당히 가깝게 묶여 있다. 나트륨(Na)의 경우 $1s$와 $2s$ 레벨은 핵에 가장 가깝기 때문에 전혀 확대되지 않

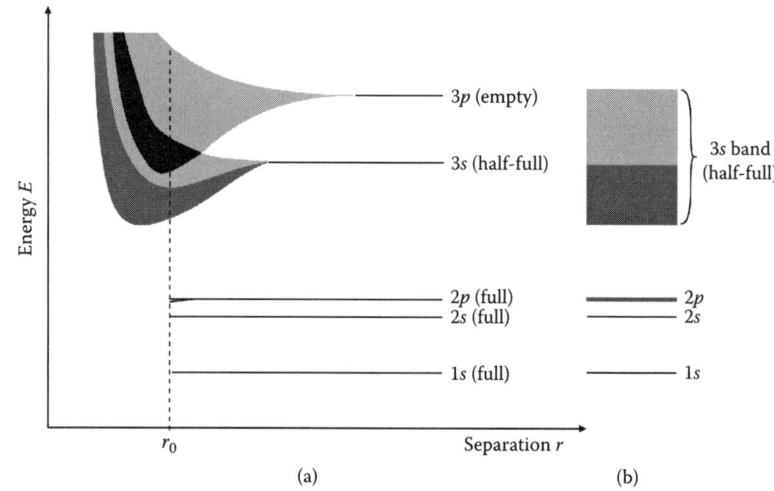

그림 6.15 매우 많은 수의 나트륨(Na, sodium) 원자가 서로 가깝게 다가와 고체를 형성할 때의 에너지 밴드 형성 과정(This diagram originally appeared as Figure 2.23, p.83, of *Quantum Physics of Matter*, edited by Alan Durrant, © 2000, The Open University. Reproduced with permission.)

으며, 한편 2*p*는 아주 약간 확대된다.

우리는 또한 앞선 절에서 원자의 외곽 부껍질(subshell)에 있는 전자의 파동함수(wave function)는 원자들이 서로 접근함에 따라 많이 겹치는(overlap) 경향이 있기 때문에, 이 에너지 레벨들은 그림 6.15에 보이는 3*s* 밴드처럼 넓은 밴드로 분할된다는 것을 배웠다. 이 넓은 밴드 내의 전자는 더 이상 본래의 자신의 원자에 구속되지 않고 고체 내부를 자유롭게 움직일 수 있으므로 전도(conduction)에 참여할 수 있다. 사실, 나트륨 뿐만 아니라 그 어떤 고체의 경우에도 자유롭게 전도에 참여할 수 있는 것은 최상위 레벨(최외곽 전자껍질)에 있는 이른바 원자가전자(valence electrons)들이다. (모든 더 높은 에너지의 부껍질들의 에너지 레벨들도 또한 밴드로 확장되지만, 나트륨처럼 외곽 껍질이 부분적으로 채워진 고체들의 경우에는, 이는 고체의 전도도에 아무런 영향을 끼치지 않으며, 이 때문에 그림 6.15(b)에는 비어있는 3*p* 밴드가 포함되지 않았다.)

그렇다면, 과연 나트륨 고체의 3*s* 밴드에 있는 전자들은 전기장이 가해진 상태에서 어떻게 전류를 형성하게 되는 것일까?

이 질문에 답하기 위해, 우리는 원자물리학(부록 C 참조)에서 배웠던 3*s* 에너지 레벨이 최대 2개의 전자를 포함할 수 있다는 사실을 떠올릴 필요가 있다. 실상은, 나트륨의 3*s* 레벨은 하나의 전자만을 포함하기 때문에, 고체 나트륨의 3*s* 밴드 내의 전자에게 허용된 모든 에너지 레벨들의 절반만 전자가 차지(occupy)하고 있다. 이 같은 상

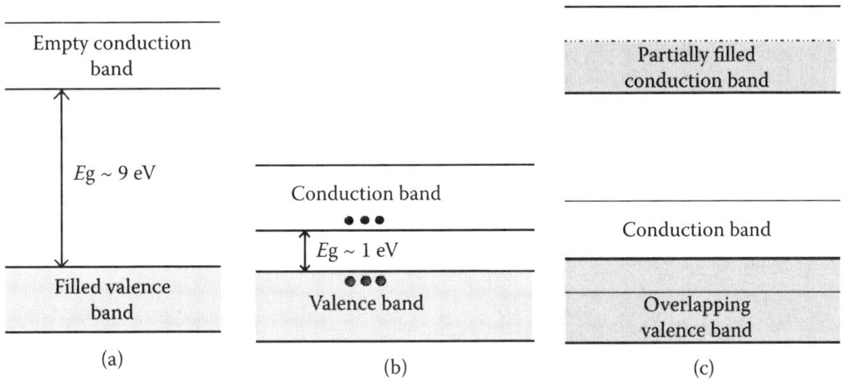

그림 6.16 (a) 절연체(insulator) 및 (b) 반도체(semiconductor)에 대한 에너지 밴드 다이어그램. (c) 도체(conductor)가 가질 수 있는 두 가지 유형의 밴드 구조.

황은 전자가 이웃한 비어있는 에너지 레벨로 쉽게 이동할 수 있고 따라서 고체를 통해 쉽게 이동함으로써 전류를 형성할 수 있음을 의미한다. 그러므로, 이처럼 반만 채워진 밴드로 인해 나트륨이—최외곽 *s* 부껍질에 하나의 원자가전자를 갖는 주기율표 상의 1A족의 다른 금속들과 함께—전도체가 되는 것이다.

전자들이 전도에 참여할 때 전자가 이동하는 에너지 밴드를 **전도대**(conduction band)라고 한다. 도체에서의 전도대는 전자를 포함하는 가장 높은 밴드(가장 높은 점유된 밴드)인 반면, 반도체 및 절연체에서의 전도대는 가장 높은 점유된 밴드의 바로 위에 있는 비어있는 밴드이다. 이때, 반도체 및 절연체에서의 가장 높은 점유된 밴드는 원자가전자(valence electron)가 있는 밴드이므로, 가전자대(valence band)라고 일컫는다. (2장에서 보았듯이, 원자가전자는 원자 사이의 결합에 참여한다.) 따라서, 나트륨의 경우, 3*s* 밴드는 전도대이다.

그림 6.16(c)의 위쪽 부분의 그림은 나트륨과 같은 도체에 대한 에너지 밴드 구조(energy band structure)를 간단히 도식화한 그림이다. (가장 높은 밴드만이 고체가 전기를 전도할 수 있는지 여부를 결정하기 때문에, 이러한 밴드만을 그림에 표시했다.) 그림 6.16(c)의 아래 부분의 그림은 도체에서 볼 수 있는 또 다른 밴드 구조이다. 이 경우는, 가장 높은 점유된 밴드와 가장 낮은 비어있는 밴드의 에너지가 서로 중첩되어 있다.

절연체에 대한 에너지 밴드(Energy Bands for Insulators)

그림 6.11에서 보았듯이, 전체 밴드 다이어그램에는 여러 개의 금지된(forbidden) '에너지 갭(energy gap)'이 존재하지만, 이러한 갭(gap)들 중 하나만이 전도(conduction)

에 관한 논의와 관련이 있다. 바로 이러한 에너지 갭을 밴드갭(bandgap)이라고 하며 E_g로 나타낸다. 밴드갭은 가전자대(valence band)의 상단과 전도대(conduction band)의 하단 사이의 에너지 차이로서 얻어진다. 그림 6.16은 절연체와 반도체의 E_g 값에 대한 개념을 제공해 준다(6.4절 참조). 예를 들어, 실리콘(silicon)은 실온에서 1.1 eV의 밴드갭을 갖는다. (반도체의 밴드갭은 온도에 따라 약간 달라진다.) 이와 대조적으로, 그림 6.16(c)에서 보듯이, 도체(conductor)에는 밴드갭이 없다.

그림 6.16(a)와 그림 6.16(c)를 비교해 보면, 절연체는 가전자대가 완전히 차 있다는 점에서 도체와 구별된다. 또한, 절연체의 경우 가전자대 바로 위의 밴드, 즉 전도대(conduction band)의 에너지가 너무 높아서 인가 된 전기장이나 가열을 통해서도 전자가 전도대로 이동하기 위한 충분한 에너지를 얻을 수 없다. 따라서, 전자가 이동해서 움직여 갈 수 있는 비어있는 상태(state)가 없기 때문에 절연체와 같은 고체를 통해서는 전류가 흐를 수 없다.

다른 모든 모델과 마찬가지로, 우리가 지금 다루고 있는 이러한 유용한 최신 모델조차도 실제적 현상의 근사(approximation)에 불과하다. (사실, 고체물리학과 관련한 대부분의 이론은 여전히 연구 중에 있다. 따라서, 이 장에서 제시된 가장 최신의 모델들도 다음 세기에는 Drude의 고전적인 자유전자 모델이 오늘날 우리에게 주는 인상처럼 구식이 될 수도 있다.) 예를 들어, NaCl과 같은 이온성 결정(ionic crystal)은 잘 알려진 절연체(insulator)이며(그림 6.1 참조), 전자가 건너 뛰어 올라가서 전류에 기여하기에는 너무 큰 밴드갭을 가지고 있다. 하지만, NaCl의 이온들은 아주 적은 양의 전류를 전도할 수 있는데, 이는 공공(vacancy)라고 하는 쇼트키 결함(Schottky defect)에 의해 생긴 빈 공간으로 전자가 이동함으로써 가능하다. [공공 확산(vacancy diffusion)은 3.1.1절에서 논의할 것이다.]

이온성 결정의 전체적인 정전기적 전하는 중성(neutral)이어야 한다. 따라서, 높은 값의 원자가(valency)를 갖는 불순물을 1가(monovalent) 이온성 결정(즉, 구성 이온들이 +1의 원자가를 갖는 이온성 결정)에 첨가하면, 초과(excess) 전하를 상쇄하기 위해서 공공(vacancy)이 생성되어야 한다. 예를 들어, 그림 6.17에 나타난 바와 같이, Ca^{2+} 불순물이 NaCl 결정에 첨가되면 Ca^{2+} 이온이 하나의 Na^+ 이온을 대체할 뿐만 아니라, 전하의 균형을 맞추기 위하여 Na^+ 공공이 생성되어야 한다. 따라서, 이 경우 한 개의 Ca^{2+} 이온이 첨가될 때마다 두 개의 Na^+ 이온이 사라진다. 고체 NaCl에서 전류가 흐를 수 있는 유일한 방법은 이온들이 고체 내의 공공 자리를 옮겨다니며 이동하는 것이기 때문에, Ca^{2+} 불순물의 수가 많으면 많을수록 더 높은 전류가 흐르게 된다는 것을 의미한다.

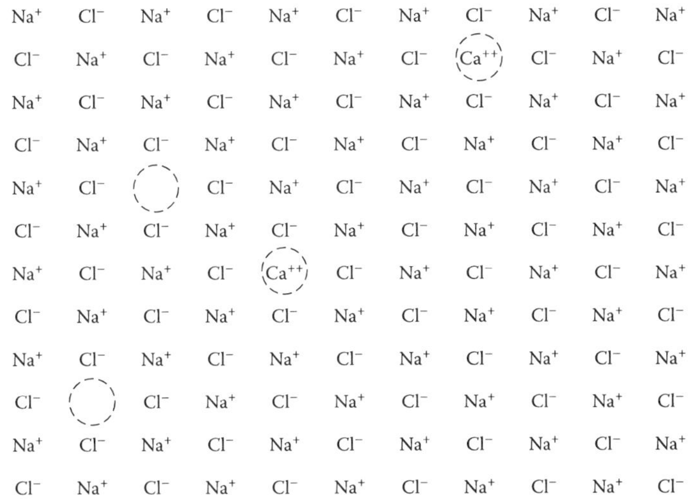

그림 6.17 이온성 전도(ionic conduction)는 일반적으로는 절연체인 이온성 결정에서 공공(vacancy)이 존재할 때 일어날 수 있다. 결정의 이온은 하나의 공공에서 인접한 다른 공공으로 이동함으로써 움직일 수 있으며, 이는 전류를 생성할 수 있다. 이 그림은 Ca^{2+} 이온이 의도적으로 추가된 NaCl 결정의 일부를 보여준다. Ca^{2+} 이온 하나가 추가될 때마다, 두 개의 Na^+ 이온이 사라지므로 결정은 전체적으로 전기적 중성을 유지한다. (This diagram was originally published in *Solid State Physics*, International Edition, Neil W. Asshcroft and N. David Mermin, p.623, © W. B. Saunders Company [Elsevier], 1976. Reproduced with permission.)

이러한 설명은 단순히 이론이 아니다. 결정을 통해 흐르는 전류 내의 흐르는 전하량을 측정하고 이를 결정과 접촉하는 전극에 증착된 물질의 질량과 비교함으로써, 알칼리(alkali) 및 할로겐화은(silver halide) 결정에서의 전도가 이온에 의한 것이며 전자에 의한 것이 아닌 것으로 실험적으로 확인되었다. (전자는 고체에 남아있는 반면, 이온은 전극에 증착될 것이다.) 이러한 고체들에서의 이온성 전도도(ionic conductivity)는 사실 결정 결함을 연구하는 과학자들에 의해 꾸준히 연구되었다.

고분자에서의 전도(Conduction in Polymers)

6.1.1절에서 살펴 보았듯이, 고분자(polymer)는 일반적으로 절연체로 알려져 있으며, 전기 기기의 절연 외장재 및 전자회로의 전도 부분을 절연시키는 용도로 오래동안 사용되어 왔다. 이렇듯 고분자가 절연체인 이유는 자유전자의 결여(lack) 때문이지만, 최근에는 구리(copper)와 비견한 수준의 전도도를 갖는 전도성 고분자(conducting polymer)들도 제조되고 있다.

이처럼 높은 전도도 값을 얻기 위해서는, 고분자에 불순물 원자가 첨가되어야 한다. 이러한 불순물 원자에 의해 전도가 일어나는 방식은 아직 잘 이해되지 않았지만,

도펀트(dopant) 원자가 첨가되면 새로운 에너지 밴드가 생성되는 것으로 생각된다. 이 밴드는 고분자가 원래 가지고 있는 원자가대(valence band) 및 전도대(conduction band)와 중첩된다. 이러한 현상의 결과로서 부분적으로 채워진 전도대는 그림 6.16(c)의 위쪽에 있는 밴드와 유사한 구조를 가지며 전도에 참여할 수 있는 자유전자를 포함한다.

전도성 고분자는 매우 유연하고 가볍기 때문에 미래에 매우 중요한 소재가 될 수 있다. 그러나, 이 책을 쓰는 시점에서의 많은 전도성 고분자들은 불안정하거나 심지어 독성을 지니고 있다. 이 책을 집필하는 시점에서는 심박조정기(pacemaker)에 사용되는 충전용 배터리의 음극 소재만이(이 장의 앞부분에서 언급했듯이) 전도성 고분자의 주요 용도로 유일하게 사용되고 있다. 심박조정기에 사용되는 전도성 고분자는 약 10년간 그 특성을 유지하며 배터리의 전체 중량을 줄이는 이점이 있다. 또한, 일부 다른 고분자는 반도체 특성(6.4 절 참조)이나, 심지어 초전도체(6.5 절 참조)와 같은 특성을 갖도록 제조될 있다.

6.3.2 에너지 밴드에서의 상태밀도

앞선 절에서 보았던 밴드 구조에 대한 그림은 실제적인 상황을 단순하게 도식화한 것이다. 이 밴드 구조 그림은 에너지 밴드의 한 영역에 다른 영역보다 종종 더 많은 에너지 상태(state)가 존재한다는 사실을 설명하지 못한다. 이를 그림 6.18에 나타내었다.

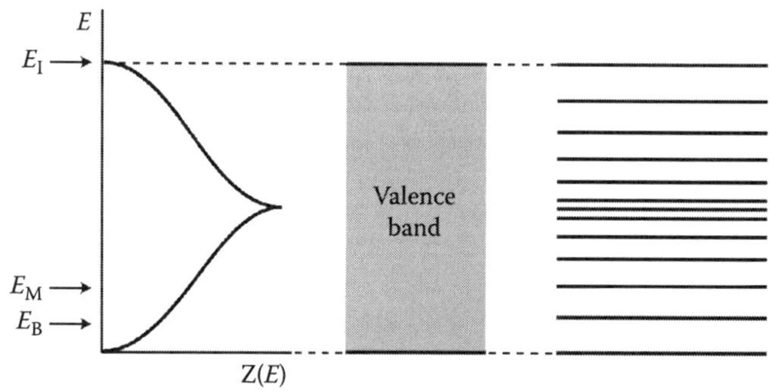

그림 6.18 에너지 밴드는 종종 다른 영역보다 에너지 상태가 더 많이 집중된 영역을 포함한다. 그림에 나타나 있는 가상의 가전자대의 경우, 에너지 상태밀도(density of states)는 중앙 부분에서 가장 높다. 왼쪽의 곡선은 이 같은 상황을 잘 나타내고 있다. (This diagram first appeared as Figure 11.7, p.187, of *Understanding Materials Science*, by R. E. Hummel, corrected second printing 1999, © 1998, Springer-Verlag New York, Inc. Reproduced with kind permission of Springer Science and Business Media.)

밴드 이론(band theory)과 양자적 자유전자 이론(quantum free electron theory)의 핵심 개념 중 하나는, 고전적 자유전자 이론에서처럼 모든 전자가 전도에 참여하는 것이 아니라 페르미 에너지(Fermi energy) 근처의 전자만이 전도에 참여할 수 있다는 것이다. 이에 대한 내용이 그림 6.9에 나와 있다. 이 그림에서 살펴보았듯이, 페르미 표면 근처의 전자만이 전도에 참여할 수 있는 이유는 바로 그러한 전자들 만이 자신들 근처에 산란되어 들어갈 수 있는 비어있는 상태(vacant state)를 가지기 때문이다.

E_F 근처에 있는 전자의 수는 해당 영역에서 차지 가능한 전자 상태의 밀도에 따라 달라지므로, 상태밀도(density of state)에 대한 파악하는 것은 개별 금속의 전도를 이해하는데 필수적이다. 예를 들어, 구리(Cu), 은(Ag), 금(Au)의 경우는 E_F 근처에 많은 수의 전자가 존재하고 높은 상태밀도를 갖는데, 따라서 결과적으로 높은 전도도를 갖는다.

6.4 원소 및 화합물 반도체

6.4.1 진성 및 외인성 반도체

6.1.1절에서 보았듯이, 반도체는 절연체와 금속 사이에 해당하는 전도도를 갖는다. 하지만, 반도체가 절연체와 금속 중간 정도의 전도도를 갖는다는 사실 자체는 본질적으로 유용하지는 않다. 반도체가 매우 유용한 이유는 반도체의 전도도가 빛, 온도, 자기장(magnetic field), 그리고 심지어 극소량의 불순물(impurity) 원자에 민감하기 때문이다. 대부분의 경우에 있어서, 전도도의 큰 차이가 발생하는 이유는 불순물 때문이다. 반도체가 의도적으로 첨가된 불순물이 없이 순수한 상태에 있는 경우, 그 반도체는 진성 반도체(intrinsic semiconductor)라고 한다. 이와 반대로, 반도체의 성능을 변화시키기 위해 다른 물질의 원자가 첨가된 반도체를 외인성 반도체(extrinsic semiconductor)라고 한다.

진성 반도체의 전도도(Conductivity of Intrinsic Semiconductors)

절대 0도에서 진성 반도체의 전도대는 완전히 비어있는 반면, 가전자대는 완전히 채워져 있다 [그림 6.19(a) 참조]. 전도대에는 전도에 참여할 전자가 없고 또한 가전자대에는 전자가 잠재적으로 여기되어(excited) 들어갈 수 있는 비어있는 상태가 없기 때문에, 반도체는 전기를 전도할 수 없다. 그러나, 온도가 상승하게 되면, 가전자대의 전

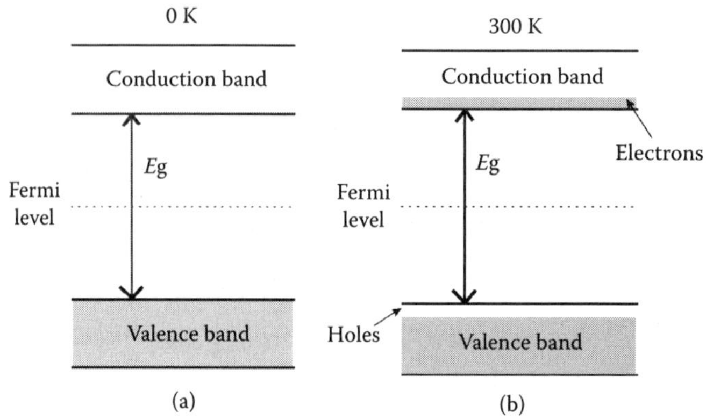

그림 6.19 (a) 0 K와 (b) 300 K에서의 진성 반도체(intrinsic semiconductor)의 밴드 다이어그램.

자는 상대적으로 작은 밴드갭($E_g \approx 1$ eV 이하)을 가로질러 전도대로 올라가기에 충분한 열 에너지를 얻을 수 있으므로 전도에 참여한다. 온도가 올라감에 따라 더 많은 전자가 전도대로 올라갈(promoted) 것이고, 그 결과 온도 증가에 따라 전도도가 증가하게 된다.

밴드 다이어그램을 볼 때 기억해야 할 중요한 점은, 밴드 다이어그램은 에너지를 나타내는 다이어그램이기 때문에 전자와 정공(hole)의 위치보다는 이들이 어떤 값의 에너지를 갖는지를 보여준다는 것이다. 그렇기 때문에, '이동한다(move)'라는 단어가 일상적인 맥락에서는 동작(motion)을 지칭하지만, 전자가 '이동한다'라고 할 때 이 전자가 결정 내부를 물리적으로 움직이는 것이 아니다. 즉, 밴드 다이어그램에서 전자들이 위로 또는 아래로 이동한다고 했을 때, 이는 에너지의 측면에서 그렇다는 의미를 내포할 수 있다. 예를 들어, 전기장이 금속에 가해질 때 이 전기장은 전류의 일부로서 전도 전자가 움직이기 시작하게끔 할 것이다. 전자가 전기장으로부터 얻은 추가 에너지는 전자를 고체를 통해 이동하게 할 뿐만 아니라 더 높은 전도대의 에너지 상태로 '이동'하게 한다. (바로 이것이 전도대가 완전히 채워질 수 없는 이유이다; 만약 완전히 다 채워져 있다면 전도에 참여하는 전자가 움직일 수 있는 더 높은 에너지 상태가 없을 것이다.)

그림 6.16을 보면 알 수 있듯이, 밴드갭(band gap)은 반도체보다 절연체에서 훨씬 더 크다. 또한, 표 6.2에서 볼 수 있듯이, 원소(elemental) 반도체보다 화합물(compound) 반도체(한 종류 이상의 원소로 구성된 반도체)에서 더 크다. 화합물 반도체를 설명하기 위해 사용된 표기법은 주기율표 상 해당 구성 원소의 족(group)을 기반으로 한다. (부록 C의 주기율표 참조.) 예를 들어, 아연(Zn)은 주기율표의 II족에 속하고, 황(S)은 4족에 속한다. 따라서, 황화아연(ZnS)은 II-VI족 반도체라고 일컫는다.

표 6.2 여러 가지 일반적인 반도체 물질들의 밴드갭(band gap) 에너지 값

Semiconducting Material	Type	E_g (eV)
Si	Elemental	1.12
Ge	Elemental	0.67
GaP	III-V compound	2.25
GaAs	III-V compound	1.42
CdS	II-VI compound	2.40
ZnTe	II-VI compound	2.26

II-VI족 및 III-V족 화합물[인화갈륨(GaP) 및 갈륨비소(GaAS) 포함] 뿐만 아니라, 일부 IV-VI족 화합물 반도체 및silicon carbide(SiC) 같은 IV-IV족 반도체도 있다. 때로는, 이러한 화합물들은 두 개 이상의 원소를 포함하기도 한다. 예를 들어, III-V족 반도체인 AlGaAs는 III족 원소인 Al 및 Ga과 V족인 As로 이루어진다.

2장의 2.1절에서 보았듯이, 실리콘(silicon)과 게르마늄(germanium)은 공유 결합으로 이루어져 있는 반면, 갈륨비소(GaAs)는 부분적으로 이온 결합과 공유 결합을 갖는 혼합 결합(mixed bonding)으로 이루어져 있다. GaAs와 마찬가지로, 인화인듐(InP) 및 알루미늄갈륨비소(AlGaAS)를 비롯한 다른 III-V 반도체들은 주로 공유 결합이지만 약간 이온 결합성인 결합으로 이루어져 있다. 이와 대조적으로, 셀렌화아연(ZnSe)과 같은 II-VI 반도체의 경우는, 여전히 공유 결합과 이온 결합이 혼재하긴 하지만 III-V족 반도체 화합물이 갖는 것 보다는 더 강한 이온 결합성을 갖는다. (그림 2.9를 다시 참조하면 이 상황을 시각화하는 데 도움이 된다.)

공유 결합성 고체에서의 원자 사이의 결합의 관점에서, 진성(intrinsic) 반도체에서의 전도는 온도가 매우 높아서 원자의 열적 진동이 원자 간의 공유 결합을 끊을 수 있을 만큼 클 때 일어난다. 이렇게 공유 결합으로부터 벗어나 자유가 된 전자는 전기 전도에 참여할 수 있는데, 이 것이 전도도가 온도에 의존하는 이유이다. 전도도는 또한 밴드갭의 크기에 따라 다르다. 즉, E_g가 클수록, 전자를 전도대로 여기(excite)시키는 데 필요한 온도가 커진다.

열에 의해 여기된 전자가 전도대로 이동하게 되면 정공(hole)이라고 일컫는 비어있는 에너지 레벨이 가전자대에 남게 된다. 따라서, 열 에너지가 전자를 전도대로 여기시키기에 충분히 클 경우에는 그때마다 그림 6.20(a)에서와 같이 '전자-정공 쌍(electron-hole pair)'이 생성된다. 정공은 양의 전하를 띠기 때문에 전기장이 가해질 때 전자가 움직이는 방향과 반대로 움직이는 입자로 생각할 수 있다[그림 6.20(b) 참조]. 이는, 정공이 반도체의 전도에 기여한다는 것을 의미한다. 실제로는, 양의 전하를 띠

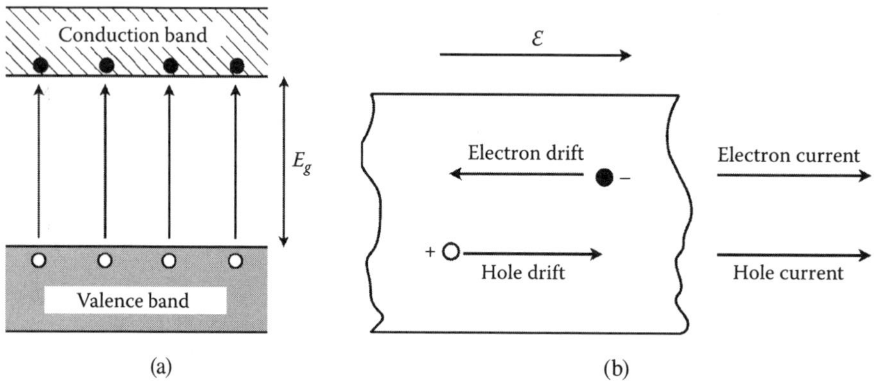

그림 6.20 (a) 열 에너지는 진성 반도체에서 전자-정공 쌍을 생성시킨다. 이 반도체에 전기장 ε가 가해지면, 전자는 전기장의 반대 방향으로 흐르며(drift), 정공은 (b)에서 보는 바와 같이 전기장과 같은 방향으로 흐른다. 즉, 이는 전자와 정공 모두 전체 전류 흐름에 기여한다는 것을 의미한다.

는 입자로서의 정공은 존재하지 않는다. 가전자대에서 일어나는 전도 현상은 여전히 전자에 의한 전도이지만, 가전자대는 전자가 너무 많이 존재하고 있는 반면 그에 비해 전자들이 움직일 수 있는 에너지 레벨의 수는 너무 적기 때문에, 가상적인 정공의 측면에서 전도 상황을 분석하는 것이 더 쉽다.

그림 6.21은 정공에 의한 전도의 메커니즘(mechanism)을 보여준다. 이 그림에서 알 수 있듯이, '이동한다(move)'는 단어의 실제적 의미에서 정공은 실제로는 이동하지 않는다. 실제로 일어나는 것은 전기장의 영향을 받는 전자가 비어있는 정공 상태로 이동하는 것이며, 그 결과 정공이 그 반대 방향으로 움직였다고 보는 것이다. 이 상황을 시각화하는 한 가지 유용한 방법은 하루 종일 단 하나의 주차 공간만이 있는 주차장을 상상해 보는 것이다. 차들이 들락날락 거리며 서로 다른 주차 공간에 자동차가 주차 될 때, 이 하나의 주차 공간은 마치 스스로 움직인 것처럼 주차장 내의 서로 다른 위치에 나타날 것이다.

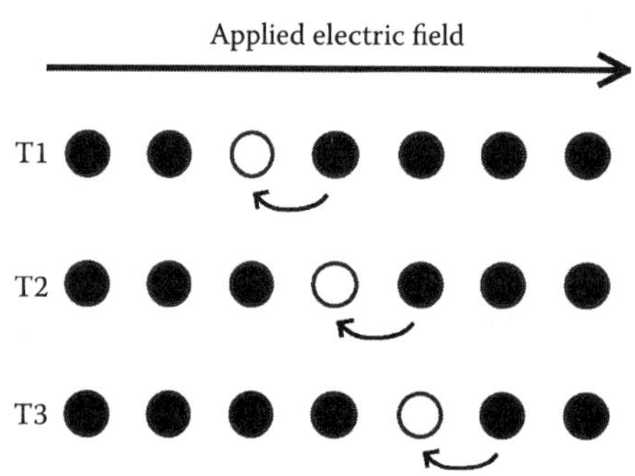

그림 6.21 반도체의 정공 전도(hold conduction).

전도대에서의 전자의 총 에너지(운동 에너지와 포텐셜 에너지의 합)는 전도대의 바닥의 에너지인 E_c로부터해서 위쪽으로 측정된다. 즉, 전도대 내에서 전자가 갖는 에너지 값이 더 클수록, 전도대 내에서 더 높은 곳에 위치하게 된다. 정공의 경우는 그 반대이다. 즉, 정공이 E_V—가전자대의 맨 위에 있는 에너지 레벨—를 기준으로 더 아래에 있을수록, 정공의 에너지가 더 높다. 이는, 밴드 다이어그램이 음의 전하를 갖는 전자에 대한 포텐셜 에너지를 나타낸 다이어그램이기 때문이며, 그렇기 때문에 양의 전하를 갖는 정공에 대한 포텐셜 에너지는 전자와는 반대방향으로 증가하게 된다.

진성 캐리어 농도(Intrinsic Carrier Concentration)

진성 반도체의 경우, 절대 0도 이상의 온도에서 전도대에 있는 전자의 수는 가전자대에 있는 정공의 수와 같다. 당연히 전자가 전도대로 이동하여 이에 상응하는 정공이 가전자대에 생성되는 것이므로 이는 전혀 놀라운 사실이 아니다. 이러한 상황을 이해하는 또 다른 방법은, 전도대에서 점유된(occupied) 에너지 상태의 수는 가전자대의 비어있는(unoccupied) 상태의 수와 같다고 보는 것이다.

전도대의 단위 부피당 전자의 수 n은 가전자대의 단위 부피당 정공의 수 p와 같기 때문에, 진성 반도체에 대한 진성 캐리어 농도(intrinsic carrier concentration) n은 다음 식으로 주어진다.

$$n_i = n = p \qquad [6.14(a)]$$

이 식은 다음과 같이 다시 쓸 수 있다:

$$n_i^2 = np \qquad [6.14(b)]$$

온도가 높아지면 더 많은 전자-정공 쌍(electron-hole pair)이 생성되어 n_i이 증가하게 되는데, 실제로 n_i은 온도에 따라 기하급수적으로 증가한다.

n-형 및 p-형 반도체 형성을 위한 도핑

한 종류의 전하 캐리어(charge carrier)를 지배적으로 만들어 전도도를 향상시킴으로써 반도체를 전자 소자에 더욱 더 적절히 사용할 수 있으려면, 보통 '도펀트(dopant)'라고 하는 다른 물질의 원자를 진성 반도체에 첨가한다. 도펀트 원자가 호스트(host) 반도체의 원자들과 결합하는 데 필요한 것보다 더 많은 수의 원자가전자(valence electron)를 가질 때, 이 도펀트 원자를 도너(donor) 불순물이라고 한다. 이렇게 도너 불순물을 진정 반도체에 추가하면, 그 반도체는 n-형(n-type)이 되며, 이는 음전하를 띠는 전자(electron)들이 전하 캐리어라는 것을 의미한다. 이와 반대로, 도펀트 원자가 적은 수의 원자가전자를 가질 때, 이 도펀트 원자들을 어셉터(acceptor) 불순물이라고 하며, 그 결과 양전하를 띠는 정공(hole)이 지배적인 전하 캐리어인 p-형(p-type) 반도체가 된다.

그림 6.22(a) 및 6.22(b)는 진성 실리콘(silicon, Si)으로부터 각각 n-형 반도체와 p-형 반도체가 어떻게 만들어지는지 보여준다. 그림 6.22(a)를 보면, Si 원자 하나가 비소(arsenic, As) 원자로 대체되어 있다. As는 5개의 원자가전자를 가지며 Si은 4개의 원자가전자를 갖기 때문에, As 원자는 네 개의 이웃하는 Si원자와 공유 결합을 형성하며, 이때 남은 다섯 번째의 전자는 온도가 충분히 높아져서 도너 원자가 이온화될(ionized) 때 전도에 참여할 수 있게 된다. 이러한 과정에 의해, n-형 반도체가 만들어진다.

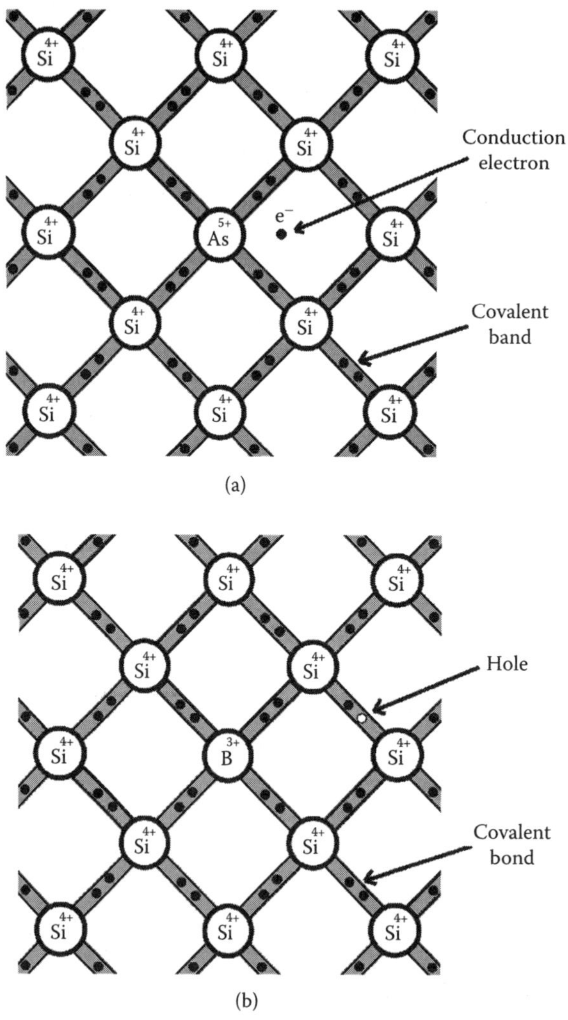

그림 6.22 (a) Si에 As를 도핑하여 만든 n-형 반도체 및 (b) Si에 B를 도핑하여 만든 p-형 반도체.

이러한 다섯 번째 '도너(donor)' 전자는 호스트(host) 원자에 약하게 결합되어 있기 때문에 도너 원자의 이온화 온도(ionization temperature)는 호스트 원자의 이온화 온도보다 훨씬 낮다. 실제로, 모든 도너는 일반적으로 실온(room temperature)에서 이온화된다.

이와 대조적으로, 붕소(boron, B) 원자가 Si 원자를 대체한다면, B 원자는 원자가 전자가 3개 밖에 없기 때문에 이웃하는 Si원자들과 이루어야 하는 4개의 공유 결합 중 3개만을 형성할 수 있다. 나머지 네 번째 결합을 형성하기 위해서는 격자 내 다른 곳의 Si 원자로부터 전자를 받아 들여야 하는데, 이 전자는 호스트 Si 원자가 이온화 될 때 생성될 수 있다. 이때, 이 전자가 원래 있던 자리에는 정공이 남게 되고, 양전하를 띠는 정공이 추가되었기 때문에 p-형 반도체가 된다. p-형 반도체도 또한 n-형 반도체와 마찬가지로 이온화는 상대적으로 낮은 온도에서 발생하며, 따라서 정공 전도(hole conduction)도 실온에서 일어날 수 있다.

Si 뿐만 아니라 모든 반도체는 도핑(doping) 될 수 있다. 예를 들어, 갈륨비소(GaAs)는 텔루륨(tellurium, Te)으로 도핑 되어서 n-형 반도체가 될 수 있다. Te는 6개의 원자가전자를 가지기 때문에 As보다 전자가 하나 더 많으므로 하나의 자유전자를 내어줄 수 있다.

밴드 구조의 측면에서 살펴보면, 도펀트 원자는 그림 6.23과 같이 밴드갭 내에 에너지 레벨을 만든다. 그림 6.23(a)에서, 도너 원자는 전도대 바로 아래에 도너 레벨(donor level) E_D를 생성한다. 이때, 온도가 충분히 높으면 모든 도너 원자는 이온화될 것이고, 이 도너 원자로부터 자유로워진 전자는 도너 레벨 E_D에서 전도대로 방출되어 궁극적으로 전도에 참여한다. 따라서, $E_D - E_C$는 도너 원자를 이온화하는 데 필요한 에너지를 나타내며, 이 도너 에너지 레벨 E_D은 전도대의 바닥인 E_C 바로 아래에 있기

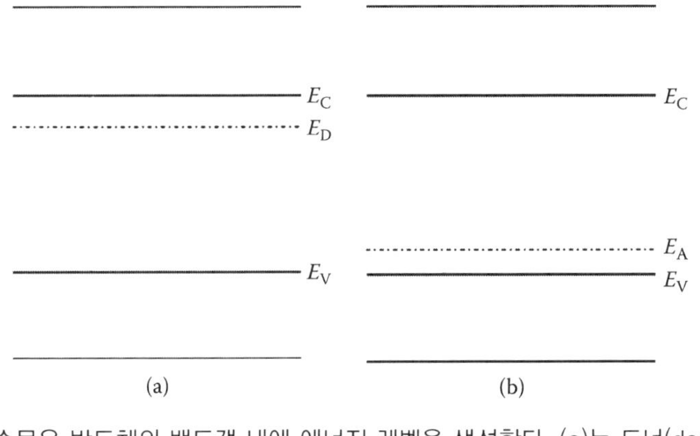

그림 6.23 불순물은 반도체의 밴드갭 내에 에너지 레벨을 생성한다. (a)는 도너(donor) 에너지 레벨를 나타내며, (b)는 어셉터(acceptor)에 의해 생성된 에너지 레벨을 나타낸다.

때문에, 대부분의 경우 모든 도너 원자는 실온에서 충분히 이온화될 수 있다.

이와 흡사한 상황이 어셉터 불순물에 대해서도 일어난다. 이 경우, 어셉터 불순물은 그림 6.23(b)에서 볼 수 있듯이 가전자대 상단 바로 위에 에너지 레벨 E_A를 생성한다. 이때, 전자는 가전자대로부터 쉽게 비어있는 E_A의 상태로 방출될 수 있으며, 이 결과 가전자대에 남게 되는 정공이 전도에 참여한다. n-형 반도체에서와 마찬가지로, 전자는 실온에서도 충분히 가전자대에서 E_A로 이동할 수 있다. 또한, 그림 6.24에서 알 수 있듯이, 도핑되는 불순물의 종류에 따라 생성되는 에너지 레벨이 모두 다르다.

위의 그림으로부터 알 수 있듯이, 밴드갭은 진성 반도체, 즉 불순물이 없는 '순수(pure)'한 반도체에서만 다른 에너지 레벨에게 금지되어(forbidden) 있다. 도펀트의 첨가에 의한 격자의 흐트러짐은 전도 전자의 포텐셜 에너지를 변화시키고(6.2.1절에서 논의함), 이에 따라 금지된 갭 내에 다른 에너지 레벨이 존재할 수 있게 된다.

도너 및 어셉터 원자가 반도체 내부에서 이온화 된다고 하더라도—도너 원자는 전자를 잃고 양이온이 되고, 어셉터 원자는 전자를 얻어 음이온이 된다—반도체는 여전히 전체적으로는 전기적으로 중성(neutral)이다. 그 이유는, 진성 반도체 자체도 전기적으로 중성이고, 모든 외인성 반도체의 도펀트 원자 또한 도핑되기 전까지는 전기적으로 중성이기 때문이다. 하지만, 도펀트 원자가 이온화 되는 영역에서는 국부적으로 전기적 중성에 대한 변화가 일어나게 된다. 이처럼 전하를 띠게 되는 영역은 반도체

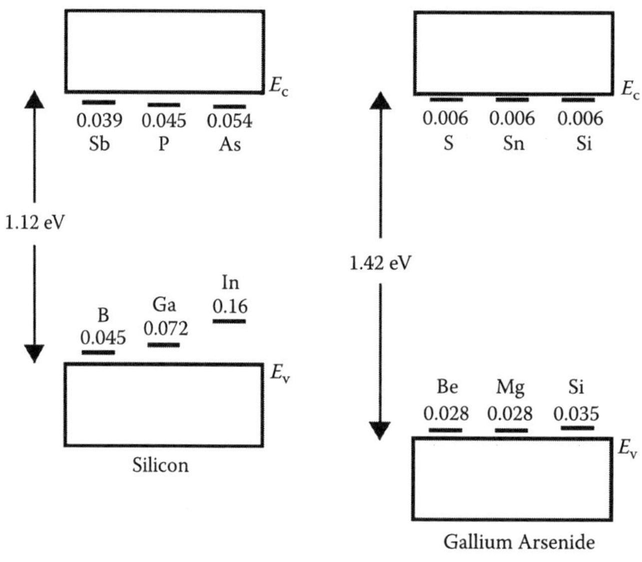

그림 6.24 그림에 나타난 것처럼, 불순물에 따라 밴드갭 내에 생성되는 에너지 레벨의 위치가 다르다. 전도대의 바닥 근처의 레벨은 도너 레벨(donor level)이며, 가전자대 바로 위에 있는 에너지 레벨은 억셉터 레벨(acceptor level)이다. GaAs에서 Si은 Ga원자를 대체하여 도너(donor)로 작용할 수 있으며, As를 대체하면 어셉터(acceptor)로 작용할 수 있다.

소자의 거동에 영향을 끼칠 수 있는데, 이에 대해서는 7 장에서 살펴볼 것이다.

다수 캐리어 및 소수 캐리어(Majority and Minority Carriers)

때로는 도너와 어셉터 불순물 모두가 한 반도체 내에 공존할 수가 있는데, 이러한 경우에는 전도의 형태(n-형 혹은 p-형)는 농도가 가장 높은 불순물에 의해 결정된다. 전자가 지배적인 전하 캐리어인 n-형 반도체에서, 전자를 '다수 캐리어(majority carriers)'라고 하며, 반면 정공을 '소수 캐리어(minority carriers)'라고 일컫는다. 반대로, p-형 반도체의 경우는, 정공이 다수 캐리어이고 전자가 소수 캐리어이다.

한 종류의 도펀트를 갖는 외인성 반도체라 할지라도, 매우 높은 온도로 가열하게 되면 마치 진성 반도체인 것처럼 거동한다. 이는, 가전자대의 전자를 밴드갭을 가로질러 전도대로 여기(excite)시킬 만큼 충분히 온도가 높으면, 이렇게 여기된 전자와 그로 인해 생성된 정공이 도펀트 원자에 의한 전자 또는 정공보다 더 지배적으로 전도를 일으키기 때문이다. 이 같은 완전한 진성 영역에 도달하기 전에는 진성 거동과 외인성 거동이 혼재되는 영역이 있을 것이다.

이렇듯, 진성 거동이 발현되기 시작하는 온도는 밴드갭의 너비에 의존한다: 즉, E_g가 크면 클수록 진성 전도가 일어나는 데 필요한 온도가 높다. 이 같은 진성 거동이 없이 고온에서 작동해야 하는 반도체의 응용 분야의 경우는, 따라서 가능한 한 가장 넓은 밴드갭을 갖는 반도체 재료를 선택해야 한다.

반도체의 온도와 무관하게, 진성 캐리어 농도에 대한 식 6.14(a) 및 (b)는 진성 및 외인성 반도체 모두에 대해 유효하다. (이에 대한 증명은 부록 A의 A3절에 나와 있다.)

예제 6.4 소수 캐리어

300 K 온도에서 실리콘(silicon) 시료를 6×10^{18} atoms/cm^3 농도의 붕소(boron)로 도핑하였다. 그렇다면, 이 반도체는 어떤 반도체가 되는가? 또한, 이 반도체 시료의 전자 및 정공의 농도는 각각 얼마인가?

정답

식 6.14(b)를 보면 다음과 같다.

$$n_i^2 = np$$

Si에 B를 도핑하면 p-형 반도체가 된다. 도핑 된 억셉터가 실온에서 충분히 이온화 된다고 가정한다면, $p = 6 \times 10^{18}\ \text{cm}^{-3}$.

따라서, 식 6.14(b)를 다시 정리하면, 다음과 같이 n을 계산할 수 있다.

$$n = {n_i^2}\Big/{p} = \frac{\left(1.4 \times 10^{10}\right)^2}{6 \times 10^{18}} = 32.67\ \text{cm}^{-3}$$

계산 결과를 보면, 전자의 농도가 정공에 비해 매우 적음을 알 수 있다. 따라서, 전자는 정공에 비해 전류의 형성에 기여하는 바가 적으며, 그렇기 때문에 이 경우 전자가 '소수(minority)' 캐리어가 된다.

진성 반도체에서의 페르미 준위(The Fermi Level in Intrinsic Semiconductors)

전자는 페르미온(Fermion)이기 때문에(부록 D 참조), 전자가 특정한 에너지 값 E를 가질 확률은 6.1.5절의 식 6.7에 기술된 페르미 분포 함수(Fermi distribution function) $F(E)$에 의해 주어진다. [페르미-디락 통계(Fermi-Dirac statistic)에 대한 자세한 내용은 부록 E 참조.]

0 K(절대 0도)에서 페르미 에너지(페르미 레벨이라고도 함)는 반도체에서 가장 높은 채워진(filled) 레벨을 나타낸다. 이 경우, 반도체는 0 K에서 반도체의 E_F 아래의 모든 레벨들이 채워져 있는 한편 E_F 위에 있는 모든 레벨들은 비어있다는 점에서 금속과 같다. 반면, 더 높은 온도에서는, 페르미 레벨은 $F(E)$의 값이 1/2이 되는 에너지 레벨이다. 따라서, 반도체에서 전자가 에너지 E_F를 가질 확률은 정확히 0.5가 된다. 이 같은 내용은 방정식 6.7을 보면 바로 알 수 있는데, $E = E_F$일 때 지수항이 1($e^0 = 1$이므로)이 되고 따라서 $F(E) = 0.5$가 되기 때문이다. 그림 6.6(b)를 다시 한번 살펴보면, 이 그림은 페르미 분포 함수['페르미 점유 인자(Fermi occupation factor)'라고도 함]를 다양한 온도 범위에서 에너지의 함수로 나타낸 것이다. 이 그림으로부터, E_F 위의 일부 레벨은 가득 찬 반면, E_F 아래의 일부 레벨은 비어 있음을 알 수 있다. 또한, 그림 6.6(b)으로부터 페르미-디락 함수가 E_F에 대해 대칭임을 알 수 있다.

논의를 이어가기 전에, 페르미 레벨(Fermi level)은 원자에 의해 생성된 실제적인 레벨이 아니라 하나의 '기준(reference)' 에너지 레벨이라는 것을 분명히 해야 한다. 곧 살펴 보겠지만, 페르미 레벨은 도핑(doping) 조건에 따라 반도체 밴드 다이어그램에서 다른 위치에 나타난다. 우선, 진성 반도체에서 페르미 에너지가 어디에 위치하는지 알 필요가 있다.

외인성 및 진성 반도체 모두에서, 전자(n) 및 정공(p)의 캐리어 농도는 각각 다음과 같다.

$$n = N_C \exp\left[-\frac{(E_C - E_F)}{k_B T}\right] \tag{6.15}$$

$$p = N_V \exp\left[-\frac{(E_F - E_V)}{k_B T}\right] \tag{6.16}$$

여기서, E_F는 페르미 에너지, E_C는 전도대의 바닥, E_v는 가전자대의 상단, k_B는 볼츠만 상수(Boltzman's constant), N_C와 N_V는 각각 전도대와 가전자대의 유효 상태밀도(density of states)이다(6.3.2절 참조). 예를 들어, 300 K의 온도(실온)에서 Si의 경우, $N_C = 2.8 \times 10^{19}$ cm^{-3} 및 $N_V = 1.04 \times 10^{19}$ cm^{-3}이다. [N_C와 N_V를 '유효(effective)' 상태밀도라고 일컫는 이유는 N_C와 N_V가 페르미-디락(Fermi-Dirac) 통계보다는 단순화를 위해 고전적인 볼츠만(Boltzman) 통계로부터 계산된 상태밀도이기 때문이다.]

우선, 진성 반도체를 고려해 보면, 식 6.15와 6.16을 결합하면 페르미 에너지에 대한 다음과 같은 식을 얻을 수 있다(식의 완전한 유도는 부록 A 참조):

$$E_F = \frac{E_C + E_V}{2} + \frac{k_B T}{2} \ln\left[\frac{N_V}{N_C}\right] \tag{6.17}$$

E_C는 전도대 바닥의 에너지이고 E_V는 가전자대 상단의 에너지이기 때문에 식 6.17의 첫 번째 항은 밴드갭 중간의 에너지를 나타낸다. $T = 0$에서 식 6.17의 오른쪽에 있는 두 번째 항은 사라지며, E_F가 밴드갭의 정확히 중간에 위치한다는 결과가 나온다.

실온의 조건에서, 식 6.17의 두 번째 항의 값은 밴드갭보다 매우 작아서, 페르미 준위가 밴드 갭의 중간에 매우 가깝게 위치한다는 결과가 나온다. 그러나, 만약 $N_C = N_V$라면, 페르미 준위는 진성 반도체의 온도에 상관없이 밴드갭의 중간에 정확히 위치하게 된다($\ln 1 = 0$이므로). 만약, 한 밴드의 상태밀도가 다른 밴드의 상태 밀도보다 훨씬 크다면, 페르미 레벨은 더 이상 밴드갭의 중간에 위치하지 않을 것이다. 모든 경우에 있어서, 진성 반도체의 페르미 에너지는 '진성 페르미 레벨(intrinsic Fermi level)'이라고 하며, E_i로 표기한다.

외인성 반도체에서의 페르미 준위(The Fermi Level in Extrinsic Semiconductors)

n-형 반도체에서 완전한 이온화가 일어날 정도로 온도가 충분히 높으면, 전자 밀도 n은 도너의 농도 N_D와 동일하다. 그러므로, 식 6.15는 n-형 반도체에서의 도너 농도에

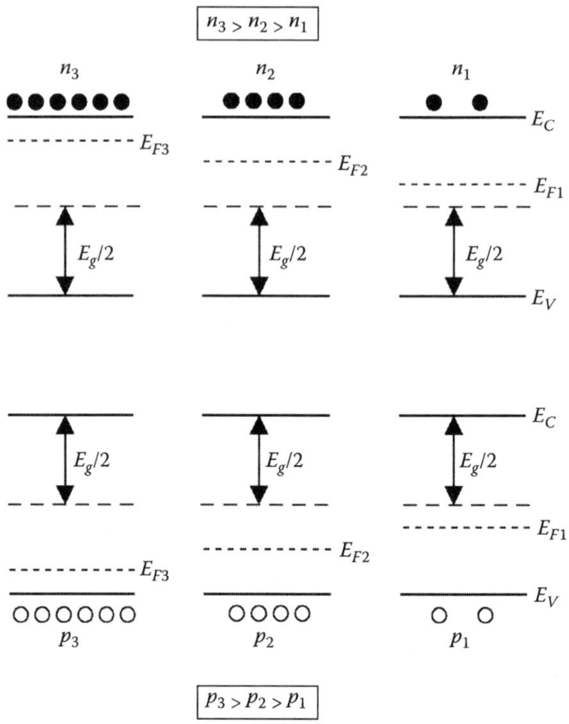

그림 6.25 페르미 준위는 도펀트의 양과 종류에 따라 밴드갭 중간으로부터 이동한다. (This diagram first appeared as Figure 3.11, p.41, of *Introductory Semiconductor Device Physics*, by Greg Parker, © IOP Publishing Ltd., 2004. Reproduced with kind permission of Greg Parker.)

대한 페르미 에너지의 위치를 나타낼 것이다. N_D가 증가하면, $E_C - E_F$는 감소되어야 하는데, 이는 도너 원자의 수가 증가함에 따라 페르미 레벨이 전도대의 바닥에 더 가깝게 이동한다는 것을 의미한다.

이와 유사하게, 완전한 이온화 조건에서 억셉터 농도 N_A와 동일한 정공 밀도 p를 갖는 p-형 반도체에 대해, 식 6.16은 억셉터 농도가 증가함에 따라 페르미 준위가 가전자대의 상단을 향해 이동한다는 것을 알려준다. 그림 6.25는 도펀트 농도가 변함에 따라 페르미 레벨이 어떻게 움직이는지를 보여준다.

캐리어 농도에 대한 자세한 정보(More on Carrier Concentrations)

방정식 6.15와 6.16을 결합하면, 총 진성 전하 농도(total intrinsic carrier concentration)를 알 수 있으며, 이는 진성 및 외인성 반도체 모두에 대해 유효하다. 결과 식은 다음과 같으며, 식의 유도하는 과정에 대해서는 부록 A에 설명되어 있다.

$$n_i = \sqrt{N_C N_V}\exp\left[-\frac{E_g}{2k_B T}\right] \tag{6.18}$$

식 6.18은 E_F—앞선 절에서 보았듯이, E_F는 도펀트 농도가 변할 때 위치가 변한다—를 포함하지 않기 때문에 반도체의 도핑 여부에 무관하므로, 진성 및 외인성 반도체 모두에 적용 가능하다.

예제 6.5 외인성 반도체

Si에 As을 2×10^{16} atoms/cm^{3}의 농도로 도핑했을 때, 상온에서의 캐리어 농도를 구하고 페르미 레벨의 위치에 대해 설명하라.

정답

Si에 As을 도핑하면 n-형 반도체가 된다. 도핑 된 도너 원자가 실온에서 충분히 이온화 된다고 가정한다면, $n = N_D = 2 \times 10^{16}$ cm^{-3}.

진성 캐리어 농도(intrinsic carrier concentration)가 1.4×10^{10} cm^{-3}이라고 하면,

$$p = n_i^2 / N_D = \frac{\left(1.4 \times 10^{10}\right)^2}{2 \times 10^{16}} = 9.8 \times 10^3 \ \text{cm}^{-3}$$

식 6.15를 정리하면 다음과 같이 페르미 레벨의 위치를 구할 수 있다.

$$n = N_C \exp\left[-\frac{(E_C - E_F)}{k_B T}\right]$$

$$\Rightarrow \ln N_D = \ln N_C\left[-\frac{(E_C - E_F)}{k_B T}\right]$$

$$\Rightarrow E_C - E_F = k_B T \ln\left[\frac{N_C}{N_D}\right]$$

이 경우, $n = N_D$이다.

앞서, 300 K에서 Si의 경우에 $N_C = 2 \times 10^{19}$ cm^{-3}임을 알고 있으므로,

$$E_C - E_F = k_B \times 300 \ln\left[\frac{2.8 \times 10^{19}}{2 \times 10^{16}}\right] = 0.188 \text{ eV}$$

따라서, 이 경우 페르미 레벨은 전도대 바닥보다 0.188 eV 만큼 아래에 위치한다.

6.4.2 반도체에서 전하 캐리어의 움직임

표동 속도(DRIFT VELOCITY)

우리가 앞서 배운 것처럼, 오직 전자만이 전하를 전달하는 금속과는 달리 반도체에서는 전자와 정공 모두 전하를 전달한다. 전기장의 영향 아래에서의 전하 캐리어의 이동을 표동 전류(drift current)라고 하며, 이들 전하의 평균 속도를 표동 속도(drift velocity)라고 한다. 표동 속도 v_{dr}은 전기장 ε의 세기와 연관되어 있는데, 그 관계는 다음과 같다.

$$v_{dr} = \mu\varepsilon \tag{6.19}$$

여기서, μ는 표동 이동도(drift mobility)이다. 표동 이동도는 전하 캐리어의 움직임이 가해진 전기장에 의해 얼마나 크게 영향을 받는지를 나타내는데, 물질 마다 그 값이 다르다.

전하 캐리어의 이동도는 온도가 증가함에 따라 감소하는데, 그 이유는 6.1.1절에서 다루었던 비저항(resistivity)의 기원에 대한 논의와 유사하다. 즉, 온도가 높을 때는 격자 원자가 더 많이 진동하고, 그 결과 전하 캐리어가 진동하는 격자 원자와 충돌할 가능성이 더 크기 때문이다. 이와 대조적으로, 불순물 산란(impurity scattering), 즉 전하 캐리어가 이온화된 불순물 원자에 의해 정전기적으로 끌리거나 반발됨에 의해 발생하는 충돌은 고온에서 덜 중요하게 되는 경향이 있다. 왜냐 하면, 캐리어가 빠른 속도로 이온을 지나치므로 이온과 상호작용하는 시간이 짧기 때문이다.

그러나, 불순물 산란의 정도는 불순물의 농도에 의존한다. 이 때문에 소자를 만드는데 사용되는 반도체가 고순도이어야 하는 것이다. 만일, 반도체 물질이 너무 많은 불순물을 함유하면, 전하 캐리어의 이동도는 반도체 소자가 적절하게 작동하지 않을 정도로 감소하게 된다. 이와 관련하여, 7.3.1절에서 매우 순도가 높은 반도체 결정을 생산하는 다양한 방법에 대해 살펴볼 것이다.

열 속도(Thermal Velocity)

전하 캐리어의 움직임에 표동(drift)만 있는 것은 아니다. 인가 된 전기장의 여부에 상관없이, 전하 캐리어는 절대 0도 이상의 온도에서 열 운동(thermal motion)을 한다. 그림 6.26(a)에서 볼 수 있듯이, 이 열 운동은 무작위적(random)인데, 이는 각 전하 캐리어가 불순물 원자 또는 격자 원자와의 충돌에 의한 영향을 지속적으로 받기 때문이다. 사실, 전하 캐리어가 결정 격자와의 상호작용에서 비롯되는 유효 질량(effective mass)을 갖는다는 조건과 더불어, 전하 캐리어는 이상 기체(ideal gas)를 이루는 고전적 입

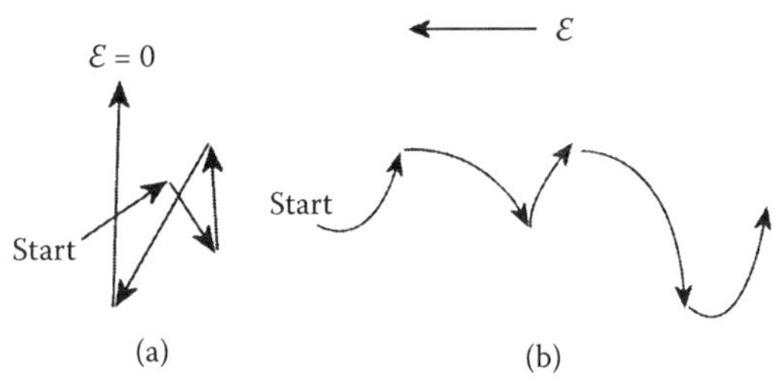

그림 6.26 반도체에서의 (a) 무작위적인 열적 운동(random thermal motion) 및 (b) 인가된 전기장의 영향에 의한 전자의 경로(무작위적 운동과 결합된 전기장에 의한 운동).

자처럼 움직이는 것으로 간주될 수 있으므로, 이들의 거동을 고전적인 통계로 다룰 수 있다. (고전적인 통계 역학에 대해서는 부록 E의 E3절 참조.)

이와 같은 시스템이 열적 평형(thermal equilibrium) 상태에 있을 때, 총 에너지는 반도체 내부의 3 차원 공간에서 전하 캐리어의 병진운동(translational motion)을 설명하는 '세 개의 자유도(three degrees of freedom)'로 균등하게 분할된다. [전하 캐리어가 다른 추가적인 움직임을 갖는 경우에만 더 큰 자유도를 가질 수 있다; 예를 들어, 추가적으로 회전 에너지(rotational energy)를 갖는 분자가 있다면, 이에 대해 자유도의 수도 증가할 것이다.] 이 같은 에너지 분할은 에너지 등분배법칙(equipartition of energy theorem)으로 알려져 있다. 이에 따르면, 이상적인 단원자(monoatomic) 기체—반도체에서 전하 캐리어의 거동과 유사하다—에 대해, 각 캐리어 입자의 자유도 당 평균 에너지는 $k_BT/2$로 주어진다. 따라서, 각 캐리어의 평균 에너지는 $3k_BT/2$가 된다. 여기서, k_B는 볼츠만 상수(Boltzman's constant)이고, T는 온도이다.

운동 에너지(kinetic energy)는 과 같으므로, 반도체에서 전하 캐리어의 열 속도(thermal velocity)에 대한 식은 다음과 같이 유도할 수 있다.

$$\frac{1}{2}m^* v_{\text{th}}^2 = \frac{3}{2}k_B T \tag{6.20}$$

여기서, m^*은 전하 캐리어(전자 또는 정공)의 유효 질량이며, v_{th}는 전하 캐리어의 열 속도이다. 이 식을 다시 정리하면 다음과 같다.

$$v_{\text{th}}^2 = \frac{3k_B T}{m^*} \Rightarrow v_{\text{th}} = \sqrt{\frac{3k_B T}{m^*}} \tag{6.21}$$

전체적인 움직임(Overall Motion)

반도체에 전기장이 가해지면, 전자(및 정공)의 운동은 표동 속도(drift velocity)와 무작위적 열 운동(random thermal motion)의 조합에 의해 이루어진다. 그림 6.26(b)는 전기장의 영향 아래에서 전하 캐리어의 움직임을 보여준다.

전하 캐리어가 충돌로 인해 경로가 변경되기 전까지 이동하는 평균 거리를 '평균 자유 경로(mean free path)'라고 하며, 충돌 사이의 평균 시간 τ_c은 평균 자유 시간(mean free time)이라고 한다. (평균 자유 경로의 개념에 대한 소개는 5.2.2절을 참조.)

평균 자유 시간을 이용하면 또 다른 방법으로 표동 속도를 표현할 수 있게 해 준다. 즉, 속도 = 가속도 × 시간이며, 여기서 가속도 = 힘/질량이므로, 표동 속도는 다음과 같이 주어진다.

$$v_{dr} = \frac{\mathbf{F}\tau_C}{m} \tag{6.22}$$

여기서, F는 인가 된 전기장에 의해 전하에 가해지는 힘이며, τ_C는 평균 자유 시간이다.

예제 6.6 표동 속도와 열 속도

300 K 온도에서 n-형 Si 반도체 내부에서 움직이고 있는 전자의 열 속도(thermal velocity)를 계산하여라. 또한, 2000 Vm^{-1}의 전기장이 가해졌을 때, 표동 속도(drift velocity)를 계산하고, 두 결과를 비교하여라.

$m^* = 1.18\ m_0$, 이고 m_0 = 자유전자의 질량 = 9.11×10^{-31} kg; 전자의 $\mu = 0.15\ m^2 V^{-1} s^{-1}$이다.

정답

열 속도는 다음과 같이 계산된다.

$$v_{th}\sqrt{\frac{3k_BT}{m^*}} = \sqrt{\frac{3 \times k_B \times 300}{1.0749 \times 10^{-30}}} = 107517.9\ ms^{-1} = 1.075 \times 10^5 ms^{-1}$$

표동 속도는 다음과 같이 계산된다.

$$v_{dr} = \mu\varepsilon\ = 0.15 \times 2000 = 300\ ms^{-1}$$

결과를 비교해 보면, 표동 속도가 열 속도에 비해 훨씬 작다는 것을 알 수 있다. 열 속도는 전기장에 의해 거의 영향을 받지 않으므로, 충돌 사이의 시간은 전기장과 상관없이 동일하다고 볼 수 있다.

실제로, 전기장에 의해 캐리어에 작용하는 힘은 정전기(electrostatic)에 관한 식으로부터 전기장과 다음과 같은 관계를 갖는다.

$$\mathbf{F} = q\boldsymbol{\varepsilon} \tag{6.23}$$

여기서, q는 캐리어의 전하이고, ε은 인가된 전기장이다. 식 6.22의 F에 이 식을 대입하면 다음과 같다.

$$v_{\mathrm{dr}} = \frac{q\boldsymbol{\varepsilon}\tau_{\mathrm{C}}}{m} \tag{6.24}$$

이 결과를 식 6.19와 결합하면 이동도(mobility)에 대해 다음의 식을 얻을 수 있다:

$$\mu = \frac{q\tau_{\mathrm{C}}}{m^*} \tag{6.25}$$

예제 6.7 평균 자유 경로

앞선 예제 6.6에서의 전자에 대한 평균 자유 경로를 계산하여라.

$m^* = 1.18\ m_0$이고 $m_0 =$ 자유전자의 질량 $= 9.11 \times 10^{-31}$ kg이다. 그리고, 전자의 $\mu = 0.15\ \mathrm{m^2\,V^{-1}\,s^{-1}}$이며, 앞선 예제의 결과로부터 $v_{\mathrm{th}} = 1.075 \times 10^5\ \mathrm{ms^{-1}}$이다.

정답

$$\tau_{\mathrm{C}} = \frac{\mu m^*}{q} = \frac{0.15 \times 1.0749 \times 10^{-30}}{1.602 \times 10^{-19}} = 1 \times 10^{-12}\,\mathrm{s}$$

거리 = 속도 × 시간이므로, 평균 자유 경로 l은 $\tau_{\mathrm{C}} \times v_{\mathrm{th}}$와 같다.

$$\tau_{\mathrm{C}} \times v_{\mathrm{th}} = 1 \times 10^{-12} \times 1.075 \times 10^5 = 1.07 \times 10^{-7}\,\mathrm{m} = 107\,\mathrm{nm}$$

전도도(Conductivity)

반도체에서 전류는 전자와 정공 모두에 의해 발생되기 때문에, 총 전도도는 각각 자유전자 및 정공에 의해 생성된 전도도의 조합이다. 이는 다음과 같이 표현할 수 있다:

$$\sigma = qn\mu_{\mathrm{n}} + qp\mu_{\mathrm{p}} \tag{6.26}$$

여기서, q는 전하, n은 자유전자의 수, p는 정공의 수, μ_{n}과 μ_{p}는 각각 전자와 정공의 이동도이다.

확산(Diffusion)

사실, 앞선 몇 개의 절에서 열 운동(thermal motion) 및 표동 속도(drift velocity)가 반도체에서 전하 캐리어의 움직임의 전부라고 했던 것은 엄밀히 말하자면 정확하지 않다. 왜냐하면, 전하 캐리어가 다른 방향으로 움직일 수 있는 또 다른 방법이 존재하기 때문이다. 그것은 바로 확산(diffusion)이며, 확산은 반도체 내부에 캐리어의 농도 구배(concentration gradient)가 있을 때 일어난다. 적은 양으로 누출된 가스 분자들이 곧 방 전체로 퍼지는 것과 같은 방식으로, 전하 캐리어도 농도가 높은 지역에서부터 다른 지역으로 이동할 것이다. (두 경우 모두, 더 균일한 농도를 갖는 것이 농도 구배를 갖는 것보다 에너지적으로 더 낮아 안정하다. 따라서, 확산은 농도가 균일하게 될 때까지 계속될 것이다.) 이 같은 확산에 의한 전하 캐리어의 움직임은 '확산 전류(diffusion current)'의 흐름을 일으키며, 그 결과 전하 캐리어의 농도 구배를 갖는 반도체의 총 전류는 표동(drift)과 확산(diffusion) 모두에 기인할 것이다. 또한, 이 경우 전체적인 캐리어의 움직임은 무작위적인 열 운동, 표동 속도 및 확산의 조합이 될 것이다.

예제 6.8 반도체의 전도도

300 K에서 Si 시료에 (a) 인(P) 원자가 6×10^{16} atoms/cm^3 만큼 도핑 된 반도체와 (b) 비소(As) 원자가 5×10^{17} atoms/cm^3 만큼 도핑 된 반도체의 전도도를 각각 구하여라.

정답

반도체의 전도도는 전자 및 정공 모두에 의해 구성되긴 하지만, 대부분의 경우에 있어서 도너와 억셉터의 농도에는 큰 차이가 있기 때문에 소수 캐리어에 의한 전도도 기여분은 무시할 수 있다. 이 예제의 경우, 인(P) 및 비소(As) 모두 Si에 도핑 될 때 n-형 반도체를 만들고, 또한 억셉터 농도에 대한 언급이 전혀 없기 때문에, 우리는 식 6.26을 다음과 같이 변형할 수 있다.

$$\sigma = qN_D\mu_n$$

여기서, N_D는 도너 농도이다(N_D는 자유전자의 수 n과 같다). 또한, 앞선 예제로부터 상온에서의 n-형 Si의 전자 이동도가 0.15 m^2 V^{-1}s^{-1}임을 알고 있다. 따라서, (a)에 대해

$$\sigma = 1.602 \times 10^{-19} \times 6 \times 10^{16} \times 0.15 = 0.0014 = 1.4 \times 10^{-3}\left(\Omega\text{-cm}\right)^{-1}$$

그리고, (b)에 대해

$$\sigma = 1.602 \times 10^{-19} \times 5 \times 10^{17} \times 0.15 = 0.012 = 1.2 \times 10^{-2} (\Omega\text{-cm})^{-1}$$

그림 6.1을 다시 살펴보면, 이들 계산 값들이 도핑 된 Si의 전도도의 범위 내에 있다는 것을 알 수 있다.

7장에서 다루겠지만, 확산은 많은 반도체 소자의 작동에 있어서 중요한 역할을 하며, 또한 도펀트(dopant)를 반도체에 첨가하는 방법 중 하나이기도 하다. Si과 GaAs에서 전자의 표동(drift)과 확산(diffusion)은 정공의 표류 및 확산보다 빠르다. 따라서, 고속으로 작동해야 하는 전자 소자는 정공의 표류 및 확산보다는 전자의 움직임을 기반으로 해야 한다.

6.5 초전도

6.5.1 초전도 개론

금속이 아무리 좋은 도체라고 해도 여전히 금속은 전류의 흐름에 대해 어느 정도의 저항(resistance)을 제공한다. 6.1.1절에서 보았듯이, 그 이유는 비저항(resistivity)이 부분적으로 격자 원자의 열적 운동과 고체 내에 존재하는 결함에 의해 발현되기 때문이다. 온도가 낮아짐에 따라, 격자 원자의 열적 운동에 의한 비저항은 감소하지만, 결함에 의한 비저항은 절대 0도 만큼이나 낮은 온도에서도 존재한다. 그러나, 언제나 예외는 존재하듯이, 1911년 네덜란드의 물리학자인 Heike Kamerlingh Onnes(1853-1926)는 고체 수은(mercury)을 −269°C(4.2 K) 이하로 냉각했을 때 전기에 대한 저항이 모두 사라지고 초전도체(superconductor)가 된다는 것을 발견했다.

그림 6.27은 4.2 K의 온도에서 수은의 저항이 사라지는 것을 보여준다. 이 온도보다 높은 온도에서는 수은은 보통의 금속처럼 거동하지만, 4.2 K 이하에서 수은은 초전도체가 된다. 이처럼, 고체가 초전도체가 되는 온도, 즉 고체의 초전도 상태와 보통 상태가 구분되는 온도를 초전도 전이 온도(superconducting transition temperature) T_C 라고 한다.

Onnes가 초전도 현상을 발견한 이래로, 금속 합금, 다양한 화합물, 및 일부 금속을 포함한 수천 가지의 물질들이 초전도성을 나타냄을 알게 되었다. 또한, 표 6.3에서 볼

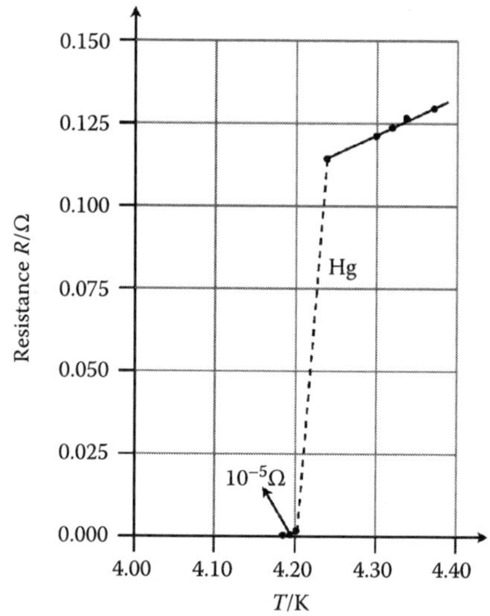

그림 6.27 이 그래프는 고체 수은(mercury)에 대해 Onnes가 실험적으로 측정한 저항(resistance)과 온도(temperature)의 관계에 대한 데이터를 보여준다. Onnes는 수은이 4.2 K 이하의 온도에서 초전도체가 된다는 것을 발견했다. (This diagram originally appeared as Figure 2.46(a), p.103, of *Quantum Physics of Matter*, edited by Alan Durrant, © 2000, The Open University. Reproduced with permission.)

표 6.3 다양한 고체에 대한 초전도 전이 온도

Material	Superconducting Transition Temperature, T_c (K)
Titanium (Ti)	0.4
Lead (Pb)	7.2
Magnesium diboride (MgB_2)	39
Yttrium barium copper oxide ($YBa_2Cu_3O_7$)	92

수 있듯이, 물질마다 전이 온도가 매우 다름을 알 수 있다. 고압 또는 박막 형태와 같은 특정 조건에서는 몇몇 반도체들도 초전도체가 될 수 있다.

T_c 이상의 온도에서 초전도 금속의 비저항은 일반 금속과 유사하며(6.1.1절 참조), 결함 및 포논 산란(phonon scattering) 모두가 비저항에 기여한다. 그러나, 초전도 금속에서는 T_C보다 온도가 낮을 때 산란 메커니즘이 작동하지 않으며, 그 결과 저항(resistance)이 0이 된다.

하지만, 초전도체가 될 수 있는 재료가 각각의 T_c보다 낮은 온도에서 항상 초전도체가 되는 것은 아니다. 사실, 그림 6.28에 설명되어 있듯이, 일부 예외적인 경우에 자

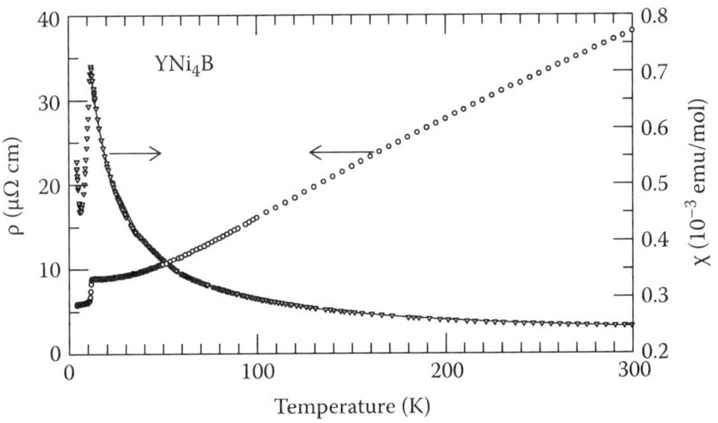

그림 6.28 1911년 Heike Kamerlingh Onnes가 고체 수은(mercury)에서 초전도성(superconductivity)을 발견한 이래, 다양한 초전도 재료가 발견되었다. 예를 들어, 1992년 인도 Tata Institute of Fundamental Research의 과학자들은 니켈(Ni), 붕소(B), 탄소(C) 및 희토류(rare earth) 원소 중 하나를 포함하는 '4원계 보로카바이드(quaternary borocarbides)'로 알려진 금속 화합물들에서 초전도성을 발견했다. 이 그래프는 YNi_4B 조성을 갖는 yttrium nickel boride 시료에 대해 측정된 비저항(ρ, 원으로 표시)과 자화율(χ, 역삼각형으로 표시)을 보여준다. 12 K의 온도 근방에서의 비저항(ρ)의 급격한 감소는 이 시료의 일부가 이 온도 이하에서 초전도성을 띤다는 것을 보여준다. (시료 전체가 초전도성을 나타냈다면, 그래프에서 보이는 것처럼 비저항이 0이 아닌 값에서 끝나는 것이 아니라 12 K에서 0이 될 것이다.) 추가적인 후속 연구에 따르면, 초전도성은 Y, Ni, B, C를 포함하는 4원계 보로카바이드 상(phase)에서 기인한다는 것이 밝혀졌다. 또한, 이 그래프는 12 K 이하에서 이 초전도 상의 반자성(diamagnetic) 거동에 기인한 자화율(χ)의 급격한 저하를 보여주며, 그 결과 비저항 측정을 통해 알게 된 약 12 K의 초전도 전이 온도(superconducting transition temperature)가 맞음을 다시 한번 확인해준다. [자기 특성 및 반자성(diamagnetism)은 8장에서 자세히 논의한다.] (The experimental data shown in this graph is reprinted from Solid State Communication, vol 87, Mazumdar, Nagarajan et al, Superconductivity at 12 K Y-Ni-B system, p.413-416, Copyright 1993, with permission from Elsevier.)

성(magnetism)과 초전도성이 공존할 수 있지만, 일반적으로는 초전도 상태는 강한 자기장에 의해 파괴된다.

초전도 물질로 고리 형태의 전선을 만든다면, 저항이 없기 때문에 이 고리 전선을 흐르는 직류 전류는 이론적으로 영원히 순환하게 될 것이다. 그렇지만 실제로는, 초전도체의 저항이 완전한 0이 아니므로, 초전도 고리 전선의 전류는 무한히 흐르지는 않을 것이다. 그러나, 실험 결과, 적어도 이 같은 초전도 고리 전선에는10,000년 동안 전류가 흐를 것이며, 초전도체의 전도도는 전형적인 금속의 전도도보다 약 10^{17}배 정도 더 크다는 것을 알게 되었다.

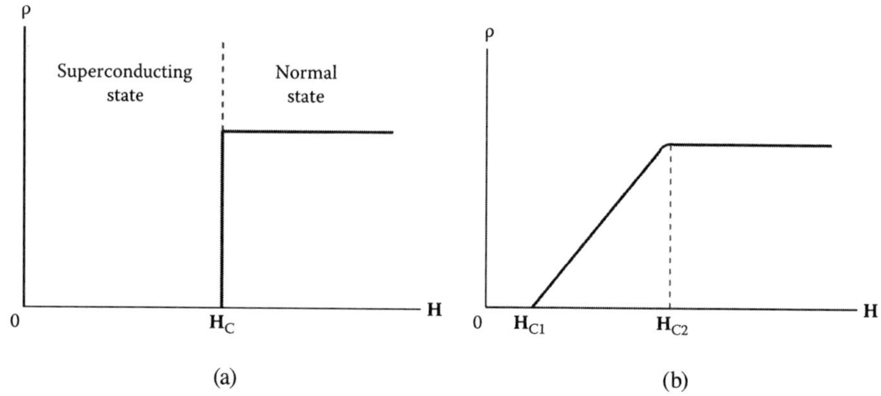

그림 6.29 외부 자기장에 대한 (a) I형 초전도체와 (b) II형 초전도체의 비저항(resistivity). I형 초전도체의 경우 임계 자기장(critical field) H_C에서 초전도 상태에서 정상 상태로의 급격한 변화가 있는 반면, II형 초전도체의 경우 그러한 상태에 대한 변화가 H_{c1}과 H_{c2} 사이의 자기장 값의 범위에 걸쳐 일어난다.

제1종 및 제2종 초전도체(Type I and Type II Superconductors)

초전도체는 자기장 안에서 어떻게 거동하는지에 따라 두 가지 유형(type)—I형 초전도체 및 II형 초전도체—으로 나눌 수 있다. I형 초전도체는 상대적으로 약한 외부 자기장을 가함으로써 초전도성이 파괴된다. 뿐만 아니라, 그림 6.29(a)에서 볼 수 있듯이, I형 초전도체는 외부 자기장 **H**(8.1.2절 참조)이 임계 자기장(critical field) $\mathbf{H}_c$으로 알려진 값에 도달할 때, 초전도 상태와 정상 상태 사이의 변화가 갑작스럽게 발생한다.

따라서, 임계 온도(critical temperature)보다 낮은 온도에서 $\mathbf{H}_c$보다 높은 자기장이 I형 초전도체에 가해졌을 때에는, I형 초전도체는 정상 상태로 돌아가고 더 이상 0의 저항을 갖지 않는다.

초전도 물질마다 각각 고유의 T_c 값을 갖는 것처럼, 모든 I형 초전도 물질은 각기 서로 다른 $\mathbf{H}_c$ 값을 갖는다. 임계 온도에서 $\mathbf{H}_c$는 0이고, 온도가 감소하면서 $\mathbf{H}_c$는 증가한다. 그림 6.30은 몇몇 초전도체에 대한 $\mathbf{H}_c$의 온도 의존성을 나타내며, 이는 대략 다음 식으로 주어진다:

$$\mathbf{H}_c(T) = \mathbf{H}_c(0)\left[1-\left(\frac{T}{T_c}\right)^2\right] \tag{6.27}$$

여기서, $\mathbf{H}_c(0)$은 온도가 절대 0도에 접근했을 때의 임계 자기장(critical field)이다.

초전도성을 파괴할 수 있는 방법은 강한 자기장을 가하는 것만 있는 것이 아니다. 높은 전류를 초전도체에 흘려주는 것도 동일한 효과를 낼 수 있다. 덴마크 물리학자

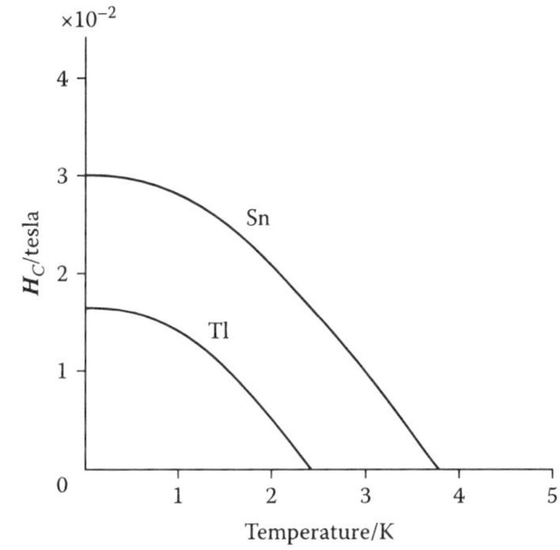

그림 6.30 I형 초전도체에 대해 실험적으로 측정된 임계 자기장(critical field) H_C의 온도 의존성.

Hans Christian Oersted(1777-1851)가 1820년에 발견했듯이, 강한 전류가 초전도성을 파괴하는 이유는 와이어(wire)를 따라 흐르는 전류는 자기장을 생성하기 때문이다. 따라서, I형 초전도체에 대해서는 $\mathbf{H_c}$와 동일한 자기장을 생성하는 '임계 전류(critical current)'가 있다. I형 초전도체에 흐르는 전류가 이 임계 값 보다 낮으면 초전도성이 유지되지만, 전류가 이 값을 초과하면 그에 따라 생성된 자기장에 의해 초전도성이 파괴되고 이 물질은 정상 상태로 되돌아간다.

니오븀(niobium)을 제외한 대부분의 원소 금속은 I형 초전도체이다. 반면, 모든 합금(alloy)은 II형 초전도체이다. 그림 6.29(b)에 나타나 있듯이, II형 초전도체는 단일 임계 자기장(또는 임계 전류) 값에 초전도 상태와 정상 선도 상태 사이의 변회기 일어나는 대신, $\mathbf{H_{c1}}$과 $\mathbf{H_{c2}}$ 사이의 자기장의 범위에 걸쳐서 상태의 변화가 일어난다. 여기서, $\mathbf{H_{c1}}$은 '하위 임계 자기장(lower critical field)', 그리고 $\mathbf{H_{c2}}$는 '상위 임계 자기장(upper critical field)'이라고 한다. 이 두 임계 값은 100배 만큼이나 차이가 날 수 있는데, 이 두 값 사이에서 물질은 이른바 혼합 상태(mixed state)에 있게 된다. 이 때에는, 물질 중 일부는 초전도 상태에 있고, 나머지 다른 부분은 정상 도체처럼 거동한다.

고온 초전도체(High-Temperature Superconductors)

다음 절에서 살펴 보겠지만, 초전도체를 이용하는 중요한 응용 분야들은 이미 많이 있다. 그러나, 과학자들의 궁극적인 목표는 실온(room temperature)에서 초전도성을 띠면서 전류를 전달하기 위한 전선으로 만들 수 있는 물질을 발견하는 것이다.

예제 6.9 초전도체의 임계 자기장

$\mathbf{H}_c(0) = 0.0305$ T인 주석(tin) 시료를 이의 초전도 전이 온도(superconducting transition temperature)인 3.72 K 아래로 냉각했을 때, 1 K에서의 이 시료의 임계 자기장(critical field)의 값은 대략 얼마인가?

정답

임계 자기장과 온도의 대략적인 관계는 다음과 같이 주어진다.

$$\mathbf{H}_c(T) = \mathbf{H}_c(0)\left[1-\left(\frac{T}{T_c}\right)^2\right]$$

이 식에 T_c, T, 및 $\mathbf{H}_c(0)$의 값을 대입하면 다음과 같다.

$$\mathbf{H}_c(1K) = 0.0305\left[1-\left(\frac{1}{3.72}\right)^2\right] = 0.028\text{T}$$

(이 계산 값은 지구 자기장의 세기보다 대략 400배가 큰 값이다.)

그림 6.30을 다시 살펴보면, 위의 식이 실제적인 상황을 잘 설명하고 있음을 알 수 있다.

77 K(액체 질소의 끓는점)보다 높은 온도에서 초전도성을 나타낼 수 있는 물질을 고온 초전도체(high-temperature superconductor)라고 한다. 고온 초전도체의 예로는 초전도 전이 온도가 92 K인 yttrium barium copper oxide (YBCO)가 있다. 또한, bismuth strontium calcium copper oxide (BSCCO)도 대표적인 고온 초전도체이다. BSCCO는 두 가지 서로 다른 구조를 갖는데, 그 중 하나의 T_c는 93 K이고, 다른 하나는 110 K이다. 이들 고온 초전도체 물질들은 액체 헬륨 대신 액체 질소를 사용해서도 초전도 상태를 유지할 수 있기 때문에 저온 초전도체보다 사용하기 더 쉽다. 왜냐 하면, 액체 질소가 액체 헬륨보다 훨씬 더 광범위하게 사용되기 때문에 상당한 비용 절감 효과가 있으며, 또한 다루기도 쉬워 연구분야나 산업분야에서 다양한 기능성 소자를 만드는 데에 따르는 기술적 어려움을 줄일 수 있다.

하지만, 상대적으로 높은 초전도 전이 온도를 갖는 물질이 개발된다고 하더라도 이 물질이 곧바로 제대로 응용될 수 있는 것은 아니다. 현재까지 발견된 대부분의 고온 초전도체들은 깨지기 쉬워 쉽게 가공할 수 없는 세라믹(ceramic) 재료들이다. (세라믹은 비금속 원소와 금속 원소를 함유하는 화합물이다.) 이러한 초전도 재료를 테이프(tape)나 와이어(wire)로 만들 수 없다면 상업적 가치는 거의 없으며, 설령 그렇게 성형이 되더라도 상업적으로 사용이 가능하도록 싸고 쉽게 제조될 수 있어야 한다. 물론 연구의 측면에서는 이와는 다른 기준이 적용되며, 산업 분야에서 그다지 영향을 미칠 수 없는 몇몇 값비싼 재료가 앞으로 어떻게 사용될 수 있을지에 대한 연구가 전 세계의 많은 연구실에서 여전히 진행되고 있다.

마이스너 효과(Meissner Effect)

초전도 현상에 대한 가장 잘 알려진 실험적 시연 중 하나는 초전도체 위에서 작은 자석을 부상(levitate)하게 되는 것이다(그림 6.31 참조). 이것은 자기장에 놓여 있는 금속이 T_c 이하로 냉각될 때 금속으로부터 자기선속(magnetic flux)이 방출되는 현상인 마이스너 효과(Meissner effect) 때문이다. 이는, 대부분의 자기장이 초전도체 내에 존재할 수 없음을 의미한다. 그러나, 자기장이 충분히 크다면 초전도체는 일반 전도 상태로 되돌아가고 자기장이 그 물질을 통과할 수 있게 된다.

자기장이 방출되는 이유는 초전도체의 표면에 전류가 유도되기 때문인데, 이 전류에 의해 생성된 자기장은 초전도체 내부의 자기장을 상쇄시킨다. 이 때문에, 작은 자석의 경우, 표면 전류에 의해 생성된 자기장이 자석이 만들어내는 자기장에 대항하여 표면에서 밀어내버리기 때문에 초전도체의 표면 위에서 부상될 수 있다.

초전도체는 또한 외부 자기장에 반대되는 자기장을 생성하는 완전한 반자성체

그림 6.31 마이스너 효과(Meissner effect)는 작은 자석이 초전도체 위에서 부상하게 한다. (Courtesy of Darren Peets, UBC Superconductivity Lab, Canada.)

(perfect diamagnet)처럼 거동하는데, 이에 대해서는 8.2.1절에서 자세히 논의한다. 그러나, BOX 8.1에서 설명한 원자적 거동에 의해 발생하는 반자성 부상(diamagnetic levitation)과는 달리, 마이스너 효과에 의한 자기부상은 전적으로 초전도체의 표면에 흐르는 전류에 의해 일어난다.

열적 특성(Thermal Properties)

보통의 도체와 달리, 초전도체는 열을 잘 전달하지 못한다. 그러나, 초전도 현상이 나타나면서 바뀌는 열적 특성에 유일하게 열 전도도만 있는 것은 아니다. 금속의 비열(specific heat) 또한 초전도 전이 온도 아래에서 완전히 변한다.

BOX 6.1 더 클수록 더 좋다

실험실에서 사용하는 장비들 중, 지붕에 있는 구멍을 통해 배달되어야 하는 장비는 그리 많지 않다. 그런데, William R. Wiley Environmental Molecular Sciences Laboratory—미국 Pacific Northwest National Laboratory(PNNL) 소속 연구소—는 2002년 3월 건물 지붕 구멍을 통해 새로운 자석을 배달받았다(Plate 6.1 참조). 영국의 Oxford Instruments 사에 의해 설계된 이 16톤의 초전도 자석(superconducting magnet)은 장비 인도 당시 세계에서 가장 큰 초전도 자석이었다. 이 거대한 초전도 자석은 핵자기공명(nuclear magnetic resonance, NMR) 분광기(Plate 6.2 참조)에서 자기장을 제공하기 위해 제작되었다.

NMR 분광기는 분자의 구조 분석을 가능하게 하는데, 이는 분석하고자 하는 분자 내의 수소 원자에 의해 방출되는 NMR 신호가 수소 주위의 원자의 종류에 따라 서로 다른 주파수를 갖기 때문이다. 또한, 각 주파수 피크(peak) 아래의 영역은 존재하는 원자의 수를 나타낸다. 그러나, 분자 내의 다른 부분에서 나오는 NMR 신호들의 주파수에는 차이가 거의 없으며, 대부분의 분광계는 서로 너무 가까워서 겹치게 되는 NMR 신호를 방출한다—특히, DNA와 같이 수백만 개의 원자를 포함하는 생물학적 분자에서 신호가 나오는 경우 더욱 그렇다. 따라서, 해상도(즉, 신호를 분리하는 능력)를 향상시켜서 더 작고 복잡한 분자를 모두 파악할 수 있으려면, 더 강한 자기장이 필요하다.

그래서, 1998년 Oxford Instruments 사는 그 당시 존재했던 어떤 것보다도 훨씬 더 강력한 NMR 자석을 설계하기 시작했다. 복잡한 생물 분자를 효과적으로 연구할 수 있을 만한 충분한 해상도를 제공하기 위해서는 자석은 21.14 tesla의 자기장을 만들어

PLATE 6.1 이 사진은 영국의 Oxford Instruments 사가 설계하고 2002년 3월 미국의 William R. Wiley Environmental Molecular Sciences Laboratory 에 전달된 16톤, 3층 높이의 초전도 자석(superconducting magnet)을 보여준다. 이 자석은 복잡한 생물 분자의 개별 원자를 분석할 수 있는 고분해능 핵자기공명(NMR) 분광기에 자기장을 제공한다. 이 자석은 충격을 받아서는 안되기 때문에 화물선과 더불어 서스펜션 스프링 대신 대형 에어 댐퍼(air damper)가 장착되어 화물의 진동을 제한하는 화물칸을 갖춘 무진동차에 의해 영국에서 미국으로 운송되었다. (Courtesy of Oxford Instruments, U.K.)

PLATE 6.2 이 사진 속에 보이는 초전도 자석과 같은 대형 자석은 핵자기공명(NMR) 분광기의 기반이 된다. 분석을 위해 샘플은 자기장의 중심에 정확히 위치해야 한다. 이를 위해, 이 장비에는 플랫폼과 계단이 부착되어 있으며, 이를 통해 사용자가 자석 상단에 샘플을 놓은 다음 샘플을 중앙으로 위치시킬 수 있다. (Courtesy of Oxford Instruments, U.K.)

내야만 했다. 이 정도의 자기장은 지구의 자기장보다 40만 배 이상 강력한 것이며, 당연하게도 이렇게 강력한 자석을 만드는 데에는 수 많은 기술적 도전이 필요했다.

우선, 표준 전자석(electromagnet)으로는 이렇게나 높은 DC 자기장을 얻을 수 없기 때문에 자석의 코일을 초전도 전선(superconducting wire)으로 만들어야 했다. 하지만, 300 km 길이의 초전도 와이어를 한번에 제작할 수 있는 방법이 없었기 때문에, 연구팀은 별도의 와이어들을 하나의 전선으로 이어 붙여 결합할 수 있는 특별한 화학 결합 공정을 개발해야 했다. 코일을 통한 저항의 변화는 고해상도 실험을 위해서는 일정하게 유지되어야만 하는 자기장의 값을 변경시킬 수 있기 때문에, 이러한 결합 조인트는 초전도체이거나 아니면 적어도 매우 낮은 저항(10-15 ohm 정도)을 갖는 물질이어야만 했다.

또 다른 문제는 이 초전도 와이어를 통해 흐르는 매우 높은 전류 때문에 발생했다. 그것은 바로 코일에 200톤 이상의 큰 기계적 응력이 가해진다는 것이었다. 이 정도의 힘은 이전의 어떤 자석에서보다도 훨씬 큰 수준이었기 때문에, 연구팀은 코일의 구조를 함께 고정하는 다른 방법을 개발해야 했다. 연구팀은 에폭시(epoxy) 수지로 감긴 코일 사이의 공기 갭을 채우는 새로운 코일 제조 방식을 도입했다. 또한, 연구팀은 코일에 저장되는 엄청난 양의 전기에너지(17-27 MJ)를 관리하기 위한 새로운 시스템과 더불어 초전도 상태를 유지하기 위해 자석의 온도를 −271°C라는 충분히 낮은 온도로 유지시키기 위한 새로운 저온 유지 장치를 설계해야 했다.

연구팀을 이끌었던 Mr. Townsend는 이 새로운 자석이 PNNL에 인도 된 직후 인 2002년에 더 강력한 NMR 자석에 대한 요구가 있었으며, 원리적으로 유사한 기술을 사용하여 제작할 수 있다고 말했다.

일반적인 금속에서 비열은 연속적인 형태로 감소하지만, 초전도성 금속은 T_c보다 낮은 온도에서 비열이 높은 값으로 치솟은 다음 천천히 감소하는 매우 다른 특성을 보인다. 궁극적으로는, 비열의 값은 그 온도에서 일반적인 금속이 갖는 값 아래로 떨어진다.

높은 자기장의 적용은 초전도성을 없애기 때문에, 자기장이 있는 상태에서 비열을 측정하고 또한 자기장이 없는 상태에서 비열을 측정하여 정상 상태와 초전도 상태에서의 금속 시료의 저온 비열을 비교할 수 있다. (자기장은 일반적인 비열에 거의 영향을 미치지 않으므로, 의미 있는 비교가 가능하다.)

BCS 이론(BCS Theory)

정상 상태에 있는 고체에 대한 전도도에 대한 이론과 마찬가지로, 초전도성 고체에 대한 전도 이론도 또한 복잡하며 이에 대한 연구도 여전히 진행 중이다. 그 중, 널리 받아들여지고 있는 BCS 이론—이 이론의 발명가이면서 트랜지스터(transistor)의 공동개발자이기도 한 미국의 물리학자 John Bardeen(1908-1991), Leon Cooper(1930-),

Robert Schrieffer(1931-)의 이름을 따서 명명됨—의 기초는 꽤 명료하다.

이 이론에서, 서로 반대의 스핀(spin)을 갖는 전자는 서로 느슨하게 결합되어 아무런 저항을 받지 않고 초전도체를 통해 이동하면서 전류를 생성할 수 있는 이른바 쿠퍼 쌍(Cooper pair)을 형성한다. 또한, 이 이론은 초전도체가 절대 0도에서 존재할 수 있는 가장 낮은 에너지 상태는 모든 전자가 쿠퍼 쌍이 되는 상태라고 가정한다.

일반적으로 전자는 정전기적 전하(electrostatic charge)를 갖기 때문에 서로 반발하지만, 우리가 지금 논의하려는 것과 같은 상황에서는 전자가 서로 끌어 당겨진다. 양이온의 격자 내에서 움직이는 자유전자를 상상해 보자. 한 전자가 이들 양이온 격자 중 하나를 지나갈 때, 전자와 양이온은 순간적으로 정전기적 인력에 의해 서로 끌어 당겨진다. 5장에서 밝힌 바와 같이, 고체를 구성하는 원자(또는 이온)는 각자의 격자 위치에서 끊임없이 진동하는데, 반대의 전하를 띠는 전자와 양이온 사이의 이 같은 순간적인 인력은 이온의 격자 진동을 약간 변화시킨다. 이는, 격자 이온이 자신과 인접한 또 다른 전자와 상호작용할 수 있게 하는데, 이 두 번째 전자도 양이온 격자에 이끌리게 되므로 전체적으로 보면 두 개의 전자가 서로 끌어당겨지는 것과 같은 효과를 가져온다(그림 6.32 참조). 이러한 쿠퍼 쌍의 전자들 사이의 상호작용을 설명하는 또 다른 방법은 포논(phonon)의 측면에서 설명하는 것이다. 이 경우, 첫 번째 전자는 포논을 방출하고, 두 번째 전자는 이 포논을 흡수하는 것으로 생각할 수 있다.

위에서 살펴 보았다시피, 쿠퍼 쌍의 전자들이 서로 가까워질 수 있다는 것은 이제 이해할 수 있지만, 사실 이 쿠퍼 쌍의 전자들은 복잡한 양자역학적 상호작용을 할뿐만 아니라 이 전자들 사이에는 수천 개의 원자가 있을 수도 있다. 중요한 점은 이 전자들은 전도에 참여할 때 항상 쌍으로 움직이며, 결함이나 격자 이온과의 '충돌(collision)'로부터 받는 에너지가 전자 쌍을 갈라놓을 만큼 충분히 클 경우에만 결함이나 열적 진

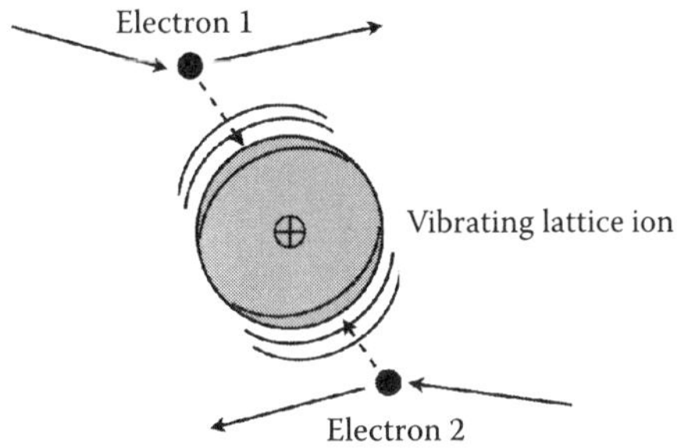

그림 6.32 초전도체 내부를 이동하는 전자는 근처의 이온이 전자를 끌어당길 때 그 이온의 격자 진동을 변화시킨다. 이러한 이온 진동의 변화로 인해 전자는 다른 전자를 끌어 당길 수 있으며, 그 결과 이 전자 쌍이 마치 서로 끌어당기는 것과 같은 결과를 낳는다.

동으로 인해 산란될 수 있다는 점이다. 대부분의 경우, 이렇게 전자 쌍을 갈라놓을 만큼 충분한 충돌 에너지가 발생하지 않으므로, 쿠퍼 쌍은 고체를 통과 할 때 저항을 받지 않는다.

이와는 대조적으로, 자기장은 쿠퍼 쌍을 깨기에 충분한 에너지를 제공할 수 있으며 그 결과 초전도성을 사라지게 할 수 있다. 이처럼, 쿠퍼 쌍을 분리하는데 필요한 에너지를 초전도 에너지갭(superconducting energy gap)이라고 한다. 이 에너지 갭은 온도가 T_c를 향해 증가함에 따라 그 크기가 감소한다. 6.1.1절에서, 우리는 전도 전자와 격자 이온 사이의 상호작용이 크면 클수록 비저항(resistivity)이 더 커진다는 사실을 배웠다. 이 같은 상황의 반대가 되는 상황이 물질이 초전도 상태에 있을 때 발생한다. 즉, 상호작용이 크면 클수록 쿠퍼 쌍 내의 인력이 강해져서 각 쿠퍼 쌍을 분리하는 데 필요한 에너지가 더 커진다.

6.5.2 초전도체 기술

더욱 더 높은 임계 온도를 갖는 초전도체를 개발하려는 노력이 계속되는 동안, 주로 자석으로 응용될 수 있는 몇몇 초전도성 재료들은 이미 사용되고 있다. 이 절에서는 현재 존재하는 초전도체의 응용 사례와 함께 앞으로 적용 예정인 응용 분야에 대해 살펴볼 것이다.

초전도성 자석(Superconducting Magnets)

대부분의 전자석(electromagnet)에서 사용되는 금속과는 달리, 초전도체는 자기장을 유지하기 위해 지속적인 전기의 흐름을 필요로 하지 않기 때문에 특히 유용한 전자석으로 만들 수 있다(8.3.2절 참조). 일단 전류가 초전도성 전자석에 가해지면, 전류는 실질적으로 무한히 흐를 수 있으며 이 같은 특성은 MRI 장치와 자기 부상(magnetic levitation, Maglev) 열차 모두에서 사용된다(다음 절 참조). 초전도체를 이용한 전자석은 작동에 필요한 전력이 적을 뿐만 아니라, 매우 높은 자기장을 생성할 수 있다.

초전도성 자석의 가장 보편적인 용도 중 하나는 핵자기공명(nuclear magnetic resonance, NMR) 시스템이다(Box 6.1 참조). 핵자기공명 시스템은 인체 내부의 연조직을 관찰하기 위한 의학 분야에 사용되는데, 이를 자기공명영상(magnetic resonance imaging, MRI)이라고 한다. 또한, 핵자기공명 시스템은 복잡한 생물학적 분자나 화합물들의 조성을 분석하는 연구 분야에서도 사용된다. (자기 공명에 대해서는 8장에서 더 논의할 것이다.)

뿐만 아니라, 초전도성 자석은 입자가속기(particle accelerator)에도 사용되어 대전 된(charged) 입자를 특정 경로를 따라 유도하기도 하며, 또한 전력을 저장하는 장치로도 사용된다. 이 같은 초전도성 전자석들은 대부분 니오븀-타이타늄(niobium-titanium) 합금으로 만들어지는데, 이는 니오븀-타이타늄 합금의 경우 지금까지 발견된 대부분의 고온 초전도체와는 달리 와이어(wire)로 성형될 수 있기 때문이다.

자기부상 열차(Maglev Trains)

자기 부상 열차의 각 객차는 객차 아래 부분에 초전도성 자석이 고정되어 있다. 자기 부상 열차는 레일 위에서 달리는 대신에 전도성 와이어 코일이 들어있는 U-자 형 안내면(guideway) 내에서 운행한다(그림 6.33에서 볼 수 있음). 이 코일들은 기차가 지나갈 때 일시적인 전자석으로 변하는데, 그 이유는 기차에 장착된 초전도 전자석으로부터 나오는 자기장이 코일 내에 전류를 흐르게 하기 때문이다. 그 결과, 이 코일들은 기차를 부상시키기에 충분히 강한 반발성(repulsive) 자기장을 형성시킨다.

자기 부상 열차의 추진력(propulsion)은 교류(AC) 전류에 의해 구동되는 안내면(guideway)의 전자석들에 의해서 제공된다. 이 전자석들은 전류의 방향이 바뀔 때 이를 따라 극(polarity)이 바뀌며, 이 같은 전환은 열차의 속도와 동기화되어 열차 선두의 전자석이 객차 내의 초전도성 전자석에 대해 반대의 극을 갖게 만들어 결과적으로 열차를 선두 쪽으로 끌어 당기게 한다. 이와 반대로, 열차 후미 쪽의 전자석은 기차의 초전도 자석과 같은 극을 가지므로, 이들이 서로 반발하면서 열차는 앞으로 밀려 나가게

그림 6.33 중국의 상하이 자기 부상 열차(Shanghai Maglev Train, SMT)는 Longyang Road 역과 30 km 떨어진 Pudong 공항 역을 8분 이내로 연결하고 최고 속도 430 km/h로 운행된다. 이 열차는 Siemens AG가 개발하여 제공한 것이다. (Siemens press picture.)

된다.

미래 응용 분야(Future Applications)

초전도체를 이용한 손실이 없는 전력 송전선을 만드는 것은 과학자들이 염두에 두고 있는 응용 분야 중 하나이다. 이 같은 무손실 전력 송전선은 전세계적으로 전력 소비를 줄여줄 수 있을 뿐만 아니라—발전된 전기의 수 퍼센트가 전선의 저항으로 인한 열로 손실된다—또한 더 강력하고 효율적인 전기 모터의 제작을 가능케 한다.

예를 들어, 초전도체를 이용한 전선은 선박의 프로펠러에 동력을 공급하는 데 사용될 수 있으며, 뿐만 아니라 향후 발전기, 변압기 및 전류 제한기 또한 초전도 재료로 만들어 질 수 있다. 초전도체를 이용한 아주 작은 고리형 전선(loop)은 새로운 세대의 초고속 컴퓨터에서 '비트(bit)'로 사용될 수도 있다.

더 읽을거리

Canfield, P. C., and Bud'ko, S. L. "Low-temperature superconductivity is warming up". *Scientific American* 62 (April 2005).

Dekker, C. "Carbon nanotubes as molecular quantum wires". *Physics Today* 52, no. 5 (1999): 22–28.

Matthews, R. "Super Train". *BBC Focus* p. 55–59, September 2008.

Schechter, B. "Ghost in the machine". *New Scientist* 29 May 2004: 38.

(More references for further reading, as well as Web links, are available on the following Web page: http://www.crcpress.com/product/isbn/9780750309721.)

대표 예제

Q 6.2

(a) 이온성 고체는 좋은 전기 전도체인가 아니면 안좋은 전도체인가?

(b) 그렇게 생각하는 이유는 무엇인가?

Q 6.6

(a) 금속의 비저항(resistivity)는 온도가 높아짐에 따라 증가하는가 아니면 감소하는가?

(b) 그렇게 생각하는 이유는 무엇인가?

(c) 열적 요소를 제외하고 비저항에 기여하는 다른 요소에는 어떤 것이 있는가?

Q 6.8

(a) 페르미(Fermi) 기체의 전자는 어떤 법칙을 따르는가?

(b) 그 법칙에 대해 간략히 설명하여라.

(c) 파울리의 양자적 자유전자 모델(Pauli's quantum free electron model)에서, 페르미 에너지 E_F는 무엇을 나타내는가?

(d) 이 이론에 따르면, 전자가 전도에 참여하기 위해서는 페르미 에너지의 (i) 위에 있어야 하는가 아니면 (ii) 아래에 있어야 하는가?

Q 6.14 300 K에서 Si 시료에 (a) 6×10^{17} atoms/cm^{3}의 농도로 antimony(Sb) 원자가 도핑되어 있을 때의 전도도 및 (b) 5×10^{18} atoms/cm3 의 농도로 boron(B)이 도핑되어 있을 때의 전도도를 각각 구하여라. 정공의 이동도(mobility)는 0.0458 $m^2 V^{-1}s^{-1}$이며, 전자의 이동도는 0.15 $m^2 V^{-1}s^{-1}$이다.

Q 6.17 $\mathbf{H}_c(0) = 0.0282$ T인 indium(In) 시료를 초전도 전이 온도(superconducting transition temperature)인 3.41 K 이하로 냉각시켰을 때, 2 K에서의 임계 자기장(critical field)의 값은 대략 얼마인가?

CHAPTER 07

Understanding Solid State Physics

반도체 소자 및 유전체

(Semiconductor Devices and Dielectrics)

7.1 서론

오늘 날 우리가 당연시하는 휴대전화, 컴퓨터, 카메라, 전자레인지 등과 같은 전자 기기가 없는 끔찍한 세상을 한번 상상해 보자. 이러한 상상의 세계는 1947년 미국 물리학자 John Bardeen(1908-1991), Walter Brattain(1902-1987), William Shockley(1910-1989)에 의한 트렌지스터(transistor)의 발명과 반도체 소재 물성에 대한 이해가 없었다면 현실이 되었을 것이다.

트렌지스터를 포함한 대부분의 전자 소자들은 실리콘(Si), 게르마늄(Ge), 갈륨 비소(GaAs)와 같은 반도체 소재로 주로 만들어진다. 그 중, 가장 광범위하게 사용되는 소재는 실리콘이며, 거의 대부분의 전자 소자 및 집적회로들은 실리콘 칩(chips) 위에 제작된다. 실리콘은 자연에서 석영(quartz)과 모래로부터 실리카(silica 혹은 silicon dioxide) 형태로 존재한다. 다른 원소와 달리, 실리콘은 고갈 우려가 필요 없을 만큼 지구상에 매우 풍부하게 존재한다. 이는, 매년 더 많은 양의 최첨단 전자 소자들을 출시하는 세계에서 가장 큰 규모의 반도체 산업에 있어서는 더할 나위없이 좋은 뉴스이다.

이 장에서는 우리가 가장 흔히 접할 수 있는 전자 소자가 어떻게 작동하는지, 무엇으로부터 만들어지는지, 또한 어떻게 제작되는지에 대해 살펴볼 것이며, 이와 더불어 반도체 소자에서 중요한 역할을 하는 부도체(insulator) 소재에 대해서도 논의할 것이다.

7.1.1 p–n 접합

p-n 접합의 형성

p-n 접합(junction)은 p-형 반도체와 n-형 반도체를 맞닿게 함으로써 형성된다. 6.4.1절에서 설명한 것처럼, 진성(intrinsic) 반도체는 전기적으로 중성이므로 각각의 p-형 및

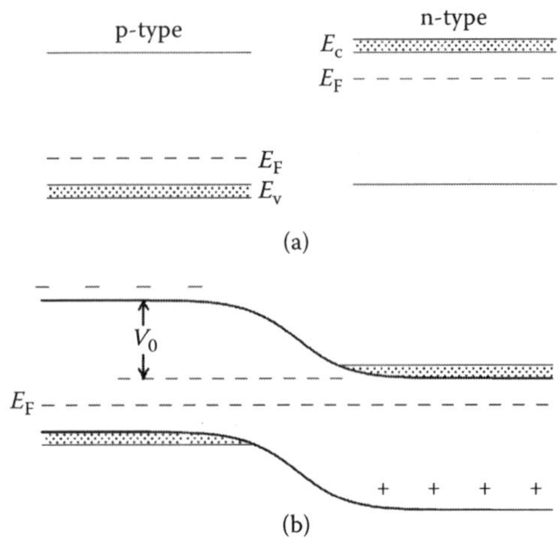

그림 7.1 (a) p–형 및 n–형 반도체의 에너지 밴드 다이어그램. (b) 열적 평형 상태에 있는 p–n 접합의 에너지 밴드 다이어그램. (This diagram first appeared as Figure 8.10, p.226, in *Quantum Mechanics, Foundations and Applications*, by D. G. Swanson, © 2007, Taylor & Francis Group, LLC. Kindly supplied by Gary Swanson.)

n-형 반도체 또한 전기적으로 중성이며, 도핑 된 원자들 또한 전기적으로 중성이다. 이렇듯, 접합을 이루기 전에는 p-형과 n-형 반도체는 각각 전기적으로 중성이지만, n-형 반도체에는 전자의 농도가 높고 p-형 반도체에는 정공의 농도가 높다. 그림 7.1(a)는 고립된 n-형 및 p-형 반도체의 밴드 다이어그램을 각각 보여준다. p-형 반도체에서는 페르미 에너지가 가전자대(valence band) 근처에 위치하는 반면, n-형 반도체에서의 페르미 에너지의 위치는 전도대(conduction band) 근처이며 이는 도핑 된 원자의 농도가 높기 때문이다. (그림 6.25는 도핑 된 원자의 종류와 농도에 따라 페르미 준위가 밴드갭의 중앙으로부터 어떻게 움직이는지 보여준다.)

6.4.2절에서 보았듯이, 반도체 내부에 캐리어 농도의 구배(gradient)가 있을 때 확산(diffusion)이 일어나며, 이는 그 계(혹은 물질)의 내부에너지를 낮추기 위함이다. 따라서, 이 경우 p-n 접합이 이루어지는 즉시 전자는 p-형 반도체쪽으로 확산함과 동시에 정공은 n-형 반도체쪽으로 확산해 들어가게 된다. 그 결과, 접합으로부터 가장 가까운 n-형 반도체의 영역은 전자가 확산에 나감에 따라 이온화된 도너 원자만 남게 되어 양전하를 띄게 된다. 한편, 접합 인접부의 p-형 반도체 영역은 n-형 반도체쪽으로 정공이 확산해 나감에 따라 음전하를 띄는 억셉터 이온들이 남아 음전하를 띄게 된다. 이러한 접합의 영역—즉, 이온화된 도너 및 억셉터를 포함하는 영역—을 '공핍 영역(depletion region)'이라고 하며, 이를 그림 7.2에 나타내었다.

고체물리의 다른 여러 주제와 마찬가지로, 앞서 살펴본 개념은 실제 상황에 대한

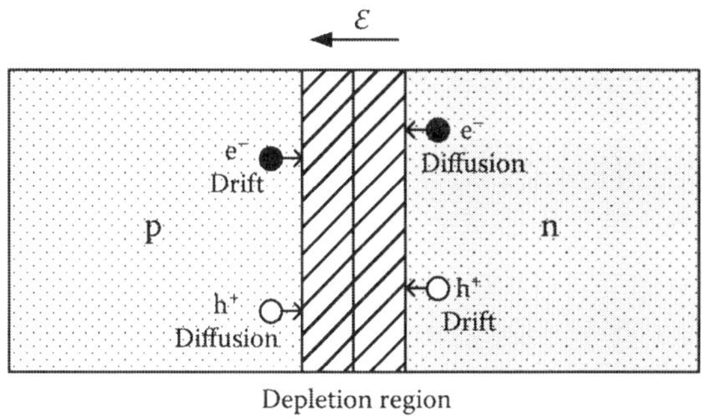

그림 7.2 바이어스가 걸리지 않은(unbiased) 열적 평형 상태의 p–n 접합.

모델이다. p-n 접합이 별개의 반도체를 서로 맞닿게 함으로써 형성된다고 생각하는 것은 접합의 작동 원리를 이해하는 데 있어서 도움이 되지만, 실제로는 p-n 접합은 다음과 같이 만들어진다.

예를 들면, 한가지 타입의 반도체로부터 p-n 접합을 만드는 경우, 한쪽에 억셉터 원자를 도핑하여 p-형 반도체를 형성시키고, 다른 한쪽에 도너 원자를 도핑하여 n-형 반도체를 만든다. (사실, 더 일반적으로는 n-형 반도체에 확산해 들어온 억셉터는 도너를 상쇄시키고 더 나아가 과잉의 억셉터를 제공하게 된다.) 이러한 형태의 접합을 동종(homogeneous) 접합이라고 한다. 동종 접합은 주로 단결정으로 만들어지는데, 이는 다결정(polycrystalline) 반도체의 경우 결정립(grain boundary)이 전하 캐리어의 산란을 일으킴으로 인해 소자의 효율성이 떨어지기 때문이다.

한편, 두가지 서로 다른 타입의 반도체로부터 p-n 접합이 만들어질 수도 있다. 이 경우, 하나의 반도체 위에 다른 나머지 하나의 반도체를 성장시킴에 의해 형성되는데, 이를 이종(heterogeneous) 접합이라고 한다. 단결정이 결정성장을 위한 substrate로 사용되며, 성장시키고자 하는 물질은 substrate의 단결정 성질을 그대로 따라 성장하게 됨으로써 결정립이 생기지 않는다(7.3.2절에서 더 상세히 다룰 것이다.)

바이어스가 걸리지 않은(unbiased) 열적 평형상태의 p-n 접합

p-n 접합이 처음 형성될 때 발생하는 확산은 공핍영역(depletion region)에서 보상되지 않은 이온(uncompensated ions)의 전하로 인해 접합의 양쪽 간에 전위차(즉, 전압)가 형성되기 때문에 접합 전체에 걸쳐 캐리어의 농도가 균일하게 될 때까지 일어나진 않는다. 이 '접합 전압'은 전자의 입장에서는 타고 넘어야 할 전위 장벽으로서 그림 7.1(b)에 V_0으로 나타나 있으며, 실리콘 p-n 접합의 경우 그 크기는 상온에서 0.6-0.8 V 정도의 범위이다. 이러한 접합 전압이 일단 형성이 되면, n-형 반도체의 전도대

(conduction band)로부터 p-형 반도체로 이동하려는 전자는 이 전위 장벽을 넘어야하기 때문에 그 흐름이 억제되며, 같은 이유로 인해 정공의 흐름 또한 억제된다. (정공의 경우, 에너지가 높을수록 밴드 다이어그램의 가전자대(valence band)의 끝단에서부터 더 낮은 위치를 차지하게 된다는 것을 기억하자.)

위에서 기술한 p-형 반도체쪽으로의 전자의 흐름 및 n-형 반도체쪽으로의 정공의 흐름은 n-형 쪽에서 p-형 쪽 방향으로의 전기장을 발생시킨다. 이 전기장은 전자와 정공의 확산 전류(diffusion current)의 반대 방향으로 각각 유동 전류(drift current)를 야기하게 되며, 그림 7.2에 이를 나타내었다(6.4.2절 참고). 접합에 전압이 가해지지 않은 열적 평형상태에서는 각 전하 캐리어에 대한 유동 전류 및 확산 전류가 서로 상쇄되어 접합을 가로지르는 순전류(net current)는 없다. 이렇듯 전자와 정공에 의한 순전류가 없다면 그림 7.1(b)에서 볼 수 있듯이 페르미 에너지(Fermi energy)는 접합 전체에 걸쳐 일정하게 된다.

확산하는 다수 캐리어(majority carrier)의 흐름과는 달리, 유동 전류를 일으키는 소수 캐리어(minority carrier)의 흐름은 전압 장벽 V_0에 의해 억제되지 않는다. 이는 그림 7.1(b)에서 소수 캐리어인 전자가 p-형 반도체의 전도대로부터 n-형 반도체의 전도대로 이동하려는 상황을 상상하면 쉽게 이해할 수 있다. 즉, 전자가 양쪽 반도체를 연결하는 경사를 '미끄러져 내려간다'는 것으로 생각하면 된다.

역방향 바이어스(Reverse Bias)

만약 배터리의 양극이 n-형 반도체 쪽에, 음극이 p-형 반도체 쪽에 연결되어 있다면, 이때 이 p-n 접합은 '역방향 바이어스(reverse bias)' 상태에 있다고 말한다. 이 '역전류(reverse current)'가 흐르기 위해서는, 전자는 n-형 반도체로부터 p-형 반도체 쪽으로 흘러야 하며, 한편 정공은 p-형 반도체 쪽에서 n-형 반도체 쪽으로 흘러야 할 것이다. 이렇게 되면, 바이어스가 걸리지 않은(unbiased) 상태일 때보다 더 많은 수의 이온화된 도너 및 억셉터가 공핍영역에 생기게 되며 그 결과 공핍 영역의 크기가 증가된다. 그림 7.3(a)에서 볼 수 있듯이, 추가로 생성된 이 보상되지 않은 이온들은 추가적인 전압을 형성하여 원래의 접합 전압에 더해진다. 이렇게 높아진 접합 전압은 다수 캐리어가 확산함에 있어 더욱 큰 전위 장벽으로 작용하게 되어 접합을 통해 거의 전류가 흐르지 않게 된다[그림 7.1(b)와 7.3(a)를 비교해 보아라]. 따라서, 역방향 바이어스 상태에 놓여있는 p-n 접합의 전기 저항은 매우 높다(6.1.1.절 참조).

사실 '역전류' 또는 '누설 전류(leakage current)'는 소수 캐리어의 유동에 의한 것이다(6.4.1절 참고). 그림 7.4(a)를 살펴보면, 이 소수 캐리어에 의한 역전류는 넓은 역

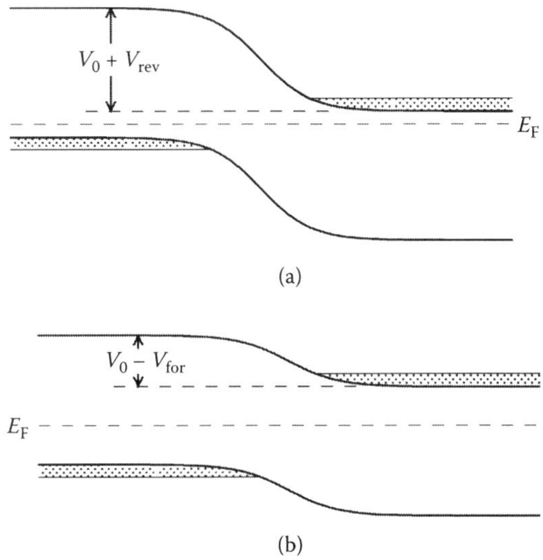

그림 7.3 (a) 역방향 바이어스(reverse bias) 상태의 p–n 접합 및 (b) 순방향 바이어스(forward bias) 상태의 p–n 접합의 밴드 다이어그램. (This diagram first appeared as Figure 8.10, p.226, in Quantum Mechanics, *Foundations and Applications*, by D. G. Swanson, © 2007, Taylor & Francis Group, LLC. Kindly supplied by Gary Swanson.)

방향 바이어스 전압 범위에 걸쳐 일정함을 알 수 있는데, 이는 이들 소수 캐리어가 p-n 접합의 온도 때문에 발생하는 원자간 결합의 파괴로 인해 생성되기 때문이다. 역전류의 크기가 매우 작은 이유는 이들 소수 캐리어의 농도가 매우 작기 때문이다.

순방향 바이어스(Forward Bias)

반면 그림 7.4(b)에서 보듯이, 배터리의 양극이 p-형 반도체에, 음극이 n-형 반도체 쪽에 연결되어 있다면, 이때 이 p-n 접합은 '순방향 바이어스(forward bias)'가 걸려있다고 말한다. 이 경우에는, 외부 회로로부터 각 반도체 쪽으로 다수 캐리어가 제공된다. 즉, p-형 반도체 쪽으로 정공이, 그리고 n-형 반도체 쪽으로는 전자가 각각 주입되게 된다. 이렇게 추가된 캐리어들은 공핍영역에 존재하는 보상되지 않은 이온들을 전기적으로 중성화시키게 되며, 그 결과 바이어스가 걸리지 않은 상태에 비해 공핍영역의 크기가 줄어든다. 공핍영역이 줄어듦에 따라 접합의 전위 장벽이 낮아지게 되어 다수 캐리어의 확산에 의한 확산 전류가 크게 흐를 수 있게 된다[그림 7.1(b)와 7.3(b)를 비교해 보아라]. 역방향 바이어스 경우와 마찬가지로, 소수 캐리어에 의한 유동 전류는 바이어스가 걸리지 않은 접합에서의 전류와 유사한 수준으로 유지된다.

따라서 순방향 바이어스 조건에서는, 바이어스가 걸리지 않은 접합의 상태와 비교

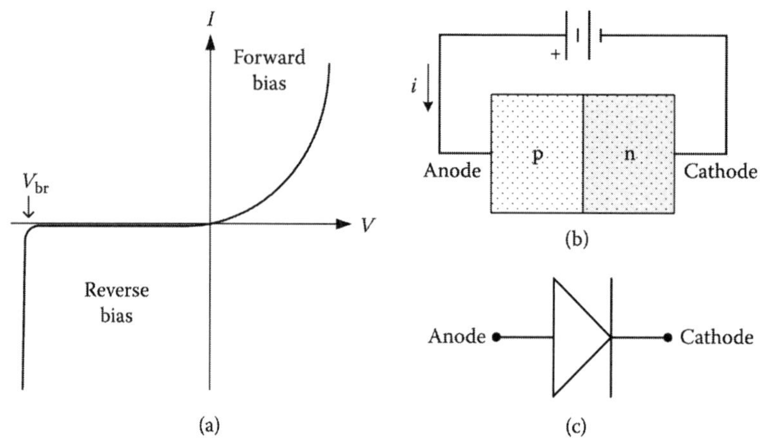

그림 7.4 (a) p-n 다이오드의 전류-전압 특성. (b) 순방향 바이어스(forward-biased)가 걸린 p-n 접합. (c) 이러한 p-n 다이오드 회로의 기호.

할 때 더 많은 수의 전자가 n-형 반도체로부터 p-형 반도체 쪽으로 확산하게 된다. 이렇게 확산하는 전자가 일단 접합 계면을 가로질러 통과하게 되면 공핍영역으로부터 벗어나 소재 내의 전류를 형성하게 된다. 전류의 방향은 전자 이동의 방향과 반대로 정의되므로, 이 '순방향 전류(forward current)'는 p-형 반도체에서 n-형 반도체 쪽으로 흐른다[그림 7.4(b)].

순방향 전류와 전압의 관계가 그림 7.4(a)에 나타나 있다. 전압이 높아질수록 더 많은 전류가 흐르는 것을 볼 수 있으며, 이는 공핍영역의 크기가 그만큼 감소함을 의미한다. 궁극적으로 공핍영역이 사라지게 할 만큼 충분히 높은 전압을 가하게 되면 접합을 통해 흐르는 전류량은 단순히 전압의 크기에 비례하게 된다.

순방향 바이어스 상태를 더 자세히 들여다보면, 앞서 언급한 내용들은 사실 지나치게 단순화된 설명이라는 점을 명확히 알 수 있게 된다. 앞선 설명은 접합의 작동원리에 대한 기초적인 이해를 돕기는 하지만, 정확하게 어떻게 확산 전류가 흐르는지는 더 자세한 설명이 필요하다. 확산 전류의 흐름에 대한 보다 정확한 이해를 위해서는 반도체의 전도대로 움직여 들어가는 전자는 그에 상응하는 정공을 가전자대에 남긴다는 사실을 언급한 6.4.1절을 참고할 필요가 있다. 특정 상황에서 전자와 정공은 재결합(recombine)하여 서로를 효과적으로 상쇄할 수 있으며, 이것이 바로 순방향 바이어스 상태의 p-n 접합에서 일어나는 일이다.

우선 확산 전류의 일부분으로서 n-형 반도체로부터 p-형 반도체쪽으로 이동하는 전자를 살펴보자면, 이 전자는 p-형 반도체 쪽에서는 소수 캐리어가 될 것이라는 사실을 알고 있다. 또한, 이 전자는 많은 정공—즉, p-형 반도체에서의 다수 캐리어—

에 의해 둘러싸이게 되며, 이들 정공 중 하나와 재결합할 가능성이 높다. 전하적 중성(charge neutrality)이 유지되기 위해서는, 외부 회로로부터 p-형 반도체쪽으로 정공이 공급되어 n-형 반도체로부터 넘어온 전자들과 재결합함에 의해 상실된 정공들을 보충해주어야 한다. 그러는 동안, 이와 정확히 반대되는 과정이 n-형 반도체로 들어가는 정공에게 일어나면서 전자와 재결합하게 되며, 이때 상실되는 전자는 외부 회로에 의해 보충되게 된다. 그 결과, 외부 회로를 통해 흐르는 전류는 p-n 접합 소자 내부에서 발생하는 이 재결합(recombination)을 보상하기 위해 소자를 통해 흐르는 캐리어로 만들어진다.

요약하자면, p-n 접합에 전압을 가하게 되면 바이어스가 걸리지 않은 열적 평형상태에서 유동 전류와 확산 전류 사이에 이루어진 균형이 변하게 된다. 순방향 바이어스 상태의 p-n 접합에서는, 유동 전류는 확산 전류보다 훨씬 적은 반면, 역방향 바이어스 조건에서는 확산 전류가 매우 적어지게 되면서 유동 전류가 오히려 지배적인 상태가 된다.

정류(Rectification)

바로 위 절에서 우리는 p-n 접합에 전기 회로를 연결하면 전류가 한쪽 방향으로만 흐르도록 허용하는 다이오드(두 개의 전극을 갖는 전자 소자)의 한 형태가 된다는 것을 확인했다. p-n 접합의 가장 보편적인 응용은 바로 이러한 정류기(rectifier)이다. 정류기는 교류(AC)를 직류(DC)로 변환해주는 소자이다.

교류 신호의 모든 반주기(half-cycle)은 p-n 접합을 역방향 바이어스 조건으로 만드므로, 그림 7.5에서 볼 수 있듯이 다이오드를 통과하지 않는다. p-n 접합은 많은 다른 유형의 반도체 소자의 근간을 이루며, 다음의 몇개의 절에서 이에 대해 살펴볼 것이다.

항복 또는 파괴(Breakdown)

그림 7.4(a)를 다시 살펴보면, p-n 접합이 역방향 바이어스 조건에서 가해진 전압이 '항복 전압(breakdown voltage), V_{br}'이라고 일컫는 임계값을 넘기 전까지는 거의 0에 가까운 것을 볼 수 있다. 이 지점을 지나면 전류는 급격히 증가한다. V_{br}은 접합의 도핑 농도에 대한 함수이며, 도핑 농도가 클수록 V_{br} 값은 작다. 비록 역방향 바이어스 상태의 p-n 접합을 통해 흐르는 큰 전류는 그 자체로는 유해한 것은 아니지만, 이는 안전한 수준 이상으로 접합의 온도를 높일 수 있다. 따라서, 이러한 전류는 외부 회로에 의해 제한되어야 한다. p-n 접합의 항복에는 두 가지 주요 기구(mechanism)가

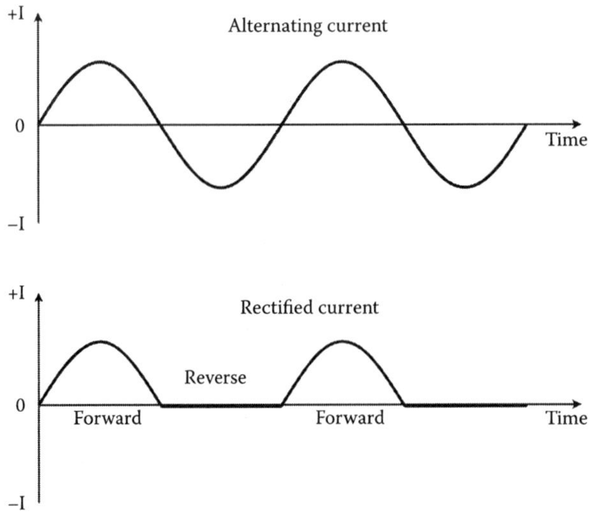

그림 7.5 교류 전류(alternating current) 및 정류기(rectifier)를 통과한 교류 전류.

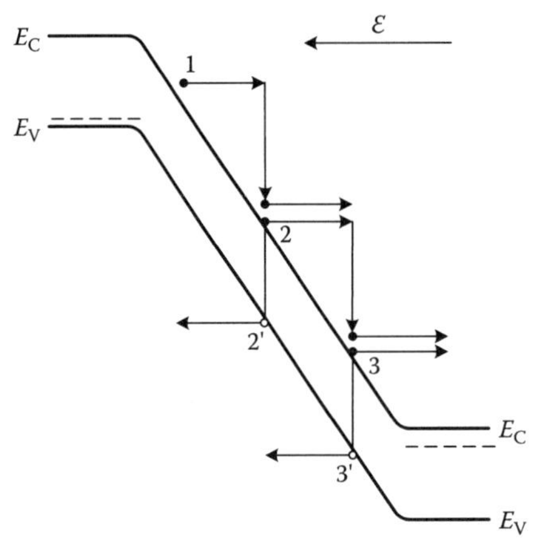

그림 7.6 에벌런치 증식(avalanche multiplication) 과정을 나타내는 위 그림에서 1번으로 표시된 열생성(thermally generated) 전자는 인가된 높은 전압에 의해 형성된 전기장에 의해 원자를 이온화시킬 만큼의 큰 운동에너지를 얻는다. 이 같은 과정에 의해 2 및 2'로 표시된 전자-정공 쌍이 생성되고, 이 전자-정공 쌍의 전자는 다시 새로운 전자-정공 쌍 (3)을 생성시키며 이 같은 과정이 반복된다. 이 같은 연속적인 충격 이온화(impact ionization) 과정을 통해 생성된 많은 수의 캐리어(carrier)로 인해 큰 전류가 흐르게 된다.

있다. 상대적으로 낮은 도핑 농도를 갖는 접합의 경우, Vbr 이상에서 '에벌런치 증식(avalanche multiplication) 또는 항복'이 발생한다. 이 과정은 그림 7.6에 묘사되어 있으며, 인가된 전압에 의해 생성된 전기장에 의해 충격 이온화(impact ionization)을 일으킬 수 있을 만큼 충분한 에너지를 얻은 열생성(thermally generated) 전자로부터 시작된다. 일반적으로, 이 과정은 원자로부터 하나 이상의 전자를 방출하는 高에너지 충돌을 포함한다. 반도체에서는 충격 이온화에 의해 방출된 전자가 전도대로 올라갈 수 있을 만큼의 충분한 에너지를 갖게 되면 전자-정공 쌍(electron-hole pair)이 생성된다. 이 전자-정공 쌍으로부터 나온 전자는 다시 충격 이온화에 의해 더 많은 전자-정공 쌍을 생성시키게 된다. 결국 너무 많은 전하 캐리어가 생기게 되어 p-n 접합을 통해 큰 전류가 흐르게 된다.

p-n 접합에서 항복(또는 파괴)를 일으킬 수 있는 또다른 과정은 '터널링(tunneling)'이다. 터널링은 양자역학적 현상이며 입자의 파동함수가 전위 장벽의 한쪽에서 다른 쪽으로 확장될 때 일어난다. [입자의 파동함수는 실제 '확률파(probability wave)'로 입자가 존재할 수 있는 공간 영역이다. 부록 D의 D1절에서 이러한 파동함수에 대해 더 자세히 설명되어 있다.]

터널링은 높은 수준의 도핑 농도를 갖는 p-n 접합에서만 발생하며, 또한 동시에 '임계값' 이상의 높은 역방향 바이어스 전압이 인가되어 p-형 반도체의 가전자대 상단이 n-형 반도체의 전도대 하단 보다 높은 위치에 놓이게 되는 경우에만 발생한다. 이 상황은 그림 7.7에 설명되어 있다. 이 경우, 전자는 밴드갭을 통해 p-형 반도체의 가전자대로부터 이 전자와 동일한 에너지의 상태(state)가 존재하는 n-형 반도체의 전도대로 '터널링'할 수 있다. 이 현상을 이해하는 다른 방법은, 전자가 p-형 반도체의 가전자대에 존재할 확률이 있음과 동시에 그 전자의 파동함수가 양쪽에 걸쳐 확장되어 있기

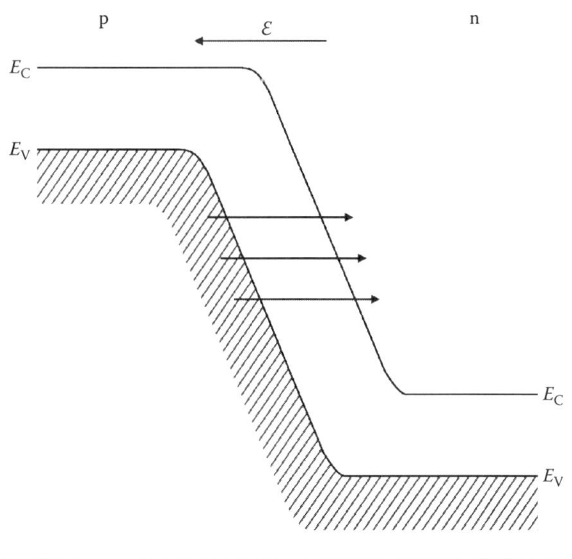

그림 7.7 고농도로 도핑된 p-n 접합에서 특정 값 이상의 역방향 전압이 인가되었을 때 일어나는 터널링(tunneling) 과정을 나타낸 그림. 이와 같은 파괴(breakdown) 현상을 '제너 파괴(Zener breakdown)'라고 한다.

때문에 n-형 반도체의 전도대에 존재할 확률도 있다는 것이다. 이렇게 터널링된 전자는 전도대에 있으므로 전도(conduction)에 참여할 수 있다.

p-n 접합의 항복은 터널링과 에벌런치 증식이 혼합적으로 발생할 수 있다.

7.1.2 양극성 접합 트렌지스터

현재 우리가 사용하는 전자 소자는 트랜지스터를 기반으로 한다. 그 이유는 일반적으로 트랜지스터는 전기 신호를 증폭하거나 컴퓨터의 정보처리에 필요한 스위치(switch)로 사용될 수 있기 때문이다. 컴퓨터는 0과 1로 구성된 이진(binary) 코드로 정보를 처리하는데, 이때 스위치의 'off'는 0을 나타내는 데에, 그리고 'on'은 1을 나타내는 데에 사용될 수 있다. 데이터의 처리는 데이터의 계산과 논리 연산이 수행됨과 동시에 데이터를 저장해야 하므로, 필요에 따라 스위치를 켜고 끌 수 있는 트렌지스터가 이를 가능하게 한다. 모든 최신 트랜지스터들은 양극성 접합 트랜지스터(bipolar junction transistor, BJT)와 전계효과 트랜지스터(field-effect transistor, FET)의 두 가지 주요 범주에 속한다. (전계 효과 트랜지스터에 대해서는 다음 절에서 살펴볼 것이다.)

양극성 접합 트랜지스터(BJT)에는 세 개의 영역으로 구성되며, 중앙 부분을 공유하는 두 개의 p-n 접합이 연속적으로 붙어있는 구조를 갖는다. 즉, 그림 7.8에서 보는 것과 같이 n-p-n 접합 구조 또는 p-n-p 접합 구조를 모두 가질 수 있다. 이 그림에서 볼 수 있듯이, 양극성 접합 트렌지스터(BJT)의 세 영역을 각각 에미터(emitter, E), 베이스(base, B) 및 콜렉터(collector, C)라고 일컫는다.

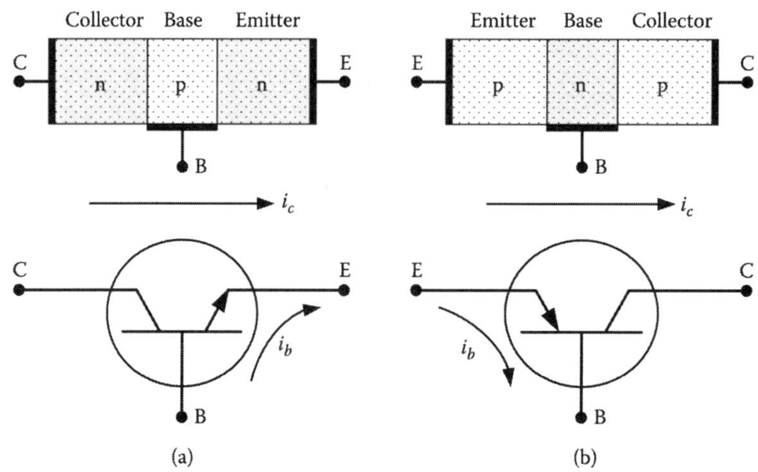

그림 7.8 (a) n-p-n 양극성 접합 트랜지스터(bipolar junction transistor) 및 해당 회로 기호; (b) p-n-p 양극성 접합 트랜지스터 및 회로 기호.

실리콘(silicon)으로부터 더 용이하게 만들 수 있다는 점 때문에 n-p-n 형태의 BJT가 p-n-p 형태보다 좀 더 일반적이며, 또한 더 큰 전류를 흐르게 할 수 있을 뿐만 아니라 'on'과 'off' 상태도 더 빠르게 전환시킬 수 있다. 그림 7.9는 정상(normal) 작동 모드['순방향 활성(forward active)' 작동이라고도 한다]에서 작동 할 수 있도록 외부 회로에 연결된 n-p-n 양극성 접합 트랜지스터를 보여준다. 그림을 보면, 왼편의 베이스-에미터 p-n 접합은 순방향 바이어스 상태인 반면, 오른편의 베이스-콜렉터 p-n 접합은 역방향 바이어스 상태인 것을 알 수 있다. 전자는 에미터로부터 순방향 바이어스 상태의 접합 계면을 가로질러, 전자가 소수 캐리어인 상황의 베이스로 흐른다. 에미터는 베이스에 비해 훨씬 더 높은 농도로 도핑되어 있기 때문에, 비록 이들 중 일부가 베이스의 다수 캐리어인 정공과 재결합할지라도 여전히 많은 수의 전자가 베이스를 가로 질러 확산하여 역방향 바이어스 상태의 베이스-콜렉터 접합 계면을 통해 콜렉터로 넘어가게 된다. 이렇게 넘어가게 되는 전자들은 외부 회로에서 '콜렉터 전류(collector current)'로 나타난다. (사실, 이상적인 상황에서는 베이스는 재결합이 거의 일어나지 않을 정도로 충분히 얇을 것이고, 따라서 베이스로 주입된 모든 전자들은 콜렉터 전류의 일부로 간주될 수 있다.)

다시 그림 7.9를 살펴보면, 콜렉터 전류 이외에도 베이스 전류(base current)가 있음을 알 수 있는데, 이는 베이스-에미터 p-n 접합이 순방향 바이어스 상태이기 때문에 베이스에서 에미터로 주입된 정공에 의해 생긴다. 베이스 전류는 에미터에서 베이스로 흐르는 전자에 의한 전류보다 그 크기가 훨씬 작은데, 이는 앞서 설명한 것 처럼 에미터가 베이스보다 훨씬 더 높은 농도로 도핑되어 더 많은 캐리어를 제공할 수 있기 때문이다. 그러나, 비록 베이스 전류는 그 크기는 작지만, 전체 소자가 작동 가능하도

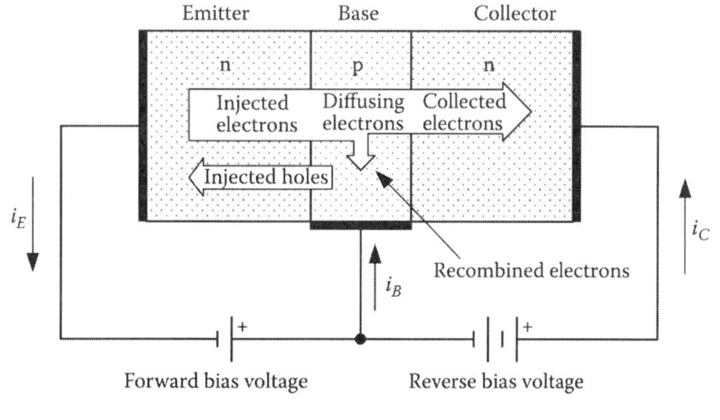

그림 7.9 '정상(normal)' 모드의 n-p-n 양극성 접합 트랜지스터. 이 경우, 베이스-에미터 p-n 접합은 순방향 바이어스가 걸린 상태이며, 베이스-컬렉터 p-n 접합은 역방향 바이어스가 걸린 상태이다.

록 하는 핵심적 역할을 한다. 만약, 베이스 전류를 차단하면 베이스-에미터 p-n 접합이 더 이상 순방향 바이어스 조건이 아닌 상태가 되므로 에미터로부터 베이스로의 전자의 흐름(즉, 콜렉터 전류)이 멈추게 된다. 따라서, n-p-n BJT는 '일반적으로는 꺼진(normally off)' 장치라고 일컫는데, 이는 n-p-n BJT를 켜기 위해서는 베이스 전류를 가해주어야하기 때문이다. 이렇듯, BJT는 스위치 역할을 할뿐만 아니라 전류를 증폭시키는 데에도 사용될 수 있는데, 이는 베이스 전류를 약간 증가시키면 에미터-콜렉터 전류가 크게 증폭되기 때문이다.

지금까지 설명한 과정이 정확히 똑같이 p-n-p BJT에서도 일어나는데, 단 이 경우는 정공이 베이스로 확산된다. 따라서, p-n-p BJT는 '일반적으로는 켜진(normally on)' 이며, 소자를 끄기 위해서는 베이스 전류를 가해야 한다.

7.1.3 전계효과 트렌지스터

BJT의 작동이 전류에 의해 제어되는 반면, 전계효과 트렌지스터(FET)의 동작을 제어하는 것은 전압이다. 또한, 전자와 정공의 이동이 모두 일어나는 BJT와는 달리 FET의 전하 이동현상은 한 종류의 캐리어를 통해 이루어진다. 이러한 차이는 BJT와 FET를 각각 '양극성(bipolar)'과 '단극성(unipolar)' 장치로 일컫는다는 사실에서도 드러난다. 하지만 이러한 차이에도 불구하고 두 유형의 트랜지스터가 내놓는 출력의 전류-전압 특성은 유사하다.

향상형(Enhancement Mode) MOSFET

그림 7.10은 'n-채널 향상형(n-channel enhancement mode)' 장치로 일컫는 MOSFET (metal-oxide semiconductor field-effect transistor)의 한 형태와 함께 관련 회로 기호를 보여준다. 그림 7.10(a)는 '꺼짐(off)'(즉, 전류가 흐르지 않음) 상태를 나타내고, 아래의 그림 7.10(b)는 '켜짐(on)' 상태일 때를 나타낸다. 보다 효과적인 이해를 위해 전류가 흐르지 않는 상태에서의 소자 구조를 살펴보자. 그림 7.10(a)를 보면, p-형 실리콘 기판 내에 n-형 반도체로 이루어진 두 개의 섬이 있는데, 이들을 각각 '소스(source)'와 '드레인(drain)'이라고 일컫는다. 단자(terminal)라고 일컫는 금속 배선은 소스 및 드레인 영역의 n-형 반도체를 외부 회로에 연결하고 있으며, 게이트(gate) 단자와 n-형 반도체 사이에 절연체 SiO_2층이 위치한다.

모든 형태의 MOSFET는 소자의 켜짐과 꺼짐을 제어하는 게이트 문턱전압(threshold voltage for the gate, V_{GT})을 가진다. 예를 들어, n-채널 향상형 MOSFET의

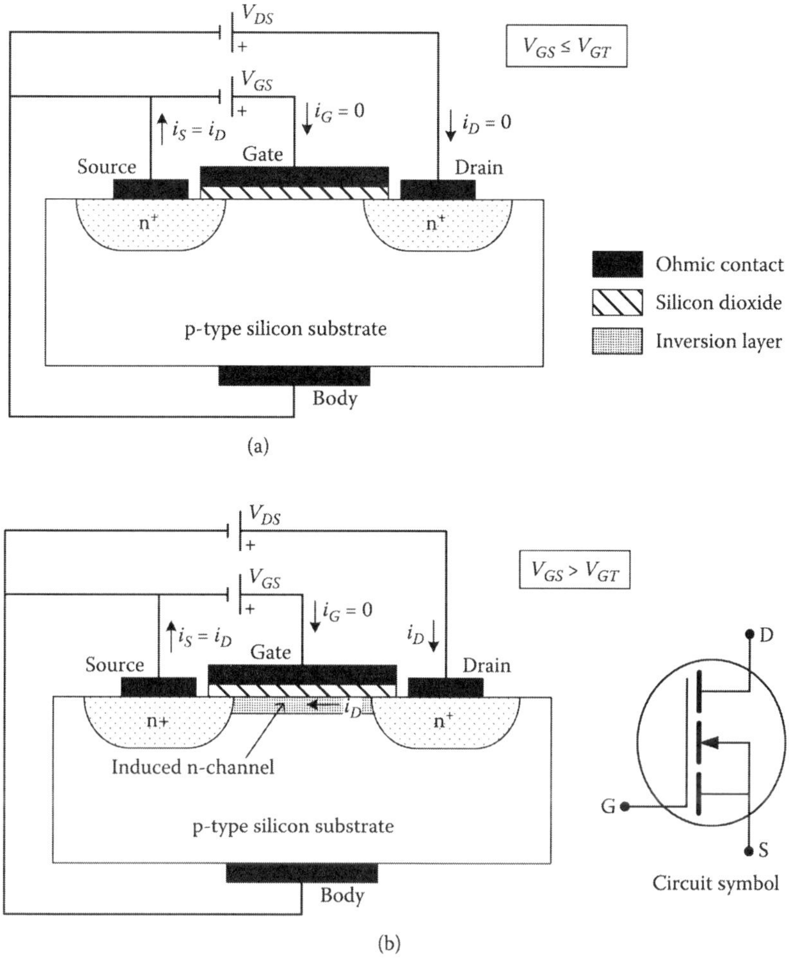

그림 7.10 (a) 게이드 전압이 문턱전압(V_{GT})보다 낮은 상태의 'n-채널 항상형(enhancement mode)' MOSFET, (b) 게이트 전압이 문턱전압(V_{GT})보다 높은 상태의 n-채널 항상형 MOSFET. (a)의 소자는 off 상태이며, (b)의 소자는 on 상태이다. 이 소자의 회로 기호를 (b) 옆에 나타내었다.

경우, 게이트에 인가된 전압이 문턱전압보다 낮으면 소스가 드레인으로부터 격리되어 있기 때문에 전류가 흐르지 않게 되는데, 그림 7.10(a)는 이러한 상황을 보여준다. 그러나, 그림 7.10(b)와 같이 문턱전압 이상의 전압이 게이트에 인가되면 장치가 켜지게 되는데, 이는 게이트 전압에 의해 생성된 전기장이 게이트 아래의 기판 영역으로부터 p-형 반도체의 다수 캐리어인 정공을 밀어내어 p-n 접합의 공핍 영역과 유사한 영역이 형성되기 때문이다.

이 영역은 전압이 증가함에 따라 전자—p-형 반도체에서의 소수 캐리어—가 축적되어 전하 캐리어 유형이 '반전(invert)'되는 상황에 이르기 때문에 반전층(inversion layer)이라고 일컫는다. 이렇게 축적된 전하는 소스와 드레인을 연결하는 n-채널을 형성한다. 그림 7.10(b)에 표시된 외부 회로처럼, 소스에 대해 양(positive)의 바이어스가 드레인에 인가된 경우에는 전자는 n-채널을 통해 소스에서 드레인으로 흐르게 되면서 전류를 생성시킨다. (사실, 채널을 형성하는 모든 전자가 기판으로부터 나오는 것은 아니며, 일부는 고농도로 도핑된 소스와 드레인에서도 나온다.)

게이트 전압이 증가하면 더 많은 전자가 반전층(inversion layer)으로 이동하므로, MOSFET을 통해 더 많은 전류가 흐르게 된다. 다시 말해서, 게이트 전압을 높이면 전도(conducting) 채널이 향상되며, 이 같은 특성 때문에 전계효과 트랜지스터를 '향상형(enhancement mode)' 소자로 일컫는다.

게이트 전압을 약간 변화시킴으로써 상대적으로 큰 전류의 변화를 일으킬 수 있기 때문에 MOSFET은 매우 작은 전류를 증폭시키는 데에 사용할 수 있다. 뿐만 아니라, 집적회로(integrated circuit)나 혹은 훨씬 더 큰 규모의 아날로그 전자 회로에서 간단한 스위치로도 사용할 수 있다(그림 7.11 참조). 이는 문턱전압보다 작은 게이트 전압을 인가하거나 또는 전압을 전혀 인가하지 않음으로써 전류가 흐르지 않게 할 수 있기 때문이다(이 경우 드레인과 소스가 서로 분리되어 있기 때문이다). 반대로, 문턱전압보

그림 7.11 사진 속의 로봇은 초음파 센서를 이용해 물체를 탐지하는 로봇으로 2000년 영국 University of Reading 의 Kevin Warwick 교수 연구팀이 제작했다. 이 로봇은 로봇 진공청소기처럼 장애물을 감지했을 때 회피하도록 설계되었는데, 그러기 위해서는 모터를 재빨리 끄고 켜는 것이 중요하며, 따라서 모터를 신속하게 켜고 끌 수 있는 MOSFET이 스위치로 사용되었다. 그러나 단지 스위칭 속도가 빠르기 때문에 MOSFET이 사용된 것은 아니며, MOSFET 소자가 모터를 작동시키기 위한 높은 전류를 손상없이 잘 흐를 수 있게 하기 때문인 것도 중요한 이유이다. 2003년 연구팀은 이 로봇의 후속 버전을 만들었는데, 여기에는 기존 전자회로 대신 생물학적 뉴런(neuron)의 기능을 모방한 신경망(neural network)이 사용되었다. 이러한 로봇과 컴퓨터가 간단한 작업—장애물을 피하는 것과 같은—을 어떻게 '학습(learn)'하는지를 연구하면 궁극적으로 스스로 생각할 수 있는 기계를 만들 수 있을 것이다. (Courtesy of Kevin Warwick.)

다 큰 게이트 전압은 전류가 흐르도록 한다(이 경우 드레인과 소스가 연결된다).

예제 7.1은 p-채널 향상형 MOSFET에 대해 기술하고 있는데, 앞서 설명한 n-채널 향상형 MOSFET과 마찬가지로 전류를 흐르게 하기 위해서는 게이트 전압을 인가해야하기 때문에 이른바 '일반적으로는 꺼진(normally off)' 소자라고 할 수 있다.

공핍형(Depletion Mode) MOSFET

'공핍형(depletion-mode)' MOSFET은 또 하나의 주요한 형태의 MOSFET이다. 공핍형 MOSFET도 향상형 MOSFET과 마찬가지로 n-채널 또는 p-채널 타입으로 만들어 질 수 있지만, p-채널 공핍형 MOSFET은 실제로 거의 사용되지 않기 때문에 다루지 않을 것이며 대신 그림 7.12에 나타나 있는 n-채널 공핍형 MOSFET에 논의를 집중할 것이다. n-채널 공핍형 MOSFET은 '일반적으로는 켜진(normally on)' 소자이며, 이는 드레인이 소스에 대해 양(positive)의 전압이 걸리도록 외부 회로가 연결되어 있는 한 채널을 통해 전류가 흐른다는 것을 의미한다(물론, 이때 게이트 전압은 문턱전압 V_{GT}보다 높아야 한다.) 이 소자의 경우, 문턱전압이 음(negative)의 값이므로 게이트가 외부 회로에 연결되어 있지 않은 상태이거나 소스에 직접 연결되거나 혹은 소스보다 더 양(positive)의 전압에 연결된 경우에 해당한다. 보다 더 낮은 게이트 전압을 인가하면 소자는 꺼지게(off) 된다.

그림 7.12(a)에서 보듯이, n-채널 공핍형 MOSFET은 p-형 반도체 기판 내에 좁은 n-채널로 연결된 두 개의 n-형 반도체 섬(island)이 있는 구조이다. 금속 배선은 소스 및 드레인 영역의 n-형 반도체를 외부 회로에 연결하고 있으며, 게이트(gate) 단자와 n-형 반도체 사이에 절연체 SiO_2층이 위치한다. n-형 채널이 소스와 드레인 사이의 전도(conducting) 채널 역할을 하기 때문에 전류가 흐른다. 게이트에 음(negative)의 전압이 인가되면 생성되는 전기장이 기판으로부터 n-채널로 정공을 끌어당겨 많은 수의 전자들을 재결합(recombination)에 의해 고갈시킨다. 채널 내의 자유전자가 감소하면서 전류의 흐름도 줄어들게 된다. 다른 관점에서 보자면, 재결합이 전도 채널의 면적을 감소시키면서 공핍영역을 형성시켜 전류의 흐름을 감소시키는 것이라고 생각할 수 있다. 그림 7.12(b)과 같이, 게이트 전압이 보다 더 음(negative)의 값을 가지면 채널은 이 공핍영역에 의해 완전히 '조여지게(pinched off)'되어 전류의 흐름이 멎는다. MOSFET은 비교적 제작하기 용이하며 인접한 소자의 작동에 영향을 주지 않으면서도 매우 조밀하게 집적될 수 있다. 또한, MOSFET은 전력 소비도 낮을 뿐만 아니라, BJT보다 더 작게 제작될 수 있으며, 이러한 특징들 때문에 MOSFET은 가장 널리 사용되는 반도체 소자이다.

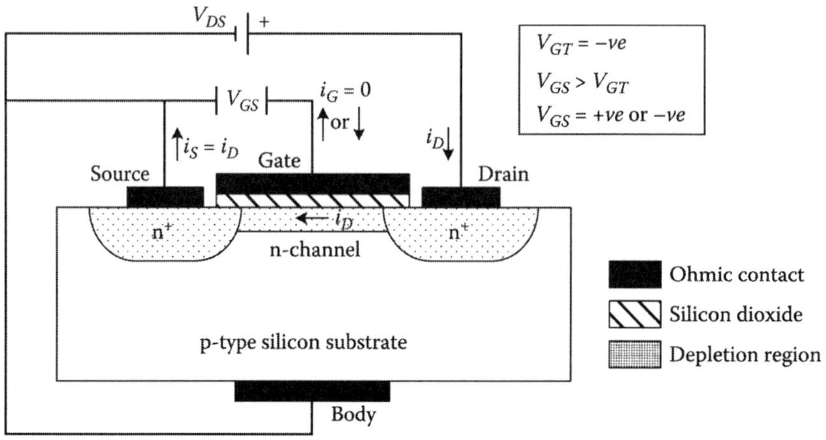

(a)

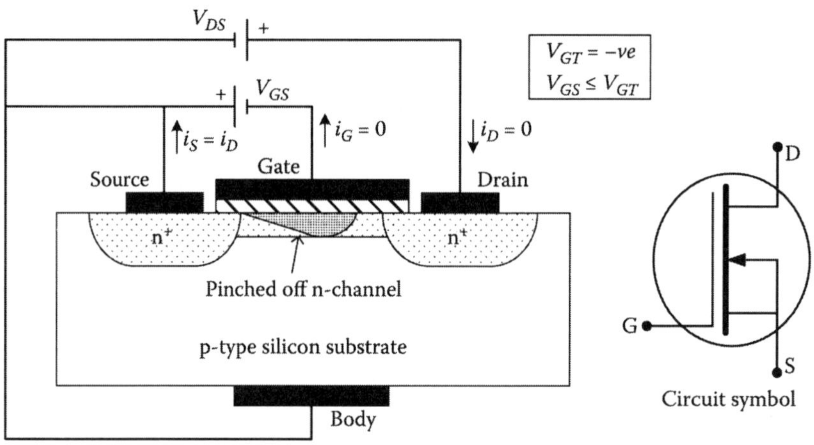

(b)

그림 7.12 (a) 게이트 전압이 문턱전압(V_{GT})보다 높은 상태의 'n-채널 공핍형(depletion mode)' MOSFET, (b) 게이트 전압이 문턱전압(V_{GT})보다 낮은 상태의 n-채널 공핍형 MOSFET. (a)의 소자는 on 상태이며, (b)의 소자는 off 상태이다. 이 소자의 회로 기호를 (b) 옆에 나타내었다.

예제 7.1 향상형

아래의 그림 (i)과 (ii)는 p-채널 향상형 소자와 해당 회로 기호를 나타낸다.

(a) 두 그림 중 어떤 것이 'on' 상태의 소자에 해당하는가?

(b) n-형 실리콘 기판의 소수 캐리어(minority carrier)는 무엇인가?

(c) 이 소자가 '켜지려면', 어떠한 일련의 과정이 일어나야 하는가?

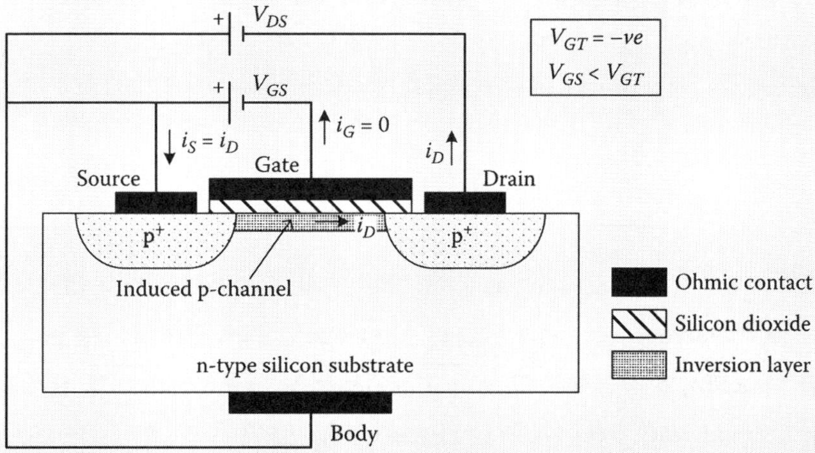

(i)

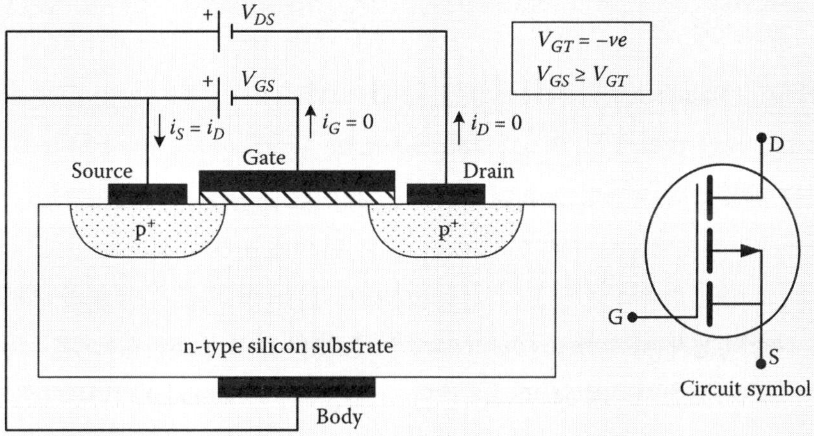

(ii)

정답

(a) 그림(i)

(b) 정공(hole)

(c) 이 소자는 기판이 n-형 실리콘 웨이퍼이므로, 게이트 아래 영역으로부터 전자들을 밀어냄으로써 반전층(inversion layer)을 형성시켜야 하기 때문에, 음의 게이트 바이어스가 적용되어야 한다. 이 바이어스 전압이 증가하면(즉, 더욱 큰 음의 전압), 정공들이 반전층에 축적되며 전도성 p-채널을 형성하게 된다. 그러면, 소스와 드레인 사이에 정공에 의한 전류가 흐르게 되면서 소자는 'on' 상태

가 된다. (게이트에 음의 바이어스가 걸려야 하기 때문에 게이트 문턱전압도 음이 되어야한다. 소자를 작동시키기 위해서는 게이트 전압은 문턱전압보다 더욱 더 음의 값을 가져야 하므로, VGS < VGT이다.)

CMOS

MOSFET 기반의 집적회로(integrated circuit)는 'MOS 집적회로'라고 부르며 마이크로프로세서(microprocessor)와 메모리 칩(memory chip)에 모두 사용된다. 실제로, 지금 이 교과서를 집필하고 있는 이 시점에서 가장 일반적인 형태의 집적회로는 CMOS(complementary metal oxide semiconductor) 기술을 사용한다. CMOS는 p-형 트렌지스터와 이에 상호보완적인(complementary) n-형 트랜지스터가 함께 존재하는 구조를 갖는다.

Thin-Film Transistor(박막 트렌지스터, TFT)

MOSFET이 절연 유리 또는 세라믹 기판(substrate) 위에 수 마이크로미터 두께로 얇게 제작된 것을 박막 트렌지스터(TFT)라고 한다. 절연 기판은 소자에 저장되는 전하량을 줄여주기 때문에 TFT는 기존 MOSFET보다 더 빠른 속도로 작동할 수 있다. TFT는 반드시 표준적 형태의 반도체로 만들지 않아도 된다. 예를 들어, 사실 앞으로는 이른바 '플라스틱 전자제품(plastic electronics)'이 점점 더 많아질 것인데, 그림 7.13에서 보는 것과 같은 롤러블(rollable) 디스플레이 화면은 유기물(organic) 기반의 TFT로 만들어진다.

7.2 광전자 소자

7.2.1 빛과 반도체의 상호작용

반도체가 유용한 이유 중 하나로, 일부 반도체의 경우 전도도(conductivity)가 빛에 민감하다는 점을 들 수 있다. 이들 반도체에 밴드갭 에너지 E_g보다 큰 광자(photon) 에너지 hν를 갖는 빛을 비추면, 이 광자는 가전자대의 전자가 전도대로 여기(excited) 될 수 있도록 한다. 이렇게 여기 된 전자와 이에 상응하여 생성된 정공은 전기 전도에 참여할 수 있으므로, 이러한 반도체에 빛을 비춤으로써 전도도를 향상시킬 수 있다.

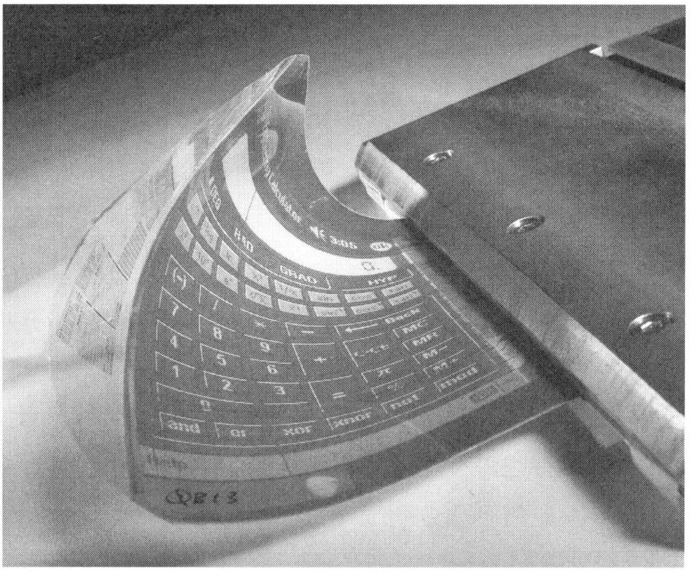

그림 7.13 사진 속의 플렉시블 스크린은 2005년 Philips가 제작했는데, 여기에 유기(organic) TFT가 사용되었다. (© Philips.)

반도체에 닿는 광자의 에너지가 반도체의 일함수(work function)보다 크면, 전자는 전도대로 여기되는 것을 넘어 광전효과(photoelectric effect)에 의해 방출된다. 따라서, 광전도성(photoconductivity)은 입사광의 에너지 hν가

$$\Phi > \mathrm{h}\nu > E_g$$

의 범위 안에 있을 때 발생한다. (여기서, Φ는 일함수이며, 전자를 고체로부터 내보내는 데 필요한 최소 에너지이다.)

광흡수, 자발 방출, 및 유도 방출

고체에서 광자(photon)와 전자 사이에 일어날 수 있는 세 가지 기본 과정은 흡수(absorption), 자발 방출(spontaneous emission) 및 유도 방출(stimulated emission)이다. 그림 7.14는 이들 세 가지 기구(mechanism)을 보여준다. E_1은 E_2보다 에너지가 낮은 상태이므로 E_1과 E_2는 각각 원자의 기저 상태(ground state)와 여기 상태(excited state)를 나타낸다고 볼 수 있다. 또는, E_1은 가전자대의 최상단, 그리고 E_2은 반도체에서 전도대의 최하단을 나타낸다고 볼 수도 있으며, 이 경우 이들 에너지 레벨들은 전자의 에너지이다. 이 절에서는 반도체 소자를 다루기 때문에, 에너지 레벨에 대한 후자의 설명을 기반으로 논의를 하고자 한다.

이들 두 에너지 상태 간의 전이(transition)은 이들 에너지 레벨 간의 차이와 동일한

에너지를 갖는 광자의 방출(emission) 또는 흡수(absorption)의 형태로 일어날 수 있다. 이는 곧 광자가 $h\nu_{12} = E_2 - E_1$ 만큼의 에너지를 갖는다는 것을 의미한다. (여기서, 주파수 ν_{12}의 아래 첨자는 광자가 상태 1에서 상태 2로의 전환이라는 점을 나타내며, 반대로 ν_{21}는 E_2에서 E_1으로의 전이에 해당하는 주파수이다.)

열적 평형상태에서는 보다 더 많은 수의 전자가 E_2보다 에너지가 낮은 E_1 상태에 있다. 그러나, $h\nu_{12}$ 만큼의 에너지를 갖는 광자가 들어오면 E_1 상태의 전자가 이를 흡수하여 더 높은 에너지의 E_1로 여기된다. 이 과정을 흡수(absorption)라고 하며 이를 그림 7.14(a)에 나타내었다.

한편, 채워지지 않은 더 낮은 에너지 상태가 존재하기 때문에 여기 된 전자는 짧은 시간 내에 E_1 상태로 다시 떨어지게 되고 정공과 재결합하면서 $h\nu_{12}$ 만큼의 에너지의 갖는 광자를 내어 놓는다. 이 과정을 자발 방출(spontaneous emission)이라고 하며, 이를 그림 7.14(b)에 나타내었다.

또다른 방출 형태인 유도 방출(stimulated emission)은 여기 된 E_2 상태의 전자를

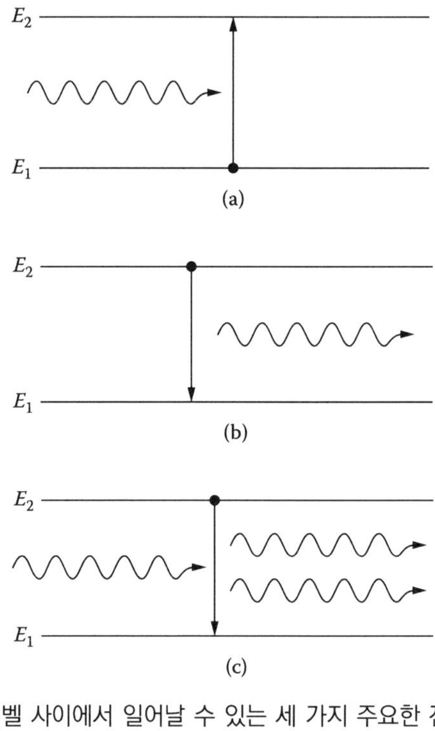

그림 7.14 두 에너지 레벨 사이에서 일어날 수 있는 세 가지 주요한 전이(transition) 과정: (a) 흡수(absorption), (b) 자발 방출(spontaneous emission), (c) 유도 방출(stimulated emission). (Adapted from Figure 5.2, p.137 of *Quantum Mechanics, Foundations and Applications*, by D. G. Swanson, © 2007, Taylor & Francis Group, LLC. Original version kindly supplied by Gary Swanson.)

가지고 있는 반도체에 hν_{12} 에너지의 광자가 들어올 때에 일어날 수 있다. E_2 상태에 있는 한 전자를 고려해 보자. 이 전자는 자발 방출이 일어날때까지 E_2 상태에 머무는 대신, 입사된(incident) 광자에 의해 E_1 상태로 강제로 떨어질 수 있는 가능성이 존재하지만 입사한 광자를 흡수하지는 않는다. 자발 방출과 마찬가지로, 이 전자는 E_1 상태로 떨어지면 정공과 재결합하여 hν_{12} 에너지의 광자를 방출한다. 그러나 이 경우, 이렇게 방출된 광자는 입사한 광자와 동일한 위상(phase)과 편광(polarization)을 가지며, 마치 전이(transition)를 유발하지 않은 것처럼 입사 광자와 같은 방향으로 계속 진행한다. 이 과정을 그림 7.14(c)에 나타내었으며, 이러한 유형의 복사(radiation)를 가간섭성(coherent) 복사라고 한다. 하나의 광자가 반도체로 들어와서 두 개의 광자가 나왔기 때문에, 이러한 과정을 통해 입사 광파(light wave)가 어떻게 증폭(amplified)되는지를 이해할 수 있다.

유도 방출은 레이저(laser) 구동의 기초가 된다. ('laser'라는 단어는 실제 'light amplification by stimulated emission of radiation'의 줄임말이다.) 사실, 빛을 증폭하기 위해서는 전자가 유도를 통해 E_1 상태로 떨어지면서 광자로 충분히 방출될 수 있도록 E_1보다 높은 에너지 레벨의 E_2에 더 많은 전자가 있어야 한다. 이러한 비평형(non-equilibrium) 상태를 밀도 반전(population inversion)이라고 하며, 이는 레이저 구동에 필수적이다. (앞서 우리는 열적 평형 상태에서는 E_2보다 E_1에 전자가 더 많이 존재한다는 것을 배웠으며, 이같은 시스템은 광자 흡수기 역할을 할 것이다. 두 에너지 상태에 존재하는 전자의 수가 동일하다면 방출량과 흡수량이 정확히 균형을 이룰 것이다.)

밀도 반전(population inversion)을 유지하는 한 가지 방법은, 전자를 E_1에서 보다 더 높은 에너지 상태인 E_3로 여기 시킬 수 있는 파장(wavelength)의 전자기복사(electromagnetic radiation)을 비춤으로써 전자가 이완될 때 E_2 상태까지만 떨어지도록 하는 것이다. 바로 이것이 루비 레이저(ruby laser)가 작동하는 방식이다. 반면, 7.2.3절에서 살펴볼 반도체 레이저(semiconductor laser)는 반도체의 특성을 활용하여 오직 두 개의 에너지 밴드(비록, 추가로 외부 전압에 의한 두 개의 에너지 펌핑 레벨이 더 있기는 하지만)가 관여된 상태에서 작동한다.

직접형 반도체 및 간접형 반도체

6.4.1절에서 가상(hypothetical)의 반도체의 밴드 구조가 어떻게 생겼는지 살펴보았다. 이와 대조적으로, 그림 7.15는 두 가지의 실제(real) 반도체의 *E-k* 관계를 보여준다. (6.1.3절에서 보았듯이, E-k 다이어그램은 전자의 에너지와 운동량의 관계를 효과적으로 나타내는 그래프이다.) 두 가지 *E-k* 다이어그램 모두 전도대와 가전자대 사이

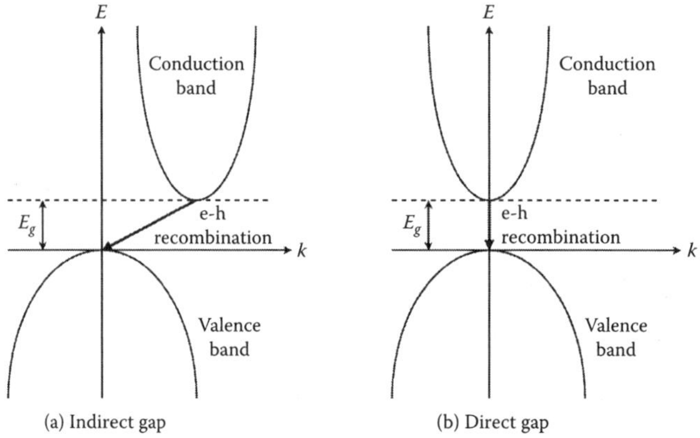

그림 7.15 (a) 간접형(indirect gap) 및 (b) 직접형(direct gap) 반도체에 대한 에너지 및 전자 모멘텀 간의 관계를 통해 나타낸 에너지 밴드 구조. (This diagram is based on Figure 2.8, p.23 of *Introductory Semiconductor Device Physics*, by Greg Parker, © IOP Publishing Ltd., 2004. Reproduced with permission.)

에 에너지 갭(E_g)이 있다. 그림 7.15(a)에서 볼 수 있듯이, 일부 반도체의 경우 전도대의 최소 에너지 레벨[보통 '최소 전도대(conduction band minimum)'이라고 함]과 가전자대의 최대 에너지 레벨['최대 가전자대(valence band maximum)'이라고 함]이 다른 파동벡터(wave vector) k 값에서 발생한다. 이러한 반도체를 **간접형 반도체**(indirect gap semiconductor)라고 한다.

전자와 정공은 각각 최소 전도대와 최대 가전자대에 있기 때문에 이들 사이에 전이가 일어나야 한다. 다시 말해, 전이가 일어나려면 전자의 운동량의 변화와 함께 에너지 갭(E_g) 이상의 에너지의 변화가 수반되어야 한다. 간접형 반도체에서 전자-정공 재결합이 일어날 때, 포논(phonon)이 생성되면서 전자의 운동량의 감소가 가능하게 되며 이 때 빛은 거의 생성되지 않는다. 실리콘(silicon), 게르마늄(germanium), 다이아몬드(diamond) 등은 간접형 반도체의 대표적 예이다. 이들 물질에서는 가전자대의 상단과 전도대의 하단이 서로 다른 k 값에서 발생하므로 두 대역(밴드) 간에 발생하는 모든 전이에는 전자 운동량의 변화가 필요하다.

이와 대조적으로, 갈륨 비소(gallium arsenide)와 같은 직접형 반도체(direct gap semiconductor)는 그림 7.15(b)에서 볼 수 있듯이 가전자대의 상단과 전도대의 하단이 동일한 파동벡터 값에서 발생한다. 이 경우, 방출 과정에서 포논(phonon)이 생성되지 않고 두 개의 입자(전자와 광자)만 관여하기 때문에, 세 개의 입자(포논, 전자, 광자)가 관여하는 간접형 반도체보다 결과적으로 복사 전이(radiative transition)가 일어날 확률이 훨씬 더 높다.

예제 7.2 광전소자

당신은 반도체 제조기술자이며, 반도체 연구자들에게 반도체 소자를 제조해서 공급하는 임무를 맡았다. 당신은 반도체 연구자들이 새로운 유형의 광전소자(optoelectronics device)를 개발할 것이라는 말을 들었고, 그에 따라 직접형(direct cap) 반도체와 간접형(indirect gap) 반도체를 모두 제조했다. 자, 그렇다면 당신은 이 두 가지의 반도체 중, 어떤 것을 연구자들에게 제공할 것인가?

정답

일반적으로 가장 효과적인 광전소자는 직접형(direct gap) 반도체로 만들어지므로, 별다른 요구사항이 없는 이상 당신은 직접형 반도체를 공급할 것이다. 그 이유는, 직접형 반도체의 경우, 방출(emission) 과정에서 모든 에너지가 포논(phonon)이 아닌 빛(light)으로 방출되기 때문이다.

7.2.2 발광다이오드

발광다이오드(Light-Emitting Diode 또는 줄여서 LED)는 많은 가전제품 및 전자소자의 작은 표시등으로 사용되고 있기 때문에 우리 주변에서 아주 흔히 볼 수 있다. 예를 들어, 세탁기의 제어패널에는 사용자가 현재 실행 중인 세탁모드를 한 눈에 볼 수 있도록 LED가 내장되어 있으며, TV 리모컨에는 일반적으로 버튼을 누르면 켜지는 빨간색 LED가 있다. 한편, 어떤 스포츠 경기장의 광고 간판은 수천 개의 LED로 구성되어 있는데, 각각의 LED는 간판 이미지의 개별 픽셀(pixel) 역할을 한다. 그림 7.16에서 볼 수 있듯이, 건축가와 상점 상인들도 이러한 LED 기술을 일찍이 도입했다.

LED는 직접형 반도체(7.2.1절 참조)로 만든 일종의 p-n 접합 다이오드이다(그림 7.17 참조). p-n 접합은 LED 상단에 위치하고 있으며, 그림에서 그물무늬영역은 고농도로 도핑 된 p-형 반도체를 나타낸다. 우리는 7.1.1절에서 p-n 접합에 순방향 바이어스(forward bias)를 가하면 많은 수의 전자가 p-형 반도체쪽으로 확산되어 정공(p-형 반도체의 다수 캐리어)과 재결합한다는 것을 배웠다. 반대로 p-형 반도체에서 n-형 반도체쪽으로 확산되는 정공은 n-형 반도체에서 다수 캐리어인 전자와 재결합한다. 이 재결합은 광자(photon)를 생성하게 되는데, 만약 이러한 p-n 접합이 직접형 반도체도 제작되었다면 순방향 바이어스를 가하기만 한다면 재결합이 일어나게 되면서 효율적으로 빛을 방출한다.

그림 7.16 뉴욕의 Saks Fifth Avenue 백화점은 Philips와 협력하여 50개의 눈송이를 LED 디스플레이로 구현했다. (© Philips.)

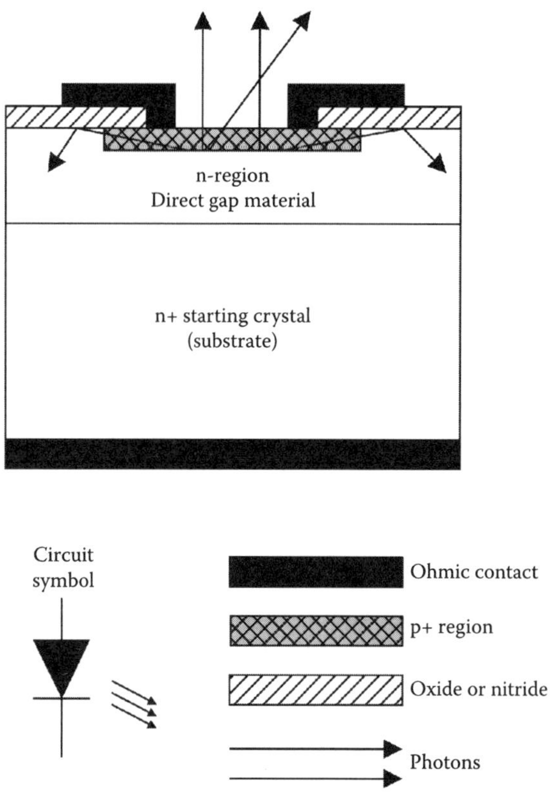

그림 7.17 LED는 p-n 접합 다이오드로 구성되어 있으며, 순방향 바이어스가 걸리면 광자(photon)을 생성한다. (This diagram is copied from Figure 7.1, p.129 of *Introductory Semiconductor Device Physics*, by Greg Parker, © IOP Publishing Ltd., 2004. Reproduced with permission.)

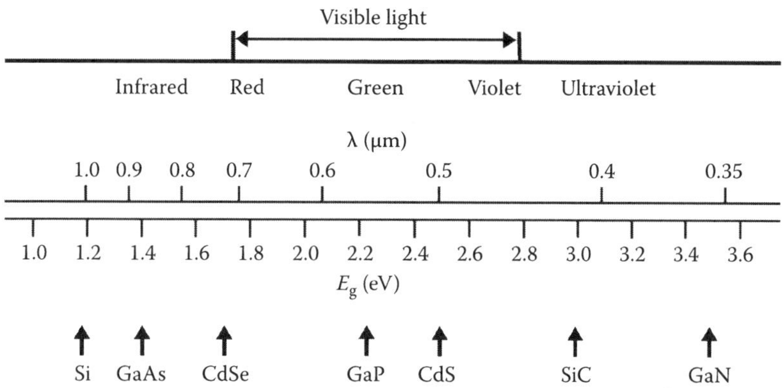

그림 7.18 LED에 사용되는 일부 반도체 재료 및 각 반도체가 방출하는 파장.

바이어스 전류가 클수록 더 많은 캐리어가 생성되고, 재결합되는 캐리어 수가 많을수록 방출되는 빛이 더 밝아진다. 방출되는 빛의 색깔은 LED를 제조하는 재료에 따라 다른데, 이는 방출된 광자의 에너지가 밴드갭 에너지와 같기 때문이다. 그림 7.18은 LED를 만드는 데에 일반적으로 사용되는 반도체의 종류와 각각의 반도체가 방출하는 빛의 파장을 보여준다. LED는 간접형 반도체로도 만들 수 있지만, 직접형 반도체로 만든 LED보다 효율이 낮다.

LED는 가정용 조명에서 차량용 전조등에 이르기까지 다양한 응용 분야에 걸쳐 기존의 백열전구(incandescent bulb)를 대체하기 시작했다. 이러한 변화의 원동력 중 하나는 LED의 전력 소비가 기존의 조명보다 훨씬 적다는 사실이다. 그림 7.19에서 볼 수 있듯이, LED는 특정 응용분야에는 다른 광원보다 보다 폭넓고 다양한 형태로 사용될 수도 있을 뿐만 아니라, 기대 수명이 길기 때문에 안전이 가장 중요한 환경에서 사용하기 위한 광원으로서도 매력적이다. 예를 들어, LED는 도로 신호등과 공항의 활주로등으로 사용할 수 있다.

예제 7.3 발광다이오드(LED)

밴드갭 에너지가 약 2.25 eV인 GaP 반도체로 LED를 만든 경우, 방출되는 빛의 색은 무엇인가?

정답

그림 7.18을 참조하면, GaP 반도체는 녹색(522 nm) 빛을 내는 것을 알 수 있다.

그림 7.19 사진 속의 기차는 14개 유럽 국가들에서 사용되고 있는데, 각각의 기차들은 각기 서로 다른 헤드라이트 사용에 대한 규정에 의해 운행하고 있다. 예를 들어, 기차가 후진할 때는 특정 색깔의 불빛을 특정 패턴으로 비추는 식이다. 이처럼 다양한 불빛 신호의 구현을 위해서, 이들 헤드라이트는 248개의 백색, 66개의 녹색, 그리고 102개의 적색을 사용한다. (Courtesy of Siemens AG.)

7.2.3 반도체 레이저

p-n 접합을 기반으로 하는 또다른 소자는 반도체 레이저(semiconductor laser) 또는 '다이오드' 레이저('diode' laser)이다. 앞서 1장에서 살펴보았듯이, 다이오드 레이저는 CD 및 DVD의 데이터를 읽고 쓰는 데 사용되는 만큼 매우 널리 사용된다. 다이오드 레이저는 LED와 매우 유사하지만, 그림 7.20에서 볼 수 있듯이 두 개의 마주보는 양쪽 말단의 '거울면(mirrored end)'이 추가로 존재한다. [이들 양쪽 거울면은 반도체

결정의 특정 면(plane)을 따라 절단하여 형성된다.] 예를 들어, GaAs 레이저의 경우, 접합을 이루는 면은 (100)이고, 절단 된 면은 (110)이다. [2.2.7절에는 결정면(crystal plane)에 대한 표기법이 설명되어 있다.] 반도체와 주변 공기와의 굴절률(refractive index) 차이로 인해 p-n 접합 내에서 재결합에 의해 방출되는 빛의 일부가 말단 거울면에서 반사된다. 따라서, 이들 말단 거울면은 레이저 공동(cavity)를 형성하며 빛의 출력(output)을 증가시키는데, 이에 대해 아래에서 더 자세히 알아볼 것이다.

말단 거울면만으로는 LED를 레이저로 만들 수 없다. 7.2.1절에서 보았듯이, 레이저가 발생되기 위해서는 유도 방출(stimulated emission)이 지배적으로 작용해야하기 때문에, 낮은 에너지 상태보다 높은 에너지 상태에 존재하는 전자가 더 많은 '밀도 반전(population inversion)'이 일어나야 한다. 다이오드 레이저(diode laser)의 경우, 이는 곧 가전자대보다 전도대에 더 많은 전자가 존재할 수 있도록 해야함을 의미한다. 뿐만 아니라, 광자의 방출(밴드갭과 동일한 에너지를 가진 광자)을 일으키는 것은 전자와 정공의 재결합이기 때문에, 가전자대에도 많은 수의 정공이 존재해야 한다. 이러한 조건을 충족하기 위해, n-형 및 p-형 반도체 모두를 매우 고농도로 도핑하고(그림 7.20에서 윗첨자 '+'로 표시됨), 높은 순방향 바이어스를 가함으로써 접합부에 많은 농도의 전자와 정공을 주입한다. 이렇게 함으로써 '활성 영역(active region)'이라고 불리는 접합 양쪽의 좁은 영역에 밀도 반전이 형성되게 되는데, 이 활성 영역에서는 전도대와

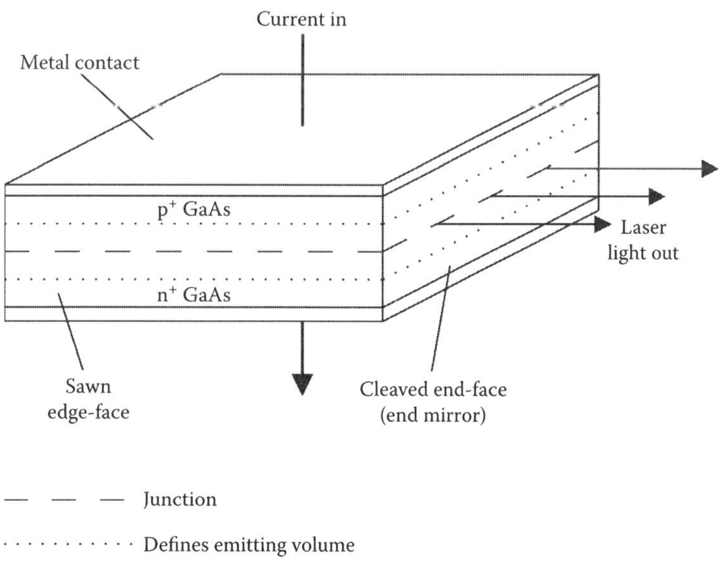

그림 7.20 동종접합(homojunction) 반도체 레이저 다이오드를 나타낸 그림. (This diagram is copied from Figure 10.6, p.232 of *Introductory Semiconductor Device Physics*, by Greg Parker, © IOP Publishing Ltd., 2004. Reproduced with permission.)

가전자대에 각각 많은 수의 전자와 정공이 존재하게 된다. [접합부 양쪽의 도핑 농도는 페르미 준위(Fermi level)가 p-형 반도체의 가전자대 상단 밑에 있고 n-형 반도체의 전도대 내에 존재할 만큼 충분히 높아야 한다.]

일단 유도 방출(stimulated emission)이 일어나면, 반도체 레이저의 축을 따라 이동하는 방출된 광자 중 일부는 말단 거울면에서 반사되고 이때마다 반사된 광자는 활성 영역(active region)을 통과하면서 더 많은 유도 방출을 일으키게 된다. 이 과정을 양성의 광학적 되먹임(positive optical feedback)이라고 한다. 그러나, 말단 거울면이 모든 입사광을 다 반사할 수는 없기 때문에 일부 레이저 광선(beam)은 소자를 빠져나온다. 그림 7.20에서 보는 것과 같이, 방출된 광자는 활성 영역에서 약간 퍼져 나오게 되므로, 하나의 '방출 체적(emitting volume)'으로부터 나오는 것으로 볼 수 있다. 이 경우, n-형 반도체쪽으로 확산하는 정공보다는 전자가 p-형 GaAs 쪽으로 상대적으로 더 깊숙이 확산하기 때문에 방출 체적(emitting volume)은 접합계면에 대해 비대칭적이다.

다이오드 레이저는 다른 유형의 레이저와 마찬가지로 단색(monochromatic, 단 하나의 파장만 가짐)의 광선을 방출한다. 왜냐하면, 방출되는 빛이 곧 밴드갭 에너지의 특성이기 때문이다. 하지만 다른 레이저와는 대조적으로, 다이오드 레이저는 일반적으로 길이가 약 0.1 mm로 작기 때문에 CD 플레이어/레코더 및 레이저 프린터 뿐만아니라 더불어 광섬유(optical fiber) 통신을 위한 광원으로도 사용할 수 있다.

하나의 반도체 물질로 만들어진 다이오드 레이저를 동종접합(homojunction) 레이저라고 하며, 두 개 이상의 서로 다른 반도체로 만들어지면 이종접합(heterojunction) 레이저라고 한다. 이종접합 레이저는 에피택셜 성장(epitaxial growth) 기법을 사용하여 제조되며(7.3.2절 참조), 반도체 박막 층(예: GaAs)이 다른 반도체 층(예: AlGaAs) 사이에 끼워져 있는 구조를 갖는다.

실리콘(Si)은 간접형 반도체이므로 레이저로 만드는 것이 불가능하기 때문에(7.2.1절 참조), 다이오드 레이저는 주로 GaAs 및 그 합금으로 제작한다. (주기율표의 III족과 V족 원소로 구성되기 때문에 이들을 III-V 화합물이라고 일컫는다.) 예를 들어, 광섬유를 통해 빛으로 데이터를 전송하기 위해 통신산업에서 사용되는 다이오드 레이저는 일반적으로 인화 인듐(Indium phosphide, InP)/인화 인듐 갈륨 비소(InGaAsP)로 제조된다.

7.2.4 태양전지

우리는 앞선 7.2.2절에서 순방향 바이어스가 걸린 p-n 접합이 빛을 방출할 수 있음을 배웠다. 이와 정반대의 과정 또한 일어날 수 있는데, 즉 p-n 접합에 역방향 바이어스를 가함으로써 접합에 도달하는 빛을 감지(detect)할 수 있다. 이러한 원리에 기반한 소자를 광검출기(photodetector) 또는 광다이오드(photodiode)라고 한다. 광다이오드는 밴드갭(E_g)보다 큰 에너지를 가진 광자만 감지할 수 있는데, 그 이유는 7.2.1절에서 살펴보았듯이 광자가 반도체의 E_g보다는 크고 일함수(work function)보다는 작은 에너지를 가질 경우에 전자-정공 쌍을 생성할 수 있기 때문이다. 모든 반도체 재료는 고유한 E_g값을 갖기 때문에 반도체의 종류에 따라 각각 특정한 파장의 빛만 감지할 수 있음은 자명하다. 실리콘(Si)은 태양광(sunlight)을 감지하는 데에 있어 가장 좋은 재료 중 하나이므로—Si의 밴드갭이 태양광의 적외선(infrared) 파장에 해당하기 때문—Si은 대부분의 태양전지(solar cell)의 기본 재료가 된다. (LED와는 달리, 광검출기는 직접형 혹은 Si과 같은 간접형 반도체로 만들 수 있다.)

태양전지의 기본 작동원리는 매우 간단하다. 입사하는 태양광의 광자는 p-n 접합에서 전자-정공 쌍을 생성한다. 이 접합에 역방향 바이어스를 가하면(7.1절 참조) 넓은 공핍영역이 형성되고 이들 공핍영역 내에 생성되거나 또는 확산될 수 있을 만큼 충분히 가까이 존재하는 전자-정공 쌍들이 공핍영역에 의해 형성된 전기장에 의해 빠르게 분리된다. 따라서, p-형 반도체 측에서 생성된 전자는 n-형 반도체 끝에서 외부 회로로 연결된 접점을 향해 쓸려 나가는 반면, 정공은 n에서 p로 이동하여 p-형 반도체 쪽의 회로 접점으로 이동한다(그림 7.21 참조). 이렇게 되면, '광전류(photocurrent)'라고 일컫는 전류가 외부 회로에 흐르게 되는데, 이 광전류의 크기는 입사한 빛의 세기(intensity)에 비례한다.

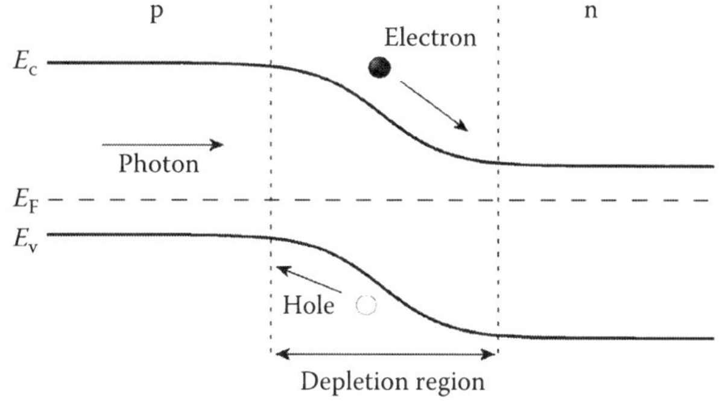

그림 7.21 태양전지(solar cell)에서의 광전류(photocurrent)의 생성. 태양빛의 광자는 전자-정공 쌍을 생성시키는데, 이 전자-정공 쌍은 넓은 공핍영역(depletion region)에 의해 형성된 전기장에 의해 분리된다. 이렇게 해서 생성된 전하 캐리어가 접합을 가로질러 나가게 되면 회부 회로에 전류가 흐르게 된다. 모든 광다이오드(photodiode)는 이러한 방식으로 작동한다. 쉽게 말해, 태양전지는 태양이 방출하는 빛의 파장 범위에서 작동하도록 최적화된 광다이오드이다.

그림 7.22 그림에서 보는 것과 같은 태양전지로 작동하는 정원 조명은 가정에서 값싸고 쉽게 사용할 수 있는 조명이다.

태양전지는 특별히 효율적이지는 않다. 대부분의 태양전지는 태양 에너지의 약 20%만을 전기로 변환한다. 따라서, 유용한 수준의 전력 출력을 내기 위해서는 많은 수의 개별 태양전지를 연결하여 태양광패널(solar panel)을 만든다. 그림 7.22는 태양광으로 작동하는 정원용 조명의 사진을 보여준다. 사진에서 태양광패널은 조명의 중앙에 있는 것을 볼 수 있다.

더 높은 수준의 가정용 전기를 제공하기 위해서 태양광패널을 집의 지붕에 설치할 수도 있지만 위치에 따라 태양광이 도달하는 정도가 다르므로 생산되는 전력량은 집의 위치에 따라 다르다. 공학 경진대회에 매번 등장하는 실험용 태양광 구동 자동차의 경우도, 해가 지면 멈출 수 있으므로 자동차 구동을 위한 전력원으로써 태양광을 이용하는 것은 적합하지 않다. 이와 대조적으로, 태양광패널은 위성 및 우주선에 탑재된 전자장비에 전력을 공급하는 데에 있어서는 완벽한 선택이다. 사실, 태양광패널은 대부분의 우주선에서 사용되는 주된 동력원이며 태양광패널에서 생산되는 잉여 에너지는 충전식 배터리에 저장된다. 이 경우, 특수한 형태의 유리 덮개를 적용하여 p-n 접합 소재에 결함을 일으켜 전력 출력을 저하시키는 미세 운석과 고에너지 입자로부터 태양전지를 보호한다.

독일은 현재 태양광 기술의 광범위한 적용에 앞장서고 있으며, 많은 가정집과 소규모 기업들이 그리드(grid)에 공급할 수 있는 전기를 생산하는 옥상 태양광패널을 설치했다. 2007년 말경, 독일의 모든 태양광패널이 생산했던 전기 에너지는 약 3개의 기존 대형 발전소가 생산하는 전력량과 유사한 수준이었다.

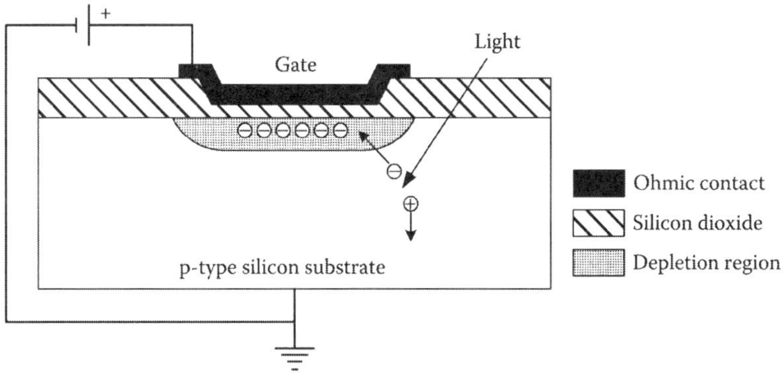

그림 7.23 MOS 축전기(capacitor).

7.2.5 MOS 축전기

MOS 축전기(capacitor)는 MOSFET의 변형으로서 디지털 카메라에서 이미지를 캡쳐하는 전하결합소자(charge-coupled device, CCD)의 센서소자를 구성한다. 그림 7.23에 나타나 있듯이, MOS 축전기는 p-형 실리콘기판과 이산화규소(SiO2) 유전체(dielectric), 그리고 그 위에 있는 금속 또는 다결정 실리콘(polysilicon) 전극(게이트)으로 구성된다.

빛이 이 MOS 축전기 소자에 도달하면 광자의 에너지로 인해 p-형 실리콘 내에 전자-정공 쌍이 생성된다. 양(positive)의 전압이 게이트(gate)에 가해지면, 생성된 전자-정공 쌍으로부터 전자가 분리되어 게이트 바로 아래에 형성되는 공핍영역으로 이끌려가게 되며, 게이트 전압이 양으로 유지되는 동안 "표면 전하(surface charge)"로서 머물게 된다. 이 표면 전하의 양은 소자에 도달하는 빛의 양에 비례한다.

7.3 소자 제조

이번 절에서는 트랜지스터, 집적회로 및 기타 반도체 소자를 생산하는 데에 사용되는 몇 가지 주요 제조공정을 살펴볼 것이다. 이 소자들의 공통점은 바로 이들 소자가 모두 반도체로 만들어 져야한다는 것이며, 또한—특정 전기적 특성을 발현하기 위해 의도적으로 추가된 불순물을 제외하고서는—가능한 한 결함(defects)과 불순물(impurities)이 없어야 한다는 것이다. 이 같은 요구 조건은 반도체를 '클린룸(clean room)'에서 제조함으로써 실현가능하다. 클린룸은 가능한 한 많은 먼지를 제거하기

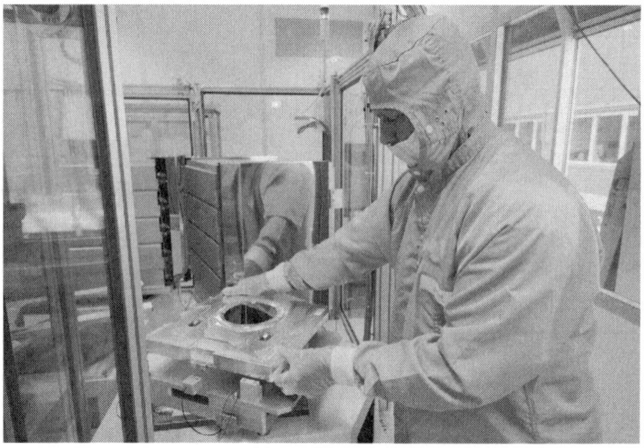

그림 7.24 사진은 네덜란드 아인트호벤 High Tech Campus의 Philips Microsystems Plaza에 근무하는 한 연구원의 모습인데, 반도체 칩을 다루기 위해 정전기 방지복(antistatic suit)을 입고 있는 것을 볼 수 있다. (© Philips)

위해 내부 공기가 지속적으로 여과되도록 설계된 공간이다. 이러한 클린룸에 들어가기 위해서는 머리카락이나 피부각질이 소자 회로에 떨어져 오염시키는 것을 막기 위해 정전기방지복(antistatic suit)을 입고 에어록(air lock)을 통해 들어가야 한다(그림 7.24 참조).

클린룸의 청정도(cleanliness)는 진행되는 공정에 따라 달리 적용되는 몇 가지 표준이 있다. 예를 들어, 'class 100'의 클린룸에는 직경이 0.5 μm(또는 이보다 더 큰) 먼지 입자가 세제곱 피트 당 100개 이하로 존재해야 하는데, 이는 환산하면 대략 세제곱 미터 당 약 3500개 이하의 먼지 농도에 해당한다. 일견 조금 극단적인 것처럼 느껴지지만, 실제로는 단 한 톨의 먼지라도 재앙을 일으킬 수 있다. 예를 들어, MOSFET의 게이트의 일부를 형성하는 작은 산화물 층에 먼지 입자가 들어가면 게이트 전극의 전도도를 증가시켜 소자의 고장을 유발할 수 있다. (클린룸 표준을 나타 내기 위해 전세계적으로 다양한 표기법이 사용된다다. 예를 들어, class 100 클린룸을 표기하는 또 다른 방법은 ISO 5이다.)

앞서 열거한 소자들의 기판(substrate)을 형성하는 반도체는 가능한 한 순도가 높아야 할뿐만 아니라 단결정(single crystal)이어야 한다(2.2.6절 참조). 고순도의 단결정 반도체를 성장시키는 방법에 관해서는 다음의 7.3.1절에서 설명할 것이며, 더 나아가 그 이후의 절에서는 반도체 소자의 작동에 관여하는 다양한 박막층을 제작하는 방법에 대해 설명할 것이다. [일부 소자들은 비정질(amorphous) 반도체, 특히 비정질 실리콘으로도 제작할 수 있지만 이러한 소자는 동일한 구조의 단결정 소자보다 효율성이 떨어진다.]

이 장(chapter)은 실리콘 기반의 소자에 관한 것이지만, 폴리아세틸렌(polyacetylene)과 같은 고분자(polymer)로 만들어진 다이오드나 트랜지스터로 만들어진 플라스틱 기반의 집적회로(IC)가 향후 일부 응용분야(온도 상승을 거의 일으키지 않는 저전력 소자 포함)에 있어서는 기존의 IC를 대체할 것이며 완전히 새로운 전자제품의 응용을 가능케 할 것이다. 이 책을 집필하는 시점에서 예상되는 플라스틱 기반 전자제품의 잠재적인 상업적 응용분야는 전자종이(e-paper)와 웨어러블(wearable) 컴퓨터에서 화학 센서(sensor)에 이르기까지 다양하다. 비록 이러한 플라스틱 칩(chip)이 실리콘만큼 빠르게 정보를 처리할 수는 없을지도 모르지만, 이들 플라스틱 기반 전자소자의 주요 매력 중 하나는 이번 절에서 설명한 것과 같은 복잡한 제조공정이 필요치 않다는 것이다. 그대신 일반적인 잉크젯(ink-jet) 프린팅과 유사한 기술을 사용하여 회로 구성요소를 제작하는 데에 필요한 패턴으로 고분자 박막층을 기판 위에 뿌리는 것과 같은 간단하고 빠르고 저렴한 방법으로 생산할 수 있다.

7.3.1 결정 성장

간혹 자연에서 발견되기도 하지만 대부분의 단결정(2.2.6절 참조)은 반도체 산업에서 반도체 소자가 제작되는 기판(substrate)으로 사용하기 위해 인공적으로 제조된다. 전자 소자와 집적회로가 제대로 작동하려면 이러한 단결정이 가능한 한 순도가 높아야 한다. 사실, 반도체에는 매 10^6개의 원자마다 하나 이상의 '전기적으로 활성화 된(electrically active)' 불순물 원자가 있는 경우는 많지 않다. 이 정도의 농도는 실리콘이나 게르마늄의 전기적 특성에 영향을 미치지 않는 탄소나 산소와 같은 불순물의 농도보다 약 100배 적은 농도이다.

고순도 단결정이 얻어지면 그 다음은 웨이퍼(wafer) 형태로 얇게 썰어낸다. 각 웨이퍼는 충분히 연마하고(polished) 세척하여 에피택시(7.3.2절에서 설명)나 증착(7.3.3절에서 설명)과 같은 공정을 사용하여 그 위에 소자를 제작할 수 있을 만큼 완벽한 표면을 제공한다. 그러나, 하나의 웨이퍼 전체는 소자의 기판을 형성하기에는 너무 크기때문에 '칩(chip)'이라 일컫는 훨씬 작은 조각으로 잘라낸다. ('웨이퍼', '기판' 또는 '칩'의 이 세 가지 용어는 반도체 제조를 설명하는 데 있어서 자주 사용된다.)

다음에서 설명할 세 가지 기술은 '완벽한' 반도체 결정을 성장시키는 데 가장 널리 사용되는 기술이다.

초크랄스키 기법(Czochralski Technique)

이 기법은 결정화를 촉발하는 'seed'를 이용해서 용융된(molten) 실리콘으로부터 커다란 단결정을 성장시키는 과정을 특징으로 한다. Seed는 성장시키고자 하는 반도체와 동일한 조성의 작은 단결정이다. Seed의 한쪽 끝은 용융된 다결정 실리콘[일반적으로 '용융물(the melt)'이라고 함]에 담겨져 있는데, 이때 seed의 온도는 silica(SiO_2)로 만들어진 도가니(crucible) 내에서 융점(melting point)보다 약간 높은 상태로 유지된다. 비록 이 담겨 있는 seed의 끝부분이 녹더라도 막대에 부착되어 있는 다른 한쪽 끝은 고체 상태로 남아있게 된다. 그런 다음, 이 막대는 용융물으로부터 대략 분당 수 밀리미터의 속도로 천천히 당겨 올려진다.

브리지만 기법(Bridgman Technique)

초크랄스키(Czochralski) 기법과 마찬가지로, 브리지만(Bridgman) 기법도 seed 결정을 사용해서 용융된 반도체 물질로부터 단결정을 성장시키는 방식이다. 그러나 이 경우, 그림 7.26에서 볼 수 있듯이 결정의 성장을 촉진하기 위해 온도 강하(drop) 원리가 사용된다. 이 성장 기법의 또다른 변형으로는 용융물이 담겨있는 '보트(boat)' 모양의 도가니의 길이 방향을 따라 열처리 로(furnace)를 seed 결정에서 천천히 멀어지도록

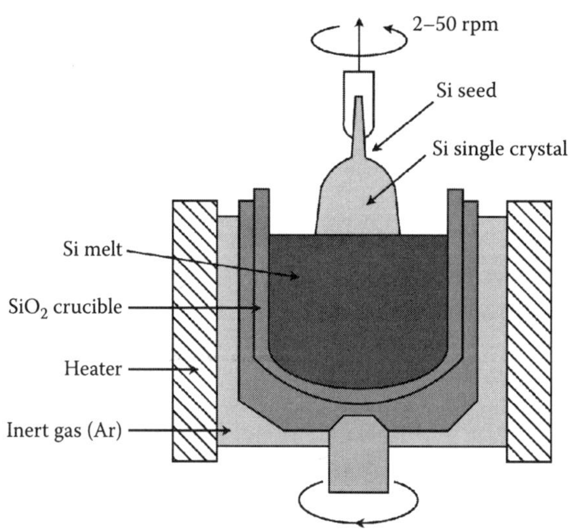

그림 7.25 초크랄스키(Czochralski) 결정 성장 기법에 사용되는 장치. 반도체 산업에서 사용되는 약 90%의 실리콘 결정은 이 방식으로 제조된다. GaAs도 초크랄스키 방법으로 성장시킬 수 있으나, 일반적으로는 다음 절에서 다룰 브리지만(Bridgman) 기법으로 제조된다. (This diagram originally appeared as Figure 1.9, p.16 of *The Physics and Chemistry of Solids*, by S. R. Elliott, © 1998 by John Wiley & Sons Limited. Reproduced with permission.)

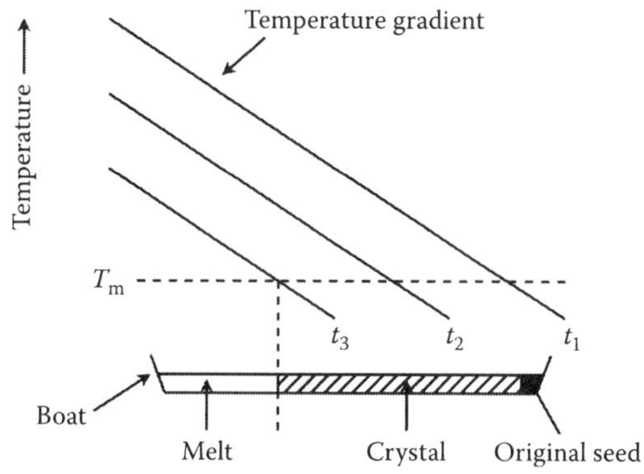

그림 7.26 브리지만(Bridgman) 기법. 그림에서 T_m은 결정화가 일어나는 온도이며, $t_1 > t_2 > t_3$이다. 용융물(melt)은 시드(seed)가 있는 보트의 끝부분부터 시작해 온도가 천천히 낮아지면서 결정화된다. (This diagram originally appeared as Figure 1.10(a), p.17 of *The Physics and Chemistry of Solids*, by S. R. Elliott, © 1998 by John Wiley & Sons Limited. Reproduced with permission.)

이동시키거나, 또는 도가니를 로(furnace)에 밀어 넣은 다음 천천히 당겨서 빼는 방식이 있다.

위에서 언급한 모든 방식에 있어서, 성장하는 결정(초기에는 seed이다)과 용융물 간의 계면(interface) 온도—그림 7.26에서 T_m으로 표시됨—는 용융물의 응고점(solidification point)까지 떨어진다. 그러면, 용융물이 우선적으로 seed 결정 위에서 결정화되며, 이후 계속해서 성장하는 결정에서 결정화가 이루어진다. 이러한 과정을 통해, 결국 용융물이 담겼던 보트 모양의 도가니와 동일한 모양의 커다란 단결정이 형성된다.

플로팅 존 기법(Floating Zone Method)

플로트 존(float zone) 공정은 용융물로부터 결정을 성장시키는 대신, 다결정 막대(rod) 또는 '잉곳(ingot)'으로부터 단결정을 생산하는 기술이다. 이 rod는 수직으로 세워져 고정되며 밑부분에 seed 결정이 위치한다. 열처리를 위한 히터(heater)가 seed 결정 바로 위에서부터 시작해서 rod 위로 점차 이동한다(또는 반대로 rod가 이동하기도 함). 이때, rod는 녹는점 이상으로 가열되고 이렇게 가열된 영역 혹은 '존(zone)'에서 다음 영역으로 히터가 이동하게 되면, 직전에 가열된 영역이 곧바로 냉각되면서 단결정의 일부로 결정화되며 성장한다. 그림 7.27은 이러한 플로팅 존 기법이 작동하는 방식을 보여준다.

플로팅 존 기법은 용융물이 도가니에 담길 필요가 없어 그로 인한 오염이 방지되

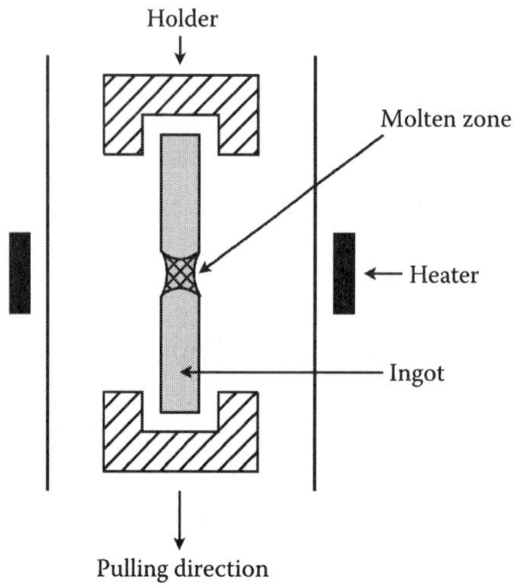

그림 7.27 플로트 존(float zone) 공정. (This diagram originally appeared as Figure 1.10(d), p.17 of *The Physics and Chemistry of Solids*, by S. R. Elliott, ©1998 by John Wiley & Sons Limited. Reproduced with permission.)

기 때문에 초크랄스키(Czochralski) 공정보다 더 순도가 높은 결정을 생산하는 데 유리하다. 기타 원인으로부터 생길 수 있는 오염을 최소화하기 위해 rod와 히터는 불활성(inert) 기체인 아르곤(Ar)이 들어있는 작은 챔버(chamber)에 밀봉된다. 사실, 이 기술은 이미 제작된 결정의 순도를 높이는 데에도 사용할 수 있다. 왜냐하면, 결정 내에서 '고용체(solid solution)를 형성하는 불순물이 모재(host material)가 용융될 때 이 고용체로부터 용해되어 빠져나오기 때문이다(즉, 모재 원자 사이의 본래의 위치로부터 이탈해 나옴). 히터가 결정을 따라 이동하여 올라가면 이에 따라 생성되는 용융 영역(molten zone)도 위쪽으로 이동하면서 동시에 불순물을 함께 빼내어 올라간다. 이렇게 대부분의 불순물을 함유한 결정의 끝부분을 잘라냄으로써 훨씬 더 높은 순도의 결정이 얻어지게 된다.

7.3.2 에피텍셜 성장 방법

7.1절 및 7.2절에서 살펴본 것처럼 대부분의 반도체 소자는 서로 다른 물질(이종구조, heterostructure)의 층이나 또는 동일한 물질이지만 도핑(doping) 수준이 서로 다른 층으로 구성된다. 이와 같은 층상 구조를 만드는 한 가지 방법은 얇은 결정 층을 성장시키는 방법인 에피택시(epitaxy) 또는 '에피택셜 성장(epitaxial growth)'을 이용하는 것입니다. ('epitaxy'라는 용어는 'upon'을 의미하는 그리스어 'epi'와 'arrangement'를 의

미하는 'taxis'에서 유래한다.)

에피택셜 성장 기술에는 여러 가지가 있으며, 그 중 가장 자주 사용되는 세 가지 방법이 아래에 설명되어 있다. 이 세 가지 모든 경우에 있어서, 순서상 나중에 성장키기고자 하는 층이 기판과 동일한 결정 구조를 갖도록 seed 역할을 하는 기판 웨이퍼(substrate wafer)가 있습니다. (이 기판 웨이퍼는 7.3.1절에서 자세히 다룬 공정 중 하나에 의해 제조된 단결정로부터 얇게 절단하여 준비된다.)

이상적으로는, 이종구조(heterostructure)는 격자상수(lattice constant)의 차이가 0.1 % 미만 수준인 만큼의 동일성을 갖는 결정구조의 반도체로 구성되어야 한다. 그러나, 현실적으로는 일부 기술적으로 중요한 이종구조들은 격자상수가 그다지 잘 일치하지 않아 변형(strain)과 전위(dislocation)이 형성된다. 예를 들어, 그림 3.9는 분자빔 에피택시(molecular-beam epitaxy)에 의해 GaAs 기판 상에 성장된 GaSb 필름을 보여준다. 이 경우, 필름과 기판 사이의 격자 불일치로 인해 전위가 형성되어 새로운 원자면(atomic plane)의 성장 부위로 작용하여 그림 3.9와 같은 나선형 구조가 생성된다.

기상 에피택시(Vapour Phase Epitaxy, VPE)

기상 에피택시는 실리콘 소자에 가장 일반적으로 사용되는 에피택시 방법으로서, 원자가 가스(gas)로부터 증착되는 것을 특징으로 한다. 이 공정은 기판을 응고온도(solidification temperature)보다 약간 낮은 온도로 유지시켜주는 히터가 포함된 '증착로(deposition furnace)' 내부에서 진행된다. 이때, 가스의 원자가 기판 표면에 도달하면 흡착(adsorption)된다(즉, 표면에 부착됨). 그런 다음, 3.1.2절에서 보았듯이 원자는 최인접원자(the nearest neighbor)가 있는 위치에서 훨씬 더 쉽게 응축되기 때문에, 원자는 표면을 가로질러 이동하여 아래에 있는 결정구조를 보존할 수 있는 위치를 차지하게 된다. 이와 마찬가지로, 도펀트(dopant)도 역시 증기(vapour) 형태로 결정 내부로 도입될 수 있다.

액상 에피택시(Liquid Phase Epitaxy, LPE)

또한, 에피택셜 층은 용융물로부터도 성장될 수 있는데, 이는 기판을 용융물과 접촉시킴으로써 용융물의 원자가 기판 표면에서 고체화(solidify)하는 것을 특징으로 한다. 이러한 기법을 액상 에피택시(LPE)라고 하며, 장파장 광검출기(photodetector) 및 AlGaAs와 같은 이종접합 다이오드 레이저 등과 같은 소자를 제조하는 데에 사용된다(7.2.3절 및 7.2.4절 참조). 가장 일반적인 액상 에피택시 과정에서는, 기판은 작은 '보트(boat)'에 놓이고 용융물들은 그라파이트(graphite) 재질의 용기에 각각 담긴다. 그런 다음, 기판을 용융물의 표면 아래로 밀어 넣음으로써 에피택셜 성장을 유도하게 되며, 추가로 다른 층을 성장시킬 경우에는 연속적으로 다른 용융물 속으로 밀어넣는다. 기상 에피택시(VPE)의 경우에서와 마찬가지로, 도펀트(dopant)는 액상 에피택시(LPE)를 통해서도 결정 내부로 도입될 수 있다.

분자빔 에피택시(Molecular Beam Epitaxy, MBE)

분자빔 에피택시(MBE)는 매우 정밀한 기법이며, 거의 모든 유형의 반도체를 성장시킬 수 있다. 이 기법은 초 고진공(ultrahigh vacuum, UHV) 조건에서 진행되며, 단 수 개의 원자 두께 정도로 얇은 다층 결정구조를 제작할 수 있을 정도로 정밀하게 화학조성, 도핑 프로파일(profile), 박막층 두께를 제어할 수 있다. 또한, 이 기법은 양자점(quantum dot)을 용이하게 제조하는 데에 사용하며(Box 4.1 참조), 다이오드 레이저의 반도체 층을 증착하는 데에도 자주 사용된다(7.2.3절 참조).

그림 7.28은 여러 개의 뜨거운 원자빔 또는 분자빔들을 가열된 결정질 기판 위로 증착할 수 있는 대표적인 MBE 시스템의 개략도이다. 물론, 단일 빔을 사용해서 단일 종류의 원자 또는 분자를 증착하는 것도 가능하다. 그림에서 볼 수 있듯이, 기판을 회전시키면 생성된 에피택셜 층의 균일성을 개선하는 데에 도움이 된다.

증착하게 될 각 원소들은 별도의 오븐에서 가열되며 이렇게 해서 생성된 증기는 작은 구멍을 통해 오븐에서 빠져나가면서 분자 빔으로 바뀐다. '로드락(load lock)'이라고 부르는 특별한 형태의 입구는 챔버 내부의 초고진공(UHV) 상태를 유지하면서

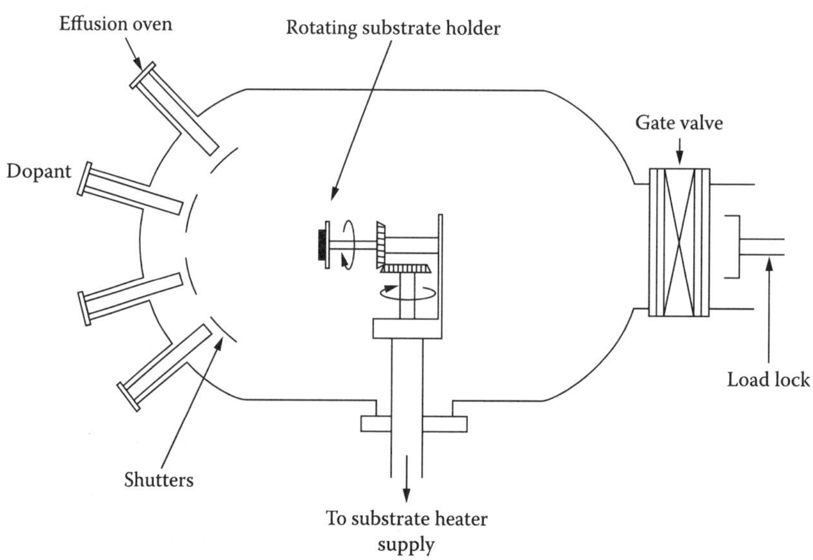

그림 7.28 전형적인 MBE 시스템의 삼출(effusion) 오븐과 기판의 배치.

도 다양한 종류와 구조를 갖는 다목적의 증착 공정을 가능하게 한다. 예를 들어, 한 종류의 도펀드(dopant)를 소자의 특정 층에 추가한 이후 이와는 다른 전기적 특성을 가진 후속 층이 필요할 때에는 다른 도펀트(dopant)로 교체할 수 있다. 도핑 프로파일(profile)은 실리콘 원자 또는 갈륨 원자에 대한 도펀트 빔의 플럭스(flux)를 조정하여 제어할 수 있다.

양자점(quantum dot)—다른 종류의 반도체 물질 내부에 매립되어 있는 또 다른 반도체 원자의 작은 그룹—은 점(dot)으로 통합될 원자의 빔을 모재(host material) 기판 위에 다다르도록 함으로써 만들 수 있다. 일단 기판 표면에 '점(dot)'이 형성되면, 빔을 모재 반도체 원자의 빔으로 변경하여 형성된 점(dot)들 사이의 모든 공간을 채우고 궁극적으로 그 위를 모두 덮는다.

7.3.3 증착

반도체 소자와 집적 회로에는 금속 필름, 다결정 실리콘, 열 산화물(thermal oxide) 및 유전체(dielectric) 층의 네 가지 주요 박막(thin film)들이 모두 또는 일부가 포함될 수 있다. 일반적으로, 이 모든 유형의 박막은 다양한 '증착(deposition)' 기술을 사용하여 생성된다. 이는 말 그대로 박막을 구성하는 원자가 기판이나 바로 이전에 생성된 층 위에 증착된다는 의미이다. 각기 방법은 약간씩 다르지만, 모두 다음에서 설명할 주요 기술을 기반으로 한다.

화학기상증착(Chemical Vapor Deposition, CVD)

이 기술은 기본적으로 7.3.2절에 설명된 기상 에피택시(VPE) 기술과 동일하다. 원료 물질은 가스(gas) 형태이며, 기판 표면에서 반응하여 얇은 층을 형성한다. 화학기상증착(CVD)에 의해 제조된 박막의 품질은 원료의 종류, 기판의 온도, 공정이 이루어지는 튜브 내부의 가스 압력에 따라 달라진다. CVD로 성장시킨 반도체 층은 일반적으로 고온에서는 다결정이고 저온에서는 비정질인 반면, 유전체 층은 비정질이고 금속 층은 다결정인 경향이 있다. 공정 조건을 미세하게 잘 조정하면 VPE 공정을 통해 기판과 동일한 결정구조를 갖는 박막을 제조할 수 있다.

증착하고자 하는 박막에 따라서 서로 다른 증착 속도와 반응 시간이 필요하기때문에 각각의 경우에 알맞게 CVD 방식이 변경될 수 있다. 이러한 변경된 CVD 방식의 대표적인 예로는 플라즈마 강화(plasma enhanced) 혹은 '플라즈마 지원(plasma assisted)' 화학기상증착(PECVD 또는 'PCVD')과 더불어 저압(low-pressure) 화학기상증착(LPCVD)을 들 수 있다. 그림 2.34는 플라즈마 강화 CVD 공정을 사용하여 성장시킨 다결정 다이아몬드 막을 보여준다.

BOX 7.1 면도가 필요 없는 수염 기르기

전자제품 제조기업들이 휴대폰 및 노트북 컴퓨터와 같은 전자제품의 크기를 줄이면서도 점점 더 많은 기능을 부여하려고 시도하면서 더욱 더 작은 전자회로에 대한 필요성이 높아지고 있다. 스웨덴 Lund University의 Lars Samuelson 교수는 이러한 차세대 회로 개발 경쟁의 유력한 경쟁자 중 한명이다. 그의 연구팀은 너비가 200억분의 1미터에 불과한 전선을 사용해서 아주 미세한 전자소자를 제작하고 그 작동 원리를 연구하고 있다.

이처럼 미세하고 작은 전선을 나노와이어(nanowire) 또는 나노위스커(nanowhisker)라고 한다. 이미 여러 해 전 과학자들은 반도체 나노와이어를 성장시킬 수 있었지만, 최근까지는 하나의 와이어 안에 서로 다른 물질을 혼합할 방법이 없었다. 그러나, Samuelson 교수 연구팀은 2002년 초에 서로 다른 반도체 층으로 만들어진 단일 나노와이어를 성장시킬 수 있다는 결과를 동시에 보고한 세 그룹 중 하나였다(Plate 7.1 참

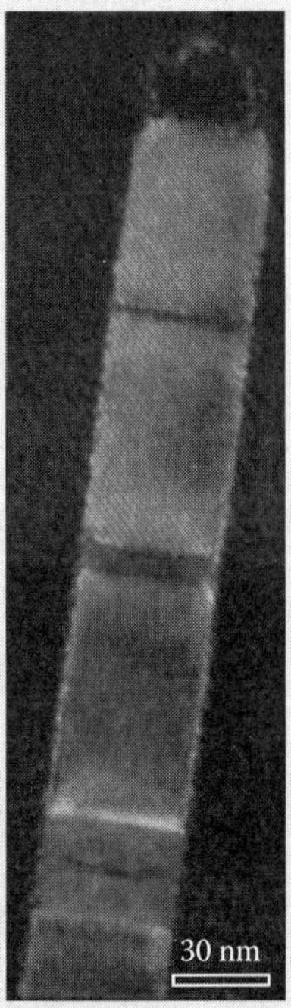

PLATE 7.1 이 투과전자현미경(transmission electron microscope) 이미지는 indium arsenide(옅은 회색 부분)와 indium phosphide(짙은 회색 부분)의 층들로 만들어진 나노와이어(nanowire)를 보여준다. 이 나노와이어의 성장을 유도한 gold(검정색) 원자들이 나노와이어의 끝부분에 있는 것을 볼 수 있다. 새로운 유형의 전자소자나 기존 전자부품을 더욱 더 작게 만드는 기술은 이 나노와이어를 만드는 기술과 동일한 기술로 구현이 가능하다. [Image taken by Torsten Sass and Reine Wallenberg. Courtesy of Lars Samuelson, Lund University, Sweden. Plates 7.1 and 7.2 reprinted(in part) with permission from M. T. Bjork, et al. "One-dimensional Steeplechase for Electrons Realized", Nano Letters, Feb 1, 2002, Vol 2 issue 2. Copyright 2002 American Chemical Society.]

(This box is based on a press release the author wrote for the Institute of Semiconductors in 2002.)

조). 기존의 전자소자는 여러 다른 종류의 반도체 층으로 만들어지기 때문에, 이와 같은 나노와이어 성장 기법의 획기적인 발전은 작은 전자 장치가 궁극적으로 나노와이어로 만들어 질 수 있음을 의미했다.

수 개월 후, 이 스웨덴 과학자들은 이 작업을 한 단계 더 발전시켰다. 그들은 반도체 재료인 비화 인듐(InAs)과 인화 인듐(InP)을 특정 두께의 층으로 결합하여 흔히 많이 사용되는 이중장벽 공진 터널링(double-barrier resonant tunneling) 소자를 제작한 다음 이 소자의 전기적 물성을 조사했다.

Samuelson 교수 연구팀의 나노와이어 소자는 화학빔 에피택시(chemical beam epitaxy)으로 알려진 반도체 소자를 제작하는 표준적 기술을 변형한 기법을 이용하여 만들어졌다. 나노와이어를 성장키실 기판을 초고진공 챔버에 넣고 기판을 가열시킨 다음, 금(gold) 원자를 포함한 크기가 정교하게 제어된 작은 입자를 표면에 위치시킨다. 그런 다음, 나노와이어 형태로 만들어질 반도체 물질을 가스(gas)의 형태로 챔버에 주입하는데, 이때 이 가스는 금 원자와 반응하여 고체 결정구조로 응축되게 된다. 각 가스를 개별적으로 차례로 도입하면 여러 층들이 형성될 수 있으며, 한번에 더 많은 가스가 유입 될수록 해당 층은 더 두꺼워진다.

첫 번째 고체 층은 금 원자와 기판 사이에 형성되는 반면, 이후 생성되는 층들은 마지막으로 성장한 층과 기판 사이에 형성된다. 이는 금 원자가 기판 표면에서 가장 먼 곳에 위치한 나노와이어의 끝에 놓임을 의미한다. 이러한 방식으로 나노와이어를 성장시키면, Plate 7.2에서 볼 수 있듯이, 각 층의 원자가 아래 층의 원자와 완벽하게 정렬되어 이상적인 이종구조(서로 다른 종류의 반도체 층으로 만들어진 복합재료)를 만들 수 있다.

이 기술을 사용하면, 기존 전자소자의 아주 작은 버전을 제조할 수 있을 뿐만 아니라, 완전히 새로운 유형의 소자를 개발할 수 있다. 그 이유는 나노와이어가 너무 작기 때문에 전자가 한쪽 방향으로만 움직이면서 금속과 반도체에서 전류를 형성시키기 때문이다. Samuelson 교수는 첫 나노와이어 소자를 제작한 직후 “일반적으로 모든 이종구조 소자는 전자가 이동할 수 있는 ‘환경’을 설계할 수 있기 때문에 각각의 특정한 기능을 갖는다. 나노와이어 소자의 1차원성(one-dimensionality)은 예를 들어 양자 암호화(quantum cryptography)를 통한 안전한 정보의 전송을 위한 초소형 광원을 만드는 것과 같은 더 많은 흥미로운 기회를 제공한다.”라고 평가했다. 나노와이어 소자는 디스플레이와 태양전지에도 사용될 수 있을 것이다.

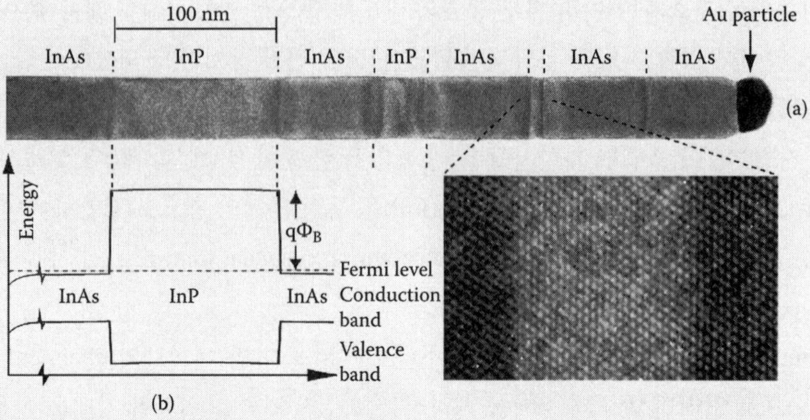

PLATE 7.2 (a)의 투과전자현미경 이미지는 indium arsenide(InAs)와 indium phosphide(InP)의 층들로 만들어진 나노와이어 및 이 나노와이어의 성장을 유도한 끝부분에 달린 gold(Au) 원자들을 보여준다. 오른쪽 아래의 확대 이미지는 InP 한 층을 더 자세히 보여준다. 이 이미지에서 원자들의 규칙적인 배열을 볼 수 있으며, 인접해 있는 다른 영역과의 차이도 뚜렷이 관찰된다. 기존의 성장 기법과 달리, 이 방식은 격자 상수의 차이가 큰 물질들도 결함이나 결정 구조의 변화 없이 샌드위치 구조로 제작되는 것을 가능하게 한다.

그림 (b)는 InAs와 InP의 밴드갭의 폭의 차이를 보여준다. 전도대(conduction band)의 높이가 높은 것은 InP 영역이 나노와이어를 따라 이동하는 것에 대한 전위장벽(potential barrier) 역할을 하고 있음을 의미한다. 고전적인 방식으로는 전자들이 이 장벽을 넘지 못하지만, 장벽을 통해 '터널링(tunneling)' 할 수는 있다. 터널링은 입자가 발견될 확률과 연관이 있는 입자에 대한 파동(wave)이 전위장벽을 가로질러 바깥 영역에까지 퍼져 있을 때 일어나는 양자역학적(quantum mechanical) 현상이다. 따라서, 전자에 대한 파동이 나노와이어를 따라 InP 장벽을 가로질러 존재한다면, 작지만 어떤 유한한 값의 확률로 이 전자가 장벽의 너머에서 발견될 가능성이 있게 된다. (TEM images taken by Torsten Sass and Reine Wallenberg. Courtesy of Lars Samuelson, Lund University, Sweden.)

7.3.4 반도체 도핑

이 장(chapter)의 앞부분(및 6장)에서 우리는 반도체에 요구되는 전기적 특성을 구현해내기 위해서 반도체에 의도적으로 불순물 원자로 도핑(doping)할 수 있다는 사실을 확인했다. 예를 들어, 실리콘(Si)에 붕소(B)를 첨가하면 p-형 반도체가 되고, 갈륨비소(GaAs)에 셀레늄(Se)을 도핑하면 n-형 반도체가 된다. 앞선 절에서 우리는 MBE 공정 중에 도펀트(dopant)를 추가할 수 있음을 배웠다. 이 외에도, 도펀트를 결정 용융물(crystal melt)에 직접 도입하거나, VPE 공정을 통해서 실리콘 층을 생성하는 사염화규소(silicon tetrachloride, $SiCl_4$) 가스의 형태로 추가할 수도 있음을 확인했다.

흥미롭게도, 동일한 도펀트 원자일지라도 도핑 과정에 사용되는 에피택시 공정의 종류에 따라 다르게 거동할(behave) 수 있다. 예를 들어, VPE를 통한 GaAs의 성장의 경우, 증착 된 GaAs층은 As이 과압(overpressure) 상태로 공급되지 않는 한 해리(dissociate)된다(이온으로 분해됨). 즉, 이는 GaAs 성장 과정 중에 더 많은 As가 존재하기 때문에 Ga의 공공(vacancy)이 형성됨을 의미한다. 이러한 상황에서, 만약 Si이 도펀트인 경우라면, Si 원자는 Ga의 공공(vacancy) 위치로 이동하게 되는데, 이때 Si은 Ga보다 전자가 하나 더 많기 때문에 도너(donor) 역할을 한다.

MBE를 통한 GaAs의 성장의 경우에도 위와 동일한 상황이 적용된다. VPE 공정과 마찬가지로, GaAs의 성장 과정에는 과량의 As가 필요하기 때문에 Ga 원자에 비해 As 원자의 플럭스(flux)가 더 크다. 따라서, Ga의 공공(vacancy)이 형성되고 Si 원자가 이 Ga의 공공(vacancy)의 자리로 이동하여 도너(donor) 역할을 한다.

이와는 대조적으로, LPE를 통한 GaAs의 성장과정에서는 GaAs 성장을 위한 물질이 Ga 용융물에 용해되며, 이렇게 과량의 Ga이 존재하는 조건에서는 As의 공공(vacancy)이 형성된다. 이 경우, 도펀트 Si 원자는 As 공공의 위치로 들어가기 때문에 억셉터(acceptor) 역할을 하게 된다. (이러한 방법에 의해 생성된 과잉의 Ga 및 As 공공은 안정적이지 않으므로 최종 에피택셜 층에 포함되지 않는다.) 그림 6.24를 다시 참조해 보면, 도너(donor) 역할을 하는 실리콘(가장 높은 Si 에너지 레벨)과 억셉터(acceptor) 역할을 하는 실리콘이 각기 다른 에너지 레벨을 갖는다는 것을 알 수 있다.

비록 앞서 설명한 방법들이 도펀트(dopant)를 도입하는 데에 유용하게 사용될 수는 있지만, 도펀트를 전자소자에 필요한 수준으로 정밀하게 제어된 양만큼 만을 도입하는 데에는 일반적으로 다음에서 설명할 방법 중 하나를 사용한다.

확산(Diffusion)

진성(intrinsic) 반도체를 도펀트(dopant) 원자의 가스(gas) 내에서 가열하게 되면 도펀트 원자가 반도체 내부로 확산해서 들어갈 수 있다. 확산(diffusion)은 반도체 표면에 도펀트 원자가 응축된 후부터 시작됩니다. 반도체 내부로 확산해 들어가는 원자의 수와 확산하는 깊이는 반도체 시편 내부의 온도와 농도구배(concentration gradient)에 따라 다르다. 반도체로의 확산이 일어나려면 고온 이 필요한데, 도입하고자 하는 불순물

(impurity)의 종류에 따라 고온의 조건은 다르다(Si의 경우 약 800°C~1200°C, GaAs의 경우 약 600°C~1000°C 범위).

뿐만 아니라, 농도구배가 존재하면—이 경우, 확산 과정이 시작됨에 따라 진성 반도체(intrinsic semiconductor) 깊은 내부보다는 표면 바로 아래에서 도펀트의 농도가 더 높을 것이다—도펀트 농도가 높은 영역에서 적은 영역으로 확산이 일어난다. 이러한 유형의 확산은 도펀트 원자의 농도가 균일해지거나 또는 온도를 낮추면 중지된다.

이온 주입(Ion Implantation)

이 기법은 반도체 표면에 고에너지의 이온화 된 도펀트 원자를 발사하여 반도체 내부에 강제로 주입하는 방법이다. 불순물이 주입되는 깊이는 도펀트 이온을 가속화하는 데에 사용되는 전위(electric potential)에 비례하기 때문에 매우 정확하게 제어된다. 이온 주입 과정 중, 가속된 도펀트 이온의 에너지는 격자 원자가 침입형(interstitial) 위치로 이동될 수 있을 만큼 충분히 높기 때문에(3.1.1절 참조), 일반적으로 이 공정에는 열 어닐링(thermal annealing) 처리가 필요하다(4.2.2절 참조). 이 경우, 어닐링은 격자 원자가 원래의 위치로 돌아갈 수 있도록 충분한 에너지를 제공해서 격자의 손상을 제거한다.

7.3.5 미세전자기계시스템(MEMS)

반도체 소자를 만드는 데 사용되는 많은 공정(증착 및 이온 주입 포함)들은 MEMS (microelectromechanical systems)를 제조하는 데에도 이용된다. MEMS는 실리콘 기판 기반의 전자 소자와 통합된 형태의 아주 작은 기계적 부품이다(그림 7.29 참조). MEMS의 구성 요소에는 온도 센서, 모터, 기어 등이 있으며 다양한 용도로 사용될 수 있다.

이 책을 집필하는 시점에서 MEMS의 가장 일반적인 용도 중 하나로 차량용 에어백(air bag)에 장착된 급작스런 감속을 감지하는 감지시스템을 들 수 이다. 각각의 개별 센서는 서로 수직한 두 방향으로의 감속을 감지할 수 있는 평평한 형태의 회로이며, 상하, 좌우, 전후의 감속을 모두 감지 할 수 있도록 각 에어백 내에는 일반적으로 2개의 센서가 서로 직각으로 장착되어 있다.

그림 7.29 사진의 MEMS 마이크로칩은 2002년 미국 Sandia National Laboratory 에서 제작된 것이다. 이 MEMS는 여러 개의 구동축을 동시에 회전시킬 수 있게 설계된 것인데, 체인의 연결고리 사이의 길이는 약 50 μm(사람 머리카락의 두께의 약 70% 정도) 밖에 되지 않는다. (© Sandia National Laboratory.)

7.4 유전체

7.4.1 유전체 개론

2003년 8월 뉴욕, 디트로이트, 토론토, 오타와, 런던에서 발생했던 대정전을 겪었던 사람이라면 누구든지 정전은 매우 큰 혼란을 야기한다고 증언할 수 있을 것이다. 여러 가지 원인이 있을 수 있지만 정전을 일으킬 수 있는 문제의 하나로 전력케이블의 노선을 둘러싸고 있는 플라스틱 절연체의 파손을 들 수 있다.

물론, 절연(insulation)은 필수적이다. 절연체(insulator)가 없으면 우리는 전기 케이블이 전달하는 유해한 전류—전기 그리드(grid)의 거대한 전력선에서 주전자와 텔레비젼과 같은 가정용 기기에 전기를 공급하는 훨씬 더 작은 전선에 이르기까지—로부터 보호받지 못할 것이다. 다른 한편, 반도체 소자와 집적회로의 경우 전도 채널(channel) 사이에 위치하여 서로 접촉하는 것을 막아 단락(short-circuit)을 방지하는 절연 물질이 없다면 무용지물이 될 것이다. 이외에도 많은 소자들에는 전도 층 사이에 전기적 절연을 제공하는 유전체(dielectric) 층이 포함되어 있다. 뿐만 아니라, 유전체는 도핑(7.3.4절 참조) 및 패시베이션(passivation) 공정에 사용되는 마스크(mask)로서도 사용된다. 패시베이션(passivation)은 전자 부품 및 회로를 습기, 스크래치 및 불순물로부터 보호하는 역할을 하는 보호막이다. 예를 들어, 대부분의 실리콘 칩의 표면은

silicon dioxide(SiO_2) 또는 silicon nitride(SiN) 층으로 덮여있어 습한 공기와 같은 유해한 환경 조건으로부터 칩을 보호하는 데 도움이 된다.

물리학자들은 종종 절연체(insulator)를 '유전체(dielectric)'라고 부르지만, 엄밀히 말하면 사실 유전체는 전기장(electric field)이 있을 때 '분극이 되는(polarized)' 절연체이다. 이는, 원자가 전기쌍극자(electric dipole)를 얻거나(2.1.5절 참조), 혹은 이미 전기쌍극자를 가지고 있는 경우 전기장에 대해 정렬(align)하는 것을 의미한다. 고체가 분극 될 수 있는 다양한 방식을 살펴보기 전에, 우선 전기 쌍극자(electric dipole)에 대해 자세히 살펴볼 것이다.

전기쌍극자(Electric Dipoles)

전도체와 반도체는 이동하는 전기 전하(moving electric charge)에 의해 작동하지만, 유전체의 전기적 특성은 정전기 전하(static electric charge)에 의존한다. 유전체가 전기장에 놓여 있을 때는, 그림 7.30에서 보는 바와 같이 양전하의 핵과 음전하의 전자는 서로에 대해 상대적으로 이동함으로써 각 원자가 전기쌍극자 모멘트(moment)를 갖게 만든다. Van der Waals 결합을 다루었던 2장에서 살펴보았듯이, 모든 쌍극자는 크기가 같으나 서로 다른 부호의 전하를 갖는 전하가 아주 짧은 거리를 두고 분리되어 있는 형태로 구성된다.

그림 7.30(c)에서 나타나 있는 것처럼, 전기쌍극자 모멘트 **p**는 음전하에서 양전하를 가리키는 방향을 갖는 벡터(vector)이며, 두 전기 전하 중 하나와 두 전하 사이의 거리의 곱으로 정의됩니다. 즉,

$$\mathbf{p} = q\,\mathbf{s} \tag{7.1}$$

이며, 여기서 q는 전기 전하이고 **s**는 두 전하 사이의 거리이다. (**p**의 SI 단위는 coulomb meter, C m이다.)

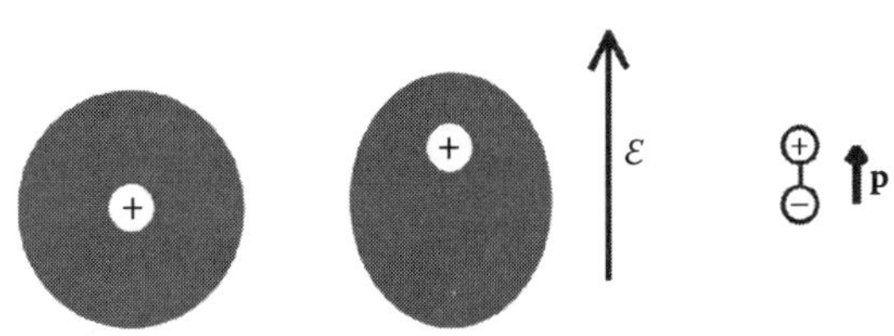

그림 7.30 원자가 외부 전기장에 놓이게 되면, (b)에서 보는 것처럼 음의 전하를 띠는 전자 구름이 양의 전하를 띠는 핵으로부터 움직이게 된다. 이와 대조적으로, (a)는 전기장이 없을 때의 전자와 핵의 상대적인 위치를 보여준다. 그림에서는 상황을 보다 명확히 나타내기 위해 과장하여 표현하였지만, 실제로는 이러한 움직임의 정도는 매우 작다. (c)에서, 벡터 **p**는 전기쌍극자(electric dipole)를 나타낸다.

예제 7.4 쌍극자 모멘트

전하의 크기가 각각 +3 pC 및 −3 pC이며 서로 5 nm 떨어져 있는 두 점전하의 쌍으로 이루어진 쌍극자의 모멘트는 얼마인가?

정답

쌍극자 모멘트는 $\mathbf{p} = q\,\mathbf{s}$로 정의되며, 여기서 q는 전하의 크기이고 $\mathbf{s}$는 두 전하 사이의 거리이므로, 따라서

$$\mathbf{p} = 3 \times 10^{-15} \times 5 \times 10^{-9} = 1.5 \times 10^{-23}\ \text{C m}$$

이다.

현실에서는 쌍극자 모멘트는 이보다 훨씬 작을 수 있다. 예를 들어, 물 분자의 쌍극자 모멘트는 6.2×10^{-50} C m인데, 이것은 상대적으로 큰 편에 속한다. 많은 사람들이 이러한 물 분자의 전기 쌍극자 모멘트를 정기적으로 이용한다. 왜냐하면, 바로 전자레인지(microwave oven) 안에서 이러한 물 분자의 쌍극자 모멘트가 전기장에 의해 진동하여 음식이 데워지기 때문이다(그림 7.31 참조).

그림 7.31 전자레인지(microwave oven) 내의 빠르게 진동하는 전기장에 의해 발생되는 마이크로파는 그것이 투과하는 모든 대상에 영향을 준다. 모든 음식은 물을 포함하며, 물 분자의 전기쌍극자는 외부 전기장에 따라 항상 정렬하려고 할 것이다. 따라서, 물 분자는 진동하는 마이크로파의 전기장에 정렬하기 위해 초당 10^9번 가량 방향을 바꾸면서 진동하게 된다. 이렇게 진동하는 물 분자에 의해 생성되는 열은 음식 전체에 걸쳐 전도되어 궁극적으로 음식을 데운다.

분극(Polarization)

유전체의 경우, 분극(polarization) **P**는 단위 부피당 쌍극자 모멘트이며, 모든 쌍극자가 동일하다고 가정하면 다음과 같이 계산된다.

$$\mathbf{P} = n\,\mathbf{p} \tag{7.2}$$

위의 식에서, n은 유전체 재료의 단위 부피당 존재하는 원자의 개수이다.

분극이 일어나는 방식에는 전자 분극(electronic polarization), 이온 분극(ionic polarization), 및 배향 분극(orientation polarization)의 세 가지 방식이 있다.

전자 분극(electronic polarization)의 과정은 그림 7.30에 나타나 있다. 전기장이 없을 때에는, 개별 원자의 전자와 핵이 전기쌍극자 모멘트가 없는 형태를 유지한다. 그러나, 전기장이 가해지게 되면 원자의 전자 구름(cloud)은 전기장에 의해 왜곡되면서 핵을 기준으로 이동하여 그림 7.30(b)와 같이 쌍극자 모멘트를 갖게 된다. 전자 분극은 전기장에 있는 조건에서 모든 유형의 유전체 재료에서 발생한다.

반면, 이온 분극(ionic polarization)은 이온성 재료—즉, 전기적 중성의 원자 대신 이온으로 구성된 물질—에서만 일어날 수 있다. 이온성 재료(이온성 고체 포함)가 전기장에 놓이면 음전하를 띠는 음이온(anion)이 전기장 방향의 반대 방향으로 이동한다. 한편, 양전하를 띠는 양이온(cation)은 전기장 방향으로 이동하므로 음이온과는 반대 방향으로 이동한다. 이러한 이온들의 위치 이동의 결과, 그림 7.32에 나타나 있는 것처럼 각각의 이온 쌍(pair)들이 쌍극자 쌍(pair)들로 바뀌면서 이온성 고체를 분극시킨다.

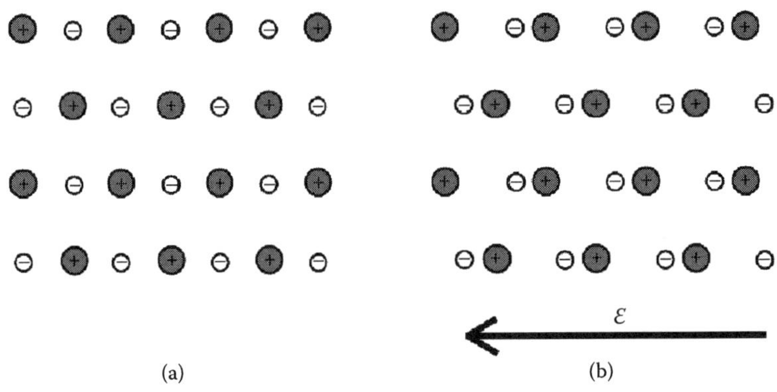

그림 7.32 전기장이 없는 상황에서는 이온성 고체의 이온들은 서로의 전하를 상쇄하도록 배열해 있으며, 그 결과 (a)에서 보는 것과 같이 전기적으로 중성인 고체가 된다. 그러나, 이온성 고체가 전기장에 놓이게 되면, 음의 전하를 띠는 음이온들이 전기장의 양극 영역을 향해 이동하고, 반대로 양이온들은 음극쪽으로 이동하게 되어 (b)에서 보는 것과 같이 쌍극자들이 생성된다.

세 번째 유형의 분극인 배향 분극(orientation polarization)은 전하의 비대칭성으로 인한 영구 쌍극자(permanent dipole) 모멘트를 갖는 이른바 '극성 분자(polar molecule)'로 이루어진 물질에서 발생한다. 다시 말해, 분자의 양전하와 음전하의 중심이 분리되어 전하의 분포를 이룬다.

원자 수준에서 영구 쌍극자 모멘트를 갖는 유전체에는 PVC[폴리염화비닐(polyvinyl chloride)], 비정질 고분자(polymer) 및 일부 세라믹이 포함된다. 이러한 고체들이 전기장에 놓이게 되면 쌍극자 모멘트가 전기장 방향으로 정렬되는 경향이 있으며, 각 쌍극자의 양전하 부분의 끝이 전기장의 음의 영역을 향하게 된다. 그 결과, 이들 유전체는 전체적으로 쌍극자 모멘트를 가지게 되면서 분극화된다. [실제로는 쌍극자가 회전하여 전기장과 정렬하려는 이러한 경향성에 대해, 온도에 의한 무작위화 효과(randomizing effect)가 상쇄작용을 일으키므로 쌍극자 정렬되는 정도는 고전적인 볼츠만 분포(Boltzmann distribution)에 의해 결정된다. 이러한 고전 통계역학에 대한 내용은 부록 E의 E2절에서 다루고 있다.]

전기장이 없으면, 각 쌍극자는 이웃하는 쌍극자에 대해 무작위적으로 배향하면서 서로 상쇄되므로, 고체 전체로서의 쌍극자 모멘트는 없다. 그림 7.33은 전기장의 존재 유무에 따른 영구 쌍극자 모멘트를 갖는 고체의 쌍극자를 나타낸다.

앞서 살펴본 바와 같이, 전자 분극(electronic polarization)은 전기장이 있을 때 모든 유형의 유전 재료에서 발생한다. 한편, 어떤 유전 재료는 전자 분극만을 나타내는 반면, 다른 어떤 유전 재료들은 추가로 이온 분극과 배향 분극이 모두 발생하거나 둘 중 하나만 추가로 더 발생하기도 한다. 이러한 모든 경우를 고려할 때, 각각의 분극 기구(mechanism)에 의한 기여(contribution)는 다음과 같이 합산된다:

$$P = P_e + P_i + P_o \tag{7.3}$$

여기서, P는 총 분극, P_e는 전자 분극, P_i는 이온 분극, 그리고 P_o는 배향 분극이다.

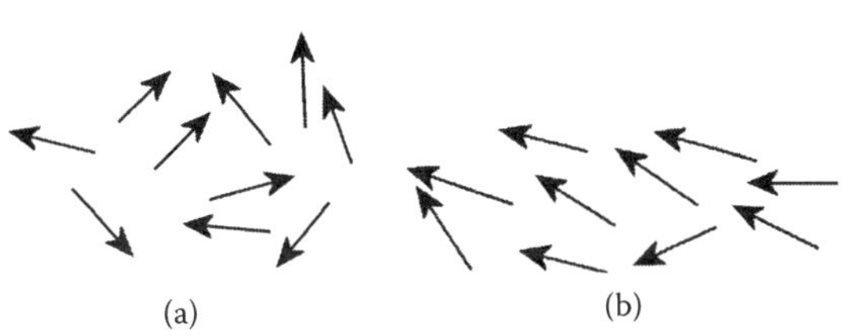

그림 7.33 전기장이 없으면, 영구(permanent) 쌍극자 모멘트를 갖는 고체는 전체적으로 전기적 중성을 띠는데, 그 이유는 (a)에서 보는 것처럼 이들 쌍극자들이 무작위적으로 배열하기 때문이다. 반면, 이 고체에 전기장이 가해지면, 쌍극자들은 전기장과 정렬하게 되고 따라서 (b)에서 보는 것처럼 순(net) 쌍극자 모멘트를 얻게 된다.

어떤 경우, 분극은 국부적으로 발생할 수도 있다. 예를 들어, 분극성 표면의 경우, 이 표면을 이루는 원자 또는 분자가 인접한 다른 원자 또는 분자의 쌍극자에 의해 일시적 쌍극자를 갖도록 유도될(induced) 수 있다. 이러한 표면은 반 데르 발스 힘(van der Waals force)을 통해 원자와 분자를 끌어 당기는 경향이 있다. Gecko 도마뱀이 천장에 메달릴 수 있게 하는 것은 바로 이러한 정전기적 인력(electrostatic attraction)때문이다(Box 2.1 참조).

예제 7.5 분극

다이아몬드 결정의 총 분극(polarization)에 기여하는 분극은 어떤 유형인가?

정답

전자 분극(electronic polarization)이 유일하게 기여한다. 왜냐하면, 다이아몬드(그림 2.25)는 이온성고체도 아닐뿐더러, 영구쌍극자(permanent dipole)를 갖는 고체도 아니기 때문이다.

7.4.2 강유전성

일부 유전 재료는 특정 임계온도(critical temperature) 이하에서 전기장을 가하지 않더라도 전기 쌍극자 모멘트를 갖는데, 이러한 물질을 강유전체(ferroelectric)라고 한다. 이들 강유전체는 퀴리 온도(Curie temperature)라고 일컫는 임계온도 이상으로 온도가 높아지면 외부 전기장이 가해지지 않는 한 전기 쌍극자를 잃게 된다. 다시 말해서, 이들 재료는 퀴리 온도 이하에서는 강유전체인 반면, 퀴리 온도 이상에서는 일반적인 유전체이다. 몇몇 강유전체 재료에 대한 퀴리 온도를 표 7.1에 정리하였다.

표 7.1 강유전 결정의 퀴리 온도

Ferroelectric Crystal	T_c (K)
Potassium dihydrogen phosphate (KH_2PO_4)	123
Barium titanate ($BaTiO_3$)	408
Potassium niobate ($KNbO_3$)	708
Lithium niobate ($LiNbO_3$)	1480

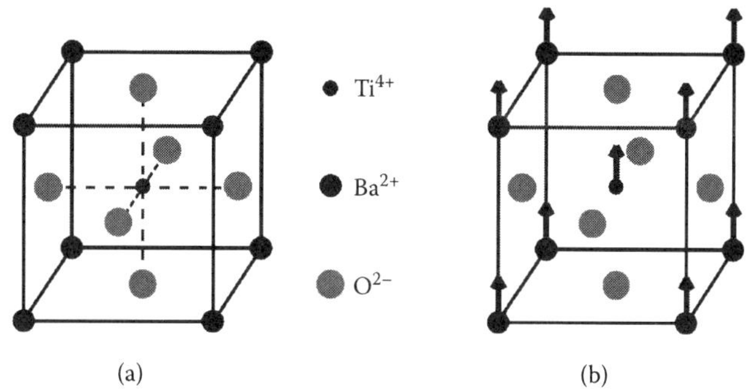

그림 7.34 (a) 퀴리 온도(Curie temperature) 이상 및 (b) 이하 조건에서의 강유전(ferroelectric) 결정 barium titanate 의 구조.

어떤 결정이 강유전성 상태에 있을 때, 격자 이온은 실제로 정상 위치에서 약간 이동하여 결정 내의 전하들이 더 이상 서로 상쇄되지 않게 되며, 그 결과 고체가 쌍극자 모멘트를 가지게 된다. 그림 7.34는 퀴리 온도 이하에서 강유전성 물질인 티탄산 바륨(barium titanate)의 결정 구조가 어떻게 변하는지 보여준다.

그림 7.34에서 볼 수 있듯이, 퀴리 온도 이하에서는 Ti^{4+}와 Ba^{2+}이온—각각 단위 정(unit cell)의 중앙과 모서리에 있는—이 c-축의 위쪽 방향으로 이동한다. 이와 동시에, O^{2-} 이온도 약간 아래로 이동한다. 이러한 이온들의 이동으로 인해 단위 정(unit cell)이 c-축 방향으로 약간 늘어난다. 따라서, 티탄산 바륨(barium titanate)은 퀴리 온도 이상에서는 입방(cubic) 구조를 가지지는 반면, 퀴리 온도 이하에서는 정방(tetragonal) 구조를 갖는다(결정 구조에 대한 자세한 내용은 2.2절을 참조). 다이어그램에 표시된 것과 반대되는 움직임이 발생할 수도 있다. 즉, 재료가 퀴리 온도보다 낮을 때 Ti^{4+} 및 Ba^{2+} 이온은 아래쪽으로 이동하고 O^{2-} 이온은 약간 위쪽으로 이동할 수 있다. 또는 나머지 4개의 큐브 가장자리 방향 중 하나를 따라 이동할 수 있습니다. 그러나 6개의 가능한 방향 중 이온이 이동하는 방향에 관계없이 이온 쌍극자 모멘트가 생성됩니다. 그림 7.34에 나타나 있는 것과 반대되는 이동이 일어날 수도 있다. 즉, 퀴리 온도 이하에서 Ti^{4+} 및 Ba^{2+} 이온은 아래쪽으로, 그리고 O^{2-} 이온은 약간 위쪽으로 이동할 수 있다. 또는, 나머지 네 개의 입방 모서리(cube-edge) 방향으로 이온들의 이동이 일어날 수도 있다. 여섯 개의 가능한 방향 중 어떠한 방향으로 이온이 이동하더라도 이온 쌍극자 모멘트가 생성된다.

강유전 분역(Ferroelectric Domains)

물론, 티탄산 바륨(barium titanate)의 결정은 단위 정(unit cell) 하나에 포함된 원자보다 훨씬 더 많은 원자들로 이루어져 있으며, 추가적인 외부 전기장의 영향이 없을 때에는 같은 방향으로 분극된 단위 정들이 모여있는 영역이 발견되는데, 이 영역을 **분역**(domain)이라고 한다. 일반적으로 인접한 단위 정(unit cell)은 동일한 분극을 갖는데, 이는 단위 정의 일부 원자—즉, 모서리와 면 중앙에 있는 원자—가 인접한 단위 정과 공유되므로 하나의 정(cell)에서의 원자의 움직임이 주변의 정(cell)으로 연쇄적인 영향(knock-on effect)을 미치기 때문이다.

인접한 분역(domain)은 모든 정방-모서리(cube-edge) 방향으로의 분극을 가질 수 있다. 예를 들어, 어떤 결정 내의 서로 인접한 분역들이 서로 반대 방향으로 분극되어 있고, 이렇게 각기 반대 방향으로 분극된 분역의 총 부피가 서로 같다면, 이 결정의 순(net) 분극은 0이다. 그러나, 외부 전기장이 가해지면 상황이 바뀐다.

전기장이 가해지면, 이미 전기장에 평행하게(또는 거의 평행하게) 정렬된 분역들이 다른 방향을 향하고 있는 분역들을 도메인을 희생시키면서 더 확장된다. 전기장의 세기가 증가함에 따라 이러한 평행한 분역들은 궁극적으로 결정의 모든 쌍극자 모멘트가 전기장과 평행하게 정렬될 때까지 점점 더 확장된다. 이렇게 성장하는 분역은 결정을 식각(etching)—화학물질로 표면 일부를 제거하는 작업—함으로써 관찰할 수 있다.

이력 현상(Hysteresis)

결정에 가해진 전기장의 세기가 증가하면 그에 따라 결정의 전체 분극이 확실히 증가하는 것은 맞지만(결정이 완전히 분극되어 더 이상 분극될 수 없을 때까지), 이러한 분극의 증가는 전기장의 세기에 단순히 비례하지는 않는다. 그 대신에, 강유전성 재료에 대해 전기장 $\boldsymbol{\varepsilon}$와 분극 $\boldsymbol{P}$ 사이의 관계를 그래프로 표시하면 그림 7.35와 같이 이른바 이력 곡선(hysteresis loop)이 나타난다.

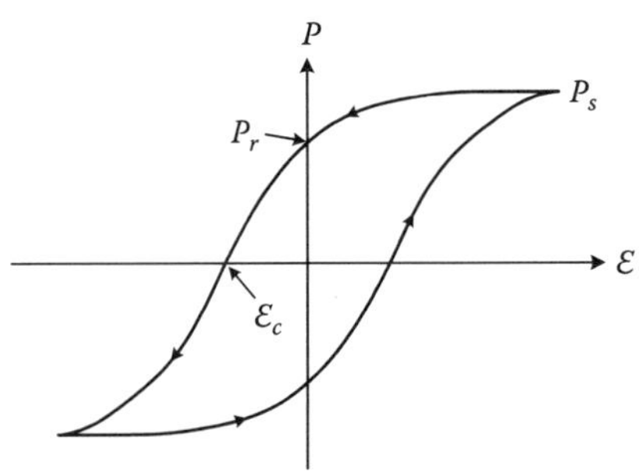

그림 7.35 강유전(ferroelectric) 재료의 이력 곡선(hysteresis curve).

포화 분극(saturation polarization)이라고 일컫는 P_s 지점에서는, 강유전체의 모든 쌍극자는 전기장과 정렬된다. 이때, 전기장이 제거되면, 분극의 일부를 잃게 되며 잔류 분극(remanent polarization)이라고 일컫는 P_r로 약간 감소한다. 이 잔류 분극은 애초에 결정을 분극시킨 방향과 반대의 방향으로 전기장을 가하지 않는 한 유지된다. 다시 말해서, P_r은 전기장의 방향을 반전시킴으로써만 제거할 수 있다. '항전기장(coercive field)'이라고 일컫는 전기장의 값 $\boldsymbol{\varepsilon}_c$에서 분극은 완전히 제거된다. 그러나, 반대 방향으로의 전기장을 계속 가하면 쌍극자들이 새로운 전기장의 방향을 향하게 되며, 결국 P_s 지점에서 가리켰던 방향과 반대 방향으로 정렬된다. 이와 마찬가지로, 나머지 이력 곡선 부분도 이해할 수 있을 것이다. 즉, 전기장의 방향을 다시 반전시킴에 따라 쌍극자들이 다시 반대 방향으로 되돌아 갈 것이다. 이력 곡선(hysteresis loop) 내의 영역의 넓이는 전체 이력 주기(cycle) 동안 소멸되는(dissipated) 에너지에 비례한다. 이와 같은 과정은, 강자성(ferromagnetic) 재료에서 나타나는 이력 현상과 유사한데, 이에 대해서는 8.2.3절에서 논의한다.

축전기(Capacitor)

축전기(capacitor)는 두 개의 전도 판(conducting plate)이 유전체(dielectric)을 사이에 두고 분리된 형태로 구성된다. 전도 판을 배터리에 연결하고 그 사이에 공기 틈새(air gap)를 남겨두면, 전도 판에 저장된 전하가 배터리가 꺼져 있어도 그대로 유지된다. 공기도 유전체 역할을 하긴 하지만, 전도 판 사이에 다른 유전체 재료를 삽입하게 되면 정전용량(capacitance)이 향상된다. 이는 전도 판의 전하로 인해 발생하는 전기장이 삽입된 유전체의 전자 분극을 일으켜서, 그 결과 정전용량(capacitance)이라고 일컫는 저장된 전하의 양을 증가시키기 때문이다.

유전체 재료의 유전상수(dielectric constant) 값이 높을수록, 그 재료가 축전기의 전도 판 사이에 삽입 될 경우 만들어 낼 수 있는 정전용량(capacitance)가 커진다. 따라서, 축전기는 종종 강유전체를 이용하는데, 그 이유는 강유전체가 교류 전기장(alternating electric field)이 가해질 때 다른 유전체 재료보다 1000배 더 높은 유전상수를 가질 수 있기 때문이다. 예를 들어, 실리콘(silicon)의 유전상수는 12 정도임에 반해, 상온에서 티탄산 바륨(barium titanate)의 유전상수는 5000으로 매우 크다. 이렇듯, 전하 저장 능력이 매우 큰 이유 때문에 강유전체를 사용하는 축전기는 다른 유전체 재료를 사용하는 축전기보다 훨씬 작게 만들 수 있다.

7.4.3 압전성

모든 강유전체(ferroelectric)는 동시에 또한 압전체(piezoelectric)이다. 압전체는 응력을 받으면 표면에 쌍극자 모멘트가 형성되며, 그 반대쪽 표면이 반대의 전하로 대전된다(그림 7.36 참조). 또한, 압전체가 받는 전기장을 변화시키면 분극(polarization)에 영향을 미칠 뿐만 아니라 변형(strain)도 유발된다. 작은 응력 값에 대해서는 적용된 응력과 분극 사이에 선형(linear) 관계가 있다.

모든 강유전성 재료는 압전체이지만, 역으로 모든 압전체가 다 강유전체는 아니다. 석영(quartz)이 좋은 예이다. 석영의 가장 잘 알려진 응용 분야 중 하나는 시계인데, 석영은 시계의 진동자(oscillator) 역할을 한다. 모든 시계에는 정확한 시간을 표시하는 데에 도움이 되는 규칙적인 진동을 생성하는 진동자가 반드시 있어야 한다. 석영의 경우, 전기장이 가해지면 진동이 시작된다. 석영을 적절한 회로에 장착하면, 진동에 의해 생성된 전기가 석영 결정으로 다시 공급되어 진동이 무한히 계속된다.

압전 재료의 다른 응용 분야는 스트레인 게이지(strain gauge)—게이지에 부착된 압전 결정에 의해 생성된 전기의 양으로부터 변형률을 측정함(그림 7.37 참조)—에서부터 스포츠 장비의 진동을 감쇠하는 것까지 다양하다. 테니스 선수 및 스키 선수는 압전 기술의 혜택을 받은 최초의 사람들 중 하나이다. 테니스의 경우, 공이 닿는 라켓의 충격과 진동이 선수의 몸으로 전달되면서 선수의 팔에 많은 스트레스가 가해진다. 이 효과를 막기 위해, 압전 섬유를 라켓 손잡이에 삽입할 수 있다. 그러면 선수가 공을 서브하거나 되받아 칠 때, 이 압전 섬유가 라켓 프레임과 함께 구부러진다. 이때, 섬유에 가해지는 스트레스로 인해 전기 전하가 생성되어 작은 회로로 들어가는데, 이 회로는 전류를 다시 섬유로 돌려보내게 된다. 이때 이 전류는 역위상(out of phase)으로 되돌려 보내지며 따라서 섬유가 진동할 때 그 움직임이 라켓의 진동을 상쇄적으로 간섭(destructively interfere)하여 선수가 느끼는 전체적인 진동 수준을 감소시킨다.

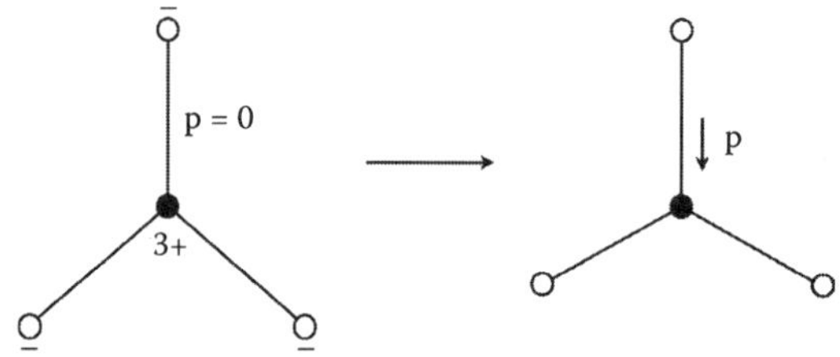

그림 7.36 일축 방향으로의 변형(strain)에 의해 분자가 쌍극자 모멘트를 얻는 과정. (This diagram originally appreared as Figure 9.13, p.276 of *Solid State Physics, 2nd edition*, by J. R. Hook and H. E. Hall, © 1991 by John Wiley & Sons Limited. Reproduced with permission.)

그림 7.37 사진의 탄소 섬유 날개는 2001년 NASA의 한 실험에서 사용되었는데, 이 실험에서는 날개가 구조적인 파손을 겪을 때까지 의도적으로 가혹하게 비행에 사용되었다. 표면에 부착된 압전 변형 엑츄에이터(piezoelectric strain actuator)는 높은 속도의 고도 조건에서의 일련의 비행 과정 도중 날개에 가해진 변형을 측정하는 데 사용되었다. (NASA image, taken by Tony Landis.)

압전 섬유가 디자인적 요소로 통합된 스키는 앞서 살펴본 것과 동일한 방식으로 작동할 수 있다. 압전 섬유의 팽창과 수축은 눈 위의 작은 요철 위를 고속으로 움직이는 딱딱한 스키로 인한 진동을 줄여준다. 또 다르게는, 진동하는 압전 섬유에 의해 생성된 전류는 저항을 통해 흘러 나갈 수 있습니다.

압전성(piezoelectricity)은 의학에서도 중요하다. 예를 들어, 압전 결정은 태아를 스캔하는 데 사용되는 초음파를 만들어낼 수 있다. 이 기술은 레이더와 유사하지만(그림 7.38 참조), 레이더의 경우 물체가 얼마나 멀리 떨어져 있는지 확인하기 위해 전파(radio wave)를 내보낸 시점과 물체에서 반사되어 돌아온 시점 사이에 걸린 시간 측정하는 반면, 초음파는 초음파 주파수(일반적으로 1-15 MHz 범위)를 갖는 소리의 펄스(pulse)를 이용하여 이미지를 만들어 낸다.

소나(sonar) 시스템의 송신기/수신기에도 또한 압전 세라믹이 포함되어 있다. 수중에 있는 물체의 깊이를 감지하기 위해 송신기/수신기를 물 속에 놓고 전기 신호를 가한다. 이 전기적 신호에 의해 압전 결정에서 발생되는 진동은 고주파 진동의 형태로 물을 통해 전달된다. 수중에 있거나 또는 및 이 진동의 경로 상에 있는 모든 물체는 진동이 발생한 근원을 향해 진동을 반사시킨다. 이 때에는, 압전 재료는 탐지기 역할을 하여 반사된 진동을 전기 신호로 변환한다. 진동을 반사시키는 물체의 깊이는 방출된 진동

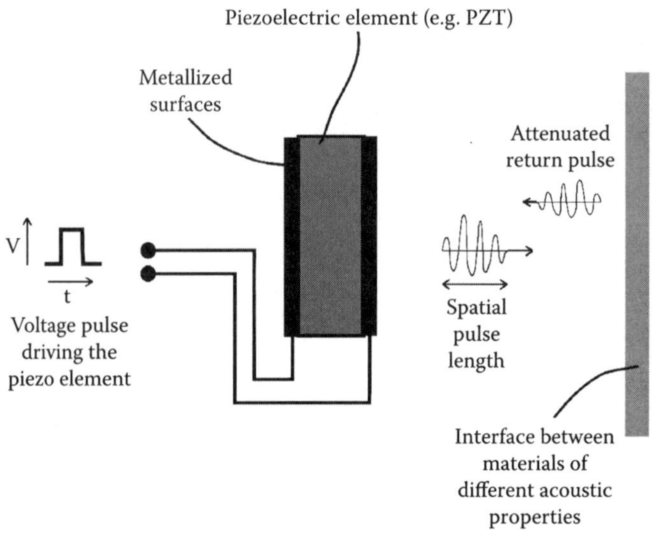

그림 7.38 초음파 탐지(ultrasound detection)의 기본적 원리.

과 반사되어 돌아온 진동 사이의 시간 지연과 진동의 주파수로부터 계산될 수 있다.

더 읽을거리

Coghlan, A. "It's lights out for a household classic". *New Scientist* 26 (31 March 2007).

Daviss, B. "Our solar future". *New Scientist* 32 (8 December 2007).

Goosey, M., "Eco-electronics". *Materials World* 17, 26–28, March 2009.

"The Silicon Pioneers". *Pictures of the Future* (Siemens AG) Fall 2005.

Sze, S. M. *Semiconductor Devices: Physics and Technology*. 2nd ed. New York: John Wiley & Sons, 2001.

(More references for further reading, as well as Web links, are available on the following Web page: http://www.crcpress.com/product/isbn/9780750309721.)

대표 예제

Q 7.4 다음의 조건 중 어떤 조건에서 p-n 접합의 공핍영역(depletion region)이 가장 커지는가? (a) 바이어스가 없을 때, (b) 역방향 바이어스, (c) 순방향 바이어스.

Q 7.5 p-n 접합이 앞선 예제 7.4에서 당신이 고른 답에 해당하는 조건에 놓여 있을 때, 유동 전류(drift current)와 확산 전류(diffusion current) 중 어떤 것이 더 지

배적으로 작용하는가?

Q 7.11

(a) 고체 내에서 광자(photon)와 전자 사이에 발생하는 세 가지 기본 과정에 대해 설명해 보아라.

(b) 위의 과정들 중, 어떤 것이 레이저 작동의 기초 원리가 되는가?

Q 7.13

(a) LED의 기초가 되는 다이오드는 어떤 것인가?

(b) 당신이 위의 문제에서 선택한 다이오드로 이루어진 LED가 빛을 내기 위해서는 순방향 혹은 역방향 바이어스 조건 중 어떤 조건이 되어야 하는가?

(c) LED에서 나오는 빛의 색깔을 결정하는 것은 무엇인가?

Q 7.18 크기가 각각 +4 pC 및 −4 pC이며, 서로 6 nm 만큼 떨어져 있는 점 전하(point charge) 쌍의 쌍극자 모멘트의 크기는 얼마인가?

CHAPTER 08

Understanding Solid State Physics

자성과 그 응용
(Magnetism and Its Applications)

8.1 자성 개론

자성(magnetism)은 수 세기 동안 사용되어 왔다. 실제, 고대 중국인들은 이미 11세기 초에 자철석(magnetite)—자철광(lodestone)이라고도 일컬어지는 천연 자성 광물—으로 나침반을 만들었을 것으로 알려져 있다. 나침반은 오늘날까지도 중요한 도구로 사용되고 있으며, 이 외에도 의료용 영상, 전기 모터, 오디오, 비디오, 그리고 데이터 기록과 같은 현대에 없어서는 안될 많은 응용분야에 자성이 사용되고 있다. 이러한 소자들의 성능을 더욱 향상시키거나 다른 응용분야에도 사용될 수 있는 새로운 자성 재료가 여전히 지속적으로 개발되고 있다.

다른 많은 물리적 현상과 마찬가지로, 자성도 이에 대한 충분한 이해가 있기 훨씬 전부터 관찰되고 또 사용되었다. 사실, 나침반 바늘이 왜 북쪽을 가리키는지 알기까지 약 6세기가 걸렸다. 이 같은 자성에 대한 이해는 영국의 의사이자 물리학자로서 전기와 자성에 대한 실험을 진행했던 William Gilbert(1544-1603)에 의해 획기적으로 진전되었다. 그의 실험결과는 1600년에 On the Magnet, Magnetic Bodies, The Great Magnet Earth라는 책에 발표되었다. 제목에서 알 수 있듯이 Gilbert가 도입한 아이디어 중 하나는 지구가 마치 거대한 막대 자석(magnet)처럼 거동한다는 사실이었다.

이 장에서는 고체가 나타낼 수 있는 다양한 자기적 물성을 살펴보고, 또한 자석과 자성의 응용분야에 대해 논의할 것이다. 놀랍게 들릴지 모르겠지만, 거의 모든 재료는 그것이 자성을 띠는 재료로 분류되든 아니든지 간에 가해진 자기장(magnetic field)에 대해 특정한 반응을 나타낸다. 따라서, 세상의 모든 물체와 생물은 자성을 띤다. 다음 절에서, 이 같은 자성이 어떻게 발생하는지 살펴볼 것이다.

8.1.1 자성의 기원

모든 자기 모멘트(magnetic moment)는 고체 내 원자의 전자의 각운동량(angular momentum)에 의해 생성되며, 원자의 전자의 각운동량에는 두 가지 종류가 있다: 스핀(spin) 및 오비탈(orbital)

그림 8.1(a)에서 볼 수 있듯이, 보어(Bohr)의 원자 모델에서는 전자가 핵 주위를 공전(orbit)한다. 핵 주위를 공전하는 전자는, 원형의 폐곡선 형태의 전선을 흐르는 전류가 이 폐곡면에 대해 수직한 방향으로 자기 모멘트를 생성하는 것과 마찬가지로, 전자의 공전궤도 면의 수직 방향으로의 자기 모멘트를 생성시킨다.

또한, 전자는 그림 8.1(b)에 묘사된 것처럼 마치 자신의 축을 중심으로 자전(spin)하는 것으로 생각할 수 있는 고유한 스핀(spin)을 가지며, 이는 각 전자의 총(total) 자기 모멘트에 더해진다. (사실, 이것은 양자역학적 효과를 설명하기 위해 사용된 고전적인 모델로, 실제 전자는 점 형태의 개체이므로 축을 갖지 않는다.) 부록 C에 자세히 설명되어 있다시피, 이 스핀 축은 오로지 'up' 및 'down'이라고 부르는 두 방향만을 가리킬 수 있다. 즉, 스핀 자기 모멘트(spin magnetic moment)는 'up' 방향 [기호(+)로 나타냄] 또는 'down' 방향 [기호(−)로 나타냄]으로만 존재할 수 있음을 뜻한다. 원자의 전자에 대한 스핀 자기 모멘트는 보어 마그네톤(Bohr magneton, μB)이라는 상수로 주어지며, 그 값은 8.27×10^{-24} A m^{-2}이다.

수소를 제외한 모든 원자들은 한 개 이상의 전자를 포함하고 있기 때문에, 전자에 의해 생성된 자기 모멘트 중의 일부가 서로를 상쇄시킬 수 있다. 예를 들어, 한 전자의 스핀 자기 모멘트가 +μB이고 또다른 전자의 스핀 자기 모멘트가 −μB이면, 이 둘은

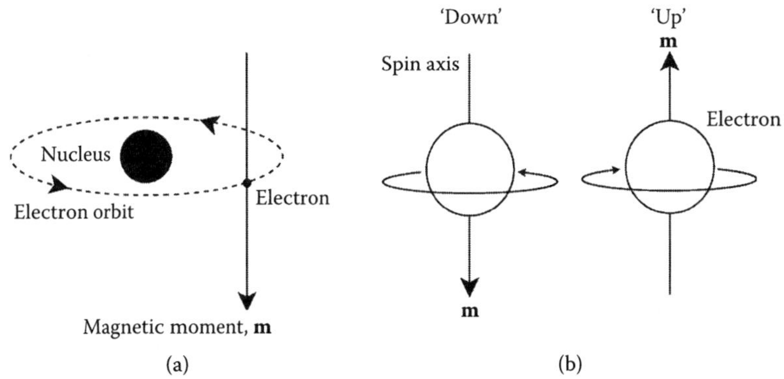

그림 8.1 (a) 보어(Bohr)의 원자 모델에서는 전자는 핵 주위를 공전한다. 음의 전하를 띠는 전자가 핵 주위의 공전궤도를 도는 것은 전류가 원형의 폐곡선 형태의 전선을 흐르는 상황과 유사하며, 두 경우 모두에 있어서 자기 모멘트(magnetic moment)는 전자의 운동면에 수직한 방향으로 생성된다. (b) 전자 스핀이 가질 수 있는 두 방향.

서로 상쇄된다. 오비탈 자기 모멘트(orbital magnetic moment)의 경우도 이와 같이 서로 상쇄될 수 있으므로, 원자의 총 자기 모멘트는 서로 상쇄되지 않은 개별 전자의 모든 오비탈 및 스핀 자기 모멘트로 구성된다.

사실, 완전히 채워진 원자 껍질(shell)과 부껍질(부록 C 참조)은 전자들의 자기 모멘트가 모두 서로 상쇄되기 때문에 전체적으로 볼 때에 자기 모멘트가 없다. 따라서, 불활성 가스(inert gas)와 같이 원자의 전자 껍질이 완전히 채워진 경우(2.1.1절 참조), 그 고체는 영구적으로 자화될(magnetized) 수 없다. 8.2절에서 살펴보겠지만, 이는 고체가 가질 수 있는 다양한 유형의 자성이 고체에 자기장이 가해질 때에 원자의 자기 모멘트가 어떻게 반응하는지에 따라서 결정되기 때문이다.

8.1.2 자기 특성 및 물리량

고체가 나타내는 다양한 자성에 대해 논하기 전에, 우선 자기적 물성과 물리량에 대해 익숙해지는 것이 필요하다. 왜냐하면, 다양한 자성 현상은 일반적으로 이러한 자기적 물성과 물량으로 설명되기 때문입니다. 매우 많은 수의 자기적 물성—이들 물성은 매우 다양한 단위로 기술된다—들을 정의할 수 있지만, 이 절에서는 자성을 논함에 있어서 가장 많이 사용되는 SI 단위를 기반으로 하는 물성들에 대해서만 살펴볼 것이다.

자속 밀도(Magnetic Flux Density)

진공(vacuum) 상태에서 1 A의 일정한 전류가 흐르는 코일(coil) 형태로 감겨 있는 전선을 상상해 보자. 이 코일 전선에 전류가 흐르면 자기장을 생성될 것이다. 자기장의 강도(strength)를 나타내는 한 가지 방법은 자속 밀도[magnetic flux density, '자기 유도(magnetic induction)'라고도 함]를 사용하는 것이다. 자속 밀도 **B**는 자기장의 강도에 비례하는 벡터(vector)량으로서, 자기장과 같은 방향을 가리킨다. 진공 상태의 경우에, 자속 밀도는 $\mathbf{B}_{vac}$로 나타낸다. (막대 자석에서 자기력선이 양 극 주위에 더 밀집해 있는 것처럼, 코일 전선 주위의 자속 밀도도 역시 어디에서나 모두 동일한 값을 가지지는 않고 일부 영역에서 더 강할 것이다.)

예를 들어, 만약 이 코일 전선 주변을 감싸고 있는 환경이 예를 들어 산소(oxygen)와 같이 진공이 아닌 어떤 단일 물질로 되어 있다면, 이 경우 자속 밀도는 $\mathbf{B}_{vac}$와 다른 값을 가질 것이다. 그 이유는, 진공 상태와 대비했을 때 코일 전선 주변을 감싸고 있는 특정 물질을 구성하는 원자들의 자기 모멘트가 전체 자속 밀도에 영향을 끼치기 때문이다. 따라서,

$$\mathbf{B} = \mathbf{B}_{vac} + \mathbf{B}_m \tag{8.1}$$

이다. 여기서, $\mathbf{B}_m$은 애초에 가해진 자기장에 의해 그 주변 물질이 야기한 자기장에 대한 기여분(contribution)이며, 그리고 **B**의 SI 단위는 테슬라(T)이다. [**B**와 같은 벡터는 자기장, 중력장 또는 전기장과 같은 장(field)을 나타내는 벡터인 점에서 '장 벡터(field vector)'라고 한다.]

투자율(Permeability)

우리는 앞서 매질(medium) 재료의 **B** 값이 진공 상태에서의 **B**와 다르다는 것을 배웠다. 따라서, 정전기적 현상을 전기장 $\boldsymbol{\varepsilon}$로 파악하듯이 모든 자성을 **B**로 설명할 수 있다. 그러나, 수학적 편의를 위해 자기 강도(magnetic intensity)라고 하는 또다른 벡터량 **H**를 사용하는데, 이는 **B**와 다음의 관계를 갖는다.

$$\mathbf{B}_{vac} = \mu_0 \mathbf{H} \tag{8.2}$$

여기서, μ_0는 자유공간(free space) 또는 진공상태의 투자율(magnetic permeability)이라고 하는 상수로, 그 값은 $4\pi \times 10^{-7}$ Hm^{-1}이다. [**H**는 6.5.1절에서 Type-I 초전도체(superconductor)와 Type-II 초전도체의 차이를 논의 할 때 처음 언급된 바 있는데, H의 단위는 Am^{-1}이다.] 투자율은 Hm^{-1}(Henry per meter) 단위를 사용하며, 이는 측정된 상수가 아닌 '정의 된 상수(defined constant)'이다. **H** 장(field)은 솔레노이드(solenoid)—두께보다 훨씬 더 긴 감긴 코일 형태의 전선—에 의해 생성될 수 있으며, 이에 대해서 8.3.1절에서 더 자세히 다룰 것이다. 자기장의 강도(strength)는 솔레노이드의 길이와 코일이 '감긴 횟수(turn)' 및 흐르는 전류에 따라 달라진다. 즉, **H**는 전류와 감긴 코일 전선에 의해서만 기술되므로, **H**의 단위는 Am^{-1}(ampere per meter)이다.

재료의 상대 투자율(relative permeability, μ_r)은 다음과 같이 정의된다.

$$\mu_r = \frac{\mathbf{B}}{\mathbf{B}_{vac}} = \frac{\mathbf{B}}{\mu_0 \mathbf{H}} \tag{8.3}$$

여기서, μ_r은 단위가 없는데(unit-less), 이는 **B**와 $\mathbf{B}_{vac}$의 단위가 동일하기 때문이다. 상대 투자율(μ_r)은 외부 자기장에 의해 자화될(magnetized) 수 있는 정도를 나타내기 때문에 재료의 자기 물성을 나타내는 가장 간단한 척도이다. 상대 투자율은 양수 또는 음수의 값을 모두 가질 수 있으며, 항상 하나의 값을 갖는 것은 아니다. 예를 들어, 철(iron)과 같은 강자성(ferromagnetic) 재료(8.2.3절 참조)는 가해진 자기장의 세기에 따라 상대 투자율 값이 변한다.

자화(Magnetization)

수식 8.2를 사용하면, 수식 8.1을 다음과 같이 다시 정리할 수 있다.

$$\mathbf{B} = \mu_0 \mathbf{H} + \mathbf{B}_m \tag{8.4}$$

앞서 살펴본 바와 같이, $\mathbf{B}_m$은 8.1.1절에서 논의했던 원자에서 비롯되는 효과 때문이다. 또한, $\mathbf{B}_m$은 재료의 자화(magnetization)라고 일컫는 **M**과도 관련이 있다. 더 정확하게는, 단위 부피당 자기 쌍극자 모멘트(magnetic dipole moment)로 기술되며, 다음의 식으로 주어진다.

$$\mathbf{B}_m = \mu_0 \mathbf{M} \tag{8.5}$$

방정식 8.4와 8.5를 결합하면

$$\mathbf{B} = \mu_0 \mathbf{H} + \mu_0 \mathbf{M} \tag{8.6}$$

자화(magnetization) **M**은 재료의 총 부피에 대한 재료 전체의 총 자기 모멘트의 비율(ratio)이라고 생각하면 된다. 다르게 표현하자면, 원자의 자기 모멘트의 개수와 개별 자기 모멘트를 곱한 값을 재료의 총 부피로 나눈 비율이다. 어떤 식으로 생각하든, 자화는 미시적 원자 수준의 효과와 거시적으로 측정 가능한 자기 효과를 연결하는 물리량이며, 다음 식으로 표현할 수 있다.

$$\mathbf{M} = n\, m \tag{8.7}$$

여기서, n은 단위 부피당 원자 자기 모멘트의 개수이며, m은 개별 자기 모멘트의 값이다.

자화율(Magnetic Susceptibility)

상대 투자율(relative permeability)과 마찬가지로, 자화율(magnetic susceptibility) χ는 재료의 거시적 자기적 물성을 나타내는 또 하나의 간단한 척도이다. 자화율은 가해진 자기장에 대해 자성 재료가 어떻게 반응하는지를 나타내는 물리량이며, 자화율(χ)은 자화(**M**)와 다음의 관계를 갖는다.

$$\chi = \frac{\mathbf{M}}{\mathbf{H}} \tag{8.8}$$

그리고, 상대 투자율(μ_r)과는 다음의 관계가 성립한다.

$$\chi = \mu_r - 1 \tag{8.9}$$

단위가 없는 μ_r을 포함하고 있는 수식 8.9로부터 알 수 있듯이, χ도 단위가 없다. μ_r과 마찬가지로, χ도 양수 또는 음수의 값을 가질 수 있으며, 강자성 재료의 경우에는 χ 값은 변할 수 있다. 일부 이방성(anisotropic) 결정 고체에서 χ는 결정 방향에 대해 가해진 자기장의 방향에 따라 달라질 수 있다.

8.2 자성의 종류

8.2.1 반자성

반자성(Diamagnetism)은 가장 약한 형태의 자성이며, 자기장이 있는 경우에만 나타난다. 모든 종류의 원자는 자기장에 대해 반응하는 반자성 요소를 가지고 있지만, 강자성(ferromagnetism)을 띠는 재료(8.2.3절 참조)에서는 이러한 반자성이 그 세기가 훨씬 더 크고 영구적인 강자성에 의해 가려져서 발현되지 않는다. 다음 절에서 살펴볼 테지만, 상자성(paramagnetic) 효과는 경우에 따라 반자성보다 강할 수도 있고 또 약할 수도 있다.

한편, 반자성 반응만 보이는 고체들도 있다. 이러한 고체들의 경우, 외부 자기장이 가해졌을 때 원자의 전자들이 핵 주위를 도는 속도와 궤도를 변경함으로써 결과적으로 원자들이 외부 자기장에 반하는 자기장을 생성한다. 금속의 경우, 전자의 움직임이 변화함에 의해 외부 자기장에 반하는 자기장을 생성함으로서 반자성에 기여하기도 한다. 이와 같은 반자성 고체에서는, 자화(magnetization) **M**이 인가 된 자기장 **H**에 반하기 때문에, 자화율(magnetic susceptibility) χ이 음의 값이 된다(식 8.8 참조). 또한, 반자성 재료의 상대 투자율 μ_r(식 8.3 참조)은 1보다 조금 작은 값이 된다. 이는, 반자성 재료 내의 자기장 **B**가 진공 상태에서의 자기장 **B**보다 작기 때문이다.

특정 환경에서는 Box 8.1에 설명한 것처럼 반자성 물체를 공중에 부양(levitation)시킬 수 있다. 이것은 6.5.1절에서 논의한 초전도체(superconductor)의 표면 위에 자석을 부양시키는 것과는 다르다. 초전도체를 이용한 자기 부상은 원자 반응에 의한 것이라기보다는 전류에 의해 발생하는 것이다. 사실, 6장에서 배웠듯이, 초전도체는 내부의 자기선속(magnetic flux)을 완전히 밀어내기(expel) 때문에 완벽한 반자성체(perfect diamagnet)이다.

예제 8.1 초전도체의 반자성 특성

초전도 물질이 초전도 상태에 있을 때의 자화율(magnetic susceptibility)의 값은 얼마인가?

정답

자화율 χ는 다음과 같이 주어진다.

$$\chi = \frac{\mathbf{M}}{\mathbf{H}}$$

여기서, **M**은 자화(magnetization)이고, **H**는 인가 된 자기장이다. **M**과 **H**는 자속 밀도(magnetic flux density) **B**와 다음 식의 관계를 갖는다.

$$\mathbf{B} = \mu_0\mathbf{H} + \mu_0\mathbf{M}$$

여기서 μ_0는 자유 공간의 투자율(permeability)이다.

초전도체가 T_c보다 온도가 낮은 상태라면, 내부의 모든 자기선속(magnetic flux)을 밀어내므로, 초전도체 내부의 **B**는 0이어야 한다. 따라서,

$$-\mu_0\mathbf{M} = \mu_0\mathbf{H} \equiv \mathbf{H} = -\mathbf{M}$$

이 결과를 χ에 대한 수식과 결합하면 초전도 상태에서의 초전도체의 자화율이 -1임을 알 수 있다.

이와 대조적으로, 다른 일반적인 반자성 물질의 자화율은 $-x \times 10^{-5}$ 정도의 값을 가진다(표 8.1 참조).

반자성 물질은 개별 구성 원자에 의한 자기장이 외부 자기장에 반하기 때문에, 반자성 물질은 자기장에 의해 아주 약간 밀려난다. 반자성을 제외한 다른 모든 종류의 자성의 경우 정도의 차이만 있을 뿐 자기장을 끌어당긴다는 점에서, 이러한 반자성의 특성은 다른 자성과 대조를 이룬다.

다음 절에서 논의하게 될 다른 모든 형태의 자성과 달리, 반자성은 온도에 완전히 무관하다.

BOX 8.1 구멍 속의 두꺼비

과학자들이 무언가를 발견할 때, 동료들이 그 연구가 가짜라고 생각하는 경우는 드물다. 그런데 이 같은 일이 1997년 네덜란드의 University of Nijmegen에서 근무하던 영국 맨체스터 대학의 Andrey Geim 교수에게 일어났다. "나는 다소 신기한 현상에 대해 보고한 논문을 접했습니다. 논문의 저자들은 수평으로 놓여진 자석에 물이 채워진 큐벳(cuvette)을 놓아 봤더니 물이 둘로 갈라져 큐벳 벽으로 붙어 바닥이 완전히 드러나는 것을 관찰했습니다."라고 Geim 교수는 회상한다.

이 현상에 발생한 데 대한 설명이 없다는 사실에 흥미를 느낀 그는 강력한 전자석(electromagnet)의 중앙에 나 있는 구멍에 물을 부었다. "놀랍게도 물이 바닥에 떨어지지 않고 구멍 가운데에 둥둥 떠서 갇혀 있었습니다. 그리고 심지어 일부 물방울은 공중에서 자유롭게 떠 다니고 있었습니다."라고 Geim 교수는 말한다. 그는 곧 그가 봤던 논문에서 물이 갈라졌던 현상과 전자석 구멍 속의 물이 뜨는 현상이 모두 반자성(diamagnetism) 때문이라는 것을 깨달았다.

반자성은 가장 약한 형태의 자성(magnetism)이며, 모든 물질에 대해 모든 온도 범위에서 존재한다. 반자성은 매우 약한 자성이기 때문에 다른 종류의 자성에 의해 가려져서 잘 발현되지 않는 경우가 많아, 생물과 식물, 물, 플라스틱과 같이 강한 자기 효과를 나타내지 않는 물질들에서만 관찰된다. 반자성 물질이 자기장 안에 놓이면, 반자성 물질의 모든 원자는 각자 외부 자기장을 밀어내는 작은 자기장을 생성한다. 이러한 이유 때문에 반자성 물질이 강한 자기장에 놓이게 되면 마치 자석의 N극끼리는 반발 하듯 서로를 밀어내게 된다.

작은 반자성 물체가 큰 자기장에 놓여 있고 물체를 위로 밀어 올리는 반발력이 물체를 지면 쪽으로 당기는 중력과 일치하게 된다면, 그 반자성 물체는 공중에 부양(levitate)될 것이다. 바로 이와 동일한 원리에 의해 수평 자기장에 놓인 물이 반으로 나뉘게 되는 것이다. 왜냐하면, 자기장의 중심이 물을 각각 왼쪽과 오른쪽으로 밀어내기 때문이다.

자신의 실험을 통해 물을 공중에 뜨게 만든 결과에 고무된 Geim 교수는 "모든 것을 부양시키기 시작했습니다. 다음 날, 나는 내 동료 몇 명에게 반자성(diamagnetism)을 이용해 물체들을 부양시킬 수 있었다고 자랑스럽게 설명했지만, 아무도 나를 믿지 않았습니다."라고 웃으며 말했다.

자신의 실험결과를 동료들과 학생들에게 보여주기 위해서 Geim 교수는 살아있는 개구리(사진 참고)를 포함한 다양한 반자성 물체를 부양시키는 실험을 하기 시작했다. 강한 자기장은 살아있는 유기체에 악영향을 끼치지 않는 것으로 알려져 있었고, 실험 대상이었던 개구리도 이상이 전혀 없었지만, 오히려 부작용을 경험한 건 Geim 교수 자신이었다. "개구리를 공중에 띄우기 위한 실험을 하기 위해 저희 모든 기술을 총동원해야 했습니다. 왜냐하면, 개구리가 너무 끈적끈적하고 심지어 뛰어오르기 때문이었죠! 나는 이 실험을 다시 시도하고 싶지 않습니다"라고 그는 쓴웃음 지으며 말

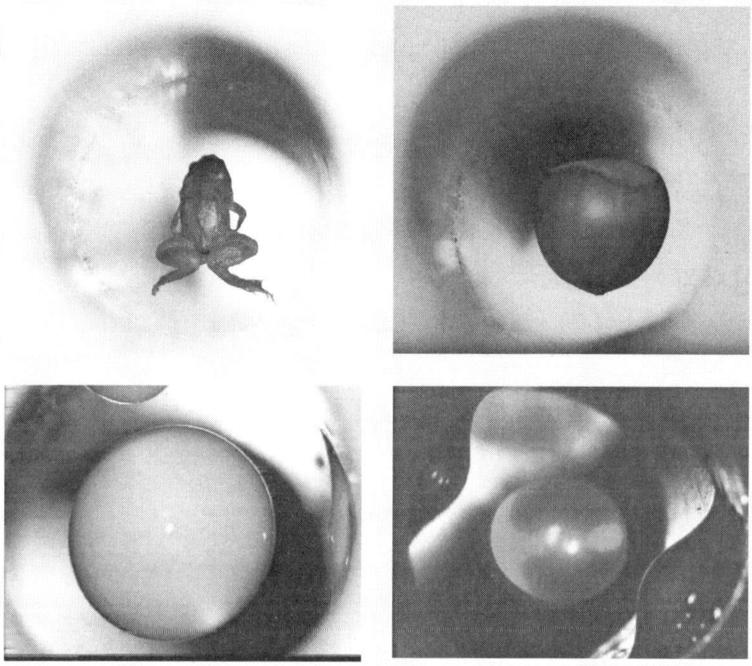

사진에 보이는 개구리, 헤이즐넛, 우유 방울, 물방울은 모두 강력한 자석의 구멍(중앙 구멍) 내부에서 떠있는 동안 촬영되었다. 반자성 물체만 부상시킬 수 있다. 지구상의 모든 물질이 자기장에 대해 반자성 반응을 나타냄에도 불구하고, 유기체, 나무, 플라스틱 및 기타 물질 등 일반적으로 자성이 없는 것으로 여겨지는데, 실은 이들 모두가 전체적으로 반자성 물질들인 것이다. 이는, 반자성은 너무 약해서 더 강한 형태의 자성에 의해 그 특성이 가려지기 때문이다. 반자성 물질이 자기장에 놓이면 그 물질을 이루는 모든 원자의 전자의 궤도가 약간 변하게 되고, 그 결과 외부 자기장에 반하는 약한 자기장을 생성하게 된다. 그렇기 때문에 반자성 물질과 강한 자기장은 서로를 밀어내게 된다. 물방울이나 개구리와 같은 반자성 물체가 자석 구멍 내의 10 테슬라(tesla) w 정도의 큰 자기장에 놓이면 약 1 가우스(gauss)의 자기장을 생성하는 작은 자석이 된다. (이것은 지구의 자기장과 거의 같은 정도의 세기이다.) 각각 10 테슬라와 1×10-4 테슬라 크기의 자기장을 내는 두 자석 사이의 반발력은 반자성 물체를 위쪽으로 밀어내고 자석을 땅으로 떨어지게 하는 중력을 상쇄시켜 결과적으로 물체를 공중에 뜨게 한다. 원리적으로, 자기장이 충분히 강하다면 사람을 포함한 어떤 반자성체도 이러한 방식으로 부상시킬 수 있다. (Image courtesy of Andrey Geim.)

했다.

그러나 사실 개구리가 제멋대로 뛰어오르는 문제가 이 실험을 진행하는 동안 발생한 문제 중 가장 만만했던 문제였음이 드러났다. 그는 동료들에게 공중에 떠오른 개구리의 사진을 보여줬고, 이 사진은 1997년 4월 Physics world에 출판되었다. "해외에 있는 동료들이 내게 만우절 사기(April Fool's Day hoax)를 잘 봤다고 축하하는 메시지를 보냈습니다!"라고 대중 언론과 과학계에서 많은 취재를 한 후 마침내 그의 연구가 진지하게 받아 들여진 것을 본 Geim 교수는 말한다. 그 이후로 반자성 물질의 부상은 우주에서 경험하는 미세 중력 조건(microgravity condition)을 재현하는 연구에서 널리 사용되었다.

8.2.2 상자성

반자성과 마찬가지로, **상자성**(paramagnetism) 또한 전자의 움직임에 의해 발생하며 자기장이 가해졌을 때만 발현된다. 반자성과의 유사성은 여기까지가 전부이지만, 상자성 물질은 반자성에서처럼 자기장에 반발되기보다는 자기장에 약한 인력(attraction)을 나타낸다.

원자 상자성(Atomic paramagnetism)

앞선 8.1.1절에서 우리는 원자의 총 자기 모멘트가 서로 상쇄되지 않은 모든 개별 전자의 오비탈(orbital) 및 스핀(spin) 자기 모멘트로 구성된다는 것을 살펴보았다. 외부 자기장이 없을 때, 상자성(paramagnetic) 재료의 원자 자기 모멘트는 무작위로 배향되어 전체적으로는 자기 모멘트가 없는 것과 같다. 그러나, 자기장이 가해지면 그림 8.2에 묘사된 것처럼 개별 자기 모멘트들이 부분적으로 외부 자기장의 방향으로 정렬하면서 순 자화(net magnetization)가 생성된다. 방정식 8.6을 다시 참조하면, 이러한 자기 모멘트들의 정렬이 재료 내부의 전체 B 장(field)에 주는 기여분(contribution)이 μ_0 **M**에 해당한다.

완전히 가득 찬 전자 껍질(electron shell)은 순 각운동량(net angular momentum)이 0이므로, 자기 모멘트도 0이다. 원자에서는 대부분 최외곽 껍질(outermost shell)만 완전히 채워지지 않는데, 고체에서는 이 원자들이 서로 결합하므로 외곽 전자 껍질이 가득 차게 된다. (이 내용은 2.1절에서 다루었다). 그러나, 예를 들어 철(iron)과 희토

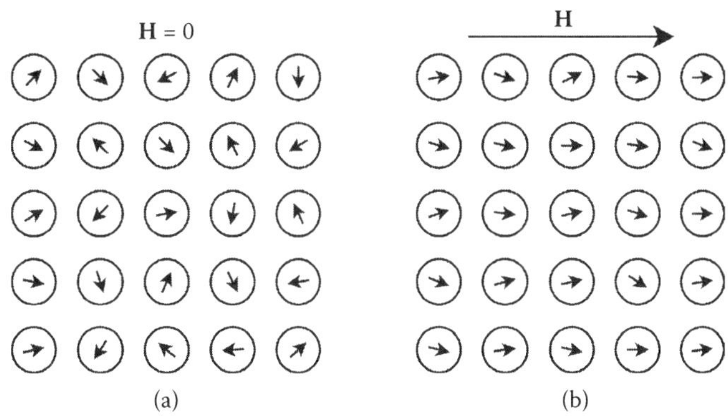

그림 8.2 (a) 상자성(paramagnetic) 고체의 원자 자기 모멘트가 무작위(random)로 배향된 상황, (b) 동일한 상자성 고체가 외부 자기장에 놓여 원자 자기 모멘트가 자기장 방향으로 정렬된 상황.

류(rare earth) 원소같은 '전이 금속(transition metal)' 원자의 경우는, 내부 껍질(3*d* 및 4*f* 껍질)이 완전히 채워져 있기 않기 때문에 심지어 외곽 껍질이 가득 차 있더라도 자기 모멘트가 0 이 아니다. 그러므로, 전이 금속 및 그 화합물들은 원자 상자성(atomic paramagnetism)을 나타낸다.

열(heat)은 자기 모멘트의 방향을 무작위로 만드는 경향이 있기 때문에, 상자성은 온도에 의존한다. 실제로, 적당한 크기의 자기장과 일상적인 온도 조건에서 상자성 기체는 대략적으로 다음과 같은 '퀴리 법칙(Curie's Law)'을 따른다.

$$\chi = C/T \tag{8.10}$$

여기서, C는 퀴리 상수(Curic constant)이고, T는 온도이다. 이 법칙은 프랑스 물리학자 Pierre curie(1859-1906)의 이름을 따서 명명되었다. 방사능(radioactivity)에 대한 연구로 유명했던 그는 고체물리에 대한 연구도 수행하였으며 박사 학위 논문 주제로 물질의 자기적 특성에 대해 연구하였다.

상자성 고체 및 액체, 그리고 상자성 영역에서의 강자성 고체(8.2.3절 참조)들은 Curie 법칙의변형인 Curie-Weiss 법칙을 만족한다. Curie-Weiss 법칙에 따르면 다음과 같다.

$$\chi = C/(T - \theta) \tag{8.11}$$

여기서, Weiss 상수 θ는 양수 또는 음수의 값을 모두 가질 수 있다.

따라서, 상자성 물질은 비록 작은 값이긴 하지만 양의 자화율(susceptibility)을 가지는데, 이는 온도에 의존적이다. 또한, 상자성 물질은 상대 투자율(relative permeability)

표 8.1 The Susceptibility for a Range of Materials

Material	Magnetic Type	Susceptibility χ
Copper	Diamagnetic	-0.96×10^{-5}
Sodium chloride	Diamagnetic	-1.41×10^{-5}
Zinc	Diamagnetic	-1.56×10^{-5}
Manganese sulphate	Paramagnetic	3.70×10^{-3}
Aluminium	Paramagnetic	2.07×10^{-5}
Sodium	Paramagnetic	8.48×10^{-6}

이 1보다 크다. (방정식 8.9로부터 알 수 있듯이 $\mu_r > 1$이 아닌 경우라면, χ는 반자성 물질과 마찬가지로 음수가 될 것이다.) 표 8.1은 몇몇 상자성 및 반자성 재료에 대한 χ 값을 비교하고 있다.

파울리 상자성체(Pauli Paramagnetism)

'파울리 상자성(Pauli paramagnetism)' 또는 자유전자 상자성(fee-electron paramagentism)으로 알려진 상자성도 있다. 파울리 상자성은 전도대(conduction band)에 있는 자유전자의 자기 모멘트에서 비롯되며, 비록 효과는 약하지만 모든 금속에서 나타난다.

전자는 자신의 축을 중심으로 자전(spinning)하는 것으로 간주할 수 있으며, 금속의 전도대에 있는 자유전자의 자기 모멘트는 이 전자들의 고유 스핀(intrinsic spin)에 의해 발생한다. 양자역학에 의하면, 스핀(spin)은 서로 반대인 두 방향('up' 및 'down') 중 오직 하나 방향만 가리킬 수 있다(부록 C 참조).

인가 된 자기장이 없는 경우, 금속의 자유전자의 스핀은 전체적인 자기 모멘트가 생기지 않도록 배향한다. 그러나, 자기장이 가해지면, 이 자기장의 방향과 평행한 스핀을 갖는 전자의 에너지는 감소하고, 반면 자기장에 역행하는 전자의 에너지는 증가한다. [그 이유는, 자기장 B에 놓인 자기 쌍극자(magnetic dipole)의 에너지 μ는 $-\mu B \cos\theta$와 같은데, $\cos 180° = -1$이고 $\cos 0° = 1$이므로, 역행하는 스핀의 에너지는 양의 값을 갖고 평행한 스핀은 음의 에너지 값을 가지기 때문이다.] 계의 전체 에너지를 가능한 한 낮게 유지하기 위해서, 일부 전자들은 스핀 방향을 바꿔서 궁극적으로 더 많은 전자들의 스핀이 자기장과 평행하게 배향되는 결과를 낳는다. 즉, 전체적으로 인가 된 자기장과 평행한 자기 모멘트가 생기게 되는데, 이것을 파울리 상자성(Pauli paramagnetism)이라고 한다.

파울리 상자성 효과는 오스트리아계 스위스인 물리학자인 Wolfgang Pauli(1900-

1958)의 이름을 따서 명명되었다. 그는 전도 전자(conducting electron)에 Fermi-Dirac 통계(부록 E 참조)를 적용함으로써 전자 스핀이 자기장에 역행하는 것 보다는 평행하게 배향할 확률이 더 크다는 것을 증명하였다.

종합적인 자성(Overall Magnetism)

상자성 재료의 자기 모멘트는 다양한 자기적 효과들이 합쳐져서 발현되는 것이라는 점을 기억해야한다. 예를 들어, 알루미늄(aluminum)은 상자성체(paramagnet)처럼 거동한다. 그러나, 알루미늄의 전체적인 자기 모멘트는 알루미늄 이온으로부터의 반자성 효과와 더불어 전도 전자로부터의 상자성 및 반자성 효과가 모두 합쳐진 결과물이다. (가장 뒤에 언급된 효과는 전도 전자가 움직임을 변경하여 외부 자기장에 반하는 자기장을 생성한 결과이다.) 따라서, 이 경우 상자성 효과는 반자성 효과보다 더 강하므로 재료는 전체적으로 상자성체처럼 거동한다.

다른 많은 금속들은 대부분 반자성체이며, 이 경우 금속 이온의 반자성과 전도 전자의 반자성이 합쳐져서 결과적으로 파울리 상자성(Pauli paramagnetism)보다 더 커진 결과이다.

8.2.3 강자성

강자성(Ferromagnetism)은 상자성 보다 훨씬 더 강력한 효과이며, 우리가 일상에서 자성을 띤다고 생각하는 재료는 바로 이 **강자성 재료**(ferromagnetic material)이다. 강자성 재료는 아주 약한 자기장에 의해서도 자화가 일어날 수 있으며, 또한 다른 강자성 재료를 끌어당긴다. 이는, 강자성 재료가 심지어 외부 자기장이 없는 상태에서도 존재하는 '자발 자화(spontaneous magnetization)'라고 하는 영구적인 자기 모멘트를 갖기 때문이다.

철(iron), 코발트(cobalt), 니켈(nickel), 및 이들 원소를 포함하는 합금은 교환상호작용(exchange interaction)이라고 하는 양자역학적 힘으로 인해 강자성을 띤다. 교환상호작용의 정확한 본질은 아직까지 모르지만, 이 교환상호작용이 전자의 스핀 간에 존재하며 또한 스핀을 서로에 대해 역행하거나 또는 평행하게 배향할 수 있다는 것은 알려져 있다. 강자성 재료에서는 교환상호작용에 의해 원자들의 스핀이 서로 평행하게 정렬되는데, 이러한 현상 및 오비탈 각운동량(orbital angular momentum)에 의한 요소가 함께 작용하여 전체적인 자기 모멘트가 커지면서 강자성 특성이 발현된다.

도메인의 형성(Formation of Domains)

강자성 물질 내부에는 개별 원자들의 자기 모멘트가 **도메인**(domain)이라고 하는 영역 내에서 모두 같은 방향을 향한다. 이 같은 도메인의 형성은 강자성체(ferromagnet)의 전체적인 자성 에너지를 낮추는데, 이는 도메인의 형성이 인해 강자성 고체의 '정자기(magnetostatic)' 에너지를 최소화하기 때문이다. 모든 원자의 자기 모멘트가 그림 8.3(a)와 같이 서로 평행하게 정렬하면 최대 정자기 에너지가 생성된다.

그림에서 알 수 있듯이, 이 같은 배열로 인해 고체 표면에 자극(magnetic poles)이 생기고, 이 자극은 마치 막대 자석(bar magnet)과 같이 고체 내부 및 외부에 자기장(magnetic field)을 형성한다[그림 8.3(b) 참조]. 이 자기장에 반하는 원자 자기 모멘트는 이 자기장에 의해 회전된다. 정자기 에너지(magnetostatic energy)는 자기장의 방향에 반하는 자기 모멘트의 배열 상태 내에 저장된 에너지이다.

그림 8.3(c)에 보이는 것처럼 도메인이 형성되면 정자기 에너지가 크게 감소한다. 그림을 보면, 도메인들이 정자기 에너지를 줄이기 위해 서로 다른 방향 가리키는 것을 확인할 수 있다. 특히, 정자기 에너지는 그림 8.3(d)에 나타나 있는 고체 측면의 삼각형 모양에 해당하는 '폐쇄 도메인(closure domain)'이 형성되면 완전히 제거 될 수 있다.

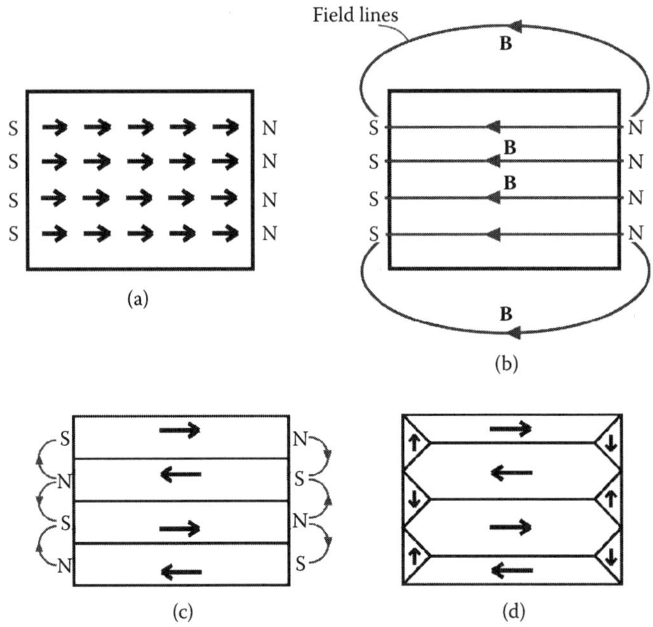

그림 8.3 도메인(domain)의 형성에 의해 정자기(magnetostatic) 에너지가 줄어드는 과정. (a)에서는 모든 원자 자기 모멘트가 정렬되어 (b)와 같이 내부 및 외부 자기장을 만든다. 이 같은 정렬 상태에서 저장된 에너지를 정자기 에너지라고 한다. 정자기 에너지는 (c)에 보이는 것처럼 도메인을 형성함으로써 최소화될 수 있으며, (d)에 나타나 있는 도메인 배열에 의해 완전히 제거 될 수 있다.

강자성 고체 내에는 도메인의 구조의 변화에 의해 최소화될 수 있는 다른 자기 에너지도 있다. 예를 들어, 강자성체의 자발적인 자화(spontaneous magnetization) 및 도메인의 자기 방향은 '쉬운(easy)' 방향이라고 일컫는 특정 결정 방향을 향하는 경향이 있는데, 이 방향에서 '자기결정이방성 에너지(magnetocrystalline anisotropy)'가 최소가 된다. 예를 들어, 철(Fe)의 경우 자화의 방향이 <100> 방향일 때 자기결정이방성 에너지가 최소가 된다. 또한, 니켈(Ni)의 경우에는 '쉬운(easy)' 방향이 <111> 방향이며, 그림 2.26에 설명된 육방밀집(close-packed hexagonal) 구조를 갖는 코발트(Co)의 경우에는 c-축 방향이다.

자기장에 의한 도메인 구조 변화

외부 자기장이 없는 경우, 강자성 고체의 도메인은 그림 8.4(a)에서 보는 것과 같이 서로 다른 방향을 가리키므로, 전체적인 자화(magnetization)는 0 이다. 그러나, 외부 자기장이 이 강자성체에 가해지면, 그림 8.4(b)과 같이 자기장의 방향과 같은(또는 거의 같은) 방향의 도메인들은 성장하고, 반면 다른 방향으로 자화 된 도메인들은 작아진다. 그림 8.4에 나타나 있는 각 실선들은 인접한 도메인 사이의 영역인 도메인 벽(domain wall)을 나타내며, 이처럼 도메인 벽의 움직임을 통해 도메인의 크기가 변한다. 결과적으로, 가해진 자기장의 방향으로 전제적인 자화가 형성된다.

외부 자기장의 세기가 증가하면, 이 자기장의 방향으로 정렬되지 않고 남아있는 도메인의 자화 방향도 결국 자기장의 방향에 정렬한다. 궁극적으로, 그림 8.4(c)에서

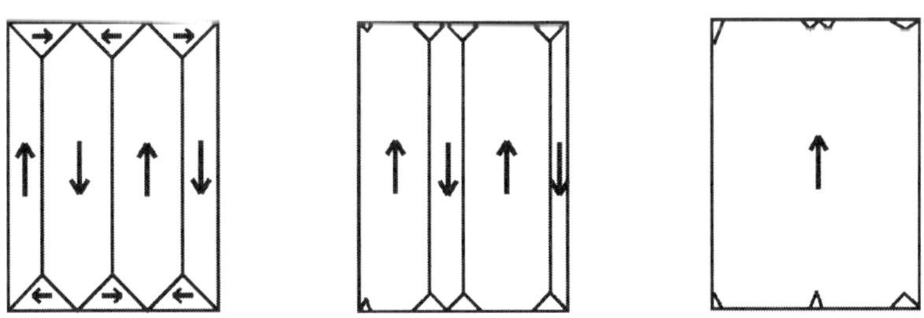

(a) (b) (c)

그림 8.4 외부 자기장의 세기가 증가함에 따라 발생하는 강자성(ferromagnetic) 물질의 도메인(domain) 구조의 변화. (a) 자기장이 없는 경우, 위쪽 방향으로 자화 된 도메인의 부피가 아래쪽 방향으로 자화 된 도메인의 부피와 동일하기 때문에 순 자화(net magnetization)는 없다(왼쪽 및 오른쪽 방향으로 자화 된 도메인들도 마찬가지이다). (b) 외부 자기장이 위쪽 방향으로 가해지면, 이 방향과 같은 방향으로 자화 된 도메인은 반대 방향으로 자화 된 도메인을 소비하면서 성장한다. 따라서, 가해진 자기장 방향으로의 순 자화가 생긴다. (c) 궁극적으로, 자기장의 세기가 크게 높이면 실선으로 표시된 도메인 벽(domain wall)들이 거의 다 없어지고, 이 강자성 물질은 포화(saturation) 상태까지 자화된다.

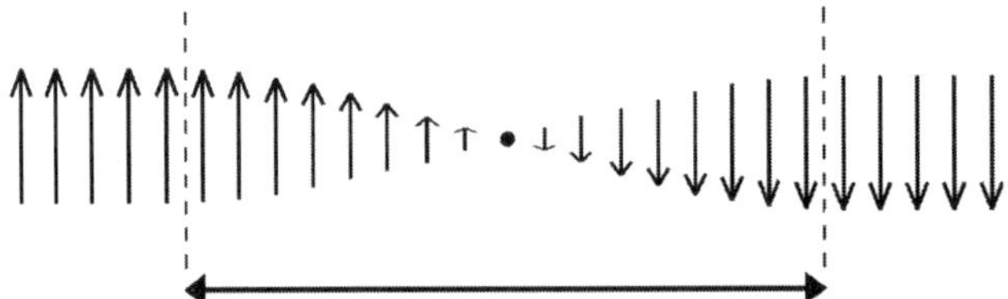

그림 8.5 원자 쌍극자 모멘트의 방향은 도메인 벽을 가로 질러 점진적으로 변한다. 이 예시그림에서는, 자화 방향은 도메인 1과 도메인 2 사이에서 180° 변하고 있는데, 이러한 유형의 도메인 벽을 '180° 벽(wall)' 이라고 한다. 실제로는, 인접한 쌍극자들 사이의 각도 변화는 훨씬 작으며 보통 도메인 벽의 두께는 수백 개의 원자 정도이다.

볼 수 있듯이, 외부 자기장의 방향에 평행한 하나의 커다란 도메인만 남을 것이다. 이 상태에서는 도메인 벽(domain wall)이 거의 없으며, 이때 이 강자성체는 '포화 자화(saturation magnetization)' 되었다고 말한다.

강자성 결정의 도메인은 현미경을 사용해서 관찰할 수 있는데, 그 방법은 다음과 같다. 결정의 표면을 연마한 뒤, 강자성 입자가 들어있는 현탁액(suspension)으로 연마된 표면을 코팅한다. 도메인 내부보다 도메인들의 경계에서 자기장이 더 강하기 때문에, 코팅한 강자성 입자들이 도메인 벽(domain wall)에 모이면서 도메인을 드러낸다. 이처럼, 강자성 입자에 의해 생기는 패턴을 비터(Bitter) 패턴이라고 하는데, 이 방법은 강자성 재료의 결함을 탐지하는 데에도 사용될 수 있다.

그림 8.5는 도메인 벽(domain wall)을 가로 질러 생기는 원자 쌍극자 모멘트의 점진적인 변화를 나타낸다. 일반적으로 도메인 벽의 두께는 수백 개의 원자 정도이다. 또한, 도메인 벽 내부에 에너지가 저장되기 때문에 도메인 벽은 직선인 경향이 있으며, 에너지를 최소화하기 위해 직선을 유지하려고 한다. 도메인의 크기는 약 0.1 mm에서 수 mm까지 다양하며, 큰 결정에서는 수 cm가 될 수도 있다.

자기 이력 곡선(Hysteresis)

바로 앞선 절에서, 우리는 강자성(ferromagnetic) 고체가 강유전성(ferroelectric) 고체처럼 도메인(domain)을 갖는다는 것을 보았다(7.4.2절 참조). 이 뿐만 아니라, 더해서 강자성 고체는 강유전성 고체처럼 이력(hysteresis) 특성을 보인다. 그림 8.6은 강자성 재료의 대표적인 이력 곡선(hysteresis loop)을 나타낸다. 일반적으로, M vs. H 및 B vs. H 이력 곡선이 모두 널리 사용되는데, 이들 중 B는 실험적으로 측정되는 물리량이다. (사실 B, M 및 H는 모두 벡터량이지만, 여기서 우리는 그 크기에만 관심이 있기 때문에 굵은 글씨체로 표기하지 않았다.) 또한, B는 자기장의 효과를 결정하기 때문에, 자

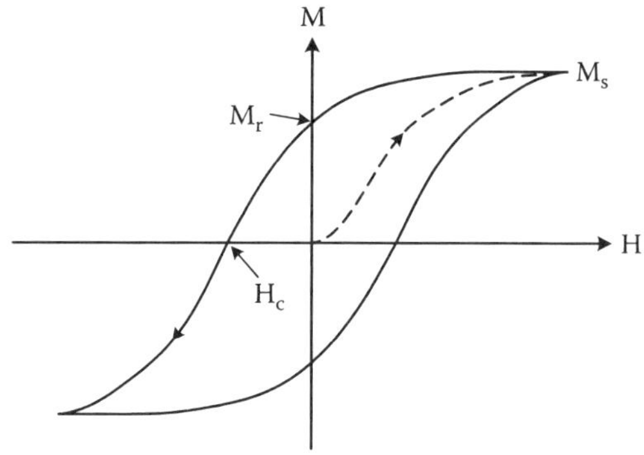

그림 8.6 M vs. H 이력 곡선(hysteresis loop).

성 재료의 응용에 대해 논의할 때는 B vs. H 이력 곡선이 가장 일반적으로 사용된다. (이에 대해 나중에 논의할 것이다.) 그렇지만, 이력 곡선의 모양에 대한 다음의 물리적 설명은 두 종류의 이력 곡선 모두에 공통적으로 적용된다.

M vs. H 이력 곡선에 있어서, 하나의 싸이클(cycle)은 강자성 재료에 자기장을 0에서 특정 최대값까지 증가시킨 후 다시 0으로 감소시킨 다음, 반대의 방향으로 또다시 특정 최대값까지 증가시킨 후 다시 0으로 감소시키는 과정이다. 이러한 자기장의 싸이클에 들어가려면, 강자성체에 처음으로 자기장을 가해야 하는데, 이는 그림 8.6의 점선의 경로에 해당한다. 인가 된 자기장 H가 충분히 세다면 강자성 재료는 **포화 자화**(saturation magnetization) M_S라는 값에 이르게 되는데, 이 지점 이후로는 H의 세기를 더 높이더라도 더 큰 자화는 일어나지 않는다.

미시적 관점에서는, 강자성 물질에 자기장을 가하면 우선 도메인 벽이 이동하여 자기장 방향과 거의 동일한 방향으로 이미 자화된 도메인이 다른 방향으로 자화 된 도메인을 소비하면서 성장한다(이에 대해 앞서 설명했다). 외부 자기장과는 다른 방향을 가리키는 도메인이 더 이상 남아 있지 않게 되면, 이때 자기장의 세기를 더 증가시키면 이 자기장의 방향과 가능한 한 더욱 더 평행이되도록 도메인 내의 자화가 정렬될 것이다.

인가 된 자기장의 세기가 매우 작은 경우, 도메인 크기의 변화는 가역적(reversible)이다. 하지만, 자기장의 강도를 더 높이면 도메인 벽 위치의 비가역적인 변화가 일어나는데, 이는 도메인 벽을 더 움직이기 위해서는 도메인 벽이 불순물과 전위를 포함한 다양한 결함을 넘어서 움직여야 하기 때문이다. 이러한 결함들이 도메인 벽에 같이 존재하면 벽의 부피가 감소하게 되고 따라서 도메인 벽에 저장된 에너지의 양이 줄어들게 된다. 이렇게 되면, 벽은 더 이동하는 것보다는 이러한 '낮은 에너지(low energy)' 위치에 머물게 된다.

따라서, 그림 8.6에서 볼 수 있듯이, H가 0으로 감소하더라도 강자성 재료는 어느 정도의 자화를 유지한다. 이와 같이 남게 되는 자화를 '잔류(remanence)' 또는 잔류 자화(remanent magnetization)라고 하며 기호 M_r로 표기한다. 강자성체가 영구자석(permanent magnet) 역할을 할 수 있는 것은 바로 이 잔류 자화 때문이다. 이 잔류자화는 자기장의 방향을 반대로 하여 '항자력(coercive force)', H_c이라고 일컫는 특정 값까지 인가하게 되면 제거할 수 있다[H_c도 그림에 표기되어 있으며, '보자력(coercivity)'라고도 한다.]

자기 이력 곡선 내부의 영역은 전체 이력 싸이클 동안 소멸되는 에너지에 비례한다. 따라서, 변압기 및 전기 모터에 핵심적으로 사용되는 자석의 경우, 이력 싸이클을 돌면서 손실이 크면 안되기 때문에 높고 얇은 이력 곡선을 나타낸다. 이와 대조적으로, 자기 정보 저장에 사용되는 자성 재료의 이력 곡선은 넓은 정사각형 형상을 갖는 경향이 있다. 그 이유는, 정보를 2진법(binary) 형태(즉, 0 또는 1)로 저장하려면, 자기장의 방향을 역전시켰을 때 각각 서로 다른 방향을 가리키는 스핀 사이의 명확한 차이가 있어야 하기 때문이다.

상자성 영역(Paramagnetic Region)

그림 8.7에서 볼 수 있듯이, 강자성체의 자발 자화(spontaneous magnetization)는 온도가 증가함에 따라 감소하여 강자성 **퀴리 온도**(ferromagnetic Curie temperature) T_C에서 0이 된다. 이는 열 에너지가 교환상호작용을 상쇄하기 때문인데, 온도가 T_C 이상이면 강자성이 완전히 사라지게 된다.

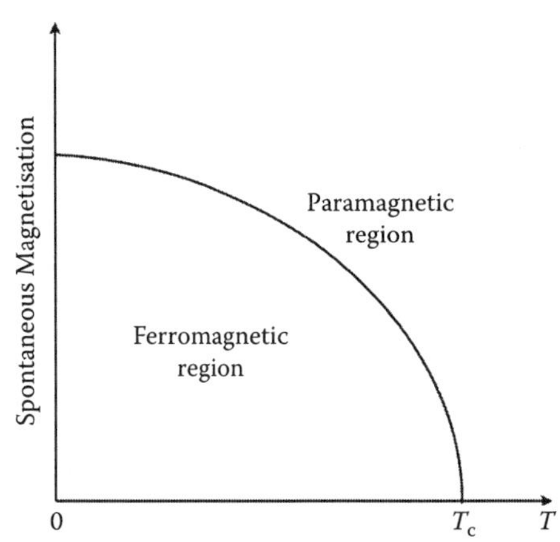

그림 8.7 이 그래프에서 볼 수 있듯이, 강자성체의 자발 자화는 온도가 증가할수록 낮아진다. 강자성이 사라지고 상자성이 되는 온도를 퀴리 온도(Curie temperature) T_C라고 한다.

표 8.2 The Curie Temperature for a Range of Ferromagnetic Materials

Metal	Curie Temperature (K)
Gd	289
Ni	631
Tungsten steel	1033
Fe	1043
Co	1404

퀴리 온도 이상에서는, 강자성 고체는 상자성(paramagnetic)이되어 8.2.2절에서 논의했던 Curie-Weiss 법칙을 따르게 된다. 표 8.2는 대표적 강자성 재료에 대한 퀴리 온도(Curie temperature) T_C를 보여준다.

8.2.4 반강자성 및 준강자성

이 두 가지 유형의 자성은 일종의 강자성 거동으로 생각할 수 있다.

반 강자성(Antiferromagnetism)

강자성 재료의 자기 모멘트가 퀴리 온도(T_C) 아래에서만 정렬되는 것처럼, 반강자성(antiferromagnetic) 재료에서는 Néel 온도(T_N)로 알려진 임계 온도 아래에서만 자기 모멘트가 정렬된 배열을 이룬다. 또한, T_C 이상에서 자기 모멘트가 더 이상 정렬할 수 없어서 상자성(paramagnetic)으로 변하는 강자성체와 유사하게, 반강자성 재료는 T_N 이상에서 상자성이 된다.

강자성 재료의 경우, 온도가 T_N보다 낮을 때는 모든 원자의 자기 모멘트가 특정 방향을 가리킨다. 특히, 이웃한 원자들의 자기 모멘트는 평행하지만 방향은 서로 반대인—즉, 역평행(antiparallel)—배열을 이룬다. 이를 그림 8.8에 나타내었다 [그림은 대표적인 반강자성체인 산화망간(manganese oxide)의 자기 모멘트를 보여준다]. 자기 모멘트의 크기는 거의 같기 때문에, 이는 자화율(susceptibility)—자화를 유도하는 자기장의 강도에 대해 자성 재료가 자화되는 양—을 거의 0으로 만드는 효과를 낸다.

프랑스의 물리학자인 Louis Felix Néel(1904-2000)은 1930년경에 반강자성의 존재를 제안했으며, 또한 특정 온도 이상(그의 이름을 딴 T_N)에서 반강자성 재료는 자기 모멘트의 정렬된 배열을 더 이상 유지할 수 없으므로 반강자성이 없어진다는 점을 밝혔다. 대부분의 반강자성 재료는 MnO, FeO, NiO와 같은 이온화합물(ionic comound)

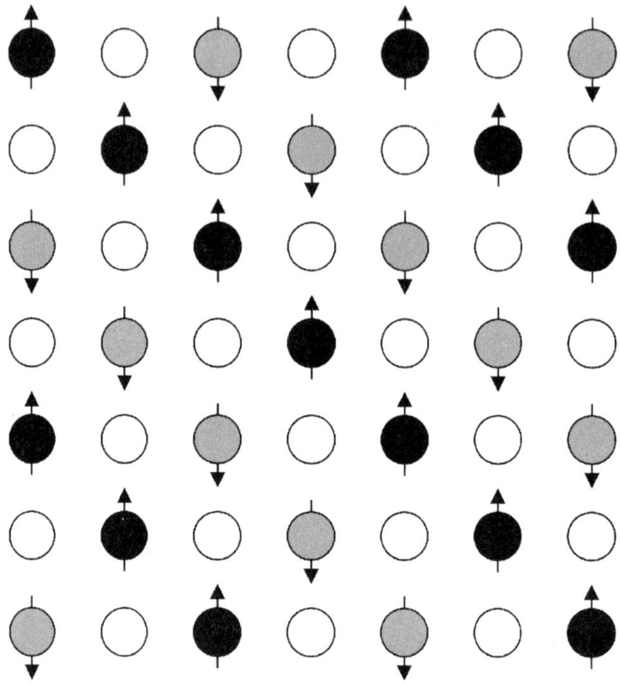

그림 8.8 MnO의(100) 평면에서의 스핀 정렬. 그림에서 흰색 원으로 표시된 O^{2-} 이온은 스핀및 오비탈 자기 모멘트가 서로 상쇄되기 때문에 자기 모멘트를 갖지 않는다. 반면, Mn 이온은 스핀 자기 모멘트를 갖는다—Mn 이온은 'spin up'의 검은색 원과 'spin down'의 회색 원 모두가 될 수 있다. MnO 고체는 각 이온의 스핀 자기 모멘트가 동일한 원자면 및 인접 원자면에 있는 바로 이웃한 이온의 스핀 자기 모멘트와 반대이기 때문에 모든 스핀 모멘트가 서로 상쇄되어 순(net) 자기 모멘트가 없다.

이다.

준강자성(Ferrimagnetism)

Néel은 또한 반강자성과 유사한 또다른 현상을 제안했다. 이 현상은 이웃 원자의 자기 모멘트가 반자성에서와 같이 서로 역평행하지만 그 크기는 서로 같지 않은 현상인데, 이를 준강자성(ferrimagnetism)이라고 한다. (Néel은 자성에 대한 광범위한 연구로 1970년 노벨 물리학상을 수상했다.) 그림 8.9는 강자성(ferromagnetic), 반강자성(antiferromagnetic) 및 준강자성(ferromagnetic) 재료에 대한 전자 스핀의 방향을 비교하여 보여준다.

강자성체처럼 준강자성체에는 영구 자화(permanent magnetization)가 있으며, 강자성체와 준강자성체의 거시적인 자기 특성은 유사하다—가장 두드러지는 차이점은 바로 포화 자화(saturation magnetization)인데, 준강자성체의 경우 포화 자화가 강

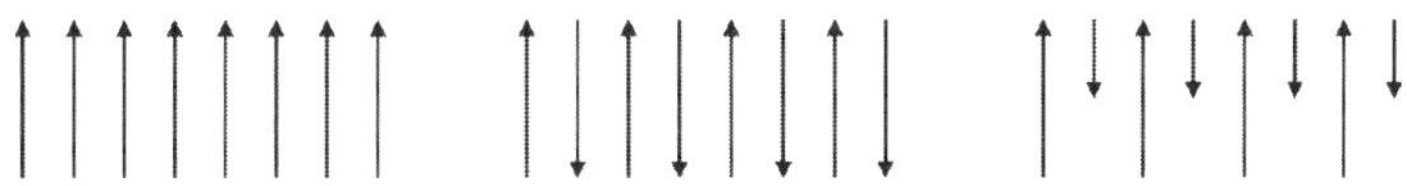

그림 8.9 강자성(ferromagnetic), 반강자성(antiferromagnetic) 및 준강자성(ferromagnetic) 재료에 대한 전자 스핀의 방향.

자성체만큼 크지는 않다. 준강자성 재료는 페라이트(ferrite)와 가넷(garnet)을 포함하는 세라믹이다. 사실, 최초로 발견된 자성 재료인 자철석(magnetite)—다른 용어로는 자철광(lodestone)—은 화학 조성 Fe_3O_4를 갖는 페라이트(ferrite)이다. 가넷(Garnet)은 $M_3Fe_5O_{12}$의 조성으로 된 복잡한 결정 구조를 갖는데, 여기서 M은 희토류(rare earth) 이온을 나타낸다. 이러한 유형의 가장 흔한 재료의 예는 이트륨 철 가넷($Y_3Fe_5O_{12}$)이다. 산화물(oxide)인 세라믹 재료는 좋은 절연체(insulator)이기 때문에, 고주파 변압기의 두 코일 사이에 사용되는 자석과 같은 특정 자기 응용분야에 이상적으로 사용될 수 있다.

8.3 자석과 자성의 기술적 응용

고대 중국 선원들이 물이 담긴 용기에 한 조각의 자철광(lodestone)을 띄워서 최초로 나침반을 만든 이래로, 우리는 지속적으로 자성을 기술적으로 응용하기 위한 노력을 기울여 왔다 자성이 없었다면, 우리는 항해도 하지 못할 뿐만 아니라, 분자를 연구하고 인체를 영상화하는 장치는 물론 모뎀과 전화기 같은 전자기(electromagnetism)에 의존하는 많은 전자 소자도 사용하지 못할 것이다. 또한, 전기 모터나 발전기도 사용할 수 없을 것이다. 이 절에서는 자성의 주요한 기술적 응용에 대해 살펴 볼 것이다.

8.3.1 솔레노이드

폭보다 길이가 훨씬 긴 코일 형태의 전선을 **솔레노이드**(solenoid)라고 한다. 솔레노이드는 패러데이(Faraday)가 19세기 초에 그가 발견한 것을 시연했을 때 처음 사용되었으며, 현재에도 학교에서 전자기 유도(electromagnetic induction) 원리에 대한 실험을 진행할 때에도 자주 사용된다.

하지만, 오늘날 솔레노이드의 가장 일반적인 용도는 계전기(relay)와 스위치(switch)이다. 계전기는 전기적으로 연결하지 않고도 다른 전기 회로를 제어할 수 있는 전기 회로이다. 전기 기계(electromechanical) 계전기는 한 전기 회로의 전류의 흐름에 의해 생성된 자기력을 사용하여 다른 회로의 스위치를 닫을 수 있다. [달리, 이러한 작업은 고체계전기(solid-state relay)라고 부르는 반도체 소자를 사용해서도 할 수 있다.]

솔레노이드는 선형 모션을 하는데 사용할 수 있으므로 로봇에 적용할 경우에 유용하다. 예를 들어, 솔레노이드를 이용하면 버튼을 누르거나 밸브를 작동시키거나 로봇이 점프 하도록 만들 수 있다. 이 같은 응용을 위해서는, 코일 내부에 철(iron) 또는 강철(steel)로 만든 원통형 피스톤을 배치하면 되는데, 감긴 코일에 전류를 흘림으로써 생기는 자기장에 의해 이 피스톤이 밀려나가거나 끌어당겨지는 방식으로 움직이게 할 수 있다. 전류를 차단하면 코일 내부의 원래의 위치로 돌아갈 수 있도록 피스톤의 한쪽 끝을 스프링에 부착시킨다. 크기가 큰 솔레노이드도 제작할 수 있는데, 그림 8.10은 무게가 4000 톤인 PHENIX 입자검출기에 장착되는 커다란 솔레노이드를 보여준다.

8.1.2절에서 다루었듯이, H 장(field)은 솔레노이드에 의해 생성되며, 이 자기장의 강도는 솔레노이드의 길이, 코일의 '감긴 횟수(turn)' 및 이를 통과하는 전류에 따라 달

그림 8.10 사진 속의 PHENIX 입자검출기는 미국 Brookhaven National Laboratory의 상대론적 중이온 충돌가속기에서 충돌을 통해 생성된 입자를 분석할 수 있다. 검출기 내에 있는 세 개의 자석은 전하를 띠는 입자의 궤적을 구부려 그 입자의 전하와 운동량의 측정이 가능하게 한다. 뮤온(muon) 자석은, 그 명칭에서도 알 수 있듯이, 곡선 경로를 따라 뮤온을 움직이게 하는 역할을 하는데, 전자(electron), 양성자(proton), 중수소(deuteron)를 포함한 다양한 입자의 경로를 구부릴 수 있는 두 부분으로 이루어진 중앙 자석의 양쪽에 위치한다. 각 자석들은 강철 코어에 감긴 구리 코일로 이루어진 솔레노이드(solenoid)이다. (Courtesy of Brookhaven National Laboratory.)

라진다. 이는 다음과 같은 방정식으로 표현된다.

$$\mathbf{H} = \frac{NI}{l} \tag{8.12}$$

여기서, N은 감긴 횟수, l은 솔레노이드의 길이, I는 전류이다.

8.3.2 전자석

솔레노이드의 감긴 코일 사이의 공간—'감긴 횟수(turn)'이라고 함—에 철(iron)과 같은 강자성(ferromagnetic) 재료가 코어(core)로서 채워져 있을 때, 이를 **전자석**(electromagnet)이라고 한다. 이처럼, 솔레노이드 안에 코어를 추가하면 코일 전류에 의해 생성될 수 있는 자기장(magnetic field)의 강도가 증가한다.

전자석은 무거운 물체를 들어 올리거나 자기 기록(magnetic recording)에 있어서 데이터를 읽거나 쓰는 데 사용된다(8.3.5절 참조). 또한, 알람, 전화 통화, 자기 부상(Maglev) 열차도 가능하게 한다. 전자석의 코일이 초전도(superconducting) 와이어로 제작되면, 매우 강한 자기장이 생성될 수 있다(Box 6.1 참조).

예제 8.2 솔레노이드

길이가 25 cm이고, 감긴 횟수(turn)가 70회인 솔레노이드에 진공 상태에서 0.15 A의 전류를 흘렸을 때, (a) 자기장 강도(magnetic field strength)와 (b) 자속 밀도(magnetic flux density)의 값은?

정답

(a) 자기장 강도는 $\mathbf{H} = \frac{NI}{l} = \frac{70 \times 0.15}{0.25} = 42\ \text{Am}^{-1}$

(b) $\mathbf{B}_{vac} = \mu_0 \mathbf{H}$이다. 여기서 $\mathbf{B}_{vac}$는 진공에서의 자속 밀도(magnetic flux density)이고, μ_0는 진공에서의 자기 투자율(magnetic permeability)이며 그 값은 $4\pi \times 10^{-7}\ \text{Hm}^{-1}$이다.

따라서, 이 경우 $\mathbf{B}_{vac} = \mu_0 \mathbf{H} = 4\pi \times 10^{-7} \times 42 = 5.28 \times 10^{-5}\ \text{T}$

8.3.3 영구자석

자성을 이용한 기술적인 응용에는 대부분 전자석(electromagnet)을 사용하지만, 영구자석(permanent magnet)도 고유의 용도가 있다. 영구자석은, 그 이름에서도 알 수 있듯이, 의도적으로 그 자성을 소멸시킬 만큼의 큰 반자기장(demagnetizing field)을 가하지 않는 이상 영구적으로 자성을 유지한다. 경자성(hard magnetic) 재료라고도 하는 모든 영구자석은 넓은 자기 이력 곡선(hysteresis loop) 내의 영역을 갖는다. 이와 대조적으로, 연자성(soft magnetic) 재료는 좁은 이력 곡선을 나타내며, 쉽게 자화 되며 또한 쉽게 반자화 된다(demagnetized).

영구자석은 주로 합금(alloy)으로 만드는데, 강철(steel)과 함께 가장 널리 사용되는 합금은 Alnico 이다. 사실, Alnico는 하나의 조성을 갖는 합금이 아니라 철(Fe)을 기반으로 해서 니켈(Ni), 알루미늄(Al), 코발트(Co) 및 구리(Cu)의 조성을 조금씩 달리해서 만들어지는 일련의 합금들이다. 이들 합금을 열처리하면 결정립(grain)이 정렬되어 자기 강도(magnetic strength)가 향상된다. 그러나, 기계적으로는 Alnico는 그다지 강하지 않고 부서지기 쉽기 때문에, 주조(casting)하거나 분말 형태로 제조하여 특정 모양 누르는 방식을 통해서만 원하는 형상으로 성형할 수 있다.

1983년 희토류(rare earth) 원소를 포함하는 경자성(hard magnetic) 물질이 발견되었다. 이 물질들은 네오디뮴(Nd)을 포함하고 있어 '네오자성(neomagnetsim)'이라고도 하는데, 자성이 매우 강해서 모터에 사용되었을 때 다른 영구자석을 사용하는 동일한 동력의 모터보다 최소한 5배나 더 가볍고 훨씬 더 작은 모터를 만들 수 있다. 왜냐하면, 적은 양의 네오자석으로도 기존 영구자석과 동일한 자력을 얻을 수 있기 때문이다. 그림 1.2를 다시 참조하면, 지난 50년 동안 영구자석의 크기가 지속적으로 줄어들어왔음을 알 수 있다.

1장에서도 살펴보았듯이, 하드 디스크(had disk), 플로피 디스크(floppy disk), CD, DVD와 같은 같은 장치들은 정보를 읽고 쓰는 과정에서 작은 모터에 의해 회전한다. 이 같은 작은 모터를 가능케 한 것이 바로 이들 희토류 물질 기반의 강력한 자성 재료의 발견이었다.

널리 사용되는 또 다른 영구자성 재료로는 세라믹 페라이트(ferrite) 자석이 있는데, 이 자성 재료는 다른 자성 재료에 비해 상대적으로 저렴하다. 또한, 분말 형태로서 플라스틱과 혼합할 수도 있는데, 이를 통해 냉장고 문 가장자리에 붙어 있는 것과 같은 유연한 고무 자석을 만들 수 있다.

8.3.4 자기 공명

핵자기공명(nuclear magnetic resonance, NMR)은 과학 전반에 걸쳐 사용되는 실험 기술 중 하나이다. 생물학자, 화학자, 및 물리학자들은 다양한 유형의 분자를 분석하기 위해 이 실험 기술을 사용한다(Box 6.1에서 소개한 바 있다). 또한, 전문의료인들은 NMR—일반적으로 자기공명영상(magnetic resonance imaging, MRI)이라는 용어를 주로 사용하는데, 이는 환자들이 '핵(nuclear)'이라는 말을 오해하지 않도록 위해서이다—을 사용하여 다른 어떤 기법으로도 얻을 수 없는 수준의 우수한 해상도로 인체의 연조직에 대한 정보를 얻는다.

MRI 스캔 중에 환자는 일반적으로 1.5 T 이상의 자기장을 생성하는 강력한 영구자석 또는 전자석 장착되어 있는 MRI 스캐너의 가운데 구멍 안에 가만히 누워있어야 한다. (이 자기장의 세기는 지구 자기장의 30,000배 이상에 해당하는 수준으로, 선명한 고화질 이미지를 만들어 낼 수 있다.) MRI 영상은 인체의 약 65%를 차지하는 물에 있는 수소 내부의 양성자(proton)의 스핀으로부터 얻어진다. 이 양성자의 스핀은 스캐너 자석에 의해 생성된 자기장에 노출되지 않았을 때에는, 인가 된 자기장 내에서 정렬하고 자신의 축을 중심으로 세차운동(precession)을 한다. (사실, 일부 양성자는 자기장에 정렬되고, 다른 일부는 역평행하게 정렬된다.)

양성자의 세차운동과 동일한 주파수를 갖는 전파(radio wave)를 양성자에 쏘이면 양성자 스핀의 세차운동의 위상이 같아진다. 그런 다음, 전파를 끄면 양성자는 전파에 쏘이기 전의 운동 상태로 '이완(relax back)'하게 된다. 이 같은 이완은 스캐너 내부의 전자 장치에서 감지되는 자기장의 작은 변화를 일으기게 되고, 또한 이 이완에 걸리는 시간도 감지된다. 이러한 양성자의 이완 시간(relaxation time)은 주변 조직의 유형에 따라 다르므로, 따라서 이 정보를 컴퓨터 소프트웨어를 사용하여 분석하고 처리하면 인체의 다양한 부분을 식별할 수 있는 상세한 이미지를 만들어 낼 수 있다.

그림 8.11에서 알 수 있듯이, MRI 스캔을 통해 뼈를 볼 수는 없지만, 중추 신경계와 근골격계를 관찰하는 데 매우 유용하다.

이 책을 집필하는 시점에서, MRI는 뇌 수술을 포함한 특수한 수술, 척추 부상 영상 촬영, 암 진단 지원 등 주요한 의료적 응용분야에 사용되고 있다. 환자가 그림을 보거나 게임을 하는 등의 활동을 할 때 환자의 활성화 된 뇌 부분을 관찰할 수 있는 기능성 MRI(fMRI)도 점차 많이 활용되고 있는 추세이다.

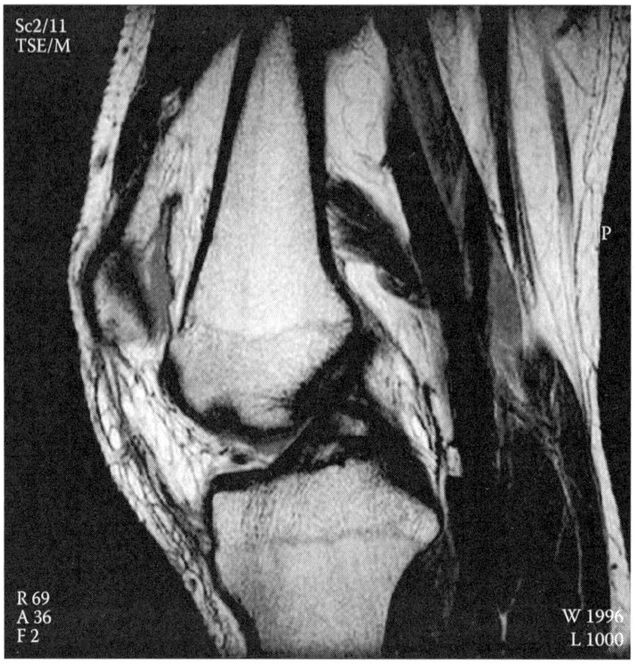

그림 8.11 무릎의 MRI 이미지. 무릎 관절 뒤의 X-모양의 검은색 선은 격한 운동 중 흔히 발생하는 인대(ligament)의 손상이다. (Courtesy of Guy's and St. Thomas' Hospital NHS Trust.)

8.3.5 자기 기록

모든 자기 기록(magnetic storage) 시스템은 거의 동일한 방식으로 작동한다. 자기 기록의 매질(medium)는 '입자(particulate)' 형태도 될 수 있는데, 이 경우 고분자 필름(비디오 및 오디오 테이프)이나 디스크 위에 산화크롬(CrO_2) 같은 자성 재료로 만들어진 매우 작은 입자가 사용된다. 또한, 자기 기록의 매질은 크롬 기판(substrate) 위에 있는 다결정(polycrystalline) '박막(thin film)' 형태도 될 수 있다. 입자 형태의 매질에서는 각 입자가 0 및 1을 나타내는 두 방향으로 자화되는 반면, 박막형태에서는 정보가 각각의 도메인(domain)에 저장된다. [입자 매질에서는 개별 입자의 크기가 도메인 벽과 거의 같고, 또한 도메인 벽을 형성하는 에너지가 도메인 하나의 정자기(magnetostatic) 에너지보다 크기 때문에 각 입자가 하나의 도메인이 된다.] 같은 면적이라면, 입자 매질보다는 박막 매질에 더 많은 데이터가 저장될 수 있는데, 그 이유는 각각 따로 분리되어 있는 입자와는 달리 박막에서의 도메인은 도메인 사이에 사용이 불가능한 공간이 없기 때문이다.

테이프 녹음(Tape Recording)

소리(sound)를 기록하기 위해 처음으로 자성을 이용한 것은 19세기 후반 덴마크 엔지니어였던 Valdemar Poulsen이다. Poulsen의 자기 기록 장치는 오늘날의 카세트 레코더와 동일한 원리로 작동했지만, 테이프(tape)를 사용하는 대신 강철 와이어의 자성의 변화로 소리를 녹음했다.

오늘날에는, 소리 데이터는 자기 테이프 표면이 자화된 양의 변화로 저장된다. 방금 보았듯이, 자기 테이프는 보통 산화크롬(CrO_2)과 같은 자성 재료로 된 작은 입자가 입혀진 고분자 필름이다. 이 자기 테이프에 정보를 쓰거나 읽는 것은 읽기/쓰기 헤드(read/write head)를 통해 이루어지는데, 이 헤드는 중간에 틈새가 있는 연자성(soft magnetic) 재료로 되어 있다. 또한, 헤드의 일부분은 코일이 감겨져 있어 전류를 흘리면 자기장을 생성하는 전자석(electromagnet) 역할을 한다. 자기 테이프는 이러한 읽기/쓰기 헤드 아래를 지나가는데, 헤드가 데이터를 쓸 때에는 헤드와 테이프 사이에 걸리는 자기장이 헤드 바로 아래의 테이프를 자화시킨다. 이때, 자화되는 정도는 코일에 흐르는 전류에 비례하며, 읽기/쓰기 헤드가 제거되더라도 자화는 그대로 유지된다. 그림 8.12는 이러한 쓰기 과정을 나타내고 있다.

데이터를 읽기 위해서는, 자기 테이프가 읽기/쓰기 헤드를 다시 지나가야 하는데, 이때는 헤드가 테이프의 자기장의 변화를 감지할 때마다 코일에 전압이 걸린다. 따라서, 코일에서 발생하는 다양한 전기적 신호에는 테이프에 저장된 소리 정보가 포함되며, 이후 스피커에 전달되어 저장된 소리를 들을 수 있게 한다.

미니 디스크(MiniDisc)

자성을 이용하여 소리를 기록하는 또 다른 장치는 MiniDisc(MD)이다. MD에는 두 가지 유형이 있다. 우선, 전문 아티스트의 음악을 담고 있는 사전 마스터링(premastering)

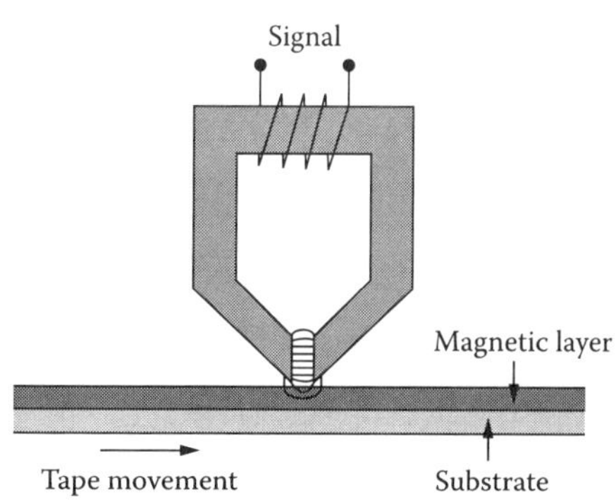

그림 8.12 자기 테이프(magnetic tape)에 소리 데이터 쓰기.

된 MD는 CD와 유사한데, 표면에 디지털 신호 1을 나타내는 자국(pit)과 0을 나타내는 평평한 영역이 있다. 다이오드 레이저(diode laser, 7.2.3절 참조)의 '재생 빔(playback beam)'이 MD 표면에 비춰지면, 빔이 자국에 의해 산란되고 자국이 없는 부분에서는 반사되면서 표면에 기록된 데이터를 재생한다.

두 번째 유형의 MD는 자성 물질을 이용해 소리 데이터를 기록하고 저장할 수 있는 MD이다. 소리 데이터의 기록을 위해서는 데이터를 읽을 때 보다 재생 레이저 빔을 더 높은 출력으로 작동시켜서 빔이 닿는 자성 층의 온도를 임계 온도(대략 퀴리 온도 180℃) 이상으로 가열한다. 이렇게 되면 빔이 닿아 가열된 부분의 자성은 사라지고 저장된 모든 데이터가 제거된다. 동시에, 자기 기록 헤드는 이 가열되는 지점에서 N극 또는 S극의 자기 극성을 유도하는데, 이 자기 극성은 냉각된 후에 그대로 남게 된다. S극으로 남은 부분은 디지털 신호 0을 나타내고, N극으로 유도된 부분은 1을 나타낸다.

재생 중에 N극과 S극은 재생 레이저 빔의 편광(polarization)을 각각 다른 방향으로 회전시킨다. 이렇게 편광 된 두 빔은 편광 빔 스플리터(splitter)에 의해 분리된 다음 각각에 해당하는 0 또는 1 신호를 광 검출기(light detector)로 전송한다.

컴퓨터 디스크드라이브(Computer Disk Drives)

컴퓨터의 디스크 드라이브는 테이프 레코더와 유사한 방식으로 데이터를 읽고 쓴다. 그러나, 이 경우 자기 저장을 위한 매체는 테이프가 아닌 디스크이며, 읽기/쓰기 헤드는 디스크 위의 필요한 위치로 이동하여 정보를 읽거나 쓰기 때문에 데이터 검색 속도를 크게 높이게 된다. 또한, 데이터는 디스크 위에 길이 1 μm 미만의 매우 작은 영역을 차지하는 비트(bit) 형태로 디지털화 되어 저장된다. 각 비트는 자화되어(magnetized) 1을 나타내거나, 또는 반대 방향으로 자화되어 0을 나타낸다. 데이터는 디스크의 가장 안쪽 지름에서 바깥쪽 가장자리까지 이어지는 동심원 트랙의 '섹터(sector)'에 기록된다.

그림 8.13은 덮개가 없는 하드 디스크(hard disk) 드라이브를 보여주는데, 읽기/쓰기 헤드는 사진에서 가위처럼 보이는 서스펜션 암(suspension arm) 끝에 위치해 있다. 서스펜션 암은 저장된 데이터를 검색하거나 디스크의 사용되지 않는 섹터에 새로운 데이터를 쓰기 위해 헤드를 적절한 위치로 이동시킬 수 있다. 그림에서 알 수 있듯이, 디스크 드라이브는 일반적으로 여러 개의 디스크를 포함한다. 데이터는 각 디스크의 양쪽 면에 저장되므로 사진 속의 디스크 드라이브에는 6개의 읽기/쓰기 헤드가 있다.

비록 하드 디스크는 테이프 레코더의 기능과 동일한 기능을 수행하지만, 하드 디스크의 경우는 읽기/쓰기 헤드의 '읽기' 부분이 금속이나 반도체로 만들어져 자기장이 걸렸을 때 전기 저항(electrical resistance)이 변한다는 차이가 있다. 이러한 효과를

그림 8.13 세 개의 디스크(disk)를 포함하는 하드 드라이브(hard drive). 읽기/쓰기 헤드 용 서스펜션 암(suspension arm)은 사진의 왼쪽에서 보이며, 맨 위의 읽기/쓰기 헤드는 가장 위에 있는 디스크 위에 있는 것을 볼 수 있다. (Photo taken by Marcin Barłowski.)

자기 저항(magnetoresistance, MR)이라고 한다.

다시 말해서, 디스크 드라이브에서는 특정 영역의 자화 된 정도가 클수록 그 지점의 자기장이 강하기 때문에 그로 인해 읽기/쓰기 헤드에 걸리는 전기 저항이 크며, 이러한 원리로 저장된 정보를 읽을 수 있는 것이다. 이 같은 전기 저항의 증가는 헤드를 통해 흐르는 전류의 양을 감소시키며, 이 전류 흐름의 변화가 회로에서 감지되어 저장된 데이터를 드러낼 수 있는 것이다.

반면, 데이터의 '쓰기'는 테이프 레코더와 동일한 원리로 이루어진다. 데이터가 전기 펄스 형태로 헤드의 쓰기 부분에 전송되면, 이에 대한 자화(magnetization) 패턴이 디스크 상에 만들어 진다.

거대 자기저항(Giant Magnetoresistance)

우리 모두는 같은 공간에 가능하면 더 많은 데이터를 압축해서 집어 넣기를 원한다. 과학자들은 이 같은 노력의 일환으로서 고밀도 자기 기록(high density magnetic recording)을 개발하기 위해 끊임없이 연구에 매진하고 있다. 더욱 더 많은 양의 정보를 표준 크기의 디스크에 저장하려면, 디스크 상에 그만큼 더 밀집된 데이터를 읽을 수 있는 더욱 정교한 헤드가 있어야 한다. 사실, 최신 컴퓨터 하드 드라이브와 iPod 및 Xbox와 같은 기기들은 새로운 기술이 적용된 정교한 헤드 덕분에 엄청나게 많은 정보를 저장할 수 있다. 이 새로운 헤드는 기존의 자기 저항(magnetoresistance) 헤드에 사용된 전도체보다 더욱 더 큰 저항 변화(자기장을 받을 때)를 나타내는 것으로서, 1988년에 발견된 자성 물질의 구조에서 약간 변형된 물질을 사용한다. 이와 같은 자기 효과를 거대 자기 저항(giant magnetoresistance, GMR) 효과라고 한다. GMR 효과는 독일의 물리학자 Peter Grünber(1939-)와 프랑스의 물리학자 Albert Fert(1938-)가 각각 독자적으로 발견한 것으로, 이 공로로 이 두 물리학자는 2007년 노벨 물리학상을 공동으로 수상했다.

기본적인 GMR 구조는 비자성(nonmagnetic) 층에 의해 분리된 초박형(원자 수 개 정도의 두께) 금속 강자성(ferromagnetic) 물질로 구성된다. 이들 층은 하나의 자성 층과 하나의 비자성 층으로 구성된 연속적이고 반복적인 금속 샌드위치 형태를 형성한다.

이 같은 GMR 구조에 자기장을 인가하면 인접한 자기 층에서의 자화의 방향이 변하게 되는데, 이때 각 층들은 각각 단일 자기 도메인(domain)처럼 작동한다. 역평행(antiparallel) 자화 상태에서는 층을 통해 상대적으로 높은 저항이 걸리는 반면, 평행(parallel) 자화 상태에서는 연속적인 자성 층들을 통해 전기 전도가 잘 일어나게 된다.

더 읽을거리

Heinrich, B. "Nickel reveals a new magnetic face". *Physics World* (June 2005): 26–27.

Keevil, S. F. "Magnetic resonance imaging in medicine". *Physics Education* 36 (2001): 476–485.

(More references for further reading, as well as Web links, are available on the following Web page: http://www.crcpress.com/product/isbn/9780750309721.)

대표 예제

Q 8.1 다음 보기 중, 보어 마그네톤(Bohr magneton)을 가장 설명하는 것은?

(a) 자유전자의 총 자기 모멘트

(b) 자유전자의 스핀 자기 모멘트

(c) 원자 내의 전자의 스핀 자기 모멘트

(d) 원자 내의 전자의 총 자기 모멘트

Q 8.3

(a) 자화율(magnetic susceptibility) χ는 어떤 단위(unit)로서 측정되는가?

(b) χ는 자화(magnetization)와 어떤 관련이 있는가?

Q 8.5 다음 문장이 설명하고 있는 자성(magnetism)의 종류는 무엇인가?
외부 자기장이 가해졌을 때만 존재하는 가장 약한 형태의 자성.

Q 8.7

(a) 한 도메인(domain) 내에서 강자성 물질의 개별 원자의 자기 모멘트는 어느 방향을 가리키는가?

(b) 도메인의 존재가 강자성체(ferromagnet)의 전체적인 자기 에너지를 감소 또는 증가 시키는가?

(c) 인접한 도메인 사이의 영역을 무엇이라고 하는가?

(d) 강자성 물질에 인가 된 자기장이 증가함에 따라 일어나는 도메인 구조의 주요한 변화에 대해 설명하라.

Q 8.10 길이 20 cm의 60회 감은 솔레노이드에 진공 상태에서 0.16 A의 전류를 흘렸을 때, (a) 자기장 강도(magnetic field stregnth)와 (b) 자속 밀도(magnetic flux density)를 계산하라.

APPENDIX A

유용한 수학
(Some Useful Maths)

A1 벡터

벡터(Vector) vs. 스칼라(Scalar)

공간의 두 지점 사이의 거리와 방향은 벡터(vector)라는 물리량으로 표현할 수 있다. 벡터는 '크기(magnitude)'를 갖는 선으로 표시하는데, 선의 길이는 두 지점 사이의 실제 거리에 비례하며 방향은 두 지점 간의 실제 방향과 같다. 반면, 스칼라(scalar)라고 하는 물리량은 오직 크기만 가지고 있어서, 단지 실수를 사용해서 표현이 가능하다. 벡터의 길이는 하나의 수로 나타낼 수 있으며, 따라서 스칼라의 한 예이다.

벡터의 크기는 수학적으로 계수(modulus)에 의해 주어진다. 그림 A1에 나와있는 벡터 **a**의 크기는 $|\mathbf{a}|$ 인데, 보통 굵기의 글씨로 간단히 'a'로도 표시할 수도 있다. (손으로 쓸 때는 굵은 글씨와 보통 글씨의 차이를 명확하게 나타내기는 어렵다. 따라서, 통상적으로 벡터에 밑줄을 그어 표시한다. 따라서, 이 경우 벡터 **a**는 $\underline{a}$로 표시된다.)

벡터 a와 크기와 방향이 같은 벡터가 있다면, 그 벡터도 똑같이 **a**가 된다. 하지만, 어떤 벡터가 그 크기는 **a**와 같으나 방향이 **a**와 정반대라면(그림 A2에서처럼), 이때 이 벡터는 '음의 벡터(negative vector)'라고 한다.

벡터는 스칼라에 의해 곱해질 수 있다; 예를 들면, **a**에 2를 곱하면 2**a**가 된다. 이 새

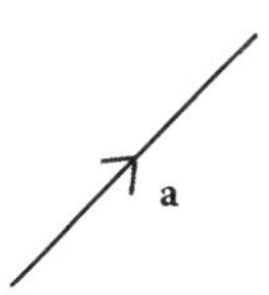

그림 A1 벡터(vector).

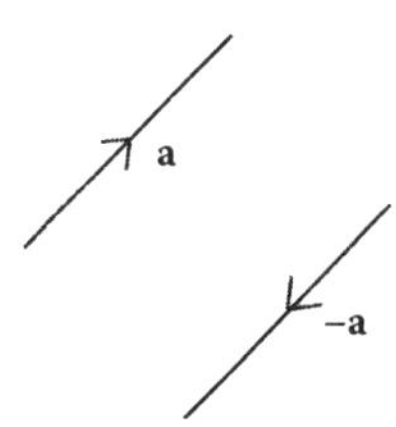

그림 A2 크기가 같지만 방향이 다른 두 벡터.

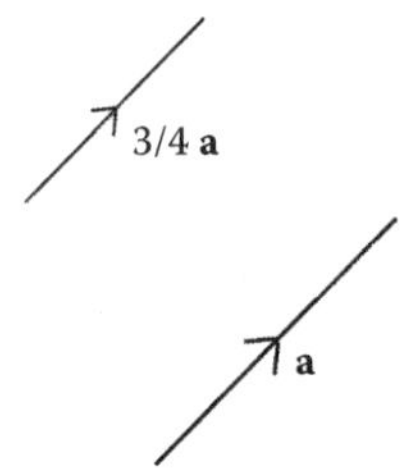

그림 A3 스칼라가 곱해진 벡터 a.

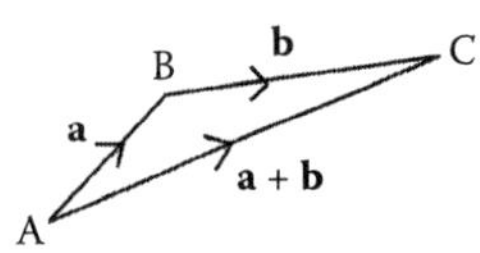

그림 A4 벡터의 합(vector addition).

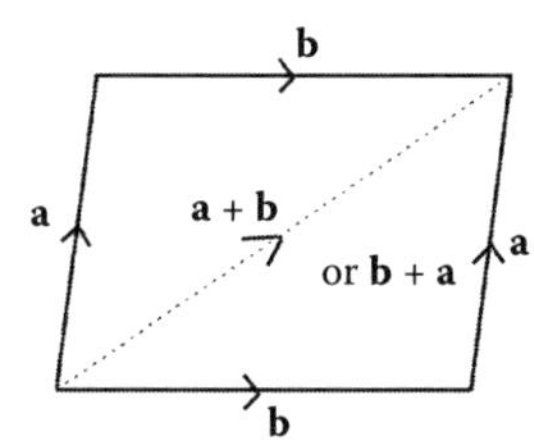

그림 A5 벡터 합의 가환적(commutative) 성질.

로운 벡터의 크기는 2|**a**|이며, 원래의 벡터 a와 같은 방향을 가진다. 그림 A3은 스칼라가 곱해진 벡터 **a**의 예를 보여준다.

단위 벡터(Unit Vectors)

크기 1를 가진 벡터를 '단위 벡터(unit vector)'라고 한다. 단위 벡터는 벡터 표시 위에 작은 점(보통 모자라고 한다)으로 표시하는데, 예를 들어 $\hat{\mathbf{w}}$ 라고 표시한다.

벡터의 합(Addition of Vectors)

벡터는 한 벡터의 끝점과 다른 벡터의 시작점이 일치하게 놓음으로써 함께 더해질 수 있다. 그림 A4에서 나와 있는 예시처럼, 점 A와 B를 연결하는 벡터 **a**는 점 B와 C를 연결하는 벡터 **b**와 더해지게 된다. 점 A와 C를 연결하는 벡터를 벡터 합(vector sum)이라고 하며 $\mathbf{a} + \mathbf{b}$로 표시한다.

물론, 실제 상황은 이보다는 좀더 복잡할 수 있지만, 벡터 합의 과정 자체는 동일하다. 벡터 합의 중요한 특성은 그것이 '가환적(commutative)'이라는 점이다. 즉, 그림 A5에서 보는 바와 같이, $\mathbf{a} + \mathbf{b} \equiv \mathbf{b} + \mathbf{a}$처럼 벡터를 더할 때의 순서에 상관없이 그 결과가 같음을 의미한다.

A2 카르테시안 좌표계

카르테시안 좌표계(Cartesian coordinate)를 수학에 도입한 사람은 프랑스의 수학자이자 철학자인 Rene Descartes(1596-1650)이었다; 실제, Cartesian이라는 용어는 그의 이름에서 유래한다. 이 좌표계에서의 점의 위치는 그 점이 기준 축(reference axes)에서 갖는 관계를 통해 결정된다. 3차원에서의 카르테시안 좌표의 기준 틀(frame)은 그림 A6에서 보는 것처럼 3개의 서로 수직한 축들로 구성된다.

한 점의 위치는 그 점이 각 축들을 따라 얼마나 떨어져 있는지를 나타내주는 3개의 좌표 (x, y, z)로 주어진다. 세 축이 교차하는 점은 원점(origin)이라고 하며, 점 (0,0,0)으로 표시된다. 오른손 시스템에서는, x-축 방향으로의 거리는 원점의 오른쪽으로 양(positive)이며, 원점에서 왼쪽은 음(negative)이다. 마찬가지로, y-축의 경우도 원점에서 오른쪽으로의 거리는 양이며, 반면에 왼쪽은 음이다. z-축의 경우는 원점을 기준으로 위쪽으로의 거리는 양인 반면 아래쪽은 음이다. (왼손 시스템일 때에는, 이 모든 것

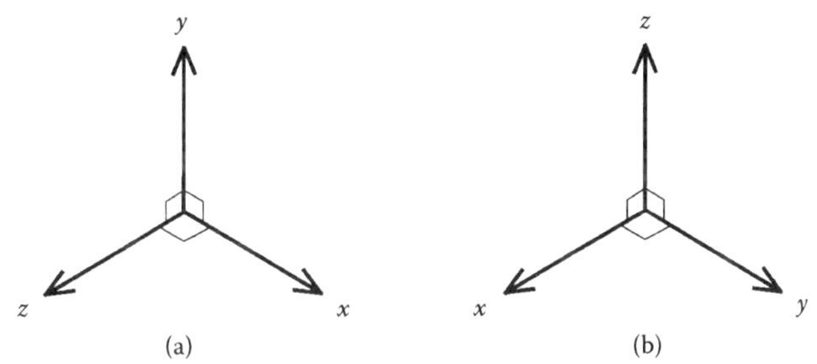

그림 A6 카르테시안 좌표의 기준 틀(frame). (a)와 (b)에서 보이는 축들은 오른손 시스템을 따른다. 즉, 오른손 엄지손가락과 검지 및 중지 손가락을 서로 수직이 되도록 펴면 그림과 같은 축들이 나온다. 우선 (a)를 보면, 엄지손가락을 x-축 방향을 가리키도록 뻗으면, 검지와 중지는 각각 y-축 및 z-축 방향을 가리킨다. (b)에서 보여지는 축들 또한 (a)에 나타나 있는 축들을 시계방향으로 90°으로 회전시키면 얻을 수 있는 오른손 시스템이다.

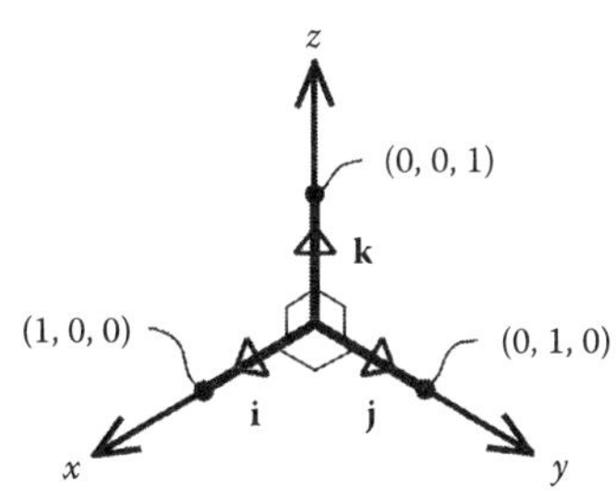

그림 A7 카르테시안 단위 벡터 **i**, **j**, **k** 및 각 위치 벡터에 대응되는 좌표.

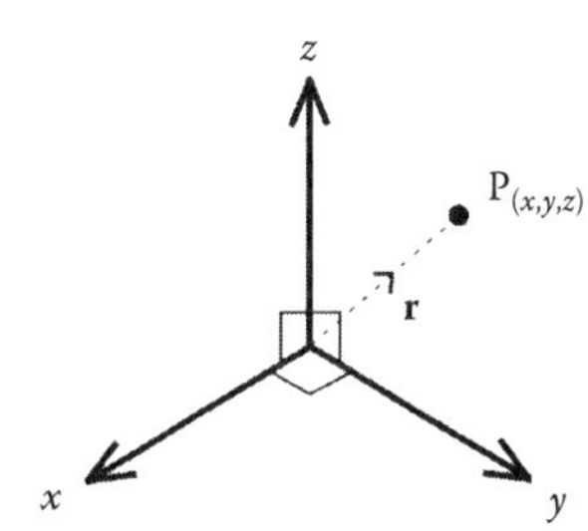

그림 A8 점 P에 대한 위치 벡터(position vector) **r**.

이 반대로 설정된다.)

예를 들어, 그림 A7은 세 개의 서로 다른 좌표에 대한 카르테시안 단위 벡터(혹은 카르테시안 기본 벡터)가 각각 어떻게 정의되는지를 나타낸다. 그림에서 알 수 있듯이, x-축으로의 단위 벡터—즉, 크기가 1인 벡터—는 벡터가 원점에서 시작해서 점 (1, 0, 0)에서 끝난다. 한편, y-축과 z-축으로의 단위 벡터의 경우, 둘다 원점에서 시작하여 각각 점 (0, 1, 0)과 점 (0, 0, 1)에서 끝난다.

점은 반드시 좌표로 표현될 필요는 없다. 그림 A8에서의 점 P처럼, 위치 벡터(position vector)를 통해서도 표현이 가능하다. 일반적으로 모든 위치 벡터는 하나의 고정된 기준점(reference point)과 어떤 다른 하나의 점을 연결한다. 그림 A8의 경우, 위치 벡터 **r**은 카르테시안 기준 틀(frame)의 원점과 점 P를 연결한다.

위치 벡터는 '카르테시안 요소(Cartesian components)', 즉 카르테시안 단위 벡터로 표현될 수 있다. 즉, 특정 축 방향으로의 거리는 그 축의 단위 벡터의 배수(multiples)나 또는 부분(fraction)으로 주어진다. 따라서, 일반적으로 좌표(x, y, z)를 갖는 임의의 점에 대해 위치 벡터 **r**은 $\mathbf{r} = x\mathbf{i} + y\mathbf{j} + z\mathbf{k}$로 주어진다. 예를 들어, 점 (5, 1, −2)의 위치 벡터는 $5\mathbf{i} + \mathbf{j} - 2\mathbf{k}$이다.

A3 대표적인 식의 유도과정

식 6.17의 유도

식 6.14(a)이 나타내듯이, 진성 반도체(intrinsic semiconductor)에서는 $n = p$이다. 그러므로, 진성 반도체의 페르미 에너지(Fermi energy)에 대한 식을 나타내고자 한다면, 식 6.15와 6.16을 다음과 같이 연산할 수 있다.

$$n = N_C \exp\left[-\frac{(E_C - E_F)}{k_B T}\right] \tag{6.15}$$

$$p = N_V \exp\left[-\frac{(E_F - E_V)}{k_B T}\right] \tag{6.16}$$

그러므로,

$$N_C \exp\left[-\frac{(E_C - E_F)}{k_B T}\right] = N_V \exp\left[-\frac{(E_F - E_V)}{k_B T}\right] \tag{A.1}$$

$$\therefore \frac{N_V}{N_C} = \frac{\exp\left[\frac{-E_C + E_F}{k_B T}\right]}{\exp\left[\frac{-E_F + E_V}{k_B T}\right]} \tag{A.2}$$

$$\therefore \frac{N_V}{N_C} = \exp\left[\frac{-E_C + E_F + E_F - E_V}{k_B T}\right] \tag{A.3}$$

양변에 로그(log)를 취해주면,

$$\ln\left(\frac{N_V}{N_C}\right) = \frac{-\left(E_C + E_V\right) + 2E_F}{k_B T} \tag{A.4}$$

식을 다시 정리하면,

$$k_B T \ln\left(\frac{N_V}{N_C}\right) = -\left(E_C + E_V\right) + 2E_F \tag{A.5}$$

양변을 2로 나누어 주면,

$$\frac{k_B T}{2} \ln\left(\frac{N_V}{N_C}\right) = \frac{-\left(E_C + E_V\right)}{2} + E_F \tag{A.6}$$

식을 다시 정리하면 최종적으로 식 6.17을 얻을 수 있다.

$$E_F = \frac{E_C + E_V}{2} + \frac{k_B T}{2} \ln\left[\frac{N_v}{N_C}\right] \tag{6.17}$$

식 6.18의 유도

진성 캐리어 농도(intrinsic carrier concentration)는 식 6.15와 6.16를 곱해서 얻을 수 있다.

$$n = N_C \exp\left[-\frac{\left(E_C - E_F\right)}{k_B T}\right] \tag{6.15}$$

$$p = N_V \exp\left[-\frac{\left(E_F - E_V\right)}{k_B T}\right] \tag{6.16}$$

그러므로,

$$np = N_C N_V \exp-\left[\frac{E_C - E_F + E_F - E_V}{k_B T}\right] \tag{A.7}$$

위의 식을 정리하면,

$$np = N_C N_V \exp-\left[\frac{E_C - E_V}{k_B T}\right] \tag{A.8}$$

그리고, $(E_c - E_v) = E_g$이므로,

$$\Rightarrow np = N_C N_V \exp\left(-\frac{E_g}{k_B T}\right) \tag{A.9}$$

식 A.9는 반도체의 도핑 양에 따라 변하는 E_F의 위치를 포함하고 있지 않기 때문에, 이 식은 도핑의 여부와 상관없이 진성 반도체와 외인성 반도체 모두에 적용이 가능하다.

그런데, 진성 반도체에서 $n_i^2 = np$ [식 6.14(b)]이므로, 식 A.9는 다음과 같이 나타낼 수 있다.

$$n_i^2 = N_C N_V \exp\left(-\frac{E_g}{k_B T}\right) \tag{A.10}$$

위의 식의 양변에 제곱근을 취하면 다음과 같이 식 6.18이 유도된다.

$$n_i = \sqrt{N_C N_V} \exp\left[-\frac{E_g}{2k_B T}\right] \tag{6.18}$$

$n_i^2 = np$ [식 6.14(b)]의 증명은 진성 반도체 뿐만 아니라 외인성 반도체에도 적용 가능하다.

우리는 식 A.9가 외인성 반도체와 진성 반도체 모두에 유효한 것을 이미 배웠다. 사실, 이와 같이 쓰여진 식의 형식은 외인성 반도체에 보다 더 적합하지만, 만약 진성 반도체에 대한 식을 표현하고자 한다면 np 항을 치환하기 위해 식 6.14(b)를 사용할 수 있으며, 결과적으로 식 A.10을 얻을 수 있다.

식 A.9와 A.10의 우변이 같기 때문에, 좌변도 같아야 한다. 따라서, 진성 반도체와 외인성 반도체에 모두에 대해 $n_i^2 = np$가 성립함이 증명된다.

진동과 파동
(Vibrations and Waves)

B1 파동의 특성

전자기파와 탄성파(Electromagnetic and Elastic Waves)

매질(medium)—고체, 액체, 또는 기체—을 통해 전파되는 파동(wave)이 그 매질을 구성하는 입자(particle)의 진동으로 이루어질 때, 그러한 파동을 탄성파(elastic wave)라고 한다. 탄성파는 이처럼 한 입자의 진동이 다른 입자의 진동으로 전달되면서 전파된다. 반면, 만약 파동이 매질을 이루는 입자를 진동시키거나 흐트러뜨리지 않고 그 대신 전기장(electric field)과 자기장(magnetic field)의 진동(oscillation)으로 이루어져 있다면, 그 파동을 전자기파(electromagnetic wave)라고 한다.

음파(sound wave)는 탄성파이다. 그러므로, 음파는 고체, 액체, 및 기체를 통해서는 이동이 가능하지만, 진공(vacuum)에서는 진동할 수 있는 입자가 없기 때문에 음파는 이동할 수 없다. (우주공간은 거의 진공상태와 유사할 만큼 입자의 밀도가 낮기 때문에, 우주공간에서는 소리를 쳐도 아무도 들을 수 없다.) 하지만, 빛(light)과 X-ray(전자기파 스펙트럼에 대한 그림 B1 참고)를 포함하는 전자기파는 진공에서도 이동할 수 있다. (그렇기 때문에, 우주에서도 다른 우주선을 볼 수 있다.)

종파와 횡파(Longitudinal and Transverse Waves)

파동이 이동하는 방법에는 기본적으로 두 가지가 있다. 음파와 같은 종파(longitudinal wave)는 B2(a)에 나타나 있는 것처럼 파동의 진행 방향과 매질의 진동 방향이 같다. 반면에, 호수의 잔물결과 전자기파[그림 B2(b)]는 파동의 진행 방향과 진동 방향이 수직을 이루는 횡파(transverse wave)의 예이다.

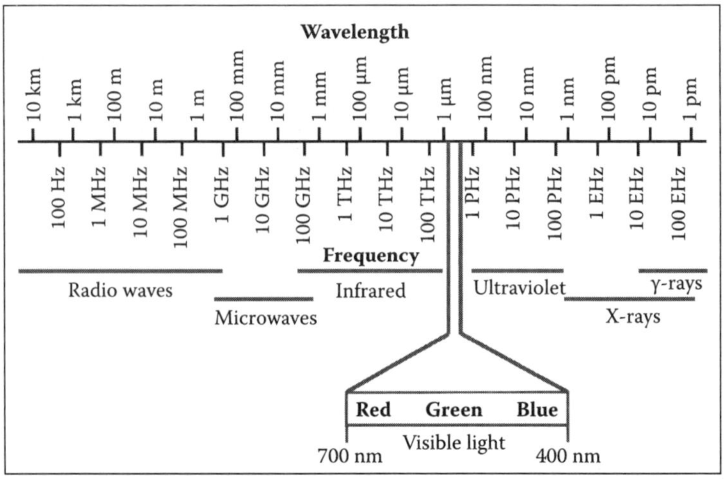

그림 B1 전자기 스펙트럼(The electromagnetic spectrum).

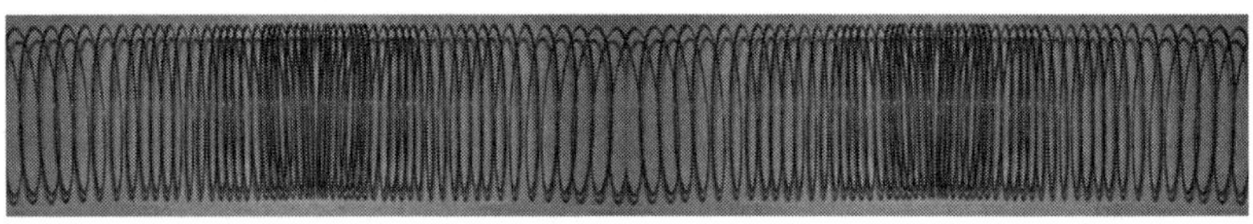

(a)

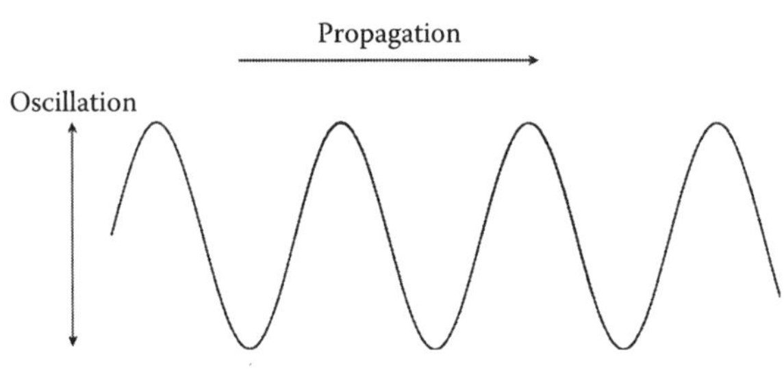

(b)

그림 B2 (a) 종파(longitudinal wave)는 슬링키 스프링(slinky spring)을 바닥에 놓고 부드럽게 잡아 당겨보면 만들 수 있다. 그런 다음, 스프링의 양쪽 끝을 손으로 잡고 있는 동안, 한 손만 앞뒤로 움직이면 스프링은 한쪽 끝에서 반대쪽 끝까지 계속해서 밀리면서 몇 개의 코일이 함께 이동하는 것을 관찰할 수 있다. 이와 대조적으로, 책상서랍에 스프링의 한쪽 끝을 묶어두고 다른 한쪽 끝을 빠르게 위 아래로 튕기면 (b)의 그림에서처럼 횡파(transverse wave)가 만들어진다.

파동의 표현(Describing Waves)

물리학자들이 연구하는 많은 물리적 현상들은 다양한 유형의 파동의 거동과 관련된 것들이 많이 있다. 따라서, 그러한 물리적 현상들을 제대로 설명하고 수학적인 계산

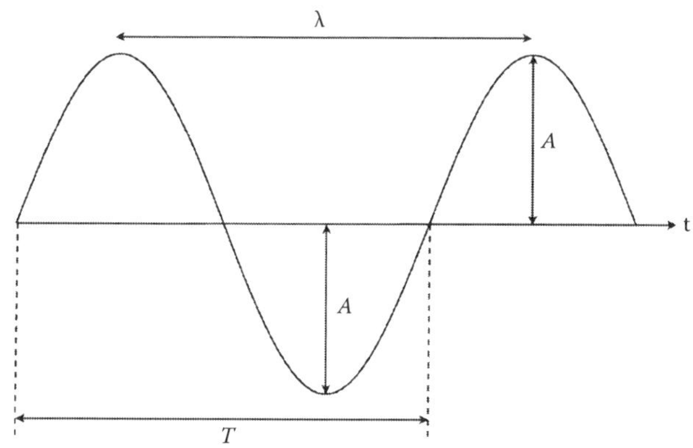

그림 B3 파동(wave)의 기본적인 성질들.

을 수행하기 위해서는 파동을 정확히 표현하는 방법이 필요하다. 횡파와 종파 모두, 그림 B3에서 보는 것과 같은 사인파(sine wave)로 나타낼 수 있다. 그림에서 볼 수 있듯이, 파장(wavelength, λ)은 한 마루(peak)에서 다음 마루[또는 골(trough)에서 다음 골] 사이의 거리이며, 진폭(amplitude, *A*)은 진동이 전혀 없는 상태 대비 진동이 있을 때 그 진동이 가질 수 있는 최대 변위(displacement)이다. [물론, 현실세계에서의 실제 파동의 형태(파형)는 사인(sine) 함수에 국한되지 않는다. 방형파(square wave), 맥파(pulse), 잔물결(ripple) 그리고 톱니파(sawtooth wave)와 같은 다른 파형도 있다. 하지만, 사인 파(sinusoidal wave)들이 중요한 이유는, 방형파와 같이 하나의 수학적 함수로 표현될 수 없는 다른 파형과 달리, 사인 함수의 무한한 합으로 전개할 수 있는 푸리에 급수(Fourier series)에 의해서 표현할 수 있기 때문이다.]

파동의 중요한 또 다른 특성에는 단위 시간당 진동 횟수를 나타내는 진동수(frequency) 혹은 주파수—f 혹은 v로 나타낸다—와 더불어 한 번의 진동이 일어나는 동안의 시간을 나타내는 주기(period) T가 있다. 이 두 성질에 대해, 진동(oscillation)이라 함은 파동의 전달 매질이 앞뒤로 한번씩 움직인 후 진동 발생 전의 상태로 돌아가는 완전한 한 사이클(cycle)을 의미한다. 주기와 진동수의 관계는 다음과 같다.

$$T = {}^{1}\!/_{\nu} \qquad \text{(B1.1)}$$

그림 B4는 또 다른 사인 파(sine wave)을 보여주는데, 이 파동은 수학적인 사인 함수(sine function)의 그래프이다. 사인 함수는 그래프의 형태가 2π 라디안(= 360°) 마다 반복되는 원주 함수(circular function)이다. 파동의 진동은 움직임의 완벽한 하나의 사이클(cycle)이며 모든 실제의 파동은 사인 파들로 나타낼 수 있기 때문에, 탄성파 혹

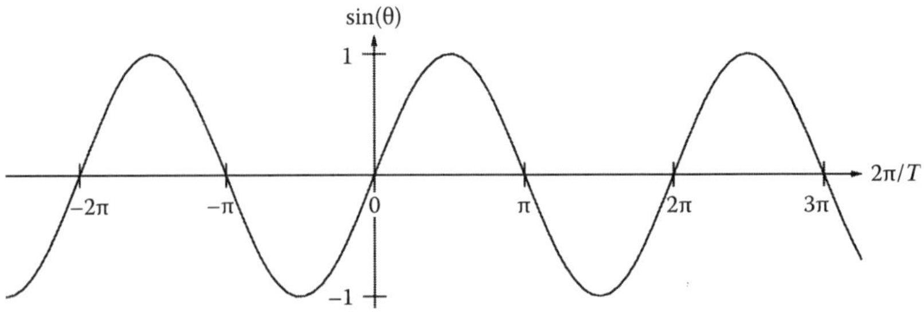

그림 B4 사인 함수(sine function).

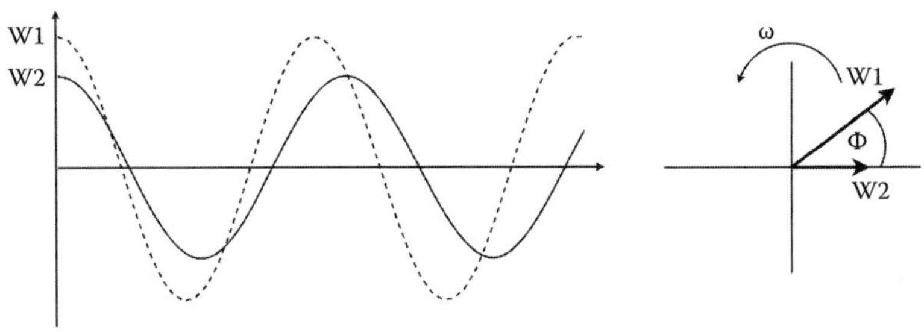

그림 B5 위상차(phase difference) Φ를 가지는 파동 W1과 W2를 나타내는 두 가지 방법.

은 전자기파의 주기(period) 역시 하나의 각(angle)로 생각할 수 있으며 따라서 주기는 2π가 된다.

이는, 매 사이클 마다 하나의 완벽한 원을 그리는 벡터로 표현함으로써 두 개의 그림 B5는 진동수(frequency)는 서로 같지만 각 파동의 사이클에서의 위치가 서로 다른 두 파동 W1과 W2를 보여준다. 벡터의 길이는 파동의 진폭(amplitude)과 같으며, 두 벡터는 각 진동수(angular frequency) ω로 2π 주기로 회전한다. 벡터 W1과 W2 사이의 각을 위상 각(phase angle) Φ이라고 한다.

일반적으로, 위상(phase)은 한 사이클 안에서 원점에서 다른 지점까지 경과한 시간의 부분으로서 간주된다. 주기와 마찬가지로, 두 파동의 위상차(phase difference)는 시간 차 혹은 각의 차이로 표현될 수 있다. 한 파동이 다른 파동보다 사이클에서 앞서간다면, 첫 번째 파동은 두 번째 파동을 '이끈다(lead)'고 표현한다. 예를 들어, 그림 B5의 파동 W1은 파동 W2를 이끄는 것이다. 이와 반대로, 한 파동이 다른 파동보다 사이클에서 뒤쳐진다면 '지연(lag)'이라고 말하며, 두 파동 사이의 위상 차를 다른 방식으로 표현하자면 W2가 W1보다 지연된다라고도 말할 수 있다. 두 파동의 위상이 정확히 똑같을 때를 '위상이 일치한다(in phase)'라고 한다. 이렇게 위상이 일치하지 않는 다른 모든 경우에는 '위상차가 있다(out of phase)'라고 한다. 특히, 두 파동 중 한 파동이 다른 파동보다 정확히 π 라디안만큼 앞설 때(혹은 π 라디안만큼 지연될 때), 이 두 파동은 '역위상(in antiphase)' 관계에 있다고 말한다.

파동의 진동수는 각 진동수(angular frequency) ω로 표현하는 것이 더 용이한데, 일반적인 진동수(ν)와는 다음과 같은 관계가 있다.

$$\omega = 2\pi\nu \tag{B1.2}$$

파수(wave number)도 또한 일반적으로 많이 쓰이는 용어이다. 엄밀히 말하자면, 파수는 단위 길이당 파동의 개수 또는 파장(wavelength)의 역수(reciprocal)로 정의된다. 파수는 일반적으로는 기호 σ로 나타내는데, 그러나 고체물리에서의 파수는 파동 벡터의 크기를 의미하며 k로 표시한다. 파동 벡터 **k**[전파 벡터(propagation vector)라고도 한다]는 파동의 방향과 크기를 나타낸다(벡터에 관한 내용은 부록 A를 참조). [그림 B5에서 파동 W1과 W2를 나타내기 위해 벡터를 사용했지만, 이들은 파동의 진행 방향을 가리키고 있지 않기 때문에 파동 벡터는 아니다. 단지 그림 B5의 두 벡터는 위상(phase)를 기하학적으로 좀더 쉽게 이해할 수 있도록 하기 위한 것이다.] 파수 k는 파장과 다음과 같은 관계를 갖는다.

$$k = 2\pi/\lambda \tag{B1.3}$$

전파 속도(Velocity of Propagation)

탄성파(elastic wave)의 속도는 물질의 탄성 성질과 밀도에 의존한다. 일반적으로, 매질의 밀도가 낮을수록, 그리고 매질의 탄성계수(elastic modulus)의 값이 클수록 탄성파는 빠르게 이동한다. (탄성계수에 대해서는 4.1.4절 참조.) 여기에서 알아두어야 할 것은, 탄성파의 전파 속도는 매질의 '입자 속도(particle velocity)'—즉 탄성파가 전파될 때 그 탄성 매질을 이루는 입자가 진동하는 속도—와는 관계가 없다는 것이다.

탄성파는 전자기파 보다 훨씬 느린 속도로 이동한다. 전자기파는 진공에서 빛의 속도(약 3×10^8 m/s)로 이동하는데, 매질을 통해 이동할 때는 이보다는 약간 느린 속도로 이동한다.

B2 파동의 거동

간섭(Interference)

그림 B6(a)처럼, 똑같은 진동수(frequency)와 유사한 진폭 및 세기를 갖는 두 파동이 나란히 만나 두 파동의 마루(peak)가 서로 일치하게 되면, 이 두 파동은 '위상이 일치(in phase)'한다라고 설명하며 이 두 파동은 더해져서 더 큰 하나의 파동을 생성시킨다. 이와 같은 현상을 보강간섭(constructive interference)라고 한다.

만약, 마루(peak)와 골(trough)이 일렬로 일치하면, 그림 B6(b)처럼 두 파동은 '역위상(out of phase)'이 되어 서로 상쇄된다. (위상에 대해서는 B1절을 참조.) 이를 상쇄간섭(destructive interference)이라고 한다.

물론, 둘 또는 그 보다 더 많은 파동들—각 파동의 진동수, 진폭 또는 위상에 관계없이—끼리도 상호작용을 할 수 있다. 일반적으로, 파동들이 만나 결과적으로 생긴 파동은 상호작용하는 모든 파동들의 벡터 합(vector sum)이다. 이 책에서 우리는 주로 빛(light), 음파(sound wave), 전자파(electron wave) 사이에서 일어나는 보강 및 상쇄 간섭에 대해서만 집중적으로 다룰 것이다.

회절(Diffraction)

빛과 함께 모든 전자기 방사선(electromagnetic radiation)은 다른 장애물과 만나지 않는 한 직선으로 진행한다. 만약, 빛이 구멍 또는 슬릿(slit)을 통과하거나 물체의 바깥쪽을 빙 둘러간다면, 빛은 여러 개의 더 작은 광선(light beam)으로 분할되어 빔이 퍼져나가는 효과를 가져오게 된다. 이와 같은 과정을 회절(diffraction)이라고 한다. '회절 패턴(diffraction pattern)'은 회절이 발생해서 분할된 빛들이 서로 간섭할 때 생성된다. [음파 및 전자파(electron wave)와 같은 다른 파동들도 이와 유사한 방식으로 회절을 일으킬 수 있다. 그러나, 이 부록에서는 전자기파(electromagnetic wave)의 회절에 관해서만 논의할 것이다.]

빛의 회절이 발생할 때, 분할되어 생긴 빛의 일부는 보강간섭을 하는 반면 다른 일부는 상쇄간섭을 이룬다. 이 과정을 통해 밝은 영역과 어두운 영역으로 이루어진 회절 패턴(diffraction pattern)이 만들어진다. 밝은 영역은 보강 간섭의 결과로 발생하며, 상쇄 간섭이 일어난 부분들은 어둡게 나타난다.

햇빛(혹은 백색광) 아래에서 CD를 들어 정보가 저장된 면을 보면 색을 띠는 빛의 띠를 관찰할 수 있을 것이다. 데이터가 저장된 작은 동심원들 때문에 그와 같은 색들—CD를 앞뒤로 기울이면 색이 변한다—을 볼 수 있는 것인데, 이는 이 동심원들이

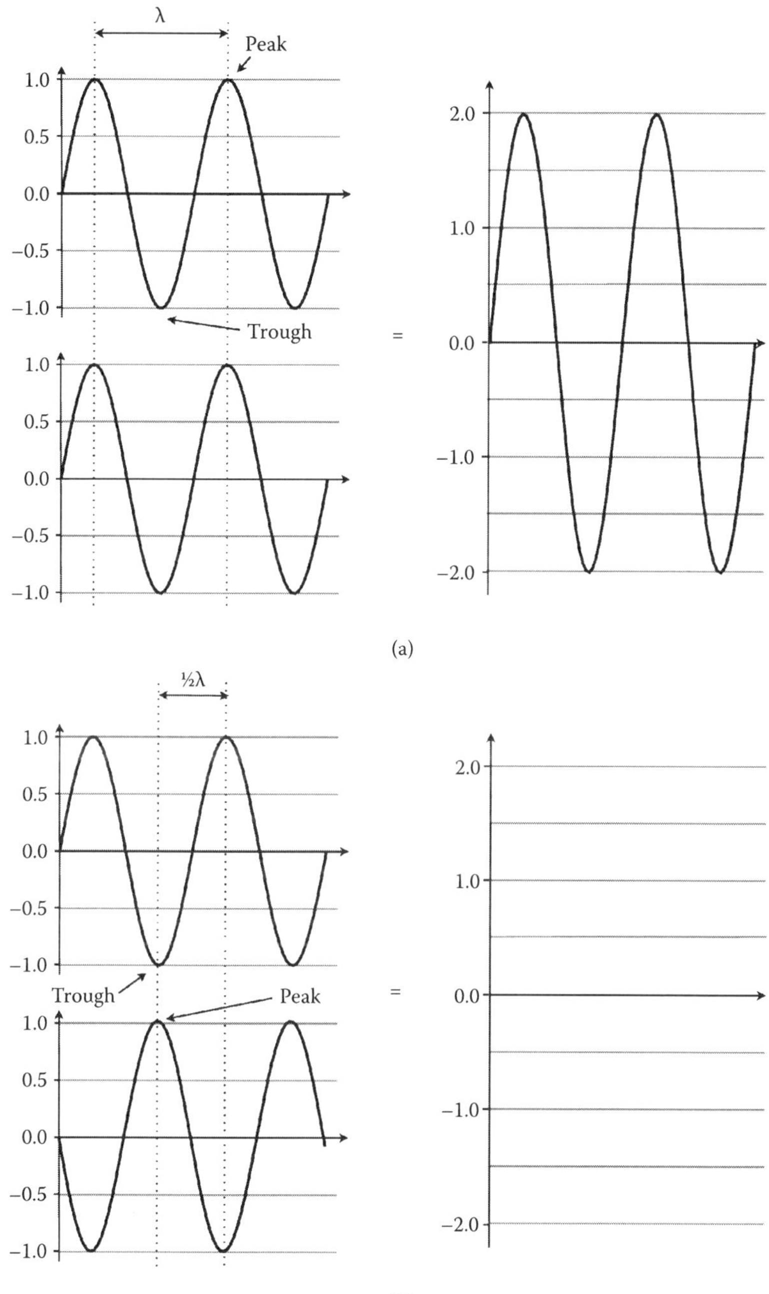

그림 B6 보강간섭(constructive interference)은 (a)에서 보이는 것과 같이 두 개의 파동이 위상이 같을(in phase) 때 발생한다. 그러나, (b)에서 보는 것과 같이 두 개의 파동이 위상이 다를(out of phase) 때에는 상쇄간섭이 발생한다. 이때는 (a)에서처럼 파동이 서로 더해지는 것과 달리 파동들이 서로를 상쇄한다.

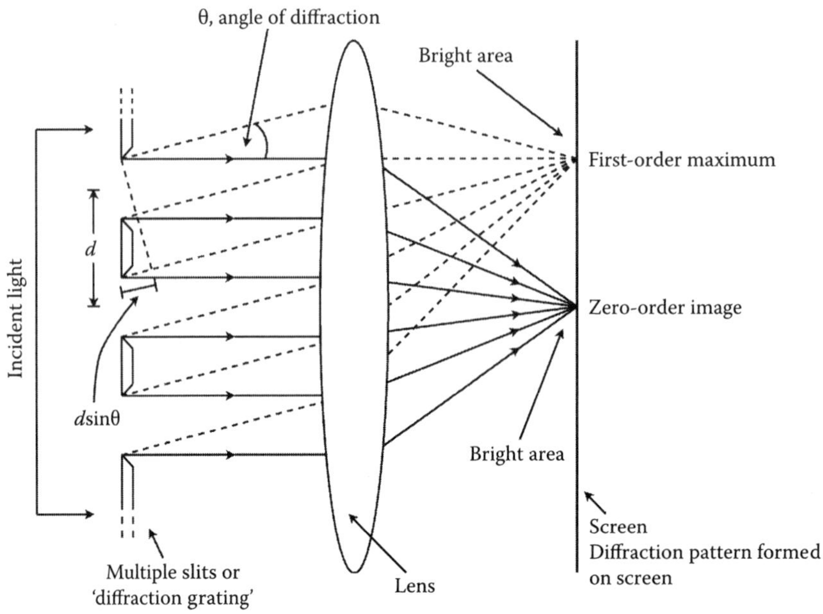

그림 B7 회절 패턴의 밝은 무늬는 이웃하는 슬릿(slit)으로부터 나온 빛의 경로 차이가 파장의 정수배일 때 형성된다.

빛을 회절시키고 서로 다른 파장을 갖는 여러 개의 빛들로 분할시키기 때문이다. 분리된 빛 줄기는 다른 빛 줄기와 간섭을 일으키며 특정 파장을 갖는 둘 또는 그 이상의 빛 줄기들이 서로 보강간섭을 일으킬 때 바로 그러한 색들이 관찰되는 것이다. 스펙트럼에서 나타나지 않은 색은 상쇄간섭으로 사라진 것들이다.

회절 격자(Diffraction Gratings)

회절 패턴을 의도적으로 만들 수 있는 한 방법은 빛을 '회절 격자(diffraction grating)'에 비추는 것이다. 회절 격자는 간격이 매우 좁은 슬릿(slit)들이 빼곡히 많이 위치해 있는 집합체(array)이며(일반적으로 센티미터 당 수 천 개의 슬릿), 각도에 따라 다른 파장의 빛으로 회절시켜 각각의 파장으로 분리시킬 수 있다.

그림 B7은 단색광(즉, 단일 파장으로 이루어진 광선)이 회절 격자에 조사될 때 일어나는 상황을 보여준다. 빛이 각 슬릿(slit)을 통과할 때, 빛은 회절 되면서 회절된 빔이 만들어지는 반면(그림에서 점선은 회절된 빔을 나타낸다), 그 중 일부는 계속해서 직진하게 된다(그림에서 실선으로 나타냄). 회절된 광선은 그림에 나타난 바와 같이 서로 간섭하여 스크린에 회절 패턴을 생성한다.

회절 패턴의 밝은 영역은 두 개의 인접한 슬릿에서 회절된 광선들이 보강간섭을 일으킬 때 나타난다. 다시 말해서, 이웃하는 두 광선의 경로차(회절 격자로부터 스크린까지 광선이 이동한 거리의 차이)가 정수 배 일 때, 즉 경로차가 정확히 $n\lambda$(여기서, n은 정수이다) 일 때, 보강간섭이 일어난다. 그림 B7에서 알 수 있듯이, 경로차는 간단한 삼각법으로 계산할 수 있으며, 그 값은 $d \sin \theta$와 같다. 이 식에서 d는 두 개의 이웃하는 슬릿 중앙 사이의 거리이며, θ는 입사광선과 회절광선 사이의 각도이다. 따라서, 회절 격자에 의해 생성된 회절 패턴에서의 밝은 영역은 다음 조건을 만족할 때 나타난다.

$$d \sin \theta = n\lambda \tag{B2.1}$$

회절 패턴의 중앙의 밝은 영역은 $\theta = 0$과 $n = 0$인 경우로 0차(zero-order) 이미지라고 한다. 이러한 0차 이미지 위쪽 혹은 아래쪽의 선은 $n = 1$이고 θ가 0이 아닐 때 나타나며, 이를 1차 최대값(first-order maxima)이라고 한다. 한편, $n = 2$이고 θ가 1차 최대값의 각도보다 클 때 생기는 밝은 영역을 2차 최대값이라고 하며, 이러한 방식으로 나머지 회절 패턴이 정의된다. 그림 B7에서 볼 수 있듯이, 각 최대값은 한 쌍 이상의 슬릿에서 나온 광선들로부터 만들어지지만, 한 쌍의 슬릿에서도 이러한 최대값이 생성될 수 있다.

하나 이상의 파장으로 이루어진 빛이 회절 격자를 통과할 경우, 각각의 파장에 대해 1차, 2차, 3차 등의 최대값이 생성된다. 앞서 언급했다시피, 빛의 파장이 다르면 각기 서로 다른 각도에서 회절되기 때문에, 회절 패턴 내에서 색상이 나누어진다. 예를 들어, 청색광과 적색광은 각각 다른 각도에서 각각의 1차 최대값을 만들어낸다.

회절 격자의 슬릿 사이의 거리와 회절 패턴 중 밝은 영역의 각도를 측정하면 미지의 파장을 계산할 수 있다. (이와 반대로, 파장을 알고 있고 회절 패턴의 밝은 영역의 각도를 측정하면, 슬릿 사이의 거리를 계산할 수 있다.) 회절 패턴의 중앙 최대값 ($n = 0$)은 다른 선들보다 밝기 때문에 쉽게 식별할 수 있다.

APPENDIX C

원자 물리학 복습
(Revision of Atomic Physics)

결합(bonding)과 에너지 밴드(energy band)의 형성을 포함해서 고체물리에서 다루는 다양한 주제들은 원자물리학(atomic physics)에 대한 기초지식과 원자를 설명하는 데 사용되는 용어들에 대한 지식이 없이는 제대로 이해할 수 없다. 다음 절에서는, 이 책에서 다루는 주제들을 이해하기 위해 필수적으로 알고 있어야 할 원자물리학의 기본적인 내용들에 대해 복습하고자 한다.

C1 원자 구조와 성질

원자 구조(Atomic Structure)

원자는 양전하를 띠는 원자 핵(nucleus)과 그 주변 궤도를 공전하는 음의 전하를 띠는 전자(electrons)들로 구성된다. 수소(hydrogen) 이외의 모든 원자들의 경우, 원자핵은 양성자(proton)와 중성자(neutron)로 구성된다. (수소는 원자핵에 중성자 없이 오직 하나의 양성자만을 가진다.) 중성자들은 전기적으로 중성인 반면, 양성자들은 전자의 음전하와 똑같은 크기(1.602×10^{-19} C)의 양전하를 갖는다. 고립된 원자는 전체적으로 전하를 띠지 않기 때문에, 양성자의 수는 전자의 수와 같다.

원자 번호(Atomic Number)

핵에 들어있는 양성자의 수는 원자 번호(atomic number)라고 하며, Z로 표기한다. (또한, 전기적으로 중성인 원자의 경우, Z는 핵 주위를 공전하는 전자의 수를 나타낸다.)

주기율표에서 원자의 배열은 원자 번호가 증가하는 순서에 따라 정리되어 있기 때문에, 원자 번호 Z는 각각의 원소들이 주기율표 상 어느 곳에 위치하는지를 결정한다. 주기율표를 보면, 천연 원소의 경우, Z는 수소에 해당하는 1에서부터 우라늄(uranium)에 해당하는 92까지의 값의 범위를 가지는 것을 볼 수 있다. (C3절에서 주기율표에 대해 더 자세히 다룰 것이다.)

질량 수와 동위 원소(Mass Number and Isotopes)

원자의 핵 속에 들어있는 양성자와 중성자의 총(total) 수를 질량 수(mass number)라고 하며, 이를 *A*로 표기한다. [질량 수는 '핵자 수(nucleon number)'라고도 한다.] 대부분의 원소들은 동위원소(isotope)를 가진다. 동위원소는 원자 번호는 같으나 중성자 수가 다르기 때문에 다른 질량 수를 갖는다. 예를 들어, 수소는 3개의 동위원소를 갖는다. 일반적인 수소는 중성자 수가 전혀 없는 반면, 중수소(deuterium)는 하나의 중성자를 가진다. 또한, 두 개의 중성자를 포함하는 수소의 세 번째 동위원소인 삼중수소(tritium)는 인공적으로 만들어지는데, 삼중 수소는 방사능(radioactive) 물질이다.

동일 원소에 대한 동위원소들은 해당 원소의 화학 기호 앞에 질량 수 *A*를 위 첨자(superscript)로 표기하고 원자 번호 *Z*를 아래 첨자(subscript)로 표기함으로써 나타낼 수 있다. 예를 들어, 수소의 일반적인 동위원소는 ${}_{1}^{1}\mathrm{H}$로 표기한다. 다른 방법으로는, ${}^{12}\mathrm{C}$와 ${}^{14}\mathrm{C}$처럼 단순히 질량 수만 표기할 수도 있으며, 아니면 그냥 carbon-12(또는 C-12)와 carbon-14(또는 C-14)로도 표기할 수 있다.

원자 질량 단위(Atomic Mass Units)

원자량(atomic weight) 또는 '상대 원자 질량(relative atomic mass)'은 *A*로 표기되며, 이는 자연적으로 발생하는 모든 동위원소들의 각기 다른 중량들을 모두 고려한 평균 중량이다. 예를 들어, 염소(chlorine, Cl)는 대략 35.5의 원자량을 가지고 있는데, 이는 동위원소인 ${}^{37}\mathrm{Cl}$과 이보다 세 배 더 많이 존재하는 ${}^{35}\mathrm{Cl}$의 질량을 모두 고려한 수치이다.

원자량은 주기율표 상에 원자 질량 단위(atomic mass units, amu)로 표기되어 나열되어 있다. Amu에 대한 정의는 하나의 carbon-12 원자가 12u의 원자량을 가진다는 의미인데, 이 때 u는 원자 질량 단위(amu)의 기호이고 $1\mathrm{u} = 1.6606 \times 10^{-27}$ kg(유효 숫자 다섯 자리까지)이다. 즉, 1 amu는 동위원소 C-12의 원자 질량의 1/12이다. 이 amu 단위를 사용하면, 임의의 원자의 원자량이 대략 그 원자의 질량 수(mass number)와 같아진다. (전자는 양성자보다 약 1836배 더 가볍고 중성자보다 약 1839배 가볍기 때문에, 원자 질량에 있어서 전자는 거의 영향을 끼치지 않는다는 사실은 그리 놀랍지 않다.)

대부분의 계산기에는 원자 질량 단위(u)가 계산용 버튼으로 미리 주어져 있어, 어떤 원자의 원자량을 계산할 때 그 원자의 amu 값에 1u의 값을 바로 곱하면 된다. 예를 들어, 주기율표에서 Li의 원자량을 찾아보면 6.94 u임을 알 수 있는데, 이는 $6.94 \times (1.6606 \times 10^{-27}) = 1.15 \times 10^{-26}$ kg(유효 숫자 세 자리까지)임을 바로 계산할 수 있다.

C2 전자 껍질 표기법

원자 껍질(Atomic Shells)

원자 핵으로부터 대략 같은 거리에 떨어진 모든 전자들은 같은 '원자 껍질(atomic shell)'을 차지(occupy)하고 있다고 말한다. 그림 C1에서 볼 수 있듯이, 원자 껍질들은 공간에서 서로 분리되어 있고 원자핵으로부터 더 멀리 떨어져 있을수록 더 큰 반지름을 갖는다. [실제로는 모든 원자 껍질이 구형인 것은 아니다; 예를 들어, 어떤 원자 껍질은 아령(dumbbell) 모양이다. 여기서는 이해를 돕기 위해 기본적인 모양으로 묘사하고 있다.] 원자 껍질은 전자가 머무를 수 있는 '에너지 레벨(energy level)' 또는 '에너지 상태(energy state)'로 생각할 수 있다. 원자 껍질이 원자 핵으로부터 멀어질수록 에너지는 더 커지고 결과적으로 그 속에 속해있는 전자들의 에너지도 더 크다. (이렇게 얘기했지만, 하나의 원자 껍질 내의 전자들의 에너지가 사실상 모두 같지는 않다. 그러나, 서로 다른 원자 껍질에 들어있는 두 전자들의 에너지와는 비교할 수 없을 만큼 매우 비슷하고, 그 값 또한 매우 비슷한 값을 가진다.)

원자의 원자 껍질—'원자 오비탈(atomic orbital)' 또는 '전자 껍질(electron shell)'이라고도 한다—은 사실 그 원자에 대한 슈뢰딩거 방정식(Schrödinger equation)의 해

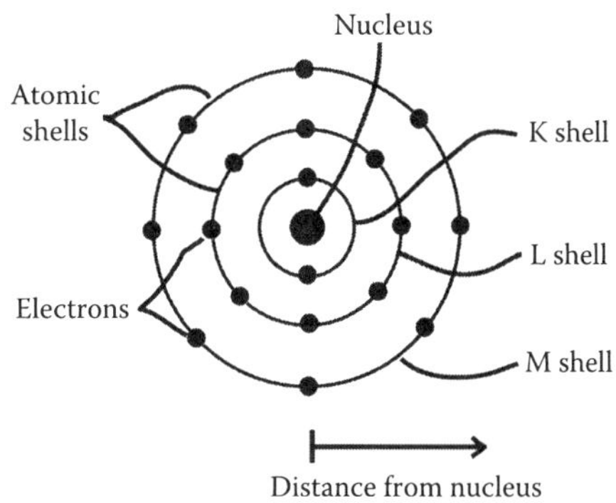

그림 C1 이 그림은 핵으로부터 멀어짐에 따라 어떻게 원자 껍질의 반지름이 증가하는지를 보여준다. 핵으로부터 원자 껍질이 멀어질수록 더 큰 반지름을 가질 뿐만 아니라 원자 껍질의 에너지 또한 증가한다. 이는, 핵과 가까운 원자 껍질에 있는 전자가 핵에서 멀리 떨어진 원자 껍질에 있는 전자보다 더 낮은 에너지 값을 가진다는 것을 의미한다. 그림에서 보듯이, 대문자를 사용해서 원자 껍질을 구분할 수 있는데, 이에 대해 다음 절에서 살펴볼 것이다.

(solution)이다. 슈뢰딩거 방정식은 특정 시간 및 특정 위치에 입자—이 경우, 전자—가 존재할 확률을 알려준다. 따라서, 원자에 있어서는, 전자는 핵 주위에 있는 일련의 이산적(discrete)인 오비탈에 존재할 확률이 높고, 반면 원자 껍질들 사이의 공간에는 존재할 가능성이 거의 없다. 이는, 원자 내 전자들이 어떤 특정 에너지 값(다른 원자 껍질의 값에 해당하는)만을 가질 수 있음을 의미한다.

이와 같이, 어떠한 물성이 이산적(discrete)인 특정 값만을 가질 수 때, 이를 '양자화됐다(quantized)'라고 한다. 원자 내 전자들은 네 개의 양자화된 특성들을 가지며, 이 각각의 특성들은 양자수(quantum number)에 의해 구별된다. 이들 양자수 중 세 개는 원자 껍질과 그 안의 전자들을 특징짓는데, 이들은 슈뢰딩거 방정식의 해로부터 얻을 수 있다. 주 양자수(principal quantum number) n는 전자의 총 에너지를 나타내는 반면, 궤도 양자수(orbital quantum number) l는 전자의 궤도 각운동량(angular momentum)의 크기를 나타낸다. 마지막으로, 자기 양자수(magnetic quantum number) m_l는 원자가 자기장 안에 놓였을 때 전자의 각운동량을 나타내는 벡터의 방향을 나타낸다.

전자가 갖는 네 번째 양자화된 특성은 '스핀(spin)'이라고 하며, 이와 관련한 네 번째 양자수인 스핀 양자수(spin quantum number) m_s는 전자가 자신의 축에 대해 자전(spinning)함에 의해 생기는 각운동량을 나타낸다. 다음 절에서 이들 양자수와 각 양자수가 나타내는 바에 대해 좀 더 자세히 살펴볼 것이다.

주 양자수(Principal Quantum Number)

주 양자수(n)는 원자 껍질 그 자체를 지칭하는 것으로서, 해당 원자 껍질 안에 있는 모든 전자는 같은 주 양자수를 갖는다. 원자 껍질이 핵으로부터 멀어질수록 더 큰 n을 가진다. 즉, n은 원자 껍질의 크기(핵으로부터 멀어질수록 반지름이 증가하는 것처럼)를 나타낼 뿐만 아니라 원자 껍질의 에너지를 나타내기도 하기 때문에 결국 그 껍질에 속해있는 임의의 전자의 총 에너지를 나타낸다.

주 양자수 n은 정수(integer) 값만을 가진다. 표 C1는 핵과 가장 가까운 원자 껍질에서부터 순서대로 이후 몇 개의 원자 껍질들에 대한 주 양자수를 나열하고 있다. 표를 보면, 그림 C1에 나타난 바와 같이, 원자 껍질들이 K, L, M 등의 대문자로 표기된 것을 볼 수 있다.

표 C1 원자 껍질 표기법

주 양자수(principal quantum number), n	1	2	3	4	5	…
원자 껍질(atomic shell)	K	L	M	N	O	…

표 C2 부껍질(subshell) 표기법

각운동량 양자수(Orbital quantum number), l	0	1	2	3	4	5	6	⋯
부껍질(Subshell)	s	p	d	f	g	h	i	⋯

궤도 운동량 양자수(Orbital Quantum Number)

K 껍질 이외의 모든 원자 껍질은 약간 다른 에너지를 갖는 두 개 또는 그 이상의 '부껍질(subshell)'로 나뉘어진다. (K 껍질은 단 하나의 부껍질을 가진다.) 부껍질은 같은 원자 껍질에 있지만 약간 다른 값의 궤도 각운동량(orbital angular momentum)을 갖는 전자의 에너지를 나타낸다. 이러한 부껍질들은 궤도 양자수(orbital quantum number) l에 의해 표기되며, l은 주 양자수(n)의 값에 대해 0, 1, 2, ⋯, $(n-1)$의 값을 갖는다. 따라서, 궤도 양자수 l은 전자의 궤도 각운동량의 크기를 나타낸다.

K 껍질의 주 양자수는 1이기 때문에, $l=0$이므로 하나의 부껍질만을 가진다는 것은 명백하다. 반면, L 껍질은 $l=0$ 또는 $l=1$을 가질 수 있으며, M 껍질은 $l=0, 1, 2$를 가질 수 있다. 표 C2는 각 l값에 해당하는 부껍질들을 나열하고 있다. 같은 부껍질 내의 전자들은 n과 l의 값이 모두 같다. 또한, 표 C2에서 볼 수 있듯이, 소문자를 사용해서 부껍질들을 표기한다. K 껍질은 하나의 s 부껍질을 가지고, L 껍질은 하나의 s 부껍질과 하나의 p 부껍질을 가지며, 이와 같은 방식으로 다른 원자 껍질에 대한 가능한 부껍질을 파악할 수 있다.

자기 양자수(Magnetic Quantum Number)

만일 외부 자기장이 원자에 가해진다면, s 부껍질을 제외한 모든 부껍질은 약간씩 다른 에너지 레벨들로 나뉘어진다. 이러한 에너지 레벨들은 원자가 자기장 내에 놓일 때 각 부껍질 내 전자들의 각운동량 벡터들이 나타내는 방향과 관련이 있다. 자기 양자수(magnetic quantum number) m_l는 이러한 에너지 레벨들을 나타낸다.

각 l 값에 대해서, m_l은 각기 다른 값($m_l=0$, ±1, ±2, ⋯, $\pm l$)들을 가질 수 있다. 예를 들어, 앞서 살펴 보았듯이 s 부껍질($l=0$)은 $m_l=0$인 하나의 에너지 레벨만 가질 수 있다. 한편, p 부껍질($l=1$)은 3개의 가능한 에너지 레벨—각각 $m_l=-1$, $m_l=0$, $m_l=1$이다—들이 있는데, 이 에너지 레벨들은 자기장이 존재하지 않을 때에는 같은 에너지를 가진다.

스핀 양자수(Spin Quantum Number)

전자는 태양 주위를 공전하는 행성처럼 핵 주위를 공전할 뿐만 아니라, 마치 지구가 자전하듯이 전자도 자신의 축을 기준으로 자전한다고 생각할 수 있다. [사실은, 이렇게 고전적인 모델로는 스핀(spin)과 같은 양자역학적 효과를 정확히 설명할 수는 없지만, 고전적인 모델을 통해 이 현상을 비교적 쉽게 이해할 수 있다.] 고유 각운동량(intrinsic angular momentum) 또는 '스핀(spin)'은 스핀 양자수(spin quantum number) m_s에 의해 나타낸다. 스핀 양자수 m_s는 $+1/2$ 또는 $-1/2$의 값만을 가질 수 있는데, 이 값들은 전자들의 스핀 축이 각각 위쪽 및 아래쪽을 가리킴을 의미한다. 이러한 두 에너지 레벨은 각각 'spin up'과 'spin down'으로 말하기도 한다.

파울리의 배타원리(Pauli's exclusion principle)에 의하면, 어떠한 시스템에서도 두 개의 동일한 페르미온(Fermion)—반정수(half-integer) 스핀을 갖는 기본적 소립자—은 같은 양자 상태(quantum state)에 존재할 수 없다(부록 D 참조). 즉, 이는 한 원자 내의 두 개의 전자가 동일한 네 가지의 양자수(quantum number) 조합을 결코 가질 수 없다는 것을 의미한다. 따라서, 자성 양자수 m_l 에 상응하는 어떠한 에너지 레벨도, $m_s = +1/2$(spin up)인 전자 하나와 $m_s = -1/2$(spin down)인 또 다른 전자 하나, 이렇게 최대 2개의 전자만 차지할 수 있다. 다시 말해서, 어떠한 m_l의 값에 대해서도 m_s는 두 가지 값만 가능하다.

임의의 부껍질에 대해서 총 $2l+1$개의 m_l값이 존재하기 때문에, 각 부껍질은 최대로 $2(2l+1)$개의 전자만을 포함할 수 있다. 예를 들어, 가득 찬 혹은 '닫힌(closed)' s 부껍질($l=0$)은 오직 2개의 전자만을 가질 수 있고, 닫힌 p 부껍질($l=1$)은 6개의 전자, 그리고 닫힌 d 부껍질($l=2$)은 총 10개의 전자를 가지는 것이다. 서로 다른 원자 껍질에서 전자가 가질 수 있는 모든 상태에 대한 양자수를 나열해 보면 이해를 도울 수 있다. 예를 들어, K 껍질($n=1$)에 대한 모든 가능한 상태는 다음과 같다.

$$n=1 \quad l=0 \quad m_l=0 \quad m_s=-1/2$$
$$n=1 \quad l=0 \quad m_l=0 \quad m_s=+1/2$$

반면, $n=2$인 L 껍질의 경우는 다음과 같다.

$$n=2 \quad l=0 \quad m_l=0 \quad m_s=-1/2$$
$$n=2 \quad l=0 \quad m_l=0 \quad m_s=+1/2$$
$$n=2 \quad l=1 \quad m_l=-1 \quad m_s=-1/2$$
$$n=2 \quad l=1 \quad m_l=-1 \quad m_s=+1/2$$
$$n=2 \quad l=1 \quad m_l=0 \quad m_s=-1/2$$

$n=2 \quad l=1 \quad m_l=0 \quad m_s=+1/2$

$n=2 \quad l=1 \quad m_l=+1 \quad m_s=-1/2$

$n=2 \quad l=1 \quad m_l=+1 \quad m_s=+1/2$

원자의 전자배치(Electron Configuration of an Atom)

앞선 절에서 소개한 표기법을 이용하면 아래의 예시처럼 원자에 대한 전자배치(electronic configuration)를 기술할 수 있다.

$$\text{F: } 1s^2 2s^2 2p5$$

이것은 불소(F) 원소의 전자배치이다. 각각의 원자 껍질은 주 양자수 n에 의해 식별되고, 또한 소문자는 부껍질을 나타내는 궤도 양자수 l를 식별해준다. 소문자의 위 첨자(superscript)들은 각 부껍질에 얼마나 많은 전자들이 존재하는지를 나타낸다.

부껍질 채움(Filling of Subshells)

비록 원자 껍질의 총 에너지가 핵으로부터의 거리가 멀어짐에 따라 증가하더라도, 그림 C2에서 볼 수 있듯이, 일부 경우에 있어서는 더 높은 원자 껍질의 부껍질의 에너지가 더 낮은 원자 껍질의 부껍질의 에너지보다 오히려 더 낮을 수도 있다. 예를 들어, 4s 부껍질은 3d 부껍질보다 낮은 에너지를 갖는다.

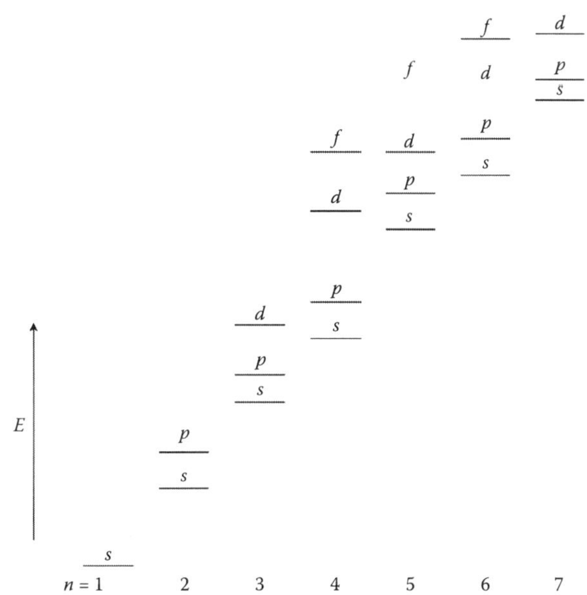

그림 C2 원자 부껍질의 에너지. 전자들은 가장 낮은 에너지를 갖는 1s 부껍질을 시작으로 에너지가 증가하는 순서에 따라 부껍질들을 채워 나간다.

전자들은 항상 가장 낮은 에너지를 가진 상태들을 먼저 채우므로, 이는 전자들이 3*d* 부껍질로 들어가기 전에 4*s* 부껍질을 먼저 채우게 될 것이라는 것을 의미한다. 따라서, 임의의 원자의 전자들은 단순히 숫자 순서대로—예를 들어, O 부껍질($n = 4$)이 채워지기 전에 모든 N 부껍질들이 모두채워지는 것처럼—가 아니라 그림 C2에 표시되어 있는 것처럼 부껍질들을 채우게 된다. 특정 부껍질 내에 그 껍질에 이미 존재하는 전자와 같은 양자수를 갖는 또 다른 전자를 채우는 것은 파울리의 배타원리를 위배하기 때문에, 이 전자는 다음 부껍질로 옮겨가야 한다.

표 C3에 부껍질들이 채워지는 순서를 나타내었으며, 각 원소들의 전자배치도 함께 나열되어 있다. 크립톤(Krypton)을 보면, 최외곽 부껍질(4*p* 부껍질)이 6개의 전자에 의해 가득 차 있음을 알 수 있다. 주기율표 상에서 크립톤 다음의 원소인 루비듐(Rubidium)은 크립톤보다 하나의 전자가 더 필요한데, 이 전자는 4*d* 부껍질로 가는 대신에 5*s* 부껍질로 들어간다. 그 이유는, 그림 C2에서 보았다시피, 5*s* 부껍질이 4*d* 부껍질보다 낮은 에너지를 가지고 있기 때문이다.

설령 부껍질들이 서로 겹쳐져 있을지라도, 총 에너지가 가장 낮은 껍질에 속한 부껍질이 가장 낮은 에너지를 갖는다. 예를 들어, 2*s* 부껍질은 3*s* 부껍질보다 낮은 에너지를 가질 것이다. 뿐만 아니라, 임의의 원자 껍질에 대해서, 부껍질을 규정하는 궤도양자수 l의 값이 증가함에 따라 부껍질 에너지도 증가한다. 예를 들어, 5*f* 부껍질은 5*d* 부껍질보다 더 높은 에너지를 갖는다.

C3 주기율표

원소의 다양한 물리적 및 화학적 성질들은 그 원소의 전자배치(electronic configuration)의 측면에서 설명 가능하다. 예를 들어, 최외곽 원자 부껍질에 속한 전자의 수는 그 원소가 얼마나 반응성을 가지는지 또한 얼마나 잘 전기를 전도할 수 있는지를 결정한다. 전자배치는 기본적으로 주기율표(표 C4 참고)에 요약되어 있는데, 주기율표에는 '주기(period)'라고 하는 일곱 개의 행(가로줄)에 원자 번호 순서에 따라 원소들이 배열되어 있다. 이 같은 방식으로 원소들을 배열하게 되면, '족(group)'이라고 하는 원소들의 열(세로줄)을 만들어지는데, 같은 족에 있는 원소들은 비슷한 전자배치를 가지며 이에 따라 비슷한 성질을 가진다. (원소의 전자배치와 원소의 성질 간의 관계는 본문 내에 설명되어 있으므로, 여기서는 반복하지 않고 생략한다.)

표 C3을 다시 보면, 1A 족[알칼리 금속(alkali metals)] 원소들은 최외곽 부껍질에

표 C3 원소의 전자배치(Electron Configuration of Elements)

(From Perspectives of Modern Physics, Beiser, A., 1981 © The McGraw-Hill Companies, Inc. Reproduced with permission.)

	K	L		M			N				O				P			Q
	1*s*	2*s*	2*p*	3*s*	3*p*	3*d*	4*s*	4*p*	4*d*	4*f*	5*s*	5*p*	5*d*	5*f*	6*s*	6*p*	6*d*	7*s*
1 H	1																	
2 He	2																	
3 Li	2	1																
4 Be	2	2																
5 B	2	2	1															
6 C	2	2	2															
7 N	2	2	3															
8 O	2	2	4															
9 F	2	2	5															
10 Ne	2	2	6															
11 Na	2	2	6	1														
12 Mg	2	2	6	2														
13 Al	2	2	6	2	1													
14 Si	2	2	6	2	2													
15 P	2	2	6	2	3													
16 S	2	2	6	2	4													
17 Cl	2	2	6	2	5													
18 A	2	2	6	2	6													
19 K	2	2	6	2	6		1											
20 Ca	2	2	6	2	6		2											
21 Sc	2	2	6	2	6	1	2											
22 Ti	2	2	6	2	6	2	2											
23 V	2	2	6	2	6	3	2											
24 Cr	2	2	6	2	6	5	1											
25 Mn	2	2	6	2	6	5	2											
26 Fe	2	2	6	2	6	6	2											
27 Co	2	2	6	2	6	7	2											
28 Ni	2	2	6	2	6	8	2											
29 Cu	2	2	6	2	6	10	1											
30 Zn	2	2	6	2	6	10	2											
31 Ga	2	2	6	2	6	10	2	1										
32 Ge	2	2	6	2	6	10	2	2										
33 As	2	2	6	2	6	10	2	3										
34 Se	2	2	6	2	6	10	2	4										
35 Br	2	2	6	2	6	10	2	5										
36 Kr	2	2	6	2	6	10	2	6										
37 Rb	2	2	6	2	6	10	2	6			1							
38 Sr	2	2	6	2	6	10	2	6			2							
39 Y	2	2	6	2	6	10	2	6	1		2							

표 C3 계속

	K	L		M			N				O				P			Q
	1*s*	2*s*	2*p*	3*s*	3*p*	3*d*	4*s*	4*p*	4*d*	4*f*	5*s*	5*p*	5*d*	5*f*	6*s*	6*p*	6*d*	7*s*
40 Zr	2	2	6	2	6	10	2	6	2		2							
41 Nb	2	2	6	2	6	10	2	6	4		1							
42 Mo	2	2	6	2	6	10	2	6	5		1							
43 Te	2	2	6	2	6	10	2	6	5		2							
44 Ru	2	2	6	2	6	10	2	6	7		1							
45 Rh	2	2	6	2	6	10	2	6	8		1							
46 Pd	2	2	6	2	6	10	2	6	9		1							
47 Ag	2	2	6	2	6	10	2	6	10		1							
48 Cd	2	2	6	2	6	10	2	6	10		2							
49 In	2	2	6	2	6	10	2	6	10		2	1						
50 Sn	2	2	6	2	6	10	2	6	10		2	2						
51 Sb	2	2	6	2	6	10	2	6	10		2	3						
52 Te	2	2	6	2	6	10	2	6	10		2	4						
53 I	2	2	6	2	6	10	2	6	10		2	5						
54 Xe	2	2	6	2	6	10	2	6	10		2	6						
55 Cs	2	2	6	2	6	10	2	6	10		2	6			1			
56 Ba	2	2	6	2	6	10	2	6	10		2	6			2			
57 La	2	2	6	2	6	10	2	6	10		2	6	1		2			
58 Ce	2	2	6	2	6	10	2	6	10	2	2	6			2			
59 Pr	2	2	6	2	6	10	2	6	10	3	2	6			2			
60 Nd	2	2	6	2	6	10	2	6	10	4	2	6			2			
61 Pm	2	2	6	2	6	10	2	6	10	5	2	6			2			
62 Sm	2	2	6	2	6	10	2	6	10	6	2	6			2			
63 Eu	2	2	6	2	6	10	2	6	10	7	2	6			2			
64 Gd	2	2	6	2	6	10	2	6	10	7	2	6	1		2			
65 Tb	2	2	6	2	6	10	2	6	10	9	2	6			2			
66 Dy	2	2	6	2	6	10	2	6	10	10	2	6			2			
67 Ho	2	2	6	2	6	10	2	6	10	11	2	6			2			
68 Er	2	2	6	2	6	10	2	6	10	12	2	6			2			
69 Tm	2	2	6	2	6	10	2	6	10	13	2	6			2			
70 Yb	2	2	6	2	6	10	2	6	10	14	2	6			2			
71 Lu	2	2	6	2	6	10	2	6	10	14	2	6	1		2			
72 Hf	2	2	6	2	6	10	2	6	10	14	2	6	2		2			
73 Ta	2	2	6	2	6	10	2	6	10	14	2	6	3		2			
74 W	2	2	6	2	6	10	2	6	10	14	2	6	4		2			
75 Re	2	2	6	2	6	10	2	6	10	14	2	6	5		2			
76 Os	2	2	6	2	6	10	2	6	10	14	2	6	6		2			
77 Ir	2	2	6	2	6	10	2	6	10	14	2	6	7		2			
78 Pt	2	2	6	2	6	10	2	6	10	14	2	6	9		1			
79 Au	2	2	6	2	6	10	2	6	10	14	2	6	10		1			

continued

표 C3 계속

	K	L		M			N				O				P			Q
	1s	2s	2p	3s	3p	3d	4s	4p	4d	4f	5s	5p	5d	5f	6s	6p	6d	7s
80 Hg	2	2	6	2	6	10	2	6	10	14	2	6	10		2			
81 Tl	2	2	6	2	6	10	2	6	10	14	2	6	10		2	1		
82 Pb	2	2	6	2	6	10	2	6	10	14	2	6	10		2	2		
83 Bi	2	2	6	2	6	10	2	6	10	14	2	6	10		2	3		
84 Po	2	2	6	2	6	10	2	6	10	14	2	6	10		2	4		
85 At	2	2	6	2	6	10	2	6	10	14	2	6	10		2	5		
86 Rn	2	2	6	2	6	10	2	6	10	14	2	6	10		2	6		
87 Fr	2	2	6	2	6	10	2	6	10	14	2	6	10		2	6		1
88 Ra	2	2	6	2	6	10	2	6	10	14	2	6	10		2	6		2
89 Ac	2	2	6	2	6	10	2	6	10	14	2	6	10		2	6	1	2
90 Th	2	2	6	2	6	10	2	6	10	14	2	6	10		2	6	2	2
91 Pa	2	2	6	2	6	10	2	6	10	14	2	6	10	2	2	6	1	2
92 U	2	2	6	2	6	10	2	6	10	14	2	6	10	3	2	6	1	2
93 Np	2	2	6	2	6	10	2	6	10	14	2	6	10	4	2	6	1	2
94 Pu	2	2	6	2	6	10	2	6	10	14	2	6	10	5	2	6	1	2
95 Am	2	2	6	2	6	10	2	6	10	14	2	6	10	6	2	6	1	2
96 Cm	2	2	6	2	6	10	2	6	10	14	2	6	10	7	2	6	1	2
97 Bk	2	2	6	2	6	10	2	6	10	14	2	6	10	8	2	6	1	2
98 Cf	2	2	6	2	6	10	2	6	10	14	2	6	10	10	2	6		2
99 E	2	2	6	2	6	10	2	6	10	14	2	6	10	11	2	6		2
100 Fm	2	2	6	2	6	10	2	6	10	14	2	6	10	12	2	6		2
101 Md	2	2	6	2	6	10	2	6	10	14	2	6	10	13	2	6		2
102 No	2	2	6	2	6	10	2	6	10	14	2	6	10	14	2	6		2
103 Lw	2	2	6	2	6	10	2	6	10	14	2	6	10	14	2	6	1	2

단 하나의 전자를 가지고 있으며, 반면 IIA 족[알칼리 토금속(alkaline earth metals)] 원소들은 최외각 부껍질에서 최대 두 개의 전자를 가지는 것을 알 수 있다. VIII 족 원소들[비활성 기체(noble gases)]은 가득 찬 최외곽 껍질을 가지며(더 자세한 설명은 2.1.1절 참조), VIIB 족 원소들[할로겐(halogens)]은 가득 찬 p 부껍질에서 전자 하나가 부족하다. 비슷한 성질을 가지는 또 다른 족들의 원소들에는 IIIA 족부터 IIB 족까지의 전이 금속(transition metals)과 더불어 주기율표 아래 부분에 따로 분리되어 나열된 두 주기의 윗부분 란타넘족(lanthanides)[희토류(rare earth)]을 포함한다.

표 C4 주기율표(The Periodic Table)

Period	*Group I*	*Group II*											*Group III*	*Group IV*	*Group V*	*Group VI*	*Group VII*	*Group V111*
1	1 **H** 1.00																	2 **He** 4.00
2	3 **Li** 6.94	4 **Be** 9.01											5 **B** 10.81	6 **C** 12.01	7 **N** 14.01	8 **O** 16.00	9 **F** 19.00	10 **Ne** 20.18
3	11 **Na** 22.99	12 **Mg** 24.31											13 **Al** 26.98	14 **Si** 28.09	15 **P** 30.98	16 **S** 32.07	17 **Cl** 35.46	18 **Ar** 39.94
4	19 **K** 39.10	20 **Ca** 40.08	21 **Sc** 44.96	22 **Ti** 47.90	23 **V** 50.94	24 **Cr** 52.00	25 **Mn** 54.94	26 **Fe** 55.85	27 **Co** 58.93	28 **Ni** 58.71	29 **Cu** 63.54	30 **Zn** 65.37	31 **Ga** 69.72	32 **Ge** 72.59	33 **As** 74.92	34 **Se** 78.96	35 **Br** 79.91	36 **Kr** 83.8
5	37 **Rb** 85.47	38 **Sr** 87.66	39 **Y** 88.91	40 **Zr** 91.22	41 **Nb** 92.91	42 **Mo** 95.94	43 **Tc** (99)	44 **Ru** 101.1	45 **Rh** 102.91	46 **Pd** 106.4	47 **Ag** 107.87	48 **Cd** 112.40	49 **In** 114.82	50 **Sn** 118.69	51 **Sb** 121.75	52 **Te** 127.60	53 **I** 126.9	54 **Xe** 131.30
6	55 **Cs** 132.91	56 **Ba** 137.34	57–71 *	72 **Hf** 178.49	73 **Ta** 180.95	74 **W** 183.85	75 **Re** 186.2	76 **Os** 190.2	77 **Ir** 192.2	78 **Pt** 195.09	79 **Au** 197.0	80 **Hg** 200.59	81 **Tl** 204.37	82 **Pb** 207.19	83 **Bi** 208.98	84 **Po** (210)	85 **At** (210)	86 **Rn** 222
7	87 **Fr** (223)	88 **Ra** 226.05	89–103 **															
*Rare earths			57 **La** 138.91	58 **Ce** 140.12	59 **Pr** 140.91	60 **Nd** 144.24	61 **Pm** (145)	62 **Sm** 150.35	63 **Eu** 152	64 **Gd** 157.25	65 **Tb** 158.92	66 **Dy** 162.50	67 **Ho** 164.92	68 **Er** 167.26	69 **Tm** 168.93	70 **Yb** 173.04	71 **Lu** 174.97	
**Actinides			89 **Ac** 227	90 **Th** 232.04	91 **Pa** 231	92 **U** 238.03	93 **Np** (237)	94 **Pu** (242)	95 **Am** (243)	96 **Cm** (247)	97 **Bk** (249)	98 **Cf** (251)	99 **Es** (254)	100 **Fm** (253)	101 **Md** (256)	102 **No** (254)	103 **Lw** (257)	

Note: The atomic number is shown above the symbol for each element, while its atomic weight in atomic mass units (amu) is shown below. Elements with atomic weights in brackets are artificially made, so never occur in nature.

APPENDIX D

양자역학 복습
(Revision of Quantum Mechanics)

모든 원자, 분자, 그리고 아원자(subatomic) 입자들은 양자역학의 원리에 의해 설명되기 때문에, 고체를 공부함에 있어서 양자역학이라는 주제를 피하기는 불가능하다. 하지만, 고체물리(solid state physics)를 이해하기 위해 사용되는 양자역학은 매우 복잡하고 어렵다. 이 책은 고체물리에 대한 개론 수준의 책이기 때문에, 양자역학에 대한 매우 세부적인 내용들은 다루지 않을 것이다. 그 대신, 고체의 거동을 원자 수준에서 이해하기 위해 양자역학의 기초적인 개념을 적용해야 할 필요가 있는 부분에서는 개론적인 수준에서 다룰 것이다. 다음 절에서, 이 책의 내용을 이해하는 데 필요한 양자 이론에 대한 개괄적인 내용에 내에 다룰 것이다.

D1 양자 이론의 기본적인 개념

파동-입자 이중성(Wave-Particle Duality)

1905년, 독일의 물리학자 Albert Einstein(1879-1955)은 전자기 방사선(electromagnetic radiation)은 파동(wave)만으로는 간주될 수 없으며, 개별적인 입자(particle)—예로, 광자(photon)—로도 간주될 수 있다는 것을 제시했다. 이 개념은 광전효과(photoelectric effect)—특정 문턱 주파수(threshold frequency) 이상의 전자기 방사선을 고체에 조사했을 때 전자가 방출되는 현상—의 설명을 가능하게 했다. Einstein의 이 같은 생각에 이어, 프랑스 물리학자인 Louis de Broglie(1892-1987)는 1924년에 발표한 그의 박사학위 논문에서 전자기 방사선의 파동-입자 간의 이중적인 성질이 빛뿐만 아니라 물질(matter)의 특성이기도 하다는 것을 제안했다. 즉, 파동이 입자처럼 거동하는 것과 같이, 입자 또한 파동처럼 거동할 수 있다는 것이다. 이러한 개념을 파동-입자 이중성(wave-particle duality)이라고 한다.

움직이는 모든 물체—전자에서부터 도로 위를 달리는 자동차에 이르기까지—는 각각의 물질파(matter wave)를 갖는 다는 개념은 초기에는 실제 현실에서는 전혀 근거가 없는 생각으로 받아들여졌다. 실제로, 여전히 자동차처럼 큰 물체에 대한 파동적(wave-like) 움직임을 증명하는 실험적인 증거를 감지하는 것은 불가능하다. 그 이유는, 질량이 매우 큰 물체의 파장(wavelength)은 너무 작아서 이처럼 작은 물질파에 의한 회절(diffraction) 효과를 물리적으로 관찰할 수 없기 때문이다.

이와 대조적으로, de Broglie의 방정식은 충분히 에너지가 큰 전자는 결정의 원자간 거리 정도 크기의 파장을 가질 것이라는 것을 예측했다. 이 같은 예측은 매우 유용한데, 왜냐하면 결정의 격자 상수(lattice parameter)가 그 결정에 조사된 빛의 파장과 대략 같거나 혹은 좀더 큰 경우에는 회절 효과가 관찰 가능하기 때문이다.

1927년, 최초의 전자 회절(electron diffraction) 실험이 미국 물리학자 Clinton Davisson(1881-1958)와 Lester Germer(1896-1971), 및 영국 물리학자 George P. Thomson(1892-1975)에 의해 각각 독립적으로 동시에 진행되었다. 전자는 공기 중에서 산란되기 때문에, Davisson과 Germer의 전자 회절 실험은 유리 진공관에서 이루어졌다. 이 진공관 안에서, 전자는 가열된 필라멘트에서 방출되어 니켈(nickel) 단결정에 부딪혀 산란되었다. 만약, 전자가 온전히 입자처럼 거동했다면, 전자들은 온 사방으로 무작위적으로 산란되었을 것이다. 하지만, 만약 전자가 파동처럼 거동했다면, 회절을 일으켰을 것이다. 산란된 전자의 세기(intensity)를 니켈 시편에 대해 여러 각도로 측정한 결과, 특정 방향에서는 산란된 전자가 많이 검출되었으며 반면 다른 부분에서는 전자가 검출되지 않는다는 것이 명백했다. 이 같은 전자들의 패턴(pattern)은 오직 하나의 결론만을 설명했다—즉, 전자파(electron wave)에 의한 간섭 효과가 관찰되었다는 것이다.

Davisson과 Germer의 실험에 사용된 전자는 상대적으로 에너지가 낮은 전자였기 때문에, 결정 내부의 단지 몇 개 층의 원자면까지만 침투할 수 있었다. 실제, Davisson과 Germer의 이 같은 실험은 오늘날 저속 전자 회절(low-energy electron diffraction, LEED)로 알려져 있으며, 고체의 표면(surface)의 원자 구조를 분석하기 위해 사용된다.

Davisson과 Germer의 실험이 뉴욕에서 진행되는 동안, G. P. Thomson은 스코틀랜드에서 독립적으로 de Broglie의 예측을 실험적으로 확인하였다. Thomson은 Davisson과 Germer가 사용한 전자보다 에너지가 더 높은 전자를 결정 박막을 통해 조사함으로써, 밝은 영역과 어두운 영역으로 이루어진 회절 패턴이 결정 박막의 반대편에 생기는 것을 관찰하였다.

파동-입자 이중성의 이상한 특성은 이들 과학자들에 의해 멋지게 설명되었다. 전자가 파동처럼 거동한다는 사실을 발견한 이 전자 회절 실험으로 Thomson은 Davisson과 함께 1937년 노벨 물리학상을 수상하였다. 그런데 아이러니하게도, 이보다 31년 전에 Thomson의 아버지인 J. J. Thomson은 입자로서의 전자를 발견한 공로로 노벨 물리학상을 수상하였다!

파동 함수(Wave Function)

물질파(matter wave)를 기술하기 위해 사용되는 수학적 함수를 '파동 함수(wave function)'라고 하며, 기호 ψ로 나타낸다. 비록 ψ 자체는 어떠한 물리적 의미도 없지만, 그 절대값의 제곱인 $|\psi|^2$는 의미를 갖는다. $|\psi|^2$를 시간 t에서 한 점 x, y, z에 대해 계산하면, 그 결과값은 파동 함수 ψ로 기술되는 입자가 해당 시간 및 공간에 존재할 확률(probability)과 비례하게 된다. $|\psi|^2$ 값이 클수록, 입자가 그 시간 및 공간에서 발견될 확률이 더 높아진다. 역으로, 만약 결과값 $|\psi|^2$이 0이라면, 그 입자는 그곳에 존재할 수 없다.

이는, 입자의 파동 함수라는 것이 '확률 함수(probability wave)'라는 것을 의미한다. 따라서, 예를 들면 한 전자의 파동 함수가 일정 부피의 공간에 펴져 있다고 한다면, 그것이 곧 그 전자 자체가 그 공간에 어떤 식으로든 펴져서 존재한다라는 의미가 아니다. 대신, 그 전자는 해당 공간 안의 어딘가에서는 발견된다라는 것을 의미하며, 그 공간 안의 특정 지점에 대해 $|\psi|^2$ 값을 계산하게 되면 그 결과값에 의해 전자가 특정 위치에서 발견될 확률이 얼마나 높은지를 알게 되는 것이다.

앞서 살펴보았듯이, 비록 입자가 파동성과 입자성을 모두 지니고 있기는 하지만, 단 한번의 측정이 수행되는 입자에 대한 모든 실험에 있어서는 이들 두 성질 중 하나만 적용된다. 예를 들어, 입자 가속기 내에서 충돌에 의해 검출되는 입자의 경우, 이러한 충돌은 입자성에 의해 설명될 것이며 이 충돌에 대한 계산이 필요할 때에는 파동 방정식을 도입하는 것은 적절치 않을 것이다.

양자화(Quantization)

양자역학의 개념에 의존하지 않는 고전물리학(classical physics)에서는, 물리량(physical quantity)—즉, 시간, 질량, 길이와 같이 측정이 가능한 물리적 특성—은 어떠한 값도 가질 수 있다. 반면, 양자물리에서는 에너지와 모멘텀을 포함하는 일부 물리량들은 특정한 이산적(discrete)인 값들 만을 가질 수 있다.

이처럼 제한적인 값을 갖는 특성들을 '양자화 되었다(quantized)'라고 하며, 취할 수 있도록 허용된 이러한 값들을 '고유값(eigenvalue)'이라고 한다. 예를 들어, 단순 조화 진동(simple harmonic oscillation)을 하는 입자—뜨거운 고체 내에서 진동하는 원자와 같은—는 다음의 식으로 주어지는 에너지의 고유값 E_n만을 가질 수 있다.

$$E_n = \left(n + \frac{1}{2}\right)\hbar\omega \tag{D1.1}$$

여기서, $n = 0, 1, 2, 3, \cdots$이며, ω는 각 진동수(angular frequency)이며, $\hbar = h/2\pi$이며, $h = 6.626 \times 10^{-34}$ Js는 플랑크 상수(Planck's constant)이다. [플랑크 상수는 독일 물리학자 Max Planck(1858-1947)의 이름을 따서 지어졌다.] Planck는 상수 h를 도입했을 뿐만 아니라, 1900년 흑체복사(black-body radiation) 실험 결과를 설명하면서 에너지가 양자화 될 수 있다는 것을 제안했다. ['흑체(black body)'는 가열되었을 때 넓은 범위의 방사선(radiation)을 방출하는 물체이다.]

파동 함수(wave function)는 양자역학적 물체의 '양자 상태(quantum state)'를 수학적으로 기술한다. 양자 상태를 나타내는 모든 숫자를 '양자수(quantum number)'라고 한다. 이를테면, 식 D1.1의 정수(integer) n이 양자수인데, 그 이유는 n이 각각의 이산적인 에너지 E를 나타내며 이들 에너지의 고유값들은 각기 다른 양자 상태와 연관이 되어 있기 때문이다. 원자의 전자는 4개의 양자화 된 특성을 가지며, 따라서 각 전자는 자신의 종합적인 양자 상태를 기술하는 4개의 양자수 조합을 갖는다(부록 C 참조).

하이젠베르크의 불확정성 원리(Heisenberg's Uncertainty Principle)

1927년, 독일의 물리학자 Werner Heisenberg(1901-1976)는 입자의 정확한 위치와 모멘텀을 동시에 정확히 파악하는 것은 불가능하다는 가설을 제안했다.

이 개념을 상상하는 간단한 방법은, 하나의 물리량—모멘텀이든 위치이든—을 측정하는 행위(act of measurement)는 그 입자를 흐트러뜨리게(disturb) 하고 결과적으로 다른 하나의 물리량을 변화시키는 것이라고 생각하는 것이다. 예를 들어, 감마선(gamma ray)을 사용해서 아주 작은 입자를 관찰할 수 있는 현미경을 통해서 전자의 위치를 측정할 수 있다고 상상해보자. 이것이 가능하기 위해서는, 마치 우리가 일반적인 현미경으로 물체를 관찰할 때 빛이 그 물체에 반사되어 우리 눈에 들어온 빛을 통해 그 물체의 형상을 볼 수 있는 것처럼, 감마선이 전자에 부딪혀서 반사되어 이미지를 생성해야 할 것이다. 하지만, 감마선의 파장은 매우 작기 때문에 감마선의 에너지(파장의 역수에 비례함)가 너무 커서 그 전자의 모멘텀을 변화시켜 버리게 된다.

양자적 미립자는 그의 정확한 위치와 모멘텀을 애초부터 갖고 있지 않기 때문에, 측정의 행위를 통해서 이러한 양자적 물체의 위치와 모멘텀을 동시에 파악할 수 없다. 이와 같은 특성은 입자의 근본적인 특성이므로, 하이젠베르크의 불확정성 원리는 어떠한 입자의 관찰 여부와 상관없이 유효하다.

D2 입자의 양자적 거동

페르미온과 보손(Fermions and Bosons)

모든 아원자(subatomic) 입자는 대략 하나의 가상의 축을 기준으로 자전(spinning)한다고 여겨진다. [비록 스핀(spin)에 대해 이와 같이 생각하는 것이 상황을 이해하는데 도움이 되긴 하지만, 실제 스핀(spin)은 온전히 양자역학적인 개념이며, 방금 설명한 것과 같은 고전적인 현상이 아니라는 것을 기억해야 한다.] 반정수(half-integer)의 스핀 값을 갖는 모든 입자를 페르미온(fermion)이라고 한다. 예를 들어, 전자, 양성자, 그리고 중성자는 1/2의 스핀을 가지므로 모두 페르미온이다. 이와 대조적으로, 광자(photon)과 포논(phonon)을 포함하는 보손(boson)은 스핀에 대해 정수(integer) 값을 갖는다.

파울리의 배타원리(Pauli's Exclusion Principle)

1925년, 오스트리아의 물리학자 Wolfgang Pauli(1900-1958)는 충분히 가까워서 상호작용을 하는 어떠한 두 입자들은 서로 동일한 양자수의 조합을 가질 수 없다는 것을 제안했는데, 이를 파울리의 배타원리(Pauli's exclusion principle)라고 한다. 원자의 전자는 네 개의 양자화 된 특성을 가지며, 각각의 특성은 양자수에 의해 기술된다. 이 양자수들 중 하나가 바로 스핀 양자수(spin quantum number)이다. 즉, 스핀 양자수에는 +1/2과 −1/2의 두 개의 값만 존재하며, 다른 나머지 세 개의 양자수가 모두 같은 두 개의 전자는 스핀 양자수가 각각 +1/2와 −1/2로 달라야만 같은 원자 에너지 레벨에 존재할 수 있다. 이러한 원리로 인해, 각 원자 껍질이 가질 수 있는 전자의 수가 제한된다. (원자 껍질 내의 전자에 대한 자세한 논의는 부록 C를 참조.)

이 같은 개념은 이후에 전자 이외에 모든 페르미온에 대해서도 적용되도록 확장되었다. 즉, 파울리의 배타원리에 의하면, 동일한 페르미온들은 같은 양자 상태를 갖지 못한다. 반면, 보손(boson)의 경우는, 여러 개의 보손들이 같은 양자 상태를 갖는 것이

가능하다.

상자 속의 입자(Particle in a Box)

고체물리 및 양자역학을 다룰 때에는, 종종 하나의 입자가 한정된 공간 안에서 움직일 때 어떤 일이 벌어지는지에 대해 생각해 보는 것이 필요하다. 이러한 상황은 이른바 '상자 속의 입자(particle in a box)' 모델로 나타낼 수 있다(그림 D1 참고). 그림에 나타나 있는 가상의 1차원 상자 안의 포텐셜 에너지(potential energy)는 일정한 값을 가지는 반면(수학적 편의를 위해 종종 0 으로 간주함), 상자 밖의 포텐셜 에너지는 무한히 크다고 가정한다. 또한, 입자가 상자의 벽에 부딪힐 때에는 에너지의 손실이 없다고 가정한다. 즉, 이는 입자의 총 에너지(포텐셜 에너지 + 운동 에너지)는 일정함을 의미한다.

고전역학에 의하면, 이러한 상자에 국한되어 움직이는 입자의 총 에너지는 상자 벽의 포텐셜 에너지보다 작기만 하다면 어떠한 값도 가질 수 있다. (즉, 입자의 에너지는 무한대의 값을 가질 수 없기 때문에, 입자는 상자 바깥에 존재할 수 없다.)

반면, 양자역학에 따르면, 입자의 총 에너지는 아무런 값이나 가질 수 없고, 대신 총 에너지가 양자화(quantized) 되어 있어서 입자가 가질 수 있는 에너지는 오로지 특

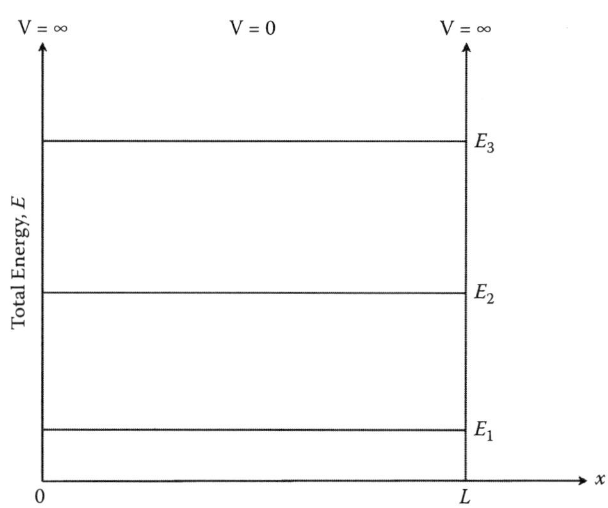

그림 D1 이 그림과 같은 깊이가 무한히 깊은 1차원 정사각형 우물(well) 포텐셜을 '상자 속 입자(particle in a box)' 모델을 나타낼 때 사용한다. 여기서, '상자(box)'는 우물 안과 같다. y-축은 상자 속에 국한된 입자의 총 에너지를 나타내며, x-축은 입자의 위치를 나타낸다. 이 상자는 1차원 공간이므로 입자는 x-축을 따라 0과 L 사이에서만 움직일 수 있으며, y-축은 에너지 축이기 때문에 입자는 상자 벽을 따라 위 혹은 아래로는 움직일 수 없다. 그림에 나타나 있는 것처럼, 상자 밖의 포텐셜 에너지는 무한히 크고, 상자 안쪽은 보통 0으로 간주한다.

정한 이산적(discrete)인 값이어야 한다. 이 에너지 값은 다음의 식으로 주어진다:

$$E_n = \frac{n^2\pi^2\hbar^2}{2mL^2} \tag{D2.1}$$

여기서, 양자수 $n = 1, 2, 3, \cdots$이며, m은 입자의 질량, L은 상자의 길이, 그리고 $\hbar = h/2\pi$이다. 이 식에 따른 허용된 처음 몇 개의 에너지를 그림 D1에 나타내었다.

식 D2.1에서 알 수 있듯이, 양자역학에 의하면 상자 속의 입자는 0의 총 에너지 값을 가질 수 없다. 상자 속의 입자가 가질 수 있는 최소 에너지는 E_1이며, 이를 '0점 에너지(zero-point energy)'라고 한다. 이처럼 입자의 총 에너지가 0이 될 수 없는 이유는, 총 에너지가 0이 되려면 입자는 상자 속에서 움직이지 않고 가만히 있어야 하고 따라서 모멘텀이 0이 되어야 하기 때문이다. 이는 곧 입자의 모멘텀을 정확히 알 수 있다는 점에서, 또한 상자가 매우 작기 때문에 입자의 위치도 정확히 알게 된다는 점에서 하이젠베르크의 불확정성 원리에 위배된다.

앞선 절에서 보았듯이, 입자는 또한 파동적 특성을 가지며, 슈뢰딩거 방정식—양자역학에서 가장 중요한 방정식—은 이러한 파동적 특성의 측면에서 입자를 기술한다. 식 D2.1은 사실 슈뢰딩거 방정식을 풀어서 얻어진 식이다. 하지만, 이는 이 책의 범위를 넘어서는 내용이므로, 여기서는 대신에 다음의 간단한 과정에 의해 식 D2.1이 어떻게 도출되는지에 대해 살펴볼 것이다.

파동의 관점에서 1차원 상자 속의 입자가 가질 수 있는 에너지는, 입자가 상자의 벽에 부딪혀 튕겨 돌아오는 상황에서 입자의 파장이 정상파(standing wave)의 조건을

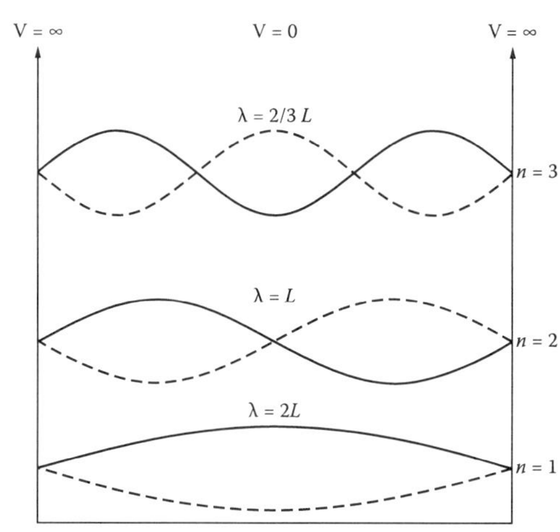

그림 D2 1차원 상자 속의 입자의 움직임은 기타 줄을 튕기는 것과 같은 정상파(standing wave)를 만든다. 그림에 나타나 있는 정상파의 파장은 위에서부터 차례로 $2/3L$, L, $2L$이다.

충족시킬 때의 에너지이다. 다시 말해서, 입자를 파동으로 생각한다면, 입자가 상자의 경계에서 반사될 때 그 반사된 파동이 애초의 파동과 위상이 같아야(in-phase) 한다. [위상(phase)에 대해서 부록 B를 참조.] 이와 같은 조건에서, 그림 D2에서 볼 수 있듯이, 기타(guitar)의 줄을 튕겼을 때 볼 수 있는 것과 같은 정상파가 생성된다.

그러므로, 1차원 상자 속의 입자에게 허용된 파장은 다음과 같다.

$$\lambda = \frac{2L}{n}$$

여기서, $n = 1, 2, 3, \cdots$이다.

따라서, 이에 해당하는 파수(wave number) $k = 2\pi/\lambda$는 다음과 같다. (진동과 파동과 관련한 용어에 대해서는 부록 B를 참조.)

$$k = \frac{n\pi}{L}$$

그러므로, 입자가 가질 수 있는 모멘텀의 값은 다음과 같다.

$$p = \frac{h}{\lambda} = \hbar k = \frac{n\pi\hbar}{L} \tag{D2.2}$$

상자 안의 포텐셜 에너지는 0이므로, 총 에너지는 운동 에너지(kinetic energy)와 같으며, 이를 모멘텀을 사용해서 나타내면 다음과 같다.

$$E = \frac{p^2}{2m}$$

이때, p에 식 D2.2를 대입하면, 다음과 같이 식 D2.1을 얻을 수 있다:

$$E = \frac{\left(n\pi\hbar/L\right)^2}{2m} = \frac{n^2\pi^2\hbar^2}{2mL^2}$$

통계역학 복습

(Revision of Statistical Mechanics)

E1 고체물리에서의 통계의 사용

이 책의 본문에서 다룬 바와 같이, 고체의 일부 특성은 고체 내에 존재하는 엄청나게 많은 수—대략 10^{26}개 정도—의 아주 작은 물체의 움직임에 의해 발현된다. 예를 들어, 비열(specific heat)은 고체를 이루는 원자들의 움직임에 의한 것이며, 또한 금속에서의 전기 전도는 고체를 통해 전자가 흐를 때 일어난다. 어떠한 고체의 비열을 다룰 때, 고체를 이루는 모든 개별 원자들의 움직임을 파악해서 이들 개별 원자들의 움직임에 의한 효과를 모두 더함으로써 그 고체의 비열을 계산하는 것은 불가능하다. 그 대신에, 통계역학—혹은 '통계물리(statistical physics)'—을 이용해서 이와 같은 물리량을 계산하게 된다.

통계역학은 어떠한 '계(system)'—즉, 고체 혹은 기체—의 가장 그럴듯한 거동을 예측함으로써 그 계의 미시적 수준에서의 움직임과 거시적 물성 사이의 관계를 짓는다. 즉, 통계역학은 어떠한 고체 혹은 기체를 이루는 원자, 전자, 및 기타 입자들의 가장 가능성이 높은 움직임을 예측함으로써 이들 입자들의 움직임과 거시적 물성 사이의 상관관계를 이해하게 해 준다. 통계역학의 방정식에서 얻을 수 있는 가장 가능성이 높은 해(solution)는 이러한 해에 해당하는 상황만 고려하면 될 만큼 그 어떤 다른 해보다도 훨씬 높은 확률을 갖는다.

예를 들어, 찻잔을 바닥에 떨어뜨리는 상황을 생각해 보자. 이때, 이 찻잔이 깨지면서 완전하게 산산조각이 나서 찻잔을 이루는 모든 개별 원자들이 각기 서로 다른 방향으로 흩어져 버릴 확률은 거의 없을 것이다. 우리의 경험에 비추어 봤을 때 이러한 일은 결코 일어나지 않는다. 보통은, 찻잔이 깨질 때 두 개 이상 정도의 큰 조각으로 부서지며, 통계역학은 바로 이 같은 시나리오에 대한 확률이 완전히 산산조각 나는 시나리오보다 더 크다는 것을 알려준다.

가능성과 확률에 기반하는 통계역학에 대한 수학적 개념은 오스트리아의 이론물리학자인 Ludwig Boltzman(1844-1906)에 의해 처음 소개되었다.

E2 확률

확률의 개념(The Concept of Probability)

어떤 일이나 실험의 결과가 하나 이상일 때, 특정 결과가 나올 '확률(probability)'을 논할 수 있다. 예를 들면, 주사위를 굴리는 행위에는 6개의 다른 결과가 나올 수 있는데, 그 중 특정한 숫자가 나올 확률은 1/6이다. 왜냐 하면, 확률이라는 것은 어떤 일이나 실험을 반복해서 아주 많이 수행했을 때 특정 결과가 나오는 횟수의 비율로서 정의되기 때문이다. 주사위의 경우, 가능한 총 6개의 숫자가 있고, 각 6개의 숫자 면이 위를 향할 가능성은 모두 같다.

동전을 던지는 것은 확률이 어떻게 정해지는지를 보여주는 더욱 쉬운 예이다. 이 경우, 앞면이 나올 확률은 1/2이고, 뒷면이 나올 확률도 1/2이다. 만약, 어떤 일이나 실험의 결과가 나올 확률이 0이라면, 그 결과는 결코 일어나지 않는다. 반면, 어떤 결과가 일어날 확률이 1이라면, 그 결과는 반드시 일어난다. 어떤 결과가 나올 확률이 1에 가까울수록, 그 특정 결과가 일어날 가능성이 더 높다. 확률의 최대값이 1이므로, 주어진 어떤 일에 대한 모든 가능한 결과의 확률의 합은 1이다.

간단한 확률의 계산(Simple Probability Calculations)

어떠한 일과 관련하여 이론적인 확률에 가까운 결과를 얻기 위해서는 그 일을 무한히 많이 반복해서 수행해야하기 때문에, 사실 확률을 정확히 측정하는 것은 가능하지 않다. 그렇지만, 어떠한 일의 유한적(finite) 반복 수행에서 특정 결과가 일어나는 횟수의 비율로서 정의되는 '부분적 빈도(fractional frequency)'를 측정하는 것은 가능하다. 어떠한 결과가 많은 수의 시도를 통해 측정된 것이라면, 그 값은 이론적 확률에 근접할 것이다.

확률을 조합하는 데에는 두 가지 기본 법칙이 있다. 여러 개의 결과들이 서로 독립적으로 발생한다면, 각 결과들이 모두 함께 일어나는 확률은 각 결과의 개별적 확률을 곱함으로써 얻어진다. 예를 들어, 만일 여섯 개의 주사위를 동시에 굴리는 작업을 수행한다면, 모든 주사위에서 숫자 6이 나올 확률은 다음과 같다.

$$\frac{1}{6}\times\frac{1}{6}\times\frac{1}{6}\times\frac{1}{6}\times\frac{1}{6}\times\frac{1}{6}=2.14\times10^{-5}$$

예상했던 것처럼, 모든 주사위에서 숫자 6이 나오는 상황은 그리 있음직한 일이 아니다!

이와 대조적으로, 하나 혹은 둘 이상의 서로 배타적인 결과(즉, 어떤 식으로든 서로 연관이 되어 있지 않은 결과)가 일어날 확률을 구하는 것은, 해당 개별적인 결과의 확률을 더하면 된다. 예를 들어, 동전을 던져서 뒷면이 나오거나 또는 주사위를 굴려 숫자 5가 나올 확률은 다음과 같이 계산된다.

$$\frac{1}{2}+\frac{1}{6}=\frac{2}{3}$$

E3 고전통계역학

기체 모델(Gas Model)

물리학에서 기체(gas) 분자의 개념은 실제의 기체의 거동을 설명하는 데 사용될 뿐만 아니라, 예를 들어 고체 내의 전자처럼 움직이는 입자들 같은 계(system)의 거동을 설명하는 데에도 사용된다. 가장 간단한 기체에 대한 모델에서는, 기체 분자들이 지속적으로 무작위적(random)으로 움직이고, 그 기체는 용기(container)의 벽에 압력을 가한다. 이 압력은 기체 분자들이 용기의 벽에 부딪히는 힘에 의해 생기는 것이고, 압력은 단위 면적당 가해지는 힘과 같다. 실제, 기체 분자들은 자신들의 운동 에너지(kinetic energy)를 용기의 벽에 전달하는 것이고, 뉴턴의 제3법칙에 의해 이 운동 에너지와 동일한 양의 에너지가 기체 분자들에게 되돌아 감으로써 기체 분자들이 용기 벽과 탄성적으로 충돌하게 된다. 온도가 높아지면, 기체는 더 빨리 움직이고 벽과 더 큰 힘으로 부딪히게 되므로, 벽에 가해지는 압력—즉, 기체 자체의 압력—은 높은 온도에서 더 크다.

배치(Configuration)

한 특정 사건이 발생한 이후에 어떠한 일이 일어나는 확률을 알기 위해서는, 그 특정 사건이 가져올 수 있는 모든 가능한 결과들을 파악해야 한다. 동전을 던져서 앞면이 나오는 확률을 계산하는 경우에는, 나올 수 있는 가능한 서로 다른 두 결과—즉, 앞면 혹은 뒷면—를 파악하는 것은 어렵지 않다. 하지만, 기체의 경우, 그 기체가 가질 수

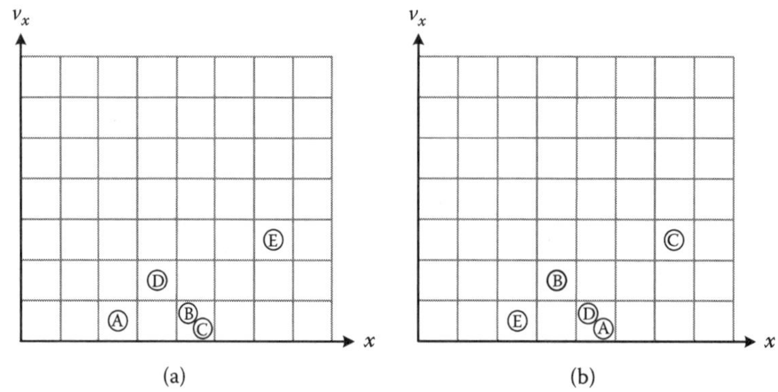

그림 E1 5개의 입자로 이루어진 기체(gas)에 대한 두 가지 서로 다른 배치(configuration). (This diagram originally appeared as Figure 2.23, p.79, of *Classical Physics of Matter*, edited by John Bolton, © 2000, The Open University. Reproduced with permission.)

있는 모든 상태(state)를 파악하는 것은 훨씬 더 까다로운 상황이다.

이는, 기체가 가질 수 있는 서로 다른 미시적인 상태(microscopic state)—기체 분자가 서로 다른 위치와 속도를 갖는 모든 상태—가 엄청나게 많기 때문이다. 이와 같은 문제를 다룰 수 있기 위해서는, 측정의 정확도는 오직 그 측정에 사용되는 장치가 제공하는 정확도만큼 정확하다는 사실을 활용해야 한다. 기체 분자의 위치(position)와 모멘텀(momemtum)은 어느 정도의 정확도까지만 동시에 파악 가능하기 때문에, 실험적으로 측정된 각 분자의 위치와 모멘텀을 나타내는 아주 작은 3차원 정육면체의 방(cell)들—이를 'phase cell' 이라고 한다—을 정의할 수 있다. 따라서, 이 phase cell에 들어있는 분자는 해당 phase cell 에 의해 정해진 아주 작은 범위의 위치와 속도를 갖게 된다. 사실, 각 기체 분자는 질량을 가지기 때문에, 각 phase cell은 이에 따른 특정한 분자 에너지(molecular energy)도 규정한다. 즉, 이는 임의의 phase cell에 있는 분자는 해당 cell이 나타내는 것과 동일한 에너지 값을 가지게 됨을 의미한다.

고전적 이론에 따르면, 원칙적으로 기체의 각 분자는 구분되어 표기될 수 있다. 이와 관련하여, 그림 E1은 5개의 입자들로 만들어진 한 기체에 대한 두 가지 서로 다른 미시적 상태(microscopic state)를 나타낸다. 이들 미시적 상태—배치(configuration)라고도 한다—를 구별함으로써 하나의 '결과(outcome)'를 특정하려면, 우리는 단순히 어떤 분자가 어떤 phase cell에 있는지를 알기만 하면 된다.

볼츠만 분포 법칙(Boltzmann's Distribution Law)

앞서, 우리는 서로 다른 배치(configuration)을 어떻게 구별하는지에 대해 살펴보았으므로, 이제 다음으로 각 배치에 대한 확률(probability)을 부과해야 한다. 볼츠만

(Boltzmann)은 온도 T에서 평형을 이루고 있는 기체에 대해, 에너지 E를 갖는 임의의 phase cell에 있는 분자를 발견할 확률은 다음과 같다는 것을 발견했다.

$$p = Ae^{-E/k_BT} \tag{E3.1}$$

여기서, k_B는 볼츠만 상수(Boltzmann's constant)라고 하며, 그 값은 1.381×10^{-23} JK^{-1}이다. A는 모든 phase cell에 대한 확률의 총 합이 1이 되게 해 주는 상수인데, 이는 매우 중요하다. 왜냐 하면, E2절에서 보았듯이, 하나 이상의 가능한 결과(possible outcome)를 갖는 모든 사건들에 대한 각각의 확률의 총 합은 1이 되어야 하기 때문이다. [어떠한 일련의 숫자들이나 물리량들에 상수를 곱한 다음 이를 모두 더한 값이 1과 같으면, 이러한 과정을 '정규화(normalization)'라고 한다. 그렇기 때문에, 식 E3.1의 상수 A를 '정규화 인자(normalization factor)'라고도 한다.]

결론적으로, 임의의 분자에 대해서, 그 분자가 높은 에너지의 phase cell에서 발견될 확률보다 낮은 에너지의 phase cell에서 발견될 확률이 더 높다.

볼츠만 점유 인자(Boltzmann Occupation Factor)

고전적인 계(system)의 구별 가능한 N개의 입자에 대해, 각 phase cell에 들어있는 입자의 평균 개수는 N_p로 주어지는데, 이를 '볼츠만 점유 인자(Boltzmann occupation factor)'라고 하며 $F(E)$로 나타낸다. 따라서, 식 E3.1로부터 다음의 식을 얻을 수 있다.

$$F(E) = NAe^{-E/k_BT} \tag{E3.2}$$

에너지 등분배(Equipartition of Energy)

볼츠만 분포 법칙과 볼츠만 점유 인자 모두는 입자의 에너지에 대한 함수이다. 이들 통계에 의해 기술되는 계(system)의 입자의 평균 에너지를 아는 것은 유용한데, 이 평균 에너지는 이 계에서 입자가 갖는 '자유도(degree of freedom)'의 수에 의존한다.

계의 자유도는 그 계에 있는 입자가 에너지를 받아들이는 방식의 개수이다. 예를 들어, 이상적인 단원자 기체(monoatomic gas)—즉, 한 종류의 원자로만 이루어진 기체—내의 원자는 분자가 가질 수 있는 것과 같은 회전 에너지(rotational energy)나 진동 에너지(vibrational energy)는 가질 수 없고, 단지 원자가 움직이면서 생기는 병진 에너지(translational energy)만 가질 수 있다. 기체는 3차원 공간에 존재하는 것이므로, 기체 원자는 세 가지의 다른 방향으로 움직일 수 있으며, 따라서 '3개의 자유도(three degrees of freedom)'을 갖는다고 할 수 있다.

계가 열적 평형상태에 있을 때, 계의 에너지는 각각의 자유도 방향으로 균등하게 나뉘어지며, 각 자유도에 대한 평균 에너지는 $k_BT/2$이다. 이것을 '에너지 등분배(equipartition of energy)' 법칙이라고 한다. 이 법칙에 따르면, 이상적인 단원자 기체에 대해 자유도 당 각 원자의 평균 에너지는 역시 $k_BT/2$이므로, 각 원자에 대한 총 평균 에너지 $\langle E \rangle$는 다음과 같다.

$$\langle E \rangle = {}^{3k_BT}\!\big/_{2} \tag{E3.3}$$

여기서, 분모의 3은 자유도의 개수가 3이기 때문이다. 또한, 식 E3.3은 금속의 자유전자를 이상 기체의 고전적 입자로 간주했을 때의 자유전자의 평균 에너지를 나타낸다. (하지만, 이 고전적 모델은 양자역학을 고려한 새로운 모델로 대체되었다.) 그럼에도 불구하고, 고전 통계학은 여전히 반도체의 전하 캐리어(charge carrier)의 열적 움직임과 원자 자기 모멘트(magnetic moment)의 에너지 레벨의 분포를 기술하는 데에 사용된다.

E4 양자 통계학

앞선 절에서, 이론적으로는 기체의 각 분자를 구별하여 표기할 수 있다고 가정하였다. 또한, 개별적인 분자의 속도와 위치 모두를 꽤 높은 정확도로 알 수 있다고 가정하였다. 하지만, 양자역학의 출현과 함께 이 모든 가정이 사실이 아님이 명백해졌다. 실상은, 기체의 분자나 고체의 전자는 사실상 다 동일하기 때문에 구별할 수 없을 뿐만 아니라, 하이젠베르그의 불확정성 원리에 따르면 입자의 위치와 속도를 동시에 아는 것은 불가능하다.

비록 볼츠만의 고전통계역학은 사실에 부합하지 않는 것이긴 하지만, 실제의 기체나 원자 및 분자의 집합체의 거시적 물성을 근사적으로 파악하기에는 충분히 잘 적용된다. 예를 들어, 자성(magnetism)에 있어서, 볼츠만 분포는 자기 모멘트(magnetic moment) 배향을 기술하는 데 사용될 수 있다. 그러나, 고체 내의 자유전자의 '기체(gas)'나 다른 종류의 구별 불가능한 양자 입자들과 관련한 계산을 위해서는 고전통계 대신에 양자통계가 반드시 적용되어야 한다.

구별 불가능한 입자의 배치(Configuration of Indistinguishable Particles)

고전적 입자처럼 각기 다른 phase cell에서 발견되는 대신, 양자 입자(quantum particle)

는 서로 다른 양자 상태(quantum state)에서 발견된다. (양자역학에 대해서는 부록 D를 참고.) 따라서, 양자역학에서 다루는 동일한 입자들에 대한 배치(configuration)은 각 양자 상태에 있는 입자의 수에 의해 규정된다.

모든 양자 입자는 페르미온(Fermion)—반정수(half-integer)의 스핀 값을 갖는 입자—이 아니면 보손(boson)—정수의 스핀 값을 갖는 입자—이므로, 각각 페르미온과 보손에 대한 두 가지 유형의 양자 통계가 필요하다.

페르미-디락 통계(Fermi-Dirac Statistics)

페르미-디락 통계는 페르미온(fermion)의 거동을 기술하는 데 사용된다(부록 D 참조). 페르미온은 파울리의 배타원리(Pauli's exclusion principle)를 따르는데, 이는 두 개의 동일한 페르미온은 결코 같은 양자역학적 상태에 존재할 수 없음을 뜻한다. 그림 E2는 세 개의 에너지 레벨과 두 개의 동일한 페르미온으로 이루어진 가상의 계(system)의 총 에너지가 $2E$가 되는 방식을 보여준다.

그림에서 볼 수 있듯이, 이 페르미온들의 총 에너지가 $2E$가 되는 방식은 딱 하나 밖에 없다는 것을 알 수 있는데, 이는 동일한 두 개의 페르미온이 같은 양자 상태(state)에 있을 수 없기 때문이다.

물론, 위의 예시는 어디까지나 가상적인 계에 대한 설명이다. 실제적인 계에서는, 비록 두 개의 **동일한**(identical) 페르미온이 같은 양자 상태에 있을 수는 없지만, 주어진 양자 상태에 있어서 페르미온들의 양자수(quantum number)가 서로 다르기만 하다면(즉, 양자수가 다르면 동일한 페르미온이 아니다), 같은 양자 상태에 하나 이상의 페르미온이 존재할 수 있다. 예를 들어, 두 개의 전자가 심지어 서로 같은 양자수 n, l, m 을 갖는다 하더라도, 스핀 양자수(spin quantum number)가 서로 다르다면 같은 양자 상태에 있을 수 있다. 즉, 이 경우 한 전자는 'spin up'이 되어야 하고, 다른 한 전자는 'spin down'이 되어야만 두 전자가 같은 상태를 차지할 수 있는 것이다. 에너지 상태 E에 있는 페르미온의 평균 개수는 다음과 같이 주어진다.

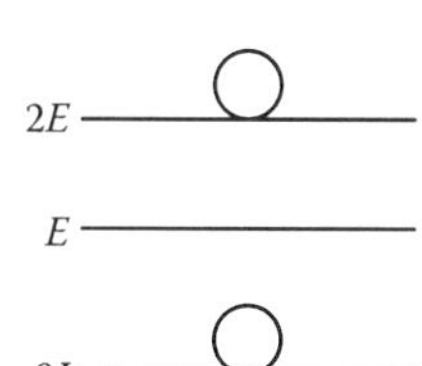

그림 E2 총 에너지가 2E 이며 세 개의 에너지 상태를 갖는 가상의 계(system)에 있는 두 개의 페르미온(fermion)—이들 페르미온은 서로 동일하며 파울리의 배타원리를 따른다—에 대해 유일하게 가능한 배치(configuration).

$$F_F(E) = \frac{1}{e^{(E-\mu)/k_B T} + 1} \tag{E4.1}$$

여기서, $F_F(E)$는 페르미 점유 인자(Fermi occupation factor)이고, k_B는 볼츠만 상수이며, T는 온도(kelvin), 그리고 μ는 해당 계(system)의 특성 에너지(characteristic energy)이다. μ의 값은 해당 계의 페르미온의 수와 온도에 의존하며, 그 계가 금속 또는 반도체 내의 자유전자일 때에는 식 E4.1의 μ는 '페르미 에너지(Fermi energy)' E_F로 대체된다.

그림 E3(b)는 절대 0도 이상의 온도에서의 페르미 점유 인자의 그래프—페르미 분포 함수(Fermi distribution function)이라고도 한다—를 보여준다. 반면, 그림 E3(a)는 절대 0도에서의 그래프인데, 그래프의 모양을 보면 E_F보다 높은 에너지에서는 $F(E)=0$인 것을 명확히 알 수 있다. 반대로, E_F보다 낮은 에너지에서는 $F(E)=1$이며, 따라서 E_F 보다 낮은 모든 상태들은 전자에 의해 반드시 점유(occupy)되어야 한다.

이는, 0 K의 온도에서는, 페르미 에너지가 전자로 차 있는(filled) 에너지 상태와 비어 있는(unfilled) 에너지 상태를 서로 나누고 있음을 의미한다. 원자에 있어서 전자가 낮은 에너지 레벨에서부터 시작해서 가능한 에너지 상태를 채우는 것과 마찬가지로 (부록 C 참고), 고체 내의 자유전자도 낮은 에너지 레벨에서부터 높은 에너지 레벨 순서로 차지하게 된다. 그러므로, 페르미 에너지는 전자에 의해 채워진 가장 높은 에너지 레벨을 의미한다. 이와 같은 상황에 대해 시각적으로 이해할 수 있는 방법은 유리잔에 모래를 붓는 상황을 상상해 보는 것이다. 모래는 유리잔의 바닥에서부터 위로 채워질 것이고, 유리잔 내에서 모래로 채워진 부분과 아직 비어있는 부분을 나누는 경계는 바로 모래의 제일 위쪽의 표면이기 때문에 이 모래의 표면이 바로 E_F에 해당할 것이다.

실제로는 절대 0도까지 온도를 내리는 것은 불가능하기 때문에, 현실적인 페르미 분포 함수는 그림 E3(b)에 나타나 있는 그래프와 같을 것이다. 두 그래프를 비교해 보면, 0 K 이상인 그래프에서는 E_F에서의 경계가 급격하지 않고 점진적으로 퍼지는 형상을 나타냄을 볼 수 있다. 이는, 0 K 이상의 온도에서는 전자가 열적으로 여기 되어(excited) E_F보다 높은 에너지 상태로 올라갈 수 있기 때문이다. 온도가 높을수록 더 많은 전자가 에너지를 얻어 E_F 이상의 에너지 레벨로 여기 되기 때문에, E_F에서의 경계의 점진적인 퍼짐이 더 커진다.

절대 0도 이상의 조건에서의 반도체에서는, 페르미 에너지는 더 이상 전자가 채워진 가장 높은 에너지 레벨을 의미하지 않는다. 그 대신, 이 경우에 있어서의 페르미 에너지는 페르미-디락 분포 함수의 값이 0.5가 되는 에너지 값으로 정의된다. 다시 말해

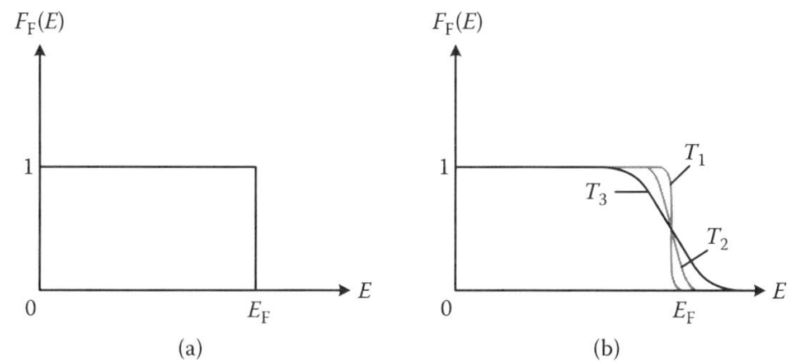

그림 E3 반도체 내의 자유전자에 대한 페르미 분포(Fermi distribution)를 에너지에 대한 함수로 나타낸 그래프. (a) 절대 0도 조건 및 (b) 0 K 이상의 온도 조건.

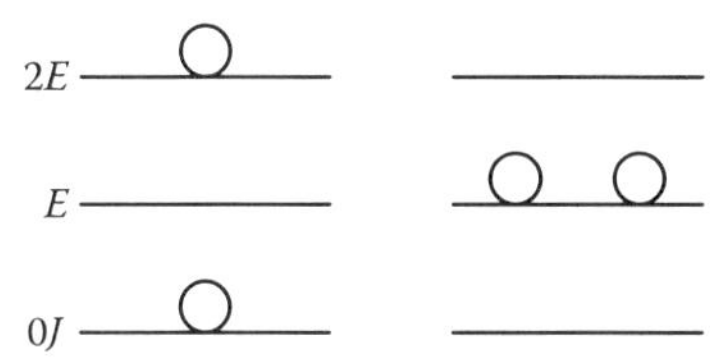

그림 E4 총 에너지가 2E 이며 세 개의 에너지 상태를 갖는 가상의 계(system)에 있는 두 개의 보손(boson)—이들 보손은 서로 동일하지만 파울리의 배타원리를 따르지 않는다—에 대해 유일하게 가능한 배치(configuration).

서, 에너지가 E_F인 전자를 발견할 확률이 정확히 1/2이라는 의미이다.

보스-아인슈타인 통계(Bose-Einstein Statistics)

입자가 보손(boson)인 구별 불가능한 계(system)—즉, 0 혹은 정수(integer) 값의 스핀을 가지며 파울리의 배타원리를 따르지 않는 계—에 대해서는, 보스-아인슈타인 통계가 사용된다. 그림 E4는 앞선 절에서도 보았던 세 개의 에너지 레벨을 갖는 가상의 계에 놓인 두 개의 보손에 대해 어떤 일이 일어나는지를 보여준다. 그림에서 볼 수 있듯이, 두 보손의 총 에너지가 $2E$가 되게 하는 두 가지의 보손 배치 상황이 있는 것을 알 수 있다.

에너지 상태 E에 있는 보손의 평균 개수는 보스 점유 인자(Bose occupation factor) $F_B(E)$에 의해 다음과 같이 주어진다:

$$F_B(E) = \frac{1}{e^{(E-\mu)/k_BT} - 1} \tag{E4.2}$$

여기서, μ는 해당 계(system)의 특성 에너지(characteristic energy)이며, 포톤 기체(photon gas)에 대해서는 $\mu = 0$ 이다. 그림 E5는 포톤 기체에 대한 보스 점유 인자의 그

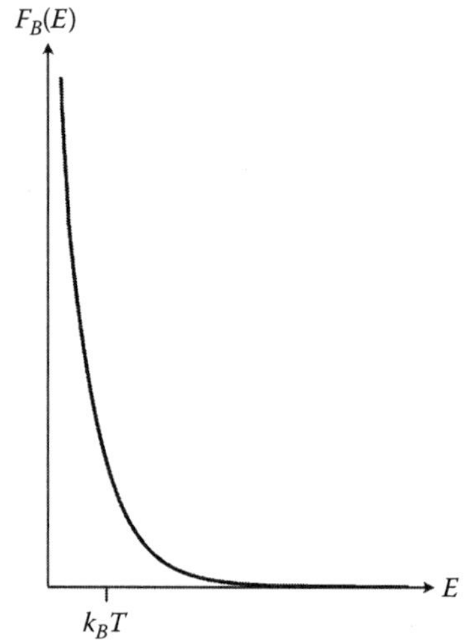

그림 E5 포톤 기체(photon gas)에 대한 보스 점유 인자(Bose occupation factor).

래프를 보여준다. 곡선의 가파른 형상은 보손—보손은 동일한 상태를 동시에 점유할 수 있다—들이 차지 가능한 가장 낮은 에너지 상태에 잔뜩 몰려있음을 의미한다.

식 E4.1과 식 4.2를 다시 참고하면, 볼츠만 점유 인자(식 E3.2)가 $E > k_BT$인 조건에 있어서 페르미-디락 및 보스-아인슈타인 분포 함수 모두에 대한 제한 사례(limiting case)임을 알 수 있다. 왜냐하면, $(E - \mu) \gg k_BT$일 때, $\exp[(E - \mu)/k_BT] \gg 1$가 되므로, 분모의 1은 무시할 수 있기 때문이다. 즉, 두 분포 함수 모두는 다음과 같아진다.

$$\frac{1}{e^{(E-\mu)/k_BT}}$$

μ는 상수이므로, 이 식은 $A \cdot e\text{xp}(-E/k_BT)$로 다시 쓸 수 있다[여기서, 상수 $A = \exp(-\mu/k_BT)$이다]. 이렇게 볼 때, 식 E3.2를 다시 참조하면, 이는 볼츠만 분포 함수와 동일한 형태를 갖는다는 것을 알 수 있다.

용어 설명

가공경화(work hardening): 결정성 재료의 탄성한계(elastic limit)보다 큰 응력을 가함으로써 재료를 강화하는 방법.

가소제(plasticizer): 고분자(polymer)의 유연성(flexibility)를 향상시키기 위해 첨가되는 물질.

가전자대(valence band): 고체 내의 원자가전자(valence electrons)를 포함하는 에너지 밴드. **전도대(conduction band)**와 비교.

가황(vulcanization): 천연 고무에 황(sulphur)를 첨가하는 공정. 적은 양의 황을 고무에 첨가하면 고무의 탄성이 향상되고 끈적함이 줄어들며, 많은 양을 첨가하면 고무가 딱딱해진다.

간접형 반도체(indirect-gap semiconductor): 가전자대(valence band)의 최대값이 전도대(conduction band)의 최소값과 서로 다른 파동 벡터(wave vector) k에서 발생하는 반도체. **직접형 반도체(direct-gap semiconductor)**와 비교.

강도(strength): 파괴(fracture)가 일어나기 바로 직전까지 재료가 견딜 수 있는 최대 응력의 양.

강성(stiffness): 재료에 응력이 가해졌을 때 일어나는 탄성변형(elastic deformation)에 대해 얼마나 저항하는지를 나타내는 척도.

강유전체(ferroelectrics): 임계 온도(critical temperature) 이하에서 자발적(spontaneous) 전기 쌍극자 모멘트를 갖는 재료.

강자성 재료(ferromagnetic materials): 외부 자기장이 없이도 자발적(spontaneous) 원자 자기(magnetic) 모멘트를 갖는 재료.

강자성 퀴리 온도(ferromagnetic Curie temperature): 강자성체의 자발 자화(spontaneous magnetization)가 0이 되는 온도. 퀴리 온도 이상에서는, 상자성(paramagnetic) 재료처럼 거동한다.

격자 상수(lattice parameter): 임의의 단위 정(unit cell)의 변(side)의 길이(length) 및 변 사이의 각도(angle).

격자(lattice): 무한한 점들의 배열(array)로서, 이 점들 중 어느 한 점에서 주변을 바라봐도 주변이 모두 동일하게 보이도록 배열이 이루어짐. 결정 구조(crystal structure)는 이러한 격자(lattice) 및 **인자(basis)**로 나타낼 수 있다.

결정 구조(crystal structure): 결정 내의 원자의 공간적 배열. 격자(lattice)와 비교.

결정립계(grain boundary): 다결정(polycrystalline) 고체의 개별 결정립(grain)들을 나누는 경계.

결정성(crystalline): 원자가 규칙적으로 반복되는 패턴을 갖는 고체의 특성.

경도(hardness): 찍혀서 자국이 남거나 긁히는 데 대한 재료의 저항.

고분자(polymer): 많은 수의 작은 분자—**단량체**(monomer)—들이 서로 연결되어 이루어진 거대한 분자.

공유 결합(covalent bond): 원자들 간에 원자가전자(valence electron)가 공유되어 있는 화학적 결합의 한 종류.

과냉각 액체(supercooled liquid): 너무 급속하게 냉각되어 어는점 이하에서 고체로 결정화가 일어나지 않고 여전히 액체 상태로 존재하는 액체.

금속 결합(metallic bond): 금속의 원자가 양이온으로서 존재하며 전자 '바다(sea)'가 이 양이온들을 둘러싸는 형태의 화학 결합의 한 종류. 이 양이온들과 전자들의 인력(attraction)이 금속 결합을 형성한다.

급속냉각(quenching): 고체를 가열한 후 매우 빠르게 냉각하는 열처리(heat treatment) 방법.

기판(substrate): 다른 재료의 성장(growth)을 위한 토대가 되는 고체 층.

다결정(polycrystalline): 단결정(single crystal)과 대조되는 것으로서, 결정립(grain)이라고 일컫는 아주 작은 결정이 다수 모여 이루어진 결정성.

다이오드(diode): 두 개의 전극을 갖는 전자 소자.

다형성(polymorphic): 하나 이상의 결정 구조를 갖는 화합물(compound)의 성질. **동소이형성**(allotropic)과 비교.

다형체(polymorphs): **다형성**(polymorphic) 화합물이 가질 수 있는 한 결정 구조.

단결정(single crystal): 연속적이고 완벽한 원자들의 패턴으로 이루어진 결정성 고체.

단량체(monomer): 고분자(polymer)를 이룰 수 있도록 아주 많은 수가 서로 결합되는 작은 분자.

단위 정(unit cell): 결정 격자를 이룰 수 있는 단위로서, 인자(basis)를 단위 정의 격자점(lattice point)에 위치시켰을 때 결정의 전체 구조를 나타낼 수 있다.

도너(donor): 반도체(semiconductor)의 원자와 결합하기 위해 필요한 것보다 더 많은 수의 원자가전자(valence electron)를 갖는 도펀트(dopant) 원자. **n-형**(n-type) **반도체** 참조.

도메인(domain): 자성(magnetism)에서, 모든 자기 모멘트가 같은 방향을 가리키는 **강자성**(ferromagnetic) 재료 내의 영역. 강유전성(ferroelectricity)과 관련해서는, 같은 방향으로 분극 된(polarized) 단위 정을 포함하는 영역.

동소이형성(allotropic): 하나 이상의 가능한 결정 구조를 갖는 원소(element)의 성질. **다형성**

(polymorphic)과 비교.

동소체(allotrope): 동소이형성(allotropic) 원소가 가질 수 있는 결정 구조 중 하나. **동소이형성**(allotropic) 참조.

무작위적 조밀 충전 모델(dense random packing model): 원자들이 금속 결합(covalent bond), 이온결합(ionic bond), 또는 분자 결합(molecular bond)을 이루고 있는 비정질(amorphous) 재료의 구조를 설명하는 데 사용되는 모델.

밀도 반전(population inversion): 높은 에너지의 전자들이 낮은 에너지의 전자들보다 더 많아지는 비평형(nonequilibrium) 상태로서, 레이저(laser) 작동에 필수적이다.

밀러 지수(Miller indices): 결정 내의 면(plane)을 기술하는 세 개의 숫자 [육방결정(hexagonal crystal)의 경우, 네 개의 숫자가 필요.]

반 데르 발스 힘(van der Waals force): 원자 및 분자들 간에 작용하는 약한 정전기적 힘[쌍극자(dipole)의 형성에 의해 생김]으로서, 원자 및 분자들이 인접해 있을 때 서로에게 이끌려 붙게 하는 힘.

반자성(diamagnetism): 외부 자기장이 존재할 때, 이 자기장의 방향을 거스르는 약한 형태의 자성.

배위수(coordination number): 고체 내의 임의의 원자에 대한 최인접 원자(nearest neighbors)의 개수.

밴드갭(bandgap): 일반적으로는 고체의 허용된 에너지 밴드들 사이의 에너지 상태들을 의미하지만, 주로는 절연체(insulator)나 반도체에서 가전자대(valence band)의 상단과 전도대(conduction band)의 하단 사이의 에너지 차이를 지칭함.

변형(deformation): 고체에 힘을 가함으로써 모양 혹은 크기가 변하는 현상.

변형률(strain): 한 물체에 가해지는 응력(stress)에 의해 발생하는 부피 혹은 모양의 변화로서, 길이 혹은 부피의 변화를 원래의 길이 혹은 부피로 각각 나눈 값으로 정의된다.

복합체(composite): 서로 다른 성질을 갖는 두 개 이상의 다른 재료를 조합한 재료의 유형.

비열용량(specific heat capacity): 물질 1 kg의 온도를 1 K 만큼 올리는 데 필요한 열의 양.

비저항(resistivity): 전기 **전도도(conductivity)**의 역수. 즉, 전기의 흐름에 저항하는 재료의 능력.

비정질(amorphous): 원자 배열에 있어서의 장범위 규칙성(long-range order)이 결여된 비결정성(noncrystalline) 재료를 지칭함.

비편재화(delocalization): 고체 내에서 전자가 단일 결합(single bond)이나 모원자(parent atom)의 국소적인 환경에 머무르지 않는 현상.

사면각(tetrahedral angle): 4개의 원자가 정사면체(tetrahedron)의 무게중심 및 각 꼭지점에 위치하여 서로 공유 결합을 이루는 고체의 공유 결합 간의 각도 (109°28′).

상자성(paramagnetism): 인가된 외부 자기장에 대해 약한 인력(attraction)을 일으키는 자성.

색중심(color center): 이온성 결정 내에 생겨서 색을 바꿀 수 있는 점결함(point defect)의 한 종류.

세라믹(ceramic): zinc sulfide(ZnS), silicon carbide(SiC), calcium fluoride(CaF) 등과 같이 금속 원소 및 비금속 원소를 포함하는 화합물. 세라믹은 대체적으로 이온 결합과 공유 결합이 혼재해 있다.

소성변형(plastic deformation): 가해진 응력에 의한 고체의 영구적인(permanent) 변형. 탄성 변형(elastic deformation)과 비교.

솔레노이드(solenoid): 길이가 지름보다 훨씬 긴 전선 코일을 원통형으로 감아놓은 것.

쇼트키 결함(Schottky defect): 비어있는(vacant) 격자 위치로 이루어진 점결함으로서, 일반적으로 공공(vacancy)이라고 함.

수소 결합(hydrogen bond): 수소 원자가 산소(O), 불소(F), 질소(N) 원자와 공유 결합을 이루고 있을 때 발생하는 화학 결합의 한 종류. 수소에 있는 하나의 원자가전자(valence electron)은 자신의 핵 주위보다는 앞서 열거한 원자 주변에서 더 오래 머문다. 그 결과, 수소 원자는 상대적으로 양의 전하를 띠게 되고 다른 분자의 음전하를 띠는 부분을 이끌게 된다.

슬립(slip): 고체 내의 한 원자면이 다른 원자면에 대해 미끄러져 지나치는 현상.

안정제(stabilizer): 고분자 재료의 중 발생하는 손상을 완화시키기 위해 추가되는 물질.

압전체(piezoelectrics): 응력(stress)이 가해졌을 때 표면에 전기 쌍극자(electric dipole) 모멘트가 생성되는 재료.

압축응력(compressive stress): 고체를 길이 축 방향으로 짓누를 때, 단면적에 대한 누르는 힘이 비율. **인장응력**(tensile stress)와 비교.

액정(liquid crystal): 구성 분자들의 장범위 규칙성(long-range order)을 갖는 고체와 액체의 중간의 구조를 갖는 물질의 상태.

어닐링(annealing): 녹는점 이하의 고온으로 고체를 가열하여 일정 시간 온도를 유지시킨 후 천천히 냉각하는 열처리(heat treatment)의 한 방법.

억셉터(acceptor): 반도체(semiconductor)의 원자와 결합하기 위해 필요한 것보다 더 적은 수의 원자가전자(valence electron)를 갖는 도펀트(dopant) 원자. **p-형(p-type) 반도체** 참조.

에너지 밴드(energy band): 고체의 전자에게 허용된 에너지들의 범위.

에피택시(epitaxy): 반도체(semiconductor)의 제조에 있어서, 기판(substrate)의 결정 방향과 동일한 층을 성장시키는 제조 방식.

연성(ductile): 파괴되기 전까지 많은 양의 소성 변형(plastic deformation)을 일으켜서, 망치로 치면 깨지지 않고 납작해지거나 와이어로 뽑아 내는 것이 가능한 재료의 성질. **취성(brittle)**과 비교.

연속적 무작위 네트워크 모델[continuous random network(CRN) Model]: 원자들이 공유 결합(covalent bond)을 이루고 있는 비정질(amorphous) 재료의 구조를 설명하는 데 사용되는 모델.

열 전도(thermal conduction): 물질의 뜨거운 영역에서 차가운 영역으로의 열의 전달.

열 전도도(thermal conductivity): 물질이 열을 전도하는 능력에 대한 척도. 열 전도도가 높을수록, 그 재료는 열을 더 잘 전도한다.

열가소성(thermoplastic) 고분자: 열을 가하면 부드러워지고 식으면 딱딱해지는 고분자. 열을 가하면 부드러워져서 여러 번 모양을 바꿀 수 있기 때문에 재활용이 가능하다.

열경화성(thermoset) 고분자: 열을 가하면 타서 분해되어 열가소성(thermoplastic) 고분자와 달리 재활용이 불가능한 고분자.

열처리(heat treatment): 고체의 물성을 변화시키기 위해 고체를 가열하거나 냉각하는 일련의 공정.

영률(Young's modulus): 재료의 탄성한계 이하에서 재료가 겪는 변형률(strain)에 대한 응력(stress)의 비.

영점 운동(zero-point motion): 절대 0도에서 결정 내 원자들의 움직임.

외인성 반도체(extrinsic semiconductor): 특성을 변화시키기 위해 다른 반도체의 원자를 추가 – 도핑(doping) – 한 반도체. **진성 반도체(intrinsic semiconductor)**와 비교.

용융 급랭(melt quenching): 용융된 액체 상태의 재료를 급속하게 냉각함에 의해 비정질 재료를 형성하는 방법.

원시 단위 정(primitive unit cell): 하나의 격자점(lattice point)를 갖는 단위 정.

원자 밀도(atomic density): 고체의 단위 부피당 원자의 개수.

원자 좌표(atomic coordinate): 단위 정(unit cell)에서 원자의 위치를 나타내는 데 사용하는 세 가지 숫자.

유동 속도(drift velocity): 유동 전류(drift current)를 구성하는 전하 캐리어들의 평균 속도.

유동 전류(drift current): 고체 내의 전하 캐리어의 전기장(electric field)의 영향 아래서의 움직임.

유리 전이 온도(glass transition temperature): 과냉각 된(supercooled) 액체가 유리(glass)로 변하는 온도의 범위. 유리 전이 온도는 특정한 하나의 온도는 아니지만, 급속하게 냉각되는 비정질 재료는 유리 전이 온도 이하에서는 유리로 간주되며, 반면 유리 전이 온도 이상에서는 과냉각 액체로 간주된다.

유전체(dielectric): 전기장이 있을 때 분극이 되는(polarized) 절연체.

유효질량(effective mass): 결정 내에서 전자가 전기장(electric field)의 영향 아래에서 움직일 때 전자가 받는 힘(force)에 대한 가속도(acceleration)의 비율.

응력(stress): 물체의 단면적(cross-sectional area) 당 가해지는 힘(force).

응집에너지(cohesive energy): 고체를 개별 원자(혹은 이온)들로 분리시키는 데 있어 필요한 원자당 에너지.

이온 결합(ionic bond): 전기양성(electropositive) 원자로부터 전기음성(electronegative) 원자에게로 전자가 이전(transfer)되는 화학 결합의 한 종류. 그 결과, 두 원자들은 서로 반대의 정전기적 전하(electrostatic charge)를 띠게 되고, 이들 서로 다른 전하 사이의 인력(attraction)을 통해 결합이 형성된다. 이온 결합은 NaCl과 같이 금속 원소를 포함하는 두 원소 사이에서 일어난다.

인자(basis): 특정 조성과 정해진 간격 및 방향을 갖는 하나 또는 여러 개의 원자(혹은 이온)들. 결정 구조를 나타내기 위해서는 각 격자(lattice)의 점에 동일한 인자(basis)를 추가하면 된다.

인장강도(tensile strength): 파괴 없이 고체가 견딜 수 있는 최대 **인장응력**(tensile stress).

일라스토머(elastomer): 탄성 고분자(elastic polymer).

임계 자기장(critical field): 초전도체에서 초전도성이 사라지게 되는 자기장의 값.

재결합(recombination): 전자와 정공이 "서로 결합함(joining together)"으로써 서로 상쇄되어 없어지는 과정.

저항(resistance): 임의의 형상의 재료 혹은 전기회로 구성요소(electrical component)가 전류(electric current)의 흐름에 얼마나 저항하는지를 나타내는 척도.

전기 전도도(electrical conductivity): 전기를 전도하는 재료의 능력의 척도. 전도도가 높을수록, 더 좋은 도체(conductor)이다.

전기쌍극자 모멘트(electric dipole moment): 크기는 같지만 부호가 반대이며 약간 떨어져 있는 두 개의 전기 전하에 있어서, 떨어져 있는 거리와 둘 중 하나의 전하의 곱.

전기양성 원자(electropositive atom): 상대적으로 전자를 더 쉽게 잃어서 양이온이 되는 원자.

전기음성 원자(electronegative atom): 상대적으로 전자를 더 쉽게 받아들여서 음이온이 되는 원자.

전기음성도(electronegativity): 최외곽 원자껍질에 추가적인 전자를 받아들일 수 있는 원소의 능력의 척도.

전도대(conduction band): 금속에서 전자가 있는 가장 높은 에너지 밴드를 의미하며, 그리고 또한 반도체와 절연체에서 가전자대(valence band) 위의 전자에 의해 차지 되어 있지 않은 밴드를 의미함.

전위 밀도(dislocation density): 결정 내의 임의의 단위 면적과 교차하는 전위의 수.

전위 선(dislocation line): 칼날(edge) 전위의 경우 잉여 원자 면의 말단을 따라 평행한 선을 의미하며, 나선(screw) 전위의 경우 나선형의 원자 면을 따르는 선을 의미함.

전위(dislocation): 완벽한 결정에서 슬립(slip)을 일으키기 위해 필요한 응력(stress)보다 훨씬 낮은 값의 응력으로 원자 면의 슬립을 일으킬 수 있는 전체의 일련의 원자들을 포함하는 결함(defect). **점결함**(point defect)과 비교.

전자석(electromagnet): 전류가 흐르는 코일(coil)이 감긴 강자성(ferromagnetic) 재료.

점결함(point defect): 예를 들면 불순물(impurity) 원자처럼, 결정 내의 하나 혹은 여러 개의 원자 위치(atomic site)와 관련된 결함.

정공(hole): 정확히 +1e의 전하를 가지며 고체 내에서 양의 전하를 띠는 전하 캐리어(charge carrier)처럼 거동하는 가전자대valence band)의 차지되지 않은 상태(unoccupied state).

준결정(quasicrystal): 결정처럼 뚜렷한 X-선 회절(X-ray diffraction) 패턴을 나타내지만 결정과 같은 대칭적(symmetric) 특성은 보이지 않는 고체.

중합(polymerization): **단량체**(monomer)가 서로 연결되어 인공적인 고분자(polymer)가 되는 과정.

직접형 반도체(direct-gap semiconductor): 가전자대(valence band)의 최대값이 전도대(conduction band)의 최소값과 동일한 파동 벡터(wave vector) k에서 발생하는 반도체. **간접형 반도체**(indirect-gap semiconductor)와 비교.

진성 반도체(intrinsic semiconductor): 불순물이 추가되지 않은 순수한 반도체. **외인성 반도체**(extrinsic semiconductor)와 비교.

집적회로(integrated circuit): 하나의 기판(substrate) 상에 제작된 전자 소자 및 연결된 전자 소자들을 이루는 완전한 회로.

체적 탄성계수(bulk modulus): 재료를 압축할 때, 압력에 의해 변하는 체적(혹은 부피)의 변화에 대한 가해진 압력의 비율.

초전도 전이 온도(superconducting transition temperature, T_C): 고체의 초전도 상태와 정상 상태를 나누는 온도. T_c 이하에서 고체는 초전도 특성을 나타낸다.

초전도체(superconductor): 초전도 전이 온도(superconducting transition temperature) 이하에서 전류의 흐름에 대한 저항이 완전히 없어지는 재료.

최인접 원자(nearest neighbors): 고체 내의 임의의 원자와 가장 가까운 원자.

충전율(packing fraction): 단위 정(unit cell) 전체의 부피에 대한 단위 정 내의 원자의 부피의 비율.

취성(brittle): 파괴되기 전까지 소성 변형(plastic deformation)이 거의 일어나지 않거나 혹은 전혀 생기지 않아서, 망치로 치면 깨어질 가능성이 많은 재료의 성질. **연성**(ductile)과 비교.

치환형(substitutional): 정상 격자 위치에 있는 호스트(host) 원자를 대체하는 불순물 원자.

침입형(interstitial): 결정 내의 정상적인 격자 위치 사이에 있는 원자 [불순물(impurity) 원자나 호스트(host) 원자 모두가 될 수 있다.]

칩(chip): 고순도 단결정(single crystal)의 얇은 층. 집적회로(integrated circuit)는 실리콘 단결정 위에 제작되는데, 이를 보통 '실리콘 칩(silicon chip)'이라고 일컫는다.

탄성변형(elastic deformation): 고체에 가해진 응력이 제거되었을 때, 고체가 원래의 모양과 크기로 되돌아 가는 변형. **소성변형**(plastic deformation)과 비교.

탄성한계(elastic limit): 탄성 거동과 소성 거동이 나뉘는 지점. 탄성한계 이하에서는 탄성변형만 일어나며, 이때에는 응력이 제거되었을 때 재료는 원래의 모양과 크기로 되돌아간다. 탄성한계 이후에는, 응력이 재료의 모양과 크기에 영구적인(permanent) 변형을 일으킨다.

파울리 배타원리(Pauli exclusion principle): 1925년 호주 물리학자 Wolfgang Pauli가 제안한 원리로서, 두 개의 동일한 페르미온(fermion)—반정수(half-integer)의 스핀(spin)을 갖는 입자—은 같은 양자 상태(quantum state)에 존재할 수 없다는 원리이다. 즉, 같은 원자 내에서는 동일한 양자수(quantum number)의 조합을 갖는 또 다른 전자는 존재할 수 없다.

페르미 에너지(Fermi energy): $T = 0$ K에서, 고체 내 전자가 채워져 있는 가장 높은 에너지 레벨. 더 일반적인 의미로는, 전자가 차지(occupy) 되어 있을 확률이 1/2인 에너지.

평균 자유 경로(mean free path): 포논(phonon) 또는 자유전자가 산란되기 전까지 이동하는 평균 거리.

평균 자유 시간(mean free time): 금속 또는 반도체 내에서 전하 캐리어가 충돌에 의해 경로가 바뀌기 전까지 걸리는 평균 시간.

포논(phonon): 전자기(electromagnetic) 에너지의 입자를 포논(photon)으로 간주하는 것과 마찬가지로, 포논(phonon)은 고체 내의 진동(vibratory) 에너지를 입자화 한 개념이다.

포화 자화(saturation magnetization): 강자성(ferromagnetic) 재료의 최대 자화 값이며, 인가된 자기장의 세기를 더 크게 하더라도 포화 자화 값보다 더 많이 자화될 수 없다.

프렌켈 결함(Frenkel defect): 하나의 침입형(interstitial) 원자 및 이 침입형 원자가 격자 내 원래 위치해 있던 곳에 생긴 하나의 공공(vacancy)으로 구성된 점결함(point defect).

필러(filler): 고분자(polymer)의 물성을 향상시키기 위해 첨가되는 재료.

합금(alloy): 비금속 원소를 포함할 수 있는 두 가지 이상의 금속 원소의 혼합물.

확산(diffusion): 고체물리에서의 확산은 전하 캐리어의 농도가 높은 영역에서 낮은 영역으로 이동하는 것을 의미함.

n-형(n-type) **반도체**: 도너(donor) 불순물이 추가됨으로써 다수 전하 캐리어(major charge carrier)가 전자(electron)인 외인성 반도체(extrinsic semiconductor). **p-형**(p-type) 반

도체와 비교.

p–n 접합(p–n junction): p–형 반도체 층과 n–형 반도체 층이 서로 맞닿아 있는 구조.

p–형(p–type) 반도체: 억셉터(acceptor) 불순물이 추가됨으로써 다수 전하 캐리어(major charge carrier)가 정공(hole)인 외인성 반도체(extrinsic semiconductor). n–형(n–type) 반도체와 비교.

X–선 회절(X–ray diffraction): 결정 내의 원자들의 위치를 분석하는 데 널리 사용되는 기법.